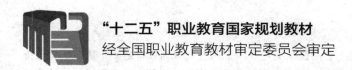

"十二五"职业教育国家规划教材

经全国职业教育教材审定委员会审定

全国高职高专院校药学类与食品药品类专业"十三五"规划教材

分析化学

第 3 版

（供药学类、药品制造类、食品药品管理类、食品类专业用）

主　编　舟启文　黄月君
副主编　许一平　周建庆　许瑞林　张晓继
编　者　（以姓氏笔画为序）

王益平（重庆市食品药品检验检测研究院）	韦国兵（江西中医药大学）
舟启文（重庆医药高等专科学校）	冯寅寅（皖西卫生职业学院）
许　标（湖南食品药品职业学院）	许一平（山东中医药高等专科学校）
许瑞林（江苏省常州技师学院）	张学东（首都医科大学燕京医学院）
张晓继（辽宁医药职业学院）	陈晓姣（长沙卫生职业学院）
周建庆（安徽医学高等专科学校）	胡金忠（廊坊卫生职业学院）
胡清宇（山西药科职业学院）	徐文东（黑龙江农业经济职业学院）
黄月君（山西药科职业学院）	谭　韬（重庆医药高等专科学校）

中国医药科技出版社

内容提要

本教材为全国高职高专院校药学类与食品药品类专业"十三五"规划教材之一，是根据《分析化学》教学大纲的基本要求和课程特点编写而成，内容涵盖定性定量分析基本知识概述、化学分析法简介和物理化学分析法概述共三篇、十八章、二十五个实训项目和大量的实例分析等内容。

每章节有概念、原理和公式演绎以及各量之间的演变关系，实例分析尽量结合药学类及药品制造类、食品药品管理类、食品类专业学生工作的实际行业特点，体现分析化学操作和计算注意事项、影响结果的因素分析以及与计算机联网情况和软件使用等特点。教材内容丰富、新颖，图像有数据支撑，数据具有真实的原始性。

本教材供高职高专药学类、药品制造类、食品药品管理类、食品类各专业教学使用，也可供其他相关专业师生、分析测试技术人员和自学者参考。

图书在版编目（CIP）数据

分析化学／冉启文，黄月君主编. —3 版. —北京：中国医药科技出版社，2017. 1
全国高职高专院校药学类与食品药品类专业"十三五"规划教材
ISBN 978-7-5067-8747-5

Ⅰ. ①分…　Ⅱ. ①冉…　②黄…　Ⅲ. ①分析化学-高等职业教育-教材　Ⅳ. ①O65

中国版本图书馆 CIP 数据核字（2016）第 321763 号

美术编辑　陈君杞
版式设计　锋尚设计

出版　中国医药科技出版社
地址　北京市海淀区文慧园北路甲 22 号
邮编　100082
电话　发行：010-62227427　邮购：010-62236938
网址　www.cmstp.com
规格　787×1092mm ¹⁄₁₆
印张　24¾
字数　578 千字
初版　2008 年 7 月第 1 版
版次　2017 年 1 月第 3 版
印次　2020 年 12 月第 4 次印刷
印刷　三河市双峰印刷装订有限公司
经销　全国各地新华书店
书号　ISBN 978-7-5067-8747-5
定价　**58.00 元**

全国高职高专院校药学类与食品药品类专业"十三五"规划教材

出 版 说 明

全国高职高专院校药学类与食品药品类专业"十三五"规划教材（第三轮规划教材），是在教育部、国家食品药品监督管理总局领导下，在全国食品药品职业教育教学指导委员会和全国卫生职业教育教学指导委员会专家的指导下，在全国高职高专院校药学类与食品药品类专业"十三五"规划教材建设指导委员会的支持下，中国医药科技出版社在2013年修订出版"全国医药高等职业教育药学类规划教材"（第二轮规划教材）（共40门教材，其中24门为教育部"十二五"国家规划教材）的基础上，根据高等职业教育教改新精神和《普通高等学校高等职业教育（专科）专业目录（2015年）》（以下简称《专业目录（2015年）》）的新要求，于2016年4月组织全国70余所高职高专院校及相关单位和企业1000余名教学与实践经验丰富的专家、教师悉心编撰而成。

本套教材共计57种，其中19种教材配套"爱慕课"在线学习平台。主要供全国高职高专院校药学类、药品制造类、食品药品管理类、食品类有关专业〔即：药学专业、中药学专业、中药生产与加工专业、制药设备应用技术专业、药品生产技术专业（药物制剂、生物药物生产技术、化学药生产技术、中药生产技术方向）、药品质量与安全专业（药品质量检测、食品药品监督管理方向）、药品经营与管理专业（药品营销方向）、药品服务与管理专业（药品管理方向）、食品质量与安全专业、食品检测技术专业〕及其相关专业师生教学使用，也可供医药卫生行业从业人员继续教育和培训使用。

本套教材定位清晰，特点鲜明，主要体现在如下几个方面。

1.坚持职教改革精神，科学规划准确定位

编写教材，坚持现代职教改革方向，体现高职教育特色，根据新《专业目录》要求，以培养目标为依据，以岗位需求为导向，以学生就业创业能力培养为核心，以培养满足岗位需求、教学需求和社会需求的高素质技能型人才为根本。并做到衔接中职相应专业、接续本科相关专业。科学规划、准确定位教材。

2.体现行业准入要求，注重学生持续发展

紧密结合《中国药典》（2015年版）、国家执业药师资格考试、GSP（2016年）、《中华人民共和国职业分类大典》（2015年）等标准要求，按照行业用人要求，以职业资格准入为指导，做到教考、课证融合。同时注重职业素质教育和培养可持续发展能力，满足培养应用型、复合型、技能型人才的要求，为学生持续发展奠定扎实基础。

3. 遵循教材编写规律，强化实践技能训练

遵循"三基、五性、三特定"的教材编写规律。准确把握教材理论知识的深浅度，做到理论知识"必需、够用"为度；坚持与时俱进，重视吸收新知识、新技术、新方法；注重实践技能训练，将实验实训类内容与主干教材贯穿一起。

4. 注重教材科学架构，有机衔接前后内容

科学设计教材内容，既体现专业课程的培养目标与任务要求，又符合教学规律、循序渐进。使相关教材之间有机衔接，坚持上游课程教材为下游服务，专业课教材内容与学生就业岗位的知识和能力要求相对接。

5. 工学结合产教对接，优化编者组建团队

专业技能课教材，吸纳具有丰富实践经验的医疗、食品药品监管与质量检测单位及食品药品生产与经营企业人员参与编写，保证教材内容与岗位实际密切衔接。

6. 创新教材编写形式，设计模块便教易学

在保持教材主体内容基础上，设计了"案例导入""案例讨论""课堂互动""拓展阅读""岗位对接"等编写模块。通过"案例导入"或"案例讨论"模块，列举在专业岗位或现实生活中常见的问题，引导学生讨论与思考，提升教材的可读性，提高学生的学习兴趣和联系实际的能力。

7. 纸质数字教材同步，多媒融合增值服务

在纸质教材建设的同时，本套教材的部分教材搭建了与纸质教材配套的"爱慕课"在线学习平台（如电子教材、课程PPT、试题、视频、动画等），使教材内容更加生动化、形象化。纸质教材与数字教材融合，提供师生多种形式的教学资源共享，以满足教学的需要。

8. 教材大纲配套开发，方便教师开展教学

依据教改精神和行业要求，在科学、准确定位各门课程之后，研究起草了各门课程的《教学大纲》（《课程标准》），并以此为依据编写相应教材，使教材与《教学大纲》相配套。同时，有利于教师参考《教学大纲》开展教学。

编写出版本套高质量教材，得到了全国食品药品职业教育教学指导委员会和全国卫生职业教育教学指导委员会有关专家和全国各有关院校领导与编者的大力支持，在此一并表示衷心感谢。出版发行本套教材，希望受到广大师生欢迎，并在教学中积极使用本套教材和提出宝贵意见，以便修订完善，共同打造精品教材，为促进我国高职高专院校药学类与食品药品类相关专业教育教学改革和人才培养作出积极贡献。

中国医药科技出版社

2016年11月

教材目录

序号	书 名	主 编	适用专业
1	高等数学（第2版）	方媛璐　孙永霞	药学类、药品制造类、食品药品管理类、食品类专业
2	医药数理统计 *（第3版）	高祖新　刘更新	药学类、药品制造类、食品药品管理类、食品类专业
3	计算机基础（第2版）	叶　青　刘中军	药学类、药品制造类、食品药品管理类、食品类专业
4	文献检索△	章新友	药学类、药品制造类、食品药品管理类、食品类专业
5	医药英语（第2版）	崔成红　李正亚	药学类、药品制造类、食品药品管理类、食品类专业
6	公共关系实务	李朝霞　李占文	药学类、药品制造类、食品药品管理类、食品类专业
7	医药应用文写作（第2版）	廖楚珍　梁建青	药学类、药品制造类、食品药品管理类、食品类专业
8	大学生就业创业指导△	贾　强　包有或	药学类、药品制造类、食品药品管理类、食品类专业
9	大学生心理健康	徐贤淑	药学类、药品制造类、食品药品管理类、食品类专业
10	人体解剖生理学 *△（第3版）	唐晓伟　唐省三	药学、中药学、医学检验技术以及其他食品药品类专业
11	无机化学△（第3版）	蔡自由　叶国华	药学类、药品制造类、食品药品管理类、食品类专业
12	有机化学△（第3版）	张雪昀　宋海南	药学类、药品制造类、食品药品管理类、食品类专业
13	分析化学 *△（第3版）	冉启文　黄月君	药学类、药品制造类、食品药品管理类、食品类专业
14	生物化学 *△（第3版）	毕见州　何文胜	药学类、药品制造类、食品药品管理类、食品类专业
15	药用微生物学基础（第3版）	陈明琪	药品制造类、药学类、食品药品管理类专业
16	病原生物与免疫学	甘晓玲　刘文辉	药学类、食品药品管理类专业
17	天然药物学△	祖炬雄　李本俊	药学、药品经营与管理、药品服务与管理、药品生产技术专业
18	药学服务实务	陈地龙　张　庆	药学类及药品经营与管理、药品服务与管理专业
19	天然药物化学△（第3版）	张雷红　杨　红	药学类及药品生产技术、药品质量与安全专业
20	药物化学 *（第3版）	刘文娟　李群力	药学类、药品制造类专业
21	药理学 *（第3版）	张　虹　秦红兵	药学类，食品药品管理类及药品服务与管理、药品质量与安全专业
22	临床药物治疗学	方士英　赵　文	药学类及药品经营与管理、药品服务与管理专业
23	药剂学	朱照静　张荷兰	药学、药品生产技术、药品质量与安全、药品经营与管理专业
24	仪器分析技术 *△（第2版）	毛金银　杜学勤	药品质量与管理、药品生产技术、食品检测技术专业
25	药物分析 *△（第3版）	欧阳卉　唐　倩	药学、药品质量与安全、药品生产技术专业
26	药品储存与养护技术（第3版）	秦泽平　张万隆	药学类与食品药品管理类专业
27	GMP实务教程 *△（第3版）	何思煌　罗文华	药品制造类、生物技术类和食品药品管理类专业
28	GSP实用教程（第2版）	丛淑芹　丁　静	药学类与食品药品类专业

序号	书　名	主　编	适用专业
29	药事管理与法规*（第3版）	沈　力　吴美香	药学类、药品制造类、食品药品管理类专业
30	实用药物学基础	邸利芝　邓庆华	药品生产技术专业
31	药物制剂技术*（第3版）	胡　英　王晓娟	药品生产技术专业
32	药物检测技术	王文洁　张亚红	药品生产技术专业
33	药物制剂辅料与包装材料△	关志宇	药学、药品生产技术专业
34	药物制剂设备（第2版）	杨宗发　董天梅	药学、中药学、药品生产技术专业
35	化工制图技术	朱金艳	药学、中药学、药品生产技术专业
36	实用发酵工程技术	臧学丽　胡莉娟	药品生产技术、药品生物技术、药学专业
37	生物制药工艺技术	陈梁军	药品生产技术专业
38	生物药物检测技术	杨元娟	药品生产技术、药品生物技术专业
39	医药市场营销实务*△（第3版）	甘湘宁　周凤莲	药学类及药品经营与管理、药品服务与管理专业
40	实用医药商务礼仪（第3版）	张　丽　位汶军	药学类及药品经营与管理、药品服务与管理专业
41	药店经营与管理（第2版）	梁春贤　俞双燕	药学类及药品经营与管理、药品服务与管理专业
42	医药伦理学	周鸿艳　郝军燕	药学类、药品制造类、食品药品管理类、食品类专业
43	医药商品学*△（第2版）	王雁群	药品经营与管理、药学专业
44	制药过程原理与设备*（第2版）	姜爱霞　吴建明	药品生产技术、制药设备应用技术、药品质量与安全、药学专业
45	中医学基础△（第2版）	周少林　宋诚挚	中医药类专业
46	中药学（第3版）	陈信云　黄丽平	中药学专业
47	实用方剂与中成药△	赵宝林　陆鸿奎	药学、中药学、药品经营与管理、药品质量与安全、药品生产技术专业
48	中药调剂技术*（第2版）	黄欣碧　傅　红	中药学、药品生产技术及药品服务与管理专业
49	中药药剂学（第2版）	易东阳　刘　葵	中药学、药品生产技术、中药生产与加工专业
50	中药制剂检测技术*△（第2版）	卓　菊　宋金玉	药品制造类、药学类专业
51	中药鉴定技术*（第3版）	姚荣林　刘耀武	中药学专业
52	中药炮制技术（第3版）	陈秀瑷　吕桂凤	中药学、药品生产技术专业
53	中药药膳技术	梁　军　许慧艳	中药学、食品营养与卫生、康复治疗技术专业
54	化学基础与分析技术	林　珍　潘志斌	食品药品类专业用
55	食品化学	马丽杰	食品营养与卫生、食品质量与安全、食品检测技术专业
56	公共营养学	周建军　詹　杰	食品与营养相关专业用
57	食品理化分析技术△	胡雪琴	食品质量与安全、食品检测技术专业

*为"十二五"职业教育国家规划教材，△为配备"爱慕课"在线学习平台的教材。

全国高职高专院校药学类与食品药品类专业"十三五"规划教材

建设指导委员会

曹庆旭（黔东南民族职业技术学院）

葛　虹（广东食品药品职业学院）

谭　工（重庆三峡医药高等专科学校）

潘树枫（辽宁医药职业学院）

委　　　员（以姓氏笔画为序）

王　宁（盐城卫生职业技术学院）

王广珠（山东药品食品职业学院）

王仙芝（山西药科职业学院）

王海东（马应龙药业集团研究院）

韦　超（广西卫生职业技术学院）

向　敏（苏州卫生职业技术学院）

邬瑞斌（中国药科大学）

刘书华（黔东南民族职业技术学院）

许建新（曲靖医学高等专科学校）

孙　莹（长春医学高等专科学校）

李群力（金华职业技术学院）

杨　鑫（长春医学高等专科学校）

杨元娟（重庆医药高等专科学校）

杨先振（楚雄医药高等专科学校）

肖　兰（长沙卫生职业学院）

吴　勇（黔东南民族职业技术学院）

吴海侠（广东食品药品职业学院）

邹隆琼（重庆三峡云海药业股份有限公司）

沈　力（重庆三峡医药高等专科学校）

宋海南（安徽医学高等专科学校）

张　海（四川联成迅康医药股份有限公司）

张　建（天津生物工程职业技术学院）

张春强（长沙卫生职业学院）

张炳盛（山东中医药高等专科学校）

张健泓（广东食品药品职业学院）

范继业（河北化工医药职业技术学院）

明广奇（中国药科大学高等职业技术学院）

罗兴洪（先声药业集团政策事务部）

罗跃娥（天津医学高等专科学校）

郝晶晶（北京卫生职业学院）

贾　平（益阳医学高等专科学校）

徐宣富（江苏恒瑞医药股份有限公司）

黄丽平（安徽中医药高等专科学校）

黄家利（中国药科大学高等职业技术学院）

崔山风（浙江医药高等专科学校）

潘志斌（福建生物工程职业技术学院）

本教材为全国高职高专院校药学类与食品药品类专业"十三五"规划教材之一。为了让从学校走出去的学生适应社会且很快融入社会，不断发展创新自己，积极稳妥而有序向前推进全国高职高专药学类与食品药品类专业教育教学改革和满足学生发展的需要，《分析化学》教材编写组拟定了《分析化学》教学大纲和教材编写大纲。在本教材编写过程中全体编写组成员认真贯彻落实教育部有关职教改革的指导思想和全套教材编写原则和总体要求，严格按照《分析化学》教学大纲要求进行编写。本教材主要偏重理论分析的运用和实际技能的训练，贯彻"以《中华人民共和国职称分类大典（2015 年版）》规定的医药卫生行业职称资格准入为指导，按照行业用人需求，体现培养目标和用人要求紧密结合"的原则，体现以项目引领、任务驱动为主线，根据实际岗位需求将实训内容与主干教材贯穿，实行理实一体化，积极共享在线学习平台。对分析化学的基本理论和实际操作进行了深入分析，确保本教材内容与药品、食品、中药材及中药饮片等行业岗位的检验、验收、养护、质管等人员职业技能鉴定的标准一致，学生能够顺利考取并获得相应的职称或执业资格证书，胜任本岗位实际工作需要，满足社会对实用型人才的要求。

本教材与第 2 版相比：减少了两章和五个实训项目，但编排的理念有所不同，本版采用三篇十八章方式编排，把紫外-可见、红外分光光度法编为一章，将原子吸收、发射、荧光、质谱编为一章；偏重分析和实训，增加了每一个公式的具体推导；每章目标检测题力求与职（执）业考试同类型，题量颇多。

按照行业用人需求，体现培养目标和用人要求紧密结合，本教材编写体系以原理为主线，力求工作的一贯连续性，并处处以灵活的分析手段和方式，激发和引领学生的创新意识，培养学生发现问题、分析问题、解决问题的能力，使学生上岗即工作，工作就能胜任。

本教材重点以分析化学定性分析基本器材、定量分析基本仪器构造、定量分析原理方法、定量分析样品处理方法、定量分析试剂试药配制、定量分析数据处理、定量分析结果判定及校正等，阐述分析化学在药品、食品、中药材及中药饮片等质量控制方面的作用。药学类、药品制造类、食品药品管理类、食品类专业学生只有具备了必需的分析化学基本基础理论和专业基础知识，才可能把控从事药品、食品、中药材及中药饮片等专业领域实际工作的基本技巧和技能，为药学类与食品类各专业后期专业课程的学习提供坚实的理论分析基础和熟练的动手能力，实习结束毕业以后才能从事药品、食品、中药材及中药饮片等质量控制工作和营运管理工作。

本教材主要供全国高职高专院校药学类、药品制造类、食品药品管理类、食品类各专业教学使用。

本教材实行主编负责制，黄月君编写第一篇定性定量分析基础知识概述；韦国兵编写第一章、第三章；胡清宇编写第二章；谭韬编写第四章、第三篇物理化学分析法概述、第十一章；张晓继编写第二篇化学分析法概述、第五章；许标编写第六章；许瑞林编写第七章；徐文东编写第八章；胡金忠编写第九章、第十八章；王益平编写第十章、第十七章；许一平编写第十二章；陈晓姣编写第十三章；周建庆编写第十四章；冯寅寅编写第十五章；张学东编写第十六章；冉启文编写前言、第十章和第十七章目标检测习题、六个附录、教学大纲。

本教材在编写过程中得到了参编院校的鼎力支持，在此表示最衷心的谢意。

为了适应"十三五"规划高职高专教育发展的需要，使本教材贴近药学类、药品制造类、食品药品管理类、食品类工作岗位实际，我们在编写过程中不断领悟和尝试，但限于编者水平，编写时间仓促，书中难免存在疏漏或不妥之处，请老师和同学给予批评指正，以便再版时修正完善。

冉启文

2016 年 11 月

第一篇　定性定量分析基础知识概述

第二篇　化学分析法简介

第八章

配位滴定法

第九章

氧化还原滴定法和非水氧化还原滴定法

第十章

滴定分析法
实例分析

第三篇　物理化学分析法概述

第十一章

电化学
分析法

第十二章

分光光度法（上）

第一篇　定性定量分析基础知识概述

分析化学（analytical chemistry）是研究物质化学组成的分析方法及有关理论和操作技术的一门学科。按任务分为定性分析（qualitative analysis）、定量分析（quantitative analysis）和结构分析（structure analysis）。定性分析的任务是鉴定物质的化学组成，即鉴定物质由哪些元素、离子、原子团、官能团或化合物组成；定量分析的任务是测定试样中有关组分的相对含量；结构分析的任务是确定物质的化学结构。按操作原理来分，分为化学分析和仪器分析。无论哪种分类方法，都不能离开定性定量这项基本任务，因此定性定量基础知识是学习分析化学的启蒙。

化学分析常用仪器是化学分析的基本工具，也是仪器分析的必备工具，弄清定性定量的基本工具包括洗涤、校正、使用、读数、记录等，是预防或减少误差最有效的方法之一。原始数据具有真实的说服力，不但要及时准确记录，还要规范处理数据。根据样品的结构、性质和状态等，拟定出符合精密度和准确度要求的定性定量分析方法，是学习分析化学的根本宗旨和最终目的。

（黄月君）

第一章

分析化学概述、定性定量分析方法分类和方法选择

学习目标

知识要求　**1. 掌握**　分析化学的分类方法。
　　　　　2. 熟悉　分析化学的定义和分析化学的作用。
　　　　　3. 了解　分析化学的学习方法，发展历史和发展趋势。

技能要求　1. 理解分析化学的方法分类情况和分类依据，并能在实际工作中加以应用。
　　　　　2. 练就运用原理和定义分析样品技巧，学会根据样品的组成和成分的结构拟定测定方案。
　　　　　3. 灵活运用数学表达式或推导过程进行样品含量的计算。

案例导入

案例： 2006年4月，广东省某医院数名患者先后出现肾功能衰竭症状，并导致十多名患者死亡。症状均在使用齐齐哈尔第二制药有限公司（简称"齐二药"）生产的亮菌甲素注射之后出现。广东省药品检验所在对"齐二药"生产的"肇事"药品进行监测分析时发现，在该厂生产产品中未检出应有的辅料丙二醇，却检出有毒、有害物质二甘醇。

讨论： 1. 分析化学的任务是什么？
2. 如何对药物中的指标性成分进行检测？

第一节　分析化学对专业的作用和方向

一、分析化学对专业的作用

（一）分析化学的定义

分析化学（analytical chemistry）是研究分析方法的科学，是一门获取物质的化学组成、含量、结构和形态等信息的分析方法及有关理论的科学，即独立的化学信息科学。现代分析化学通过把化学与数学、物理学、计算机科学、生物学等有机结合起来，发展成为一门多学科性的综合性科学，以充实本身的内容，从而解决科学与技术所提出的各种分析问题。

分析化学的主要任务是运用各种方法与手段，应用各种仪器测试得到现象、图像、数据等相关信息鉴定物质的化学成分、测定物质中各组分的含量及物质体系中物质的化学结构和形态。它们分别隶属于定性分析（qualitative analysis）、定量分析（quantitative analysis）、结构分析（structural analysis）和形态分析（species analysis）研究的范畴。

（二）分析化学的作用

分析化学不仅对化学学科本身的发展起着重大推进作用，而且在医药卫生、国民经济建设、科学技术及学校教育等各方面都起着重要的作用。

1. 分析化学在医药卫生事业中的作用　人口与健康的改善迫切要求分析化学的积极参与。如何抑制疾病的发展并有效降低疾病发病死亡率是当前国际的一大战略问题，也是世界科学界所面临的重大挑战之一，而最佳的战略是对疾病进行预警，防患于未然，同时实现对疾病的早期发现、早期诊断和早期治疗，机体病变的检测与活体追踪、临床诊断都需要通过分析测试才能达到目的。而且在临床检验、疾病诊断、新药研发、药品质量控制、药物构效关系研究、药物代谢动力学研究等各方面，分析化学的作用是举足轻重的。如在药物质量标准研究中，药物鉴别、杂质检查、含量测定等工作的完成，分析化学均是不可缺少的研究工具和手段。而且在药学专业教育中，分析化学是一门重要的专业基础课，其理论知识和实验技能在药物化学、药理学、天然药物化学、药物分析等各个学科均有重要的应用。

2. 分析化学在化学学科发展中的作用　从元素的发现，到各种化学基本定律（质量守恒定律）的发现；原子论、分子论的创立；相对原子量测定；元素周期律的建立等各种化学现象的揭示都与分析化学的卓越贡献分不开。在现代化学各研究领域中，分析化学都起着至关重要的作用。例如中药化学成分的研究，要采用各种色谱分析法对各类成分分别进行提取分离，得到单体化合物后再应用各类光谱分析方法和质谱等方法进行定性、定量分析并确定其结构。

3. 分析化学在国民经济建设中的作用　在工业生产中，资源勘探中如天然气、油田、矿藏的储量确定；生产中原材料的选择，中间体、成品和有关物质的检验，都要用到分析化学。农业生产中土壤成分性质检定、作物营养诊断、农产品及加工产品质量检验，也要用到分析化学。在建筑业中，各类建筑材料与装饰材料的品质、机械强度和建筑物质量评判等，也要用到分析化学。在商业流通领域中，一切商品的质量监控等都需要分析化学提供的信息。可见分析化学在国民经济建设中发挥着不可替代的作用，在国民经济建设中起着"眼睛"的作用。

4. 分析化学在科学技术研究中的作用　整个社会要长期发展必须考虑人类社会的五大危机：资源、能源、人口、粮食和环境，以及四大理论：天体、地球、生命、人类的起源和演化问题的解决，这些都与分析化学密切相关。在当今热门的科学领域（生命科学、材料科学、环境科学和能源科学等）都需要知道物质的组成、含量和结构等信息。如在治理环境污染时首先要鉴定污染物成分，分析查找污染源，再治理污染，这每一步都离不开分析化学。21 世纪科技热点包括可控热核反应、信息高速公路、生命科学方面的人类基因、生物技术征服癌症、心脑血管疾病和艾滋病等，纳米材料与技术、智能材料及环境问题等都对分析化学有重要要求。因此，不妨说，凡是涉及化学现象的任何一种科学研究领域，分析化学往往都是它们不可缺少的研究工具与手段，实际上分析化学已成为"从事科学研究的科学"。

另外，在世贸、工商以至食品、药品和环境卫生等方面也都要求严格的质量评估和保险系统，这一切也离不开分析化学的作用，而这些都是现代分析化学所面临解决的艰难任务。由上述介绍可知，分析化学与许多学科息息相关，其作用范围涉及经济、科学技术和卫生事业发展的方方面面。当代科学技术和经济建设及社会发展向分析化学提出了各种挑战，也为分析化学的发展创造了良好的机遇，拓宽了分析化学的研究领域，也更好地促进了分析化学的发展。

二、分析化学分析范围和方向

分析化学的研究范围广泛，分支甚多。常见的有滴定分析（titration analysis）、电化学分析（electrochemical analysis）、光谱分析（spectroscopic analysis）、色谱分析（chromatographic analysis）、质谱分析（mass spectroscopic analysis）、核磁共振分析（nuclear magnetic resonance analysis）、化学计量学分析（stoichiometric analysis）等；这些分析范围涉及无机分析（inorganic analysis）、有机分析（organic analysis）、生物分析（biological analysis）、环境分析（environmental analysis）、药物分析（pharmaceutical analysis）、食品分析（food analysis）、表界面分析（surface and interface analysis）、临床与法医检验（clinical and forensic analysis）、材料表征及分析（materials characterization and analysis）、质量控制与过程分析（quality control and process analysis）、新兴的微/纳分析（micro/nano analysis）、芯片分析（chip analysis）、组学分析（group analysis）、成像分析（imaging analysis）、活体分析（*in vivo* analysis）、实时在线分析（real-time analysis）、化学与生物信息分析（chemical and biological information analysis）等。

总之，分析化学是研究物质及其变化的重要方法之一，分析化学常被称为科学研究和生产的"眼睛"。在化学学科本身的发展上，以及与化学有关的各学科领域中，分析化学都起着重要的作用，例如矿物学、地质学、生理学、医学、农业、材料科学、生命科学等许多其他技术科学，都将要用到分析化学。几乎任何科学研究，只要涉及到化学现象，分析化学就要作为一种科学手段运用到其研究工作中。当前分析化学的主要研究方向表现在光谱分析、生物分析与生命科学研究、电化学分析、色谱分析、质谱分析、联用技术以及流动注射分析等七个领域。

第二节　分析化学学习的重要性和学习方法

分析化学是食品、药学、中药学、环境工程类等专业的专业基础课程之一，学好分析化学对以后的专业课程及其他相关课程的学习具有十分重要的意义。

本课程主要包括分析化学的基本分析方法、基本理论、基本概念和基本计算，并介绍当今分析化学的新进展。分析化学的主要内容分为三大部分：误差与分析数据处理、化学分析法、物理化学分析法。化学分析法主要由滴定分析法和重量分析法组成，通过滴定分析法的学习使学生牢固掌握其基本的原理和测定方法，建立起严格的"量"与"定量"的概念，能够运用化学反应及平衡的理论和知识，处理和解决各种滴定分析法的基本问题，包括滴定曲线、滴定误差、滴定突跃和滴定可行性判据；通过重量分析法的各基本原理和应用的学习、正确数据处理，科学思维和作风严谨，正确掌握有关的科学实验技能，提高分析问题和解决问题的能力。物理化学分析法内容主要由电化学分析法、色谱分析法、光学分析法三部分组成，是分析化学最为重要的组成部分，也是分析化学的发展方向。本部分内容涉及的分析方法是根据物质的光、电、声、磁、热等物理和化学特性对物质的组成、结构、信息进行表征和测量，理解"量"与分析信号之间的关系，是必须掌握的现代分析技术。

分析化学又是一门实验性学科，实验教学是分析化学教学的重要内容。在分析化学教学过程中要重视实验教学。在实验中要严格执行基本操作规程，仔细观察实验现象，认真做好实验记录，培养严谨的实验科学态度，真正掌握各种分析技术的基本操作技能。

第三节　定性分析方法分类

定性分析的目的是鉴定物质由哪些元素、离子、基团或化合物组成或对化合物进行真伪鉴别。定性分析方法的种类有很多，本书主要介绍几种常见的分类方法。

一、根据分析对象分类

根据分析对象不同将定性分析分为无机分析和有机分析。无机分析（inorganic analysis）的对象是无机物，由于组成无机物的元素种类较多，通常要求鉴定无机物的组成（元素、离子、原子团或化合物）和测定各成分的含量。无机分析又可分为无机定性分析和无机定量分析。有机分析（organic analysis）的对象是有机物，由于组成有机物的元素种类不多，主要是碳、氢、氧、氮、硫和卤素等，但自然界的有机物的种类有数百万之多而且结构相当复杂，分析的重点是官能团分析和结构分析。有机分析也可分为有机定性分析和有机定量分析。

根据分析对象种类的不同，还可以进一步分类，如：食品分析、药物分析、中药分析、毒物分析等。

二、根据分析目的分类

根据分析目的，分析化学可以分为元素分析和化合物的定性鉴别。元素分析主要是确定化合物的元素组成，而化合物的定性鉴别主要是用过理化方法鉴别化合物的真伪。根据分析目的的不同，分析化学还可分为性状鉴别、一般鉴别和专属鉴别。性状鉴别主要通过样品的物理性质，如外观、溶解度和物理常数等鉴别化合物的真伪。一般鉴别是依据某一类化合物的化学结构或物理化学性质的特征，通过化学反应鉴别化合物的真伪。而专属鉴别则是通过某一化合物的具体化学结构特征及其引起的物理化学特性的不同，选用某些特有的灵敏的定性反应，来鉴别样品的真伪。

三、根据样品物态及取量分类

定性分析中根据试样的用量多少，分析化学可分为常量、半微量、微量分析。各种方法的所需试样用量如表1-1所示。通常无机定性分析一般为半微量分析。

表1-1　各种分析方法的试样用量

方法	试样质量	试液体积
常量分析	>0.1g	>10ml
半微量分析	0.01~0.1g	1~10ml
微量分析	0.1~10mg	0.01~1ml

第四节　定量分析方法分类

定量分析的目的是准确测定样品中有效成分或指标性成分的含量。在定量分析中，根据不同的分类依据，分析方法可以分为多种，常见的有滴定分析、光谱分析、电化学分析、核磁分析、质谱分析、药物分析、食品分析、在线分析、组学分析等。

本书介绍常用的几种分类方法，根据分析对象、分析测定原理、样品物态及取量、分析目的进行分类。

一、根据分析对象分类

根据分析对象不同分为无机分析和有机分析。无机分析主要对无机物中各组成成分进行定量分析或无机化合物中各组成元素的组成分析，而有机分析主要是对有机化合物进行元素组成分析，或药物中各组成成分的定量分析。

二、根据分析测定原理分类

根据分析方法测定原理分类，可将分析化学分为化学分析和仪器分析。

（一）化学分析（chemical analysis）

化学分析是以物质间的化学反应为基础的分析方法。化学分析法由于历史悠久，又是分析化学的基础，常称为经典分析法（classical analysis）。被分析的物质称为试样（sample）（或样品），与试样起反应的物质称为试剂（reagent）。试剂与试样所发生的化学变化称为分析化学反应。根据分析化学反应的现象和特征鉴定物质的化学成分，称为化学定性分析。根据分析化学反应中试样和试剂的用量，测定物质中各组分的相对含量，称为化学定量分析。化学定量分析又可分为重量分析（gravimetric analysis）和滴定分析（titrimetric analysis）或容量分析（volumetric analysis）。

化学分析法具有仪器设备简单，结果准确，应用范围广的特点，但有一定的局限性，但灵敏度低、分析速度慢，因此主要以常量分析为主。

（二）仪器分析（instrumental analysis）

仪器分析是以物质的物理和物理化学性质为基础的分析方法，这类方法都需使用较特殊的仪器。根据原理不同可分为物理分析和物理化学分析两类。根据物质的某种物理性质，如熔点、沸点、折射率、旋光度及光谱特征等，不经化学反应，直接进行定性、定量和结构分析的方法，称为物理分析法（physical analysis），如光谱分析法和色谱分析法等。根据物质在化学变化中的某种物理性质，进行定性定量分析的方法称为物理化学分析法（physicochemical analysis），如电位分析法等。仪器分析法具有灵敏度高、快速、准确、应用范围广等特点。仪器分析法主要包括电化学（electrochemical）分析法、光学（optical）分析法、质谱（mass spectrometric）分析法、放射化学（radiochemical）分析法和色谱（chromatographic）分析法等。

三、根据样品物态及取量分类

根据试样的用量多少，分析化学可分为常量、半微量、微量分析和超微量分析。各种方法的所需试样用量如表 1-2 所示。

表 1-2　各种分析方法的试样用量

方法	试样质量	试液体积
常量分析	>0.1g	>10ml
半微量分析	0.01~0.1g	1~10ml
微量分析	0.1~10mg	0.01~1ml
超微量分析	<0.1mg	<0.01ml

通常化学定量分析多为常量分析，微量分析及超微量分析时多采用仪器分析方法。

此外，根据试样中待测组分含量高低不同，又可分为常量组分分析（组分含量>1%）、微量组分分析（组分含量为 0.01%~1%）和痕量组分分析（组分含量<0.01%）。需要注意这类分类方法与试样用量多少分类法不同，一种是根据试样的质量或体积分类，一种是根据组分的含量分类。痕量组分的分析不一定是微量分析，因为测定痕量组分，有时要取样千克以上。

四、根据分析目的分类

定量分析中，根据分析目的可分为样品中杂质限量测定、药物中主成分含量测定、药物中主成分标示量含量测定、药物中主成分质量分数测定、药物中主成分体积分数测定和样品中有效成分含量测定等。

第五节　分析化学的发展和促进

分析化学是一门有悠久历史的科学。16 世纪欧洲出现第一个把天平用于试金试验室和拉瓦锡氧化汞合成试验，标志分析化学的诞生。直到 20 世纪，随着现代科学技术的飞速发展，学科间的相互渗透融合，工农业生产的发展，新型科学技术的发展，促进了分析化学的发展，使分析化学逐渐发展成为一门独立的科学。20 世纪，分析化学的发展大致经历了三次巨大的变革。

第一次变革　20 世纪初到 30 年代，由于物理化学及溶液理论的发展，为分析化学提供了理论基础，建立了酸碱平衡、氧化还原平衡、配位平衡及溶解平衡等四大平衡理论，使分析化学由一种技术发展为一门科学。

第二次变革 20世纪40年代到60年代，随着物理学、电子学的发展，促进了物理化学性质或物理性质为基础的仪器分析方法的建立，促进了分析化学中物理和物理化学分析方法的发展。出现了以光谱分析、极谱分析为代表的简便、快速的各类仪器分析方法，同时丰富了这些分析方法的理论体系。各种仪器分析方法的发展和完善，使分析化学由化学分析为主的经典分析化学发展为仪器分析为主的现代分析化学。

第三次变革 自20世纪70年代以来，随着信息时代的到来和生命科学的发展，促使分析化学进入第三次变革时期。本阶段，现代分析化学已经突破了纯化学领域，分析化学发展成为一门建立在化学、数学、物理学、计算机科学、生物学及精密仪器制造科学等学科上的多学科性的综合性科学。在这一阶段，分析工作者最大限度地利用计算机和数学、化学计量学、物理学、化学、材料科学和工艺学等学科的最新知识，选择最优化的获得原子、分子信息的方法，很可能使分析人员从单纯的数据提供者变成问题的解决者。

在此阶段，对分析化学的要求不再限于一般的"有什么"（定性分析）和"有多少"（定量分析）的范围，而是要求能提供物质更多的、更全面的多维信息：从常量到微量及微粒分析（分子、原子级水平以及纳米尺度的检测分析方法）；从组成分析到形态分析；从总体分析到微区分析；从宏观组分分析到微观结构分析；从整体分析到表面分析及逐层分析；从静态到快速反应追踪分析；从破坏试样到无损分析；从离线到在线分析等等。同时要求能提供灵敏度、准确度、选择性、自动化及智能化更高的新方法（或仪器）与新技术（图1-1）。

化学计量学的先驱、美国著名分析化学家 B. R. Kowalski 宣称，"分析化学已由单纯的提供数据，上升到从分析数据中获取有用的信息和知识，成为生产和科研中实际问题的解决者"。他认为"分析化学是一门信息科学"。

总之，21世纪的分析化学将广泛吸取当代科学技术的最新成就，利用物质一切可以利用的性质，建立各种分析化学的新方法与新技术，成为当代最富活力的学科之一。

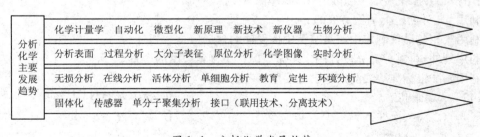

图 1-1 分析化学发展趋势

📊 **重点小结**

本章主要介绍了分析化学的定义、作用，学习分析化学的方法和技巧。从不同的角度对分析化学进行了分类和与其他学科的横向联系介绍，着重阐明了分析化学的发展趋势。

目标检测

一、选择题

（一）最佳选择题

1. 常量分析时，试样的取量一般为
   - A. >10.0g
   - B. >1.0g
   - C. >0.1g
   - D. >0.01g
   - E. >0.001g

2. 下列哪一种属于分析化学按分析对象的分类方法
   - A. 仪器分析
   - B. 化学分析
   - C. 无机分析
   - D. 仲裁分析
   - E. 定量分析

3. 万分之一的天平一般可称准 mg 至
   - A. 1.0
   - B. 0.1
   - C. 0.01
   - D. >0.001
   - E. >0.0001

（二）配伍选择题

[4~8]
   - A. 定量分析
   - B. 定性分析
   - C. 结构分析
   - D. 化学分析
   - E. 仪器分析

4. 以物质的物理和物理化学性质为基础的分析方法

5. 鉴定物质由哪些元素、离子、基团或化合物组成或对化合物进行真伪鉴别的分析方法

6. 以物质的化学反应为基础的分析方法

7. 运用仪器或化学的手段研究物质的分子结构（包括构型和构象）或晶体结构的分析方法

8. 运用化学或物理化学的方法测定物质中某些组分的相对含量的分析方法

[9~13]
   - A. 气相色谱分析
   - B. 核磁共振分析
   - C. 电化学分析
   - D. 滴定分析
   - E. 紫外分析

9. 利用核磁共振仪鉴定牛磺酸的化学结构

10. 利用 pH 计测定葡萄糖溶液的 pH

11. 利用气相色谱仪测定中药吴茱萸中挥发油的含量

12. 利用紫外-可见分光光度计测定多索茶碱片中多索茶碱的含量

13. 利用硝酸银标准溶液测定苯巴比妥原料药的含量

[14~17]
   - A. "眼睛"
   - B. 第一次变革
   - C. 第二次变革
   - D. 第三次变革
   - E. 水分析

14. 建立了四大平衡理论的分析化学的变革为

15. 分析化学在国民经济建设中所起作用可视为

16. 按照分析对象分类的是

17. 利用计算机和数学等诸多学科的最新知识，选择最优化的方法，解决实际工作中问题的变革为

（三）共用题干单选题

[18~20] 苯佐卡因原料药的含量测定：取本品约 0.35g，精密称定，照永停滴定法。

18. 苯佐卡因的含量测定属于

A. 定性分析　　　　　　B. 鉴别分析　　　　　C. 鉴定分析

D. 定量分析　　　　　　E. 结构分析

19. 本品含量测定根据取样量分类属于

A. 微量分析　　　　　　B. 半微量分析　　　　C. 常量分析

D. 痕量分析　　　　　　E. 超微量分析

20. 本滴定法的原理是

A. 酸碱滴定　　　　　　B. 配位滴定　　　　　C. 氧化还原滴定

D. 沉淀滴定　　　　　　E. 非水滴定

[21~22] 葡萄糖氯化钠注射液的含量测定：精密量取本品 10ml（含氯化钠 0.9%），加水 40ml 或精密量取本品 50ml（含氯化钠 0.18%），加 2% 糊精溶液 5ml，2.5% 硼砂溶液 2ml 与荧光黄指示液 5~8 滴，用硝酸银滴定液（0.1mol/L）滴定。

21. 本品的含量测定属于

A. 定性分析　　　　　　B. 鉴别分析　　　　　C. 鉴定分析

D. 定量分析　　　　　　E. 结构分析

22. 本品含量测定根据取样量分类属于

A. 微量分析　　　　　　B. 半微量分析　　　　C. 痕量分析

D. 常量分析　　　　　　E. 超微量分析

[23~25] 葡萄糖注射液的含量测定：精密量取本品适量（约相当于葡萄糖 10g），置于 100ml 容量瓶中，加氨试液 0.2ml（10% 或 10% 以下规格的本品可直接取样测定），用水稀释到刻度，摇匀，静置 10 分钟。在 25℃ 时，依法测定旋光度，与 2.0852 相乘，即得供试量中含有葡萄糖 $C_6H_{12}O_6 \cdot H_2O$ 的质量（g）。

23. 本品的含量测定属于

A. 定性分析　　　　　　B. 鉴别分析　　　　　C. 鉴定分析

D. 定量分析　　　　　　E. 结构分析

24. 本品含量测定根据取样量分类属于

A. 微量分析　　　　　　B. 常量分析　　　　　C. 痕量分析

D. 半微量分析　　　　　E. 超微量分析

25. 本方法是利用葡萄糖的

A. 还原性　　　　　　　B. 氧化性　　　　　　C. 旋光性

D. 甜味　　　　　　　　E. 水溶性

（四）X 型题（多选题）

26. 下列分析方法属于仪器分析范畴的为

A. 荧光分析法　　　　　B. 沉淀滴定法　　　　C. 非水滴定法

D. 气相色谱法　　　　　E. 质谱分析法

27. 下列仪器分析法中属于光谱分析法的有

A. 荧光分析法　　　　　B. 红外光谱法　　　　C. 气相色谱法

D. 核磁共振波谱法　　　E. 质谱分析法

28. 下列分析法属于化学分析法的有

A. 重量分析法　　　　　B. 酸碱滴定法　　　　C. 比旋度法

D. 原子吸收分光光度法　E. 毛细管电泳法

29. 下列分析法属于色谱分析法的有

A. 薄层色谱法　　　　　B. 质谱法　　　　　　C. 气相色谱法

D. 核磁共振谱法　　　　　　E. 毛细管电泳法

30. 下列分析方法属于物理分析的有

A. 比旋度法　　　　　　B. 气相色谱法　　　　　　C. 电流滴定法

D. 红外光谱法　　　　　　E. 电位滴定法

二、填空题

31. 分析化学是研究分析方法的科学，是一门获取物质的_____、_____、_____和形态等信息的分析方法及有关理论的科学，即独立的化学信息科学。

32. 分析化学定量分析中根据试样的用量多少，分析化学可分为_____、半微量、微量分析和_____分析四种分析方法。

33. 分析化学定量分析中根据分析方法的原理，分析化学可分为_____和仪器分析。

34. 分析化学根据分析对象不同分为_____和_____。

35. 分析化学不仅对化学学科本身的发展起着重大推进作用，而且在_____、国民经济建设、_____及学校教育等各方面都起着重要的作用。

三、简答题

36. 菠菜为什么不能和豆腐一起吃？

37. 哪种水果中含维生素 C 最高？可以用什么方法测定维生素 C 的含量？

38. 酱油中为什么添加 EDTA-2Na，它的作用是什么？

39. "水土不合"是什么意思？为什么有这种现象？

（韦国兵）

第二章

化学分析常用仪器简介和基本操作

学习目标

知识要求　1. **掌握**　称量的基本原理和方法。
　　　　　2. **熟悉**　电子天平、移液管、容量瓶、滴定管的基本仪器类型，合理选用和使用仪器。
　　　　　3. **了解**　托盘天平、电子天平的称量原理。
技能要求　1. 培养职业习惯和实事求是的工作作风，正确选择化学分析仪器。
　　　　　2. 学会根据要求正确应用电子天平、移液管、容量瓶配制溶液及应用滴定管完成定量测定的操作。

案例导入

案例：间接法配制高锰酸钾滴定液（0.02mol/L）的方法为取高锰酸钾 3.2g，加水 1000ml，煮沸 15 分钟，密塞，静置 2 天以上，用垂熔玻璃滤器滤过，摇匀。

讨论：1. 取高锰酸钾 3.2g 应使用哪种称量仪器？
　　　　2. 加水 1000ml 应使用哪种水？用哪种取量仪器？

在分析检验工作中，常常要用到称量仪器和容量仪器，如取样时常用电子天平进行精密称定；在滴定分析中溶液体积常通过有准确刻度和体积的容量仪器测量得到。能否正确的选择、校准、使用仪器直接相关分析结果的准确度。因此，称量仪器和容量仪器校准、使用、溶液的配制和滴定操作技术的训练是学生首要的工作任务。

第一节　称量仪器简介和基本操作

一、常见天平简介

称量（weighing）：测量物体轻重的过程，是分析工作最基本的操作之一。

天平（balance）：利用作用在物体上的重力以平衡原理测定物体质量或确定作为质量函数的其他量值、参数或特性的仪器，是常用的称量仪器，常用天平有机械天平和电子天平。

（一）托盘天平

托盘天平（counter balance）即台秤，是机械天平中常用的一种，依据杠杆原理制成，准确度不高，用于粗略称量。准确度一般为 0.1g 或 0.2g。荷载有 100g、200g、500g、1000g 等。构造如图 2-1 所示。

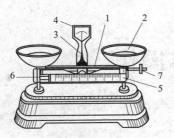

图 2-1   托盘天平
1. 横梁 2. 托盘 3. 指针 4. 刻度盘
5. 游码标 6. 游码 7. 平衡螺丝

（二）电子天平

电子天平（electronic balance）是通过作用于物体上的重力来确定该物体的质量，并采用数字指示输出结果的计量器具。具有称量准确可信、显示快速清晰、具有自动检测系统、自动校准装置以及超载保护装置等特点。

分度值 d（感量）是电子天平可读数的最后一位，在定量分析中常用的天平有分度值 1mg（千分之一天平）、0.1mg（万分之一天平）、0.01mg（十万分之一天平）等。电子天平构造如图 2-2 所示。

根据 2008 年 5 月 20 日开始实施的《电子天平检定规程（JJG1036—2008）》，天平按照检定分度值 e 和检定分度数 n，划分为①特种准确度级；②高准确度级；③中准确度级；④普通准确度级。

二、常见天平操作、使用、保养

（一）托盘天平的使用

1. 调零   将天平放置在水平的地方，游码归零，检查指针是否指在刻度盘中心线位置。若不在，可调节平衡螺丝。当指针在刻度盘中心线左右等距离摆动，则表示天平处于平衡状态，即指针在零点。

2. 称量   左盘放被称物，右盘放砝码。被称物放置左盘后，用镊子向右盘先加大砝码，再加小砝码，一般 5g 以内质量，通过游码来添加，直至指针在刻度盘中心线左右等距离摆动（允许偏差 1 小格以内）。

3. 读数   砝码加游码的质量就是被称物的质量。

4. 注意   托盘天平不能称量热的物品，称量物一般不能直接放在托盘上。要根据称量物性质和要求，将称量物置于称量纸上、表面皿上或其他容器中称量。取放砝码，应用镊子，不能用手拿，砝码不得放在托盘和砝码盒以外其他任何地方。称量完毕后，应将砝码放回原砝码盒，并使天平复原。

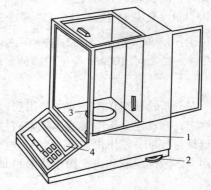

图 2-2   电子天平
1. 水平仪 2. 水平调节脚
3. 称盘 4. 显示屏

5. 保养   托盘天平及砝码用软刷拂抹清洁，并保持干燥，在使用期间每隔 3~12 个月必须检定计量性能以防失准，发现托盘天平损坏和不准时送有关修检部门，另外还注意加载或去载时避免冲击。称量质量不得超过核载质量，以免横梁断裂。

（二）电子天平的使用

1. 电子天平的选择   所选天平的称量范围、精确度、灵敏度、结构应满足称量要求。使用范围应为天平载荷的 80%~20%。

试验中供试品与试药等"称重"的量，其精确度可根据数值的有效位数来确定，应选用相应精确度天平。如称取"2.00g"，系指称取质量可为 1.995~2.005g，可选用 d = 1mg 的千分之一天平。

"精密称定"系指称取质量应准确至所取质量的千分之一；"称定"系指称取质量应准

确至所取质量的百分之一；取用量为"约"若干时，系指取用量不得超过规定量相对误差的±10%。

万分之一天平常用于精密称量500mg以上的物质、炽灼残渣（坩埚）、干燥失重（称量瓶）；十万分之一天平常用于精密称量500~10mg物质；百万分之一天平常用于精密称量少于10mg物质。

2. 电子天平的安装环境

（1）天平室的位置　应坐落在朝北面，即阴面背光的地方，与外部直接接触的外墙最好不使用大面积玻璃门窗。

（2）天平室的面积　百万分之一及以上精度的：$3 \sim 5m^2$；十万分之一及以下精度的：$10 \sim 20m^2$。

（3）天平室的温度　工作温度保持在15~30℃，最好是25℃。

（4）天平室的湿度　相对湿度（RH）45%~60%最佳，建议配备温湿度计或温湿度监控探头记录仪监控室内环境。

（5）天平室的光源　冷光源最佳，如日光灯、节能灯等。

（6）天平台　每台天平最好配备独立的水平、稳固、铺有缓冲垫的纯黑色大理石实验台。

（7）天平放置位置　避免距离热源、振源、磁源太近。

（8）水平调节　安装时要对天平进行水平调节。

（9）电源要求　电源220V，需接地。

3. 电子天平的校准　在实验室环境（温度、湿度等）变化、天平安放位置变动、重新调节水平之后都需要进行校准工作。通常天平在使用之前都要先进行校准，因为实验室的环境是随时在变化的。电子天平称量偏差不超过$10d$，校准方法有内校准和外校准。具体参照说明书或请当地计量局完成。

4. 电子天平操作步骤

（1）检查并调节水平调节脚，使水平仪内空气泡位于圆环中央。

（2）检查电源电压是否匹配，通电预热至所需时间。

（3）打开天平开关"ON"，系统自动实现自检功能。当显示器显示"0.0000"后，自检完毕，即可称量。

（4）称量时将洁净称量纸（称量瓶）置于称盘上，关上侧门，轻按一下去皮键"TAR"或"O/T"，天平自动校对零点，在秤盘中心加入待称物质，直到所需质量为止。

（5）被称物质的质量（g）是显示屏左下角出现"→"标志时，所显示的数值。

（6）称量结束，除去纸（称量瓶），关上侧门，关闭天平开关"OFF"，切断电源，并做好使用情况登记。

拓展阅读

天平预热时间

$d \geq 1mg$的精密天平大约30分钟；$d \geq 0.1mg$的分析天平大约4小时；$d \geq 0.01mg$的半微量天平大约12小时；$d \geq 0.001mg$的超微量/微量天平大约24小时。

电子分析天平功能较多，称量方法除了直接称量法、固定质量称量法和减量法外，还有一些特殊的称量方法和数据处理显示方式，请参阅电子分析天平使用说明书。

5. 电子天平称量方法

（1）**直接称量法**　此法适用于称量洁净干燥的器皿（如小烧杯、称量瓶、坩埚、表面皿等）、砝码的称量等。

方法：将天平去皮，将待称物置于天平称盘上，关上侧门，待天平读数稳定后，直接读出物体的质量，优点是称量简单，称量速度快。

（2）**固定质量称量法（增量法）**　此法适用于称量不易吸湿，在空气中性质稳定，要求某一固定质量的粉末状或细丝状物质。

方法：将称量纸或其他容器置于天平称盘上，按去皮键"TAR"或"O/T"，右手持药匙取试样悬于称量纸正上方，左手手指轻击右手腕部，将药匙中试样慢慢震落于容器中，直到天平读数与所需质量一致。转移样品后需回称称量纸上残留试样质量，从读数中扣除残留试样质量即为所取试样准确质量。

（3）**减量法（递减法）**　此法适用于称量一定质量范围的粉末状物质，特别是在称量过程中试样易吸水、易氧化或易与 CO_2 反应的物质。由于称取试样的量是由两次称重质量之差求得，故此法称为减量法（或递减、差减称量法）。优点是称量过程中供试品与空气接触时间短。缺点是操作复杂，步骤繁多，容易加过量。

方法：从干燥器中取出称量瓶（注意：不要让手指直接触称量瓶和瓶盖，需用小纸片夹住称量瓶或戴上洁净细纱手套），打开瓶盖，用药匙加入适量试样（一般为称一份试样质量的整数倍），盖上瓶盖。用清洁的纸条叠成称量瓶高 1/2 左右的三层纸带，套在称量瓶上，左手拿住纸带两端，如图 2-3 所示，把称量瓶置于天平称盘上，称出称量瓶加试样的准确质量 m_1。

图 2-3　称量瓶拿法　　　　图 2-4　从称量瓶中敲出试样

将称量瓶取出，在接受器的上方，倾斜瓶身，用纸片夹取出瓶盖，用称量瓶盖轻轻敲瓶口上部使试样慢慢落入容器中，如图 2-4 所示。当倾出的试样接近所需量时，一边继续用瓶盖轻敲瓶口，一边逐渐将瓶身竖立，使黏附在瓶口上的试样落下，然后盖上瓶盖。把称量瓶放回天平称盘上，准确称取其质量 m_2。

两次称量质量之差 $m_1 - m_2$，即为敲出试样的质量。按上述方法连续递减，可称量多份试样。倾样时，一般很难一次倾准，往往需几次（不超过三次）相同的操作过程，才能称取一份符合要求的样品。

称量完毕后应立即根据相关要求进行使用登记，样品如有遗撒应立即进行清理，天平周围与称量相关的样品和用具应随身带离。

6. 注意事项　同一个试验应在同一台天平上进行称量，以减少由称量产生的误差。天平、砝码应由计量部门按规定进行定期检定。

7. 天平保养　禁止将试样直接放置在天平秤盘上，如果不慎将称量物洒落在秤盘上应立即进行清理。取、放被称物体时，可使用两侧门，开、关门时应轻缓。

三、称量记录格式和要求

品名		环境条件	温度： ℃ RH： %
批号		仪器型号	
称量记录			
序号	称量日期	称量质量	称定员

《药品生产质量管理规范》（简称药品 GMP）要求药品生产企业应当尽可能采用生产和检验设备（包括电子天平）自动打印的记录、图谱和曲线图等，并标明产品或样品的名称、批号和记录设备的信息，操作人应当签注姓名和日期。

第二节　取量工具简介和基本操作

一、常见取量工具简介

移液管和吸量管

移液管和吸量管是用于准确移取一定体积溶液的玻璃精密量器。

移液管形状如图 2-5（a）所示，中部膨大且管颈上部有一环状刻度。在标明的温度下，使溶液弯月面最低点与标线相切时，让溶液按一定的方法自由流出，则流出的体积与管上标明的体积相同。常用的规格有 5ml、10ml、20ml、25ml、50ml 等，移液管适用于量取其规定的某一体积溶液。

吸量管形状如图 2-5（b）所示，直形且管上具有分刻度。它一般只用于量取小体积溶液。常用的规格有 0.1ml、0.2ml、0.5ml、1ml、2ml、5ml、10ml 等，吸量管适用于量取其刻度范围内的任意体积溶液。吸量管吸取溶液准确度不如移液管。

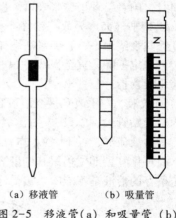

（a）移液管　　（b）吸量管

图 2-5　移液管（a）和吸量管（b）

移液管、吸量管上必须标有下列标识：

标准容量：如 5、10、25　　容量单位符号：cm^3 或 ml

标准温度：20℃　　量出式符号：Ex

准确级别符号："A"或"B"　　生产厂名或注册商标

滴定分析中使用的吸量管必须符合《实验室玻璃仪器分度吸量管（GB/T 12807—1991）》规定的要求。

二、常见取量工具操作、使用、保养

（一）移液管和吸量管的选择

根据所移溶液的体积和要求选择合适规格的移液管和吸量管，滴定分析中准确移取液体一般使用"A"级移液管。

（二）移液管和吸量管的操作

使用前，应检查移液管和吸量管的管口和尖嘴有无破损，若有破损不能使用。选择适当规格的洗耳球配合使用。

（三）移液管和吸量管的使用

1. 洗涤　移液管和和吸量管是带有精确刻度的容量仪器，不宜用刷子刷洗。先用自来水淋洗，若内壁仍挂水珠，则用装有洗涤液的超声波洗涤，最后再用饮用水和纯化水淋洗。

2. 润洗　移取溶液前，先用少量待吸溶液润洗3次。方法是：用左手持洗耳球（可根据个人习惯调整），将食指放在洗耳球上方，其他手指自然地握住洗耳球，右手拇指和中指拿住移液管或吸量管标线以上部分，食指靠近准移液管口，无名指和小指辅助拿住移液管。将洗耳球对准移液管口，如图2-6所示，将管尖伸入溶液或洗液中吸取，待吸液吸至移液管或吸量管约1/4处（注意：勿使溶液流回，以免稀释待吸溶液）时，右手食指堵住管口，移出，将移液管横置，左手托住没沾溶液部分，右手指松开，平移移液管，让溶液润湿管内壁（注意：溶液不要超过管上部黄线），润洗过的溶液应从管尖放尽，不得从上口倒出。如此反复润洗3次。

3. 吸液　移液管经润洗后，移取溶液时，将管尖直接插入待吸液液面下约1~2cm处。管尖不应伸入太浅，以免液面下降后造成吸空；也不应伸入太深，以免管外壁附有过多溶液。吸液时，应注意容器中液面和管尖位置，应使管尖随液面下降而下降，以免吸空。当洗耳球慢慢放松时，管中液面徐徐上升；当液面上升至标线以上时，迅速移去洗耳球，与此同时，用右手食指堵紧管口，拦截外管壁液体。

4. 调节液面　另取一洁净小烧杯，将移液管管尖靠住小烧杯，移液管垂直烧杯倾斜，刻度线与视线水平。管尖紧贴烧杯内壁，右手食指微微松动（或微微转动）移液管，使液面缓慢稳定下降，直至视线平视时，液体弯月面最低点有色液体最高点与刻度标线相切，迅速压紧食指。

5. 放液　左手改拿接受溶液容器，并将容器倾斜，将移液管移入容器中，保持管垂直，使内壁紧贴管尖，成30°左右。然后放松右手食指，使溶液竖直自然顺壁流下，如图2-7所示。待溶液流尽，等15秒左右，移出移液管（标有"吹"字的移液管不需等15秒）。这时，尚可见管尖部位仍留有少量溶液，除特别注明有"吹"字的移液管以外，一般此管尖部位留存的溶液是不能吹入接受器中。

　　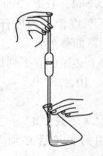

图2-6　用洗耳球吸液操作　　图2-7　移液管操作

用吸量管吸取溶液时，大体与上述操作相同。但吸量管上常标有"吹"字，特别是1ml以下吸量管，要注意流完溶液要将管尖溶液吹入接受器中。

6. 移液管或吸量管的放置　洗净移液管，放置在移液管架上。

7. 注意事项　吸量管分刻度，有的刻到末端收缩部分，有的只刻到距尖端 1~2cm 处，要看清刻度。在同一实验中，应尽量使用同一支吸量管的同一段，通常尽可能使用上面部分，而不用末端收缩部分。

8. 保养　移液管、吸量管使用中注意保护尖嘴部位。

三、取量记录格式和要求

记录必须及时准确完整，液体样品取样记录格式如下：

样品取样量：ml（小数点后两位）

第三节　配液工具简介和基本操作

一、常见配液工具简介

容量瓶（量瓶）是一种细颈梨形平底玻璃精量入式量具，如图 2-8 所示，它用于把准确称量的物质配成准确浓度准确体积的溶液，或将准确体积和准确浓度的浓溶液稀释成准确浓度和准确体积的稀溶液。常用规格有 10ml、25ml、50ml、100ml、250ml、500ml、1000ml 等。容量瓶带有磨口玻璃塞，用塑料绳或橡皮筋固定在瓶颈。

容量瓶必须标有下列标识：

标准容量：如 25、50、100　　容量单位符号：cm^3 或 ml

标准温度：20℃　　　　　　　量入式符号：In

准确级别符号："A"或"B"　　生产厂名或注册商标

滴定分析中使用的容量瓶必须符合 GB/T 12806—1991 规定的要求。

二、常见配液工具操作、使用、保养

（一）容量瓶的选择

根据配制溶液的体积选择合适规格的容量瓶，滴定分析中准确配制一定浓度溶液一般使用"A"级容量瓶。另外，应注意见光易分解的物质应选用棕色容量瓶。

（二）容量瓶的使用方法

1. 检漏　加自来水到标线附近，盖好瓶塞后，左手用食指按住塞子，其他手指拿住瓶颈标线以上部分，右手用指尖托住瓶底边缘，如图 2-9 所示。将瓶倒立 2 分钟，如不漏水，将瓶直立，转动瓶塞 180°后，再倒立 2 分钟检查，如若不漏水，方可使用。

图 2-8　容量瓶

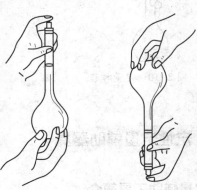

图 2-9　容量瓶检漏

2. 洗涤　容量瓶先用自来水涮洗内壁，倒出水后，内壁如不挂水珠，即可用蒸馏水涮洗，备用。难溶污渍可用稀硝酸浸泡，超声波处理后按上述步骤洗涤。

3. 固体样品溶解和液体样品稀释　将已准确称量的固体置小烧杯中，加入适量溶剂溶解，然后定量转移到容量瓶中，也可使用超声波法或加热法促使其溶解。精密量取液体样品置容量瓶中，加入适量溶剂稀释至刻度，得到准确浓度的稀释液。

4. 定量转移　转移在烧杯中配制的溶液时，烧杯口应紧靠玻棒，玻棒倾斜，下端紧靠瓶颈内壁，其上部不要碰到瓶口，使溶液沿玻棒和内壁流入瓶内，如图2-10所示。烧杯中溶液流完后，将烧杯沿玻棒稍微向上提起，同时使烧杯直立，再将玻棒放回烧杯中。用洗瓶吹洗玻棒和烧杯内壁，如前法将洗涤液转移至容量瓶中，一般应重复5次以上，以保证定量转移。当加水至容量瓶约3/4容积时，用手指夹住瓶塞，将容量瓶拿起，摇动几周，使溶液初步混匀（注意：此时不能加塞倒立摇动）。

5. 定容　加水至距离标线约1cm，等待2分钟，使附在瓶颈内壁的溶液流下后，再用胶头滴管加水（用洗瓶加水容易超过标线）。注意：滴管加水时，勿使滴管触及溶液。加水至溶液弯月面最低点与标线相切为止（有色溶液亦同）。

6. 混合　盖紧瓶塞，按图2-11的姿势，倒转容量瓶，反复摇动10次左右。放正容量瓶（此时，因一部分溶液附于瓶塞附近，瓶内液面可能略低于标线，不应补加水至标线），打开瓶塞，使瓶塞周围溶液流下，重新盖好塞子后，再倒转容量瓶，摇动2次，使溶液全部混匀。

如用容量瓶稀释溶液，则用吸管移取一定体积浓溶液，在烧杯中稀释冷却后，定量转移至容量瓶中，加水稀释至标线。当浓溶液稀释不放热时，可将浓溶液直接放入在容量瓶中加水稀释，其余操作同前。

7. 保养　容量瓶使用完毕后，应立即用水冲洗干净。如长时间不用，应用纸片将玻塞与磨口隔开，以免玻塞将来可能不易打开。配好的溶液如需保存，应转移至磨口试剂瓶中，不要把容量瓶当作试剂瓶贮存溶液。容量瓶清洗后不可在烘箱中加热烘干。

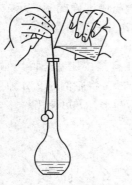

图2-10　定量转移

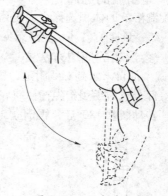

图2-11　混合均匀

第四节　定性定量辅助器具

一、定性定量辅助工具简介

滴定管是滴定时准确测量流出标准溶液体积的玻璃精密量器，也是定量分析中常用的玻璃仪器。滴定管按结构一般分为三种：一种是下端带有玻璃活塞的酸式滴定管，如图 2-12（a）所示；一种是下端连接一段乳胶管（内置玻璃珠）的碱式滴定管，如图 2-12（b）所示。另一种是下端带有聚四氟乙烯材料活塞的酸碱两用滴定管，如图 2-12（c）所示，能耐酸、碱标准溶液腐蚀，操作参照酸式滴定管。

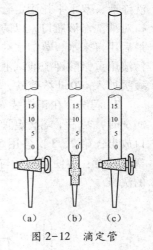

图 2-12　滴定管

根据长度和容量滴定管可分为常量滴定管、半微量滴定管、微量滴定管。常量滴定管容积有 50ml、25ml，刻度最小 0.1ml，最小可读到 0.01ml；半微量滴定管容量 10ml，刻度最小 0.05ml，最小可读到 0.01ml、微量滴定管容积有 1ml、2ml、5ml、10ml，刻度最小 0.01ml，最小可读到 0.001ml。

滴定管必须标有下列标识：

标准容量：如 25、50、100　　　容量单位符号：cm^3 或 ml
标准温度：20℃　　　　　　　　量出式符号：Ex
准确级别符号：“A”或“B”　　生产厂名或注册商标

滴定分析中使用的滴定管必须符合 GB/T 12805—1991 规定的要求。

二、定性定量辅助工具操作、使用、保养

（一）滴定管的选择

根据所盛滴定液的性质和用量选择合适规格的滴定管，滴定分析中滴定管一般使用“A”级移液管。

（二）滴定管的使用方法

酸式滴定管用来装酸性、中性或氧化性溶液，但不宜装碱性溶液，因为碱性溶液要腐蚀玻璃的磨口和旋塞，放久了活塞不能旋转；碱式滴定管用来装碱性或无氧化性溶液，凡要与橡皮起反应的溶液，如高锰酸钾、碘、硝酸银等溶液，都不能用碱式滴定管来装。

滴定管规格最小为 1ml，最大为 100ml。常用 25ml 和 50ml，其最小刻度 0.1ml，最小刻度间可估计读数到 0.01ml。

1. 检漏

（1）酸式滴定管的检漏　使用前，首先应检查活塞与活塞套是否配合紧密，如不紧密将会出现漏液现象，需将活塞涂凡士林或真空活塞油。操作如下：

①取下活塞小头处小橡皮套圈，取出活塞（注意：勿使活塞跌落）。

②用滤纸片将活塞和活塞套擦干擦净，擦拭活塞套时，可将滤纸片卷在玻棒上伸入活塞套内。

③在活塞两头均匀地涂一薄层油脂，如图 2-13（a）所示。油脂涂得太少，活塞转动不灵活；涂得太多，活塞孔容易被堵塞。油脂涂得不好还会漏液。

④将活塞插入活塞套中，如图 2-13（b）所示。插入时，活塞孔应与滴定管平行，径直插入活塞套内，不要转动活塞，这样可以避免将油脂挤到活塞孔中。然后向同一方向不断旋转活塞，并轻轻用力向活塞小头部分挤，以免来回移动活塞，直到油脂层中没有纹路，旋塞呈均匀透明状态。最后将橡皮套圈在活塞小头部分沟槽上。

⑤用水充满滴定管，垂直挂在滴定管架上，静置 2 分钟，观察有无水漏下。然后将活塞旋转 180°同法检漏。如果有水漏下，擦净活塞外皮、活塞孔内重新涂油。

（2）碱式滴定管的检漏　使用前，应检查乳胶管是否老化，检查玻璃珠大小是否合适。玻璃珠过大，不便操作；玻璃珠过小，则会漏水。如不合适及时更换。

2. 洗涤 滴定管不宜用毛刷蘸洗涤剂刷洗，但可用洗涤液泡洗。少量污垢可装入适量洗涤液，双手平托滴定管两端，不断转动滴定管，使洗涤液润洗滴定管内壁，操作时，管口对准洗涤液瓶口，以防洗涤液外流。洗完后，将洗涤液分别由两端放出，并倒回原瓶。最后用自来水、蒸馏水冲洗干净。要求洗至滴定管内壁为一层水膜而不挂有水珠。还原性污渍用重铬酸钾硫酸试液（取 10g 工业用重铬酸钾，溶解于 30ml 热水中，冷后，边搅拌边缓缓加入 170ml 浓硫酸，溶液先显暗红色，贮存于玻璃瓶中）淌洗。

3. 润洗 在正式装入溶液前操作，应先将溶液润洗滴定管 3 次。第 1 次用 10ml 左右，润洗时，两手平端滴定管，边转动边倾斜管身，使溶液洗遍全部内壁，大部分溶液可由上口放出；第 2、3 次各用 5ml 左右，从下口放出。每次洗涤尽量放干残留液。最后，关好活塞（注意：应使活塞柄与管身垂直）。对于碱式滴定管，应特别注意玻璃珠下方管尖嘴部分的洗涤。

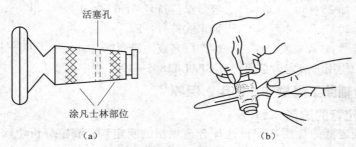

活塞孔

涂凡士林部位

（a）　　　（b）

图 2-13　酸式滴定管涂油操作

4. 装液 将溶液装入滴定管之前，应将试剂瓶或容量瓶中溶液摇匀，使凝结在瓶内壁的水珠混入溶液。混匀后溶液应直接倒入滴定管中，一般不得借助其他容器，否则既浪费溶液，也污染溶液或改变溶液浓度。如果试剂瓶或容量瓶确实太大，滴定管口很小，也可先将操作溶液转移入烧杯（不过要用干燥、洁净的烧杯，并用操作溶液洗涤 3 次），再倒入滴定管。

倒入溶液要充满到"0"刻度以上。转移溶液到滴定管时，用左手前三指持滴定管上部无刻度处，并倾斜，右手拿住试剂瓶，向滴定管倒入溶液。

图 2-14　碱式滴定管排气泡操作

5. 排气泡 装液后，应检查管的出口下部尖嘴部分是否充满溶液，是否留有气泡。酸式滴定管气泡一般很容易看出。当有气泡时，右手拿滴管上部无刻度部分，并使滴定管倾斜 30°左右迅速打开活塞至最大流速，使溶液冲出管口，反复数次，一般可除去气泡。碱式滴定管排气泡，右手拿滴定管上端，并使管稍向右倾斜，左手指捏住玻璃珠侧上部位，使乳胶管向上弯曲翘起，挤捏乳胶管，使气泡随溶液排出，如图 2-14 所示，再一边涅乳胶管，一边把乳胶管放直，注意待乳胶管放直后，再松开拇指和食指，否则出口管仍会有气泡。

6. 调节零刻度 排气泡后，重新补充溶液至"0"刻度或接近"0"刻度的任一刻度。应将滴定管取下，视线与凹液面最低点水平观察并记录初读数（有色溶液读水平面）。

7. 滴定 滴定姿势：滴定时，将滴定管垂直地挂在滴定管架上。操作者面对滴定管，坐着也可站着，滴定管高度要适宜。左手控制滴定管，右手振摇锥形瓶。

　　酸式滴定管的操作：使用酸式滴定管时，左手握住滴定管，无名指和小指向手心弯，无名指轻轻靠住出口玻管，拇指和食指、中指分别放在活塞柄上、下，控制活塞转动，如图 2-15 所示。注意：不要向外用力，以免推出活塞造成漏水，应使活塞稍有一点向心的回力。当然也不要过分向里用力，以免造成活塞旋转困难。

　　碱式滴定管的操作：使用碱式滴定管时，仍以左手握管，拇指在前，食指在后，其余三指辅助夹住出口管。拇指和食指指尖涅于玻璃珠侧上部位。通常向右边捏玻璃珠侧偏上方的乳胶管（其实左右均可，通常向右比较省力），使溶液从玻璃旁空隙处流出，如图 2-16 所示。注意：不要从正中相反方向用力涅玻璃珠的中心位置，也不要使玻璃珠上下移动，也不要捏玻璃珠下部胶管，以免空气倒吸。在滴定过程中，始终要保持玻璃珠下部胶管和管尖没有气泡，否则影响读数结果。

图 2-15　酸式滴定管操作

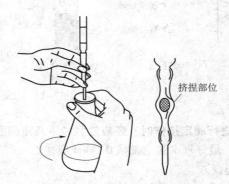

挤捏部位

图 2-16　碱式滴定管操作

　　滴定操作可在锥形瓶（或烧杯）中进行。在锥形瓶中进行滴定时，用右手拇指、食指和中指拿住锥形瓶，其余两指辅助在下侧，使瓶底离滴定台高约 2～3cm，滴定管下端伸入瓶口约 1cm。左手握住滴定管，按前述方法，边滴加溶液，边用右手手腕旋转，摇动锥形瓶，使溶液作同向圆周运动。注意：滴定管尖不能碰到锥形瓶内壁。如果有滴定液溅在内壁上，要立即用水冲到溶液中。

　　半滴的控制和吹洗：快到滴定终点时，要一边摇动，一边逐滴地滴入，甚至是半滴溶液加入。用酸式滴定管时，可轻轻转动旋塞，使溶液悬挂在管尖嘴上，形成半滴，用锥形瓶内壁将其沾落，再用洗瓶吹洗淋于锥形瓶中。对于碱式滴定管，加入半滴溶液时，应先轻挤乳胶管使溶液悬挂在管尖嘴上，在松开拇指与食指，用锥形瓶内壁将其沾落，再用洗瓶吹洗淋于锥形瓶中。

　　8. 读数　为了便于准确读数，在管装满或放出溶液后，必须等待片刻，使附着在内壁上溶液流下来后，再读数。注意：读数时，滴定管管尖不能挂水珠，管尖嘴不能有气泡，否则无法准确读数。

　　读数时，应将滴定管从滴定管架上取下，右手大拇指和食指捏住管上部无刻度处，其他手指悬空在旁，使滴定管保持垂直，然后读数。一般不宜采用滴定管挂在滴定管架上读数的方法，因为这样很难确保滴定管垂直和准确读数。

　　由于水的附着力和内聚力的作用，滴定管内液面呈弯月形，无色或浅色溶液比较清晰，读数时，可读弯月面下缘实线最低点，视线、刻度与弯月面下沿实线最低点应在同一平面上，如图 2-17(a) 所示。对于有色溶液如 $KMnO_4$、I_2 等，其弯月面不够清晰，读数时，视线与弯月面两侧最高点即水平面相切，这样比较容易读准，如图 2-17(b) 所示。一定要注意初读数与终读数要采用同一标准。

读数时，必须读至毫升小数点后第 2 位，即估计到 0.01ml。滴定管两个小刻度之间为 0.1ml，要求估计十分之一值。

初学者读数时，可将黑白板放在滴定管背后，使黑色部分在弯月面下面约 1cm 处，此时即可看到弯月面反射层全部成为黑色，然后读此黑色弯月面下沿最低点，如图 2-17(c) 所示。当有蓝线的滴定管盛液后，从蓝线对面看，将会出现两个类似弯月面的蓝交叉点，此处即为读数正确位置，如图 2-17(d) 所示。蓝交叉点比弯月面最低点略高些。

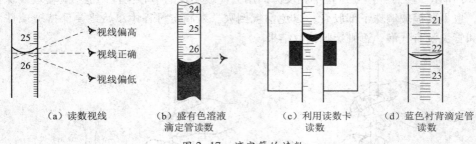

（a）读数视线　　　　（b）盛有色溶液　　　（c）利用读数卡　　（d）蓝色衬背滴定管
　　　　　　　　　　　　滴定管读数　　　　　　读数　　　　　　　　读数

图 2-17　滴定管的读数

9. 进行滴定操作时，还应注意如下几点问题

（1）最好每次滴定都从 0.00ml 或接近 "0" 的准确读数开始，这样可减少滴定管刻度不均引起误差。

（2）滴定时，左手始终不能离开活塞，不能 "放任自流"。

（3）摇动锥形瓶时，应微动腕关节，使溶液向同一方向旋转，形成旋涡，不能前后或左右摇动，不应听到滴定管下端与锥形瓶内壁撞击声。摇动时，要求有一定速度，不能摇得太慢，以免影响反应速度。

（4）滴定时，要注意观察液滴落点周围颜色变化。不要只看滴定管刻度变化，而不顾滴定反应进行。

（5）滴定速度控制。一般开始时，滴定速度可稍快，成串不成线，每秒 3~4 滴左右。接近终点时，用洗瓶吹洗一下锥形瓶内壁，并改为一滴一滴加入，即每滴加一滴摇几下。最后是每加半滴，摇几下，若溶液碰在内壁上要立即用洗瓶吹洗，直至溶液出现明显颜色变化。滴定通常在锥形瓶中进行，而碘量法、溴酸钾法等，要在碘量瓶中反应和滴定。

滴定结束后，滴定管内溶液应弃去，不要倒回原瓶中，以免沾污溶液。洗净滴定管，用纯化水充满全管，挂在滴定管架上，上口用一微量烧杯罩住，备用，或倒尽水后收在仪器柜中。

📊 **重点小结**

本章主要介绍了分析化学常用仪器的基本术语和基本操作，重点介绍了电子天平、移液管、容量瓶、滴定管的用途、规格、操作、使用及保养，根据分析工作的要求能够正确选择及使用仪器。

目标检测

一、选择题

（一）最佳选择题

1. 检查电子天平是否处于水平位置的部件是
    A. 重心调节螺丝　　　　　　B. 平衡调节螺丝　　　　　　C. 水平仪
    D. 托盘　　　　　　　　　　E. 天平脚

2. 用移液管移取溶液后，调节液面高度到标线时，移液管应怎样操作
    A. 悬空在液面上　　　　　　　　　　　B. 置容器外
    C. 管口浸在液面下　　　　　　　　　　D. 管口紧贴容器内壁
    E. 倾斜 30°

3. 下列哪种滴定液不能装于酸式滴定管
    A. 盐酸滴定液　　　　　　　　　　　　B. 高锰酸钾滴定液
    C. 氢氧化钠滴定液　　　　　　　　　　D. 硫代硫酸钠滴定液
    E. HAc 滴定液

（二）配伍选择题

[4~6] A. 滴定管　　　　　　B. 移液管　　　　　　C. 容量瓶
　　　　 D. 锥形瓶　　　　　　E. 吸量管

4. 可以配制准确浓度的量器为

5. 用前不需要校准的量器为

6. 可用于测定待测物含量的精密量器为

（三）共用题干单选题

取盐酸 9ml，加水适量使成 1000ml，摇匀，待标定。取干燥至恒重的基准无水碳酸钠约 0.2g，精密称定，加 50ml 蒸馏水溶解。

7. 取盐酸 9ml 如何选择量器
    A. 量筒　　　　　　　　B. 移液管　　　　　　C. 锥形瓶
    D. 吸量管　　　　　　　E. 烧杯

8. 加水适量使成 1000ml，"水" 指的是哪种水
    A. 蒸馏水　　　　　　　B. 纯化水　　　　　　C. 饮用水
    D. 注射用水　　　　　　E. 去离子水

9. 取干燥至恒重的基准无水碳酸钠约 0.2g，精密称定时应如何选择天平
    A. 十万分之一　　　　　B. 百分之一　　　　　C. 千分之一
    D. 万分之一　　　　　　E. 百万分之一

（四）X 型题（多选题）

10. 精密称定无水碳酸钠时应用何种称量方法
    A. 直接称量法　　　　　B. 增量法　　　　　　C. 减量法
    D. 固定质量称量法　　　E. 递减称量法

11. 使用前需要进行润洗的仪器为
    A. 滴定管　　　　　　　B. 移液管　　　　　　C. 烧杯
    D. 容量瓶　　　　　　　E. 量筒

12. 称量前需要进行清零的称量方法有

A. 直接称量法　　　　B. 增量法　　　　　　　　C. 减量法
D. 固定质量称量法　　E. 递减称量法

二、填空题

13. 用电子天平称量样品的方法有_____、_____、_____。
14. 天平使用前预热时间，$d \geqslant 1mg$ 的精密天平大约_____分钟；$d \geqslant 0.1mg$ 的分析天平大约_____小时；$d \geqslant 0.01mg$ 的半微量天平大约_____小时；$d \geqslant 0.001mg$ 的超微量/微量天平大约_____小时。
15. 移液管使用程序为_____、_____、_____。
16. 容量瓶使用程序为_____、_____。
17. 滴定管使用程序为_____、_____、_____、_____。
18. 精密量取液体选用_____、_____。

三、判断题

19. 移液管使用时右手拿吸球，左手拿移液管。
20. 滴定管使用时右手拿滴定管，左手拿锥形瓶。
21. 容量瓶要用待稀释液体润洗。
22. 电子天平精密称取选精度"$1d/10d$"的$10d$。
23. 减重法称量样品不能把装有样品的称量瓶去皮称量。
24. 减重法称量要调节天平零点。
25. 移液管取量后都要把余下的液体吹出来。
26. 移液管读数为 5ml 记录为 5.0ml。
27. 滴定管读数为 10ml 记录为 10.0ml。

四、简答题

28. 移液管的使用方法。
29. 滴定管的使用方法。

实训一　电子天平的称量练习

一、实训目的

1. 掌握递减称量法的操作方法。
2. 学习递减称量法的称量原理。
3. 了解常用的称量方法。

二、实训原理

递减称量法又称减量法，适用于称量一定质量范围的粉末状物质，特别是在称量过程中试样易吸水、易氧化或易与 CO_2 反应的物质。实际工作中标准品的称量常用此法。

三、仪器与试剂

电子天平、称量瓶、药匙、无水 Na_2CO_3 固体粉末（样品）。

四、实训步骤

1. 天平准备工作 将天平预热一定时间,检查天平水平仪,天平室内如果有残留物应清扫干净。

2. 布置任务 减量法称取三份质量在 $0.15 \sim 0.25g$ 之间的无水 Na_2CO_3。

3. 操作内容

①将盛有一定量 Na_2CO_3 粉末的称量瓶放于称盘中心,按去皮键(TAR)或 O/T 至天平显示 0.0000。

②取出称量瓶,将称量瓶拿到接受容器上方,轻轻敲出少量样品后(样品不得落到容器之外),再放于称盘上称量,读数稳定后显示数值的绝对值即为敲出样品质量,当数值绝对值在 $0.15 \sim 0.25g$ 时记录质量 m_1(g)。

③如此反复操作,可称量第 2 份、第 3 份样品。

④结束工作 复原天平,清扫天平盘,登记,放回凳子。

4. 数据记录和结果处理

1	2	3
m_1(g)	m_2(g)	m_3(g)

五、注意事项

1. 称量瓶不能直接用手接触,应用清洁的纸条取放。
2. 称量瓶中试样量不可少于取样量。
3. 敲出质量超出所需范围,不可将接收器的样品倒回称量瓶。
4. 递减称量法每称一份样品,添加次数应不大于三次。

📝 实训二 精密量具的使用练习

一、实训目的

1. 学习用指示剂确定滴定终点颜色的观察方法。
2. 了解精密量具的种类及应用。
3. 掌握吸量管、滴定管的正确使用方法。

二、实训原理

盐酸和氢氧化钠是分析中常用溶液,通过练习一定浓度溶液的配制,熟悉量筒、试剂瓶、吸量管、烧杯、滴定管、锥形瓶等玻璃仪器的使用。还可通过观察盐酸和氢氧化钠发生中和反应过程中指示剂发生颜色改变,学习滴定终点判断。

三、仪器与试剂

滴定管(50ml,酸式、碱式或两用)、锥形瓶(3 支)、量筒(杯)(10ml,2 支)、小烧杯、小口试剂瓶(500ml,2 支)、吸量管(10ml,2 支),浓 HCl、NaOH 饱和溶液、酚酞指示剂、甲基橙指示剂。

四、实训步骤

1. 0.1mol/L HCl 溶液的配制 用量筒量取 4.5ml 浓盐酸,倒入试剂瓶中,加纯化水至

500ml，盖上玻璃塞，摇匀，贴上标签。

2. 0.1mol/L NaOH 溶液的配制　用量筒量取 NaOH 饱和溶液 2.8ml 至试剂瓶中，加纯化水至 500ml，盖上玻璃塞，摇匀，贴上标签。

3. 酸碱滴定液浓度的比较

①滴定管检漏；②滴定管洗涤；③滴定管润洗；④将酸、碱溶液分别装入酸式和碱式滴定管（或两用滴定管）中，记录初读数，精密量取 10ml NaOH 溶液于锥形瓶中，加入甲基红指示剂 1~2 滴，用 HCl 溶液滴至溶液由黄色变为橙色，记录消耗盐酸溶液体积。⑤精密量取 10ml HCl 溶液于锥形瓶中，加甲基橙指示剂 1~2 滴，用 NaOH 溶液滴至溶液由红色变为橙色，记录消耗 NaOH 溶液的体积。分别计算酸碱溶液的体积比。

此实验也可采用碱滴酸的方式，用酚酞做指示剂，当溶液由无色变为粉红色时停止滴定，半分钟不褪色即为终点，计算酸碱溶液的体积比。

平行测定三次，每次滴定前，都要把酸式、碱式滴定管装到"0"刻度或"0"刻度稍下的位置。

4. 数据记录和结果处理

测定次数	1	2	3
NaOH 溶液终读数（ml）			
NaOH 溶液初读数（ml）			
V_{NaOH}（ml）			
$\dfrac{V_{NaOH}}{V_{HCl}}$			
HCl 溶液终读数（ml）			
HCl 溶液初读数（ml）			
V_{HCl}（ml）			
$\dfrac{V_{NaOH}}{V_{HCl}}$ 平均值			

五、注意事项

1. 间接配制法配制溶液可选用量筒量取液体。
2. 量筒（杯）、锥形瓶不需干燥（非水滴定除外），移液管、滴定管需要润洗。
3. 每次滴定结束后，应该把滴定液补充至刻度"0.00"。
4. 滴定管读数时应视线相平，读至毫升小数点后第 2 位。

实训三　精密量具的校正操作

一、实训目的

1. 掌握精密量具校准的原理及方法。
2. 了解常用精密量具的允许误差。

二、实训原理

容量仪器（如滴定管、移液管、容量瓶等）都是具有刻度玻璃量器，其容量可能会有一定的误差,即实际容量和标称容量之差。量器产品都允许有一定的容量的误差,误差大会影响实验的结果准确度,因此在滴定分析中需要对容量仪器进行校正。校正的方法有绝对校准法(称量法)和相对校正法。

1. 相对校准法 当两种容积有一定比例关系的容量仪器配套使用且不需确定各自准确体积时,可使用相对校准法。例如,25ml 移液管与 100ml 容量瓶配套使用时,只要 25ml 移液管移取 4 次溶液,所得到的溶液总体积与 100ml 容量瓶所标示的容积相等即可。若不一致则将容量瓶刻度重新标记。经相对校准后两种仪器可配套使用。

2. 绝对校准法 容量仪器的实际容积均可采用绝对校准法(称量法),即用天平称得容量仪器容纳或放出纯水的质量,再根据纯水的密度计算出被校量器的实际容积。实际工作中必须考虑水的密度、玻璃容器随温度变化及质量受空气浮力的影响。为了便于计算,将此三项因素综合校准后所得值列于表 2-1。

表 2-1 不同温度下水的密度表

温度(℃)	相对密度(g/ml)	温度(℃)	相对密度(g/ml)	温度(℃)	相对密度(g/ml)
10	0.99839	17	0.99765	24	0.99639
11	0.99831	18	0.99750	25	0.99618
12	0.99823	19	0.99734	26	0.99594
13	0.99814	20	0.99718	27	0.99570
14	0.99804	21	0.99700	28	0.99545
15	0.99793	22	0.99680	29	0.99519
16	0.99780	23	0.99661	30	0.99492

三、仪器与试剂

电子天平、滴定管(50ml 或 25ml、酸式、碱式或两用)、具塞锥形瓶(50ml)。

四、实训步骤

1. 滴定管容积校准

①取内外壁清洁干燥的具塞锥形瓶在天平上称量(称准至 0.01g)。

②将 50ml 滴定管洗净后,装入蒸馏水,排除尖嘴气泡,使之充满水,并使水的弯月面最低处与零刻度线重合,除去尖嘴外的水,并记录水温。

③以约 10ml/min 的流速由滴定管中放约 10ml 蒸馏水至锥形瓶中,盖紧瓶塞,称量。若为 25ml 滴定管,则每次从滴定管放出约 5ml 蒸馏水。

④称得水的质量与操作温度下的水的相对密度之商为滴定管中该部分管柱的实际容积。依此方法测定 0→20ml、0→30ml、0→40ml、0→50ml 管柱的实际容积,并根据要求求出其校准值,如表 2-2 所示。

2. 容量瓶容积的校准 将待校准容量瓶清洗干净,并自然干燥后,准确称其质量至 0.01g,加入已测过温度的蒸馏水至刻度线处,放置 10 分钟再称重,前后两次质量差即为瓶中水质量,用该温度时水的相对密度除水的重量,就得到容量瓶准确的容积。

重复三次求得平均值即可,如果实测值与标称值间差值在允许偏差范围内,该容量瓶即可使用,否则将其实值记录在瓶壁上,以备计算时校准用。

3. 移液管容积的校准 在洗净的移液内吸入蒸馏水并使水弯月面恰在标线处,然后把水放入预先称好质量（精确至 0.01g）具塞小锥形瓶中，塞好后称取瓶和水总质量，根据水的质量、水的温度、以及水的相对密度计算出移液管的转移体积，相应做 2~3 次取平均值。

4. 数据记录和结果处理表 见表 2-2。

表 2-2 滴定管校准结果

V_0（ml）	$m_{瓶+水}$（g）	$m_水$（g）	V（ml）	ΔV（ml）

五、常用精密量具的允差

"A"级滴定管、容量瓶、移液管的允差见表 2-3、表 2-4、表 2-5。

表 2-3 "A"级滴定管的允差

体积（ml）	5	10	25	50	100
允差（ml）	±0.010	±0.025	±0.04	±0.05	±0.10

表 2-4 "A"级容量瓶的允差

体积（ml）	10	25	50	100	250	500
允差（ml）	±0.02	±0.03	±0.05	±0.10	±0.10	±0.15

表 2-5 "A"级移液管的允差

体积（ml）	2	5	10	20	25	50	100
允差（ml）	±0.006	±0.01	±0.02	±0.03	±0.04	±0.05	±0.08

六、注意事项

1. 校正滴定管时，具塞小锥瓶必须洗净并烘干。
2. 开始放水前，滴定管管尖不能挂水珠，外壁不能有水。
3. 校正滴定管时，每次将水要补充至 0.00ml。
4. 校正移液管时，放完水后，等 15 秒后拿出，尖嘴处残留最后一滴水不可吹出（B 级等待 8 秒，注有吹字的则要吹出）。

（胡清宇）

第三章

分析结果的误差及有效数字

学习目标

知识要求　**1. 掌握**　误差的来源和分类以及误差的避免方法；分析结果的评判方法，
　　　　　　　　有效数字的修约规则和运算法则。
　　　　　　2. 熟悉　实验数据的记录方法；误差的克服和消除误差的方法。
　　　　　　3. 了解　误差存在的客观性。
技能要求　理解误差的产生、系统误差与偶然误差的概念；在实际工作中，能正确
　　　　　地进行测定操作，正确地记录所测量得到的数据，并尽量减小误差，并
　　　　　能对测量结果的准确度与精密度进行评判。

案例导入

案例： 某研究拟建立以 HPLC 法测定解郁安神片中甘草酸含量的方法。以十八烷基硅烷键合硅胶为填充剂，以乙腈−2.5%醋酸溶液（35∶65，*V/V*）为流动相，柱温为室温，检测波长 254nm。理论塔板数以甘草酸峰面积计算不低于 3000。

方法学考察

（1）线性关系考察　精密配制质量浓度为 0.0810mg/ml 的对照品溶液。分别吸取对照品溶液 4、84、124、164、204μl，按照上述色谱条件测定，再以峰面积为纵坐标，甘草酸单铵盐含量为横坐标绘制标准曲线，得回归方程 $y = 382205.54x - 4139.33$，相关系数 $r = 0.9999$，表明甘草酸在 $0.3172 \sim 1.5860$μg 范围内线性关系良好。

（2）回收率试验　精密称取试样 5 份，每份约 0.5g，精密加入质量浓度为 0.7928mg/ml 的对照品溶液，按含量测定方法测定并计算回收率，平均回收率为 99.61%。

讨论： 1. 线性关系考察中回归方程与相关系数如何计算？在现行考察分析中，对相关系数的大小有何要求？
　　　　2. 方法学考察中进行回收率试验的目的是什么？

　　定量分析的目的是测定样品中有效成分的含量，要求测定结果具有一定的准确度。但在实际定量分析工作中，由于主、客观因素的存在如抽样的代表性、分析方法的选择、仪器和试剂、分析工作者对分析方法和测定仪器的熟练程度、工作环境等因素的制约，使得测定结果和真实值之间不可能完全一致，而伴随着误差的存在。即使技术很熟练的分析者，用最完善的分析方法和最精密的分析仪器，并对同一样品进行反复多次分析，也不可能得到绝对准确的分析结果，表明在分析过程中误差是客观存在的。测定的结果只能无限趋近于被测组分的真实含量，而不是被测组分的真实含量。因此分析工作者要充分了解分析过程中误差的产生原因、特点及其出现的规律，采取相应的措施尽量减小误差，并对所得的数据进行归纳、取舍等一系列处理，使测定结果尽量接近客观真实值，从而提高分析结果的准确度。

第一节　误差

一、误差的来源

定量分析中的误差就其来源和性质的不同，可分为系统误差、偶然误差。

（一）系统误差

系统误差又称可定误差，是由某种固定原因造成的误差。系统误差具有大小、正负可以确定，局域重复性和单向性的特点。即系统误差在同一条件下多次测量时会重复出现，使测定结果总是偏高或偏低。根据系统误差的产生原因，系统误差可以分为方法误差、仪器和试剂误差及操作误差三种。

1. 方法误差　指分析方法本身不完善所造成的误差，该误差度分析结果的准确度将产生较大的影响。例如重量分析中沉淀的溶解，共沉淀现象；滴定分析中反应进行不完全、由指示剂引起的终点与化学计量点不符合以及发生副反应等，都将系统地使测定结果偏高或偏低。

2. 仪器和试剂误差　指由于仪器本身不够精确，或使用的试剂、溶剂不纯所引起的误差。如天平两臂不等长，砝码长期使用受到腐蚀，容量仪器体积不准确等；由于试剂不纯或溶剂中含有微量杂质或待测组分等原因，也将使测定结果引入误差。

3. 操作误差　指由于分析工作人员的分析操作不准确或某些主观原因造成的误差，如滴定管读数时视线平视或仰视；滴定终点时终点颜色偏深或偏浅。操作误差的大小可能因人而异，但对于同一操作者往往是恒定的。

在同一次测定过程中，以上三种误差可能同时存在。

（二）偶然误差

偶然误差又称为随机误差或不可定误差，是由某些不确定的偶然因素造成的误差，如环境温度、大气压力、空气湿度、仪器的工作性能的微小变动；试样处理条件的微小差异等，都可能使测定结果产生波动而异于正常值。

偶然误差的大小和正负都不固定，因此不能用加校正值的方法减免。偶然误差的大小和正负有时无法控制，但在消除系统误差的条件下，进行多次测量，可发现偶然误差的分布服从统计规律，即大误差出现的概率小，小误差出现的概率大，绝对值相同的正负误差出现的概率相等。因此可以通过增加平行测定次数取平均值予以减小偶然误差的影响，使正、负误差各相互完全抵消或部分抵消。

讨论： 指出下列各种误差是系统误差还是偶然误差？如果是系统误差，请区分是方法误差、仪器和试剂误差，或操作误差？
①砝码锈蚀②滴定终点延后

在分析测定过程中，除系统误差和偶然误差外，还有因人为疏忽或差错而引起的"过失误差"，但其本质不属于误差的范畴，是一种错误，如器皿不洁净、丢损试液、加错试剂、看错砝码、记录或计算错误等。这些都属于不应有的过失，会对分析结果带来影响，必须注意避免。因此在实验过程中必须严格遵守实验操作规程，恪守操作规范，养成良好的实验习惯，避免"过失"的出现。若发现存在因操作错误得出的测定结果，应该将该次

测定结果舍弃，不能参加计算平均值。

二、误差的种类和量度

误差主要有两种表示方法：绝对误差与相对误差。

（一）绝对误差（absolute error）

误差的绝对值越小，测量值越接近真实值，准确度越高，反之准确度低。绝对误差指测量值与真实值的差。若以 x 代表测量值，μ 代表真值，绝对误差 E 为：

$$E = x - \mu \tag{3-1}$$

当测量值大于真值时，误差为正值，反之为负值，绝对误差的单位与测量值的单位相同。

例 3-1 称得某一物体的质量为 2.5380g，而该物体的真实质量为 2.5381g，则其绝对误差为：$E = 2.5380 - 2.5381 = -0.0001g$。

若有另一物体的真实质量为 0.2537g，测得结果为 0.2538g，则称量的绝对误差为：$E = 0.2537 - 0.2538 = -0.0001g$。

两个物体的质量相差 10 倍，但其测量的绝对误差都为 -0.0001g，因此误差的大小在测定结果中所占的比例难以准确反映出来，故测结果的准确度常用相对误差大小表示。

（二）相对误差（relative error）

相对误差是指绝对误差在真实值中所占的百分率。

$$RE = \frac{E}{\mu} \times 100\% = \frac{x - \mu}{\mu} \times 100\% \tag{3-2}$$

在例 3-1 中，相对误差分别等于 $\frac{-0.0001}{2.5380} \times 100\% = -0.004\%$，$\frac{-0.0001}{0.2537} \times 100\% = -0.04\%$。

由此可见，虽然两物体称量的绝对误差相等，但它们的相对误差并不相同。在绝对误差大小相同的情况下，当被测定的量较大时，其相对误差就比较小，测定的准确度也就比较高。

如果不知道真值，但知道测量的绝对误差，则也可用测量值 x 代替真值 μ 来计算相对误差。

（三）真值与标准参考物质

由于任何测量都存在误差，因此实际测量不可能得到真值，而只能逼近真值。真值一般有三类：理论真值、约定真值及相对真值。

1. 理论真值 如三角形的内角和为 180°，化合物的化学组成等。

2. 约定真值 由国际计量大会定义的单位（国际单位）及我国的法定计量单位是约定真值，如长度进率、时间、质量、物质的量、各元素的原子量等都是约定真值。

3. 相对真值 指在分析工作中，采用可靠的分析方法和精密的分析仪器，经过不同分析实验室和分析工作人员反复多次测定，并将测得结果经过统计学方法分析处理后得到的结果，一般可用该标准值代表物质中各组分的真实含量，如药物分析或中药分析中的标准品或对照品。

三、误差的产生和危害

分析测定方法一般包括一系列的分析测定步骤，再通过几个直接测量的数据，按照一定的公式计算出分析结果。因误差是客观存在的，在分析测试的每一步中都将引入测量误差，而且每一测量步骤所产生的误差都将传递到最终的分析结果中去，将或多或少影响到分析结果的准确度，即个别测量步骤中的误差将传递到最后的分析结果中。因此必须了解每一步的测量误差对分析结果的影响，即误差的传递。系统误差的传递与偶然误差的传递规律有所不同。

（一）系统误差的传递

对于系统误差的传递规律可概括为：和、差的绝对误差等于各测量值绝对误差的和、差；积、商的绝对误差等于各测量值绝对误差的和、差。

对于加减法运算，如以测量值 A、B、C 为基础，得出分析结果 R：

$$R=A+B-C \tag{3-3}$$

则根据数学推导可知，分析结果最大可能的绝对误差 $(\Delta R)_{max}$ 为各测量值绝对误差之和，即

$$(\Delta R)_{max}=\Delta A+\Delta B-\Delta C \tag{3-4}$$

对于乘除法运算，若测定结果由测定值 A、B 相乘除 C，得出分析结果 R：

$$R=AB/C \tag{3-5}$$

则分析结果最大可能的相对误差为 $\left(\dfrac{\Delta R}{R}\right)_{max}$，为各测量值相对误差之和，即

$$\left(\frac{\Delta R}{R}\right)_{max}=\frac{\Delta A}{A}+\frac{\Delta B}{B}-\frac{\Delta C}{C} \tag{3-6}$$

但要注意的是，上述讨论的是最大可能误差，即各测量数据的误差相互累加，但在实际分析过程中，各测量值的误差可能会部分相互抵消，使得分析结果的误差比按上述公式计算的误差要小些。

（二）偶然误差的传递

因偶然误差的分布服从统计学规律。因此偶然误差的传递一般利用统计学规律来估计测量结果的偶然误差，即标准偏差法。而且只要测定次数足够多，就可使用本方法计算出各测量值的标准偏差。

对于偶然误差的传递规律可概括为：和、差的标准偏差的平方等于各测量的标准偏差的平方和；积、商的相对标准偏差等于各测量值的相对标准偏差的平方和。

对于加减法运算，分析结果的方差（即标准偏差的平方）为各测量值的方差之和。如 $R=A+B-C$，则

$$S_R^2=S_A^2+S_B^2+S_C^2 \tag{3-7}$$

式中，S 为标准偏差，S_A 为 A 的标准偏差，S_B 为 B 的标准偏差，S_C 为 C 的标准偏差。

对于乘除法运算，分析结果的相对标准偏差的平方等于各测定量值的相对标准偏差平方之和。如 $R=AB/C$，则

$$\left(\frac{S_R}{R}\right)^2=\left(\frac{S_A}{A}\right)^2+\left(\frac{S_B}{B}\right)^2+\left(\frac{S_C}{C}\right)^2 \tag{3-8}$$

在定量分析中，各步测量产生的系统误差和偶然误差多是混合在一起的，因而分析结果的误差也包含了两部分误差。而标准偏差法只考虑了偶然误差的传递，因此当用标准偏差法计算分析结果的误差来确定分析结果的准确度时，必须先消除系统误差。

但在一般分析中，不要求对各类误差的传递进行定量计算。但在一系列的分析步骤中，若某一测量环节引入 1% 的误差（或标准偏差），而其余几个测量环节即使都保持 0.1% 的误差（或标准偏差），最后分析结果的误差（或标准偏差）仍将在 1% 以上。因此在分析测定中，要使每个测量环节的误差（或标准偏差）接近一致或保持相同的数量级，这对于定量分析结果的准确度是非常重要的。

四、误差的克服和消除

（一）选择恰当的分析方法，消除方法误差

不同的分析方法其准确度和灵敏度不同。化学分析法，准确度较高而灵敏度较低，一般用于高含量组分的测定；而仪器分析法则具有灵敏度高、绝对误差小但相对误差较大的特点，一般用于微量组分或痕量组分的测定。因此化学分析法主要用于常量组分的分析，而微量组分或痕量组分的测定就选择仪器分析方法。

在分析方法的选择中，除了要考虑待测组分的含量外，还要考虑样品中共存物质的干扰、样品性质和对分析结果的要求等来选择恰当的分析方法。

（二）减小测量误差

在化学分析中，测量的步骤主要是样品质量的称量和溶液体积的量取。因此为保证分析结果的准确度，必须尽量减小各分析步骤的测量误差。

一般分析天平的称量误差为±0.0001g，而样品的称量一般采用两次称量法，可能引起的最大误差为±0.0002g，要使称量的相对误差小于±0.1%，试样的质量不能太小，必须满足下列条件：

$$试样质量 \geqslant \frac{\pm 0.0002}{\pm 0.1\%} = 0.2g$$

由此可见在常量分析中，试样的质量必须大于或等于0.2g，才能保证测定结果的相对误差控制在±0.1%以内。

在滴定分析中，常量滴定管每次读数误差为±0.01ml，在一次滴定中需读数两次，可能产生的最大误差为±0.02ml，为使滴定的相对误差要求≤±0.1%，则滴定液的体积至少为：

$$滴定液体积 \geqslant \frac{\pm 0.02}{\pm 0.1\%} = 20ml$$

但在实际滴定中消耗的滴定剂的体积不能超过一滴定管，而且滴定液的体积一般控制在20ml以上。

（三）增加平行测定次数，减小偶然误差

根据偶然误差的分布规律，在消除系统误差的前提下，平行测定次数越多，平均值越接近于真值。因此增加平行测定次数可以减小偶然误差，但测定次数不能太多，否则得不偿失。一般的分析测定，平行测定4~6次即可。

（四）消除或减小测定中的系统误差

在分析过程中，某些实验数据大小非常接近，但通过显著性检验发现测定结果实际上存在较大的系统误差，甚至因此引起严重的实验差错。因此在实验过程中要对系统误差进行检验并加以消除。

1. 校准仪器，消除测量仪器不准引起的系统误差　对试验用天平、砝码、移液管、滴定管和容量瓶等仪器进行校正，减免仪器误差。而且测量仪器的状态可能随着时间、环境等条件的变化而发生变化，因此测量仪器需定期进行校正。

2. 做空白试验，消除由于试剂、纯化水以及仪器器皿引入的杂质所造成的系统误差　直接测定法中的空白试验指在不加试样的情况下，按照试样分析步骤和分析条件进行分析试验，试验所得结果即为"空白值"。从试样分析结果中扣除"空白值"后，就得到比较可靠的测定结果，消除试剂误差。

3. 做对照试验，检验测定过程中是否存在系统误差　对照试验一般可以分为两种。一种是用待检验的分析方法分析测定某一已知含量的标准试样或基准物质，将测定结果与标准值进行比较，并用统计检验方法确定分析方法有无系统误差。另一种是用标准分析方法与所选分析方法同时测定同一试样进行对照，以判断分析过程中是否存在系统误差。但对

照方法必须选用国家颁布的标准分析方法或公认的经典方法。

4. 做回收试验，检验是否存在方法误差 回收试验指在已测定待测组分含量的试样中，加入已知量被测组分的纯物质或标准品，然后用与测定待测试样相同的分析方法进行测定，根据试验结果，计算回收率。

$$回收率 = \frac{加入纯品后的测定量 - 加入纯品前的测定量}{纯品加入量} \times 100\% \qquad (3-9)$$

一般回收率越接近 100%，表明分析方法的系统误差越小，分析方法的准确度越高。

5. 遵守操作规章，消除操作误差 在实验操作过程中，严格按照实验操作规章进行实验操作，杜绝或消除操作误差的存在。

第二节 数据

一、数据的准确记录

在科学实验中，为了得到准确的分析结果，不仅要准确地进行测定，而且还要正确地记录和计算。分析结果的数值不仅表示试样中被测成分的含量，而且还反映了测定的准确程度，因此必须正确记录测定数字的位数。

有效数字是指在分析工作中实际上能测量到的并且有意义的数字。其位数由全部准确数字和最后一位欠准（可疑）数字组成，作用是既能表示数值的大小，又能反映测量的精度。如试样质量 8.5734g，为五位有效数字；溶液体积 24.41ml，为四位有效数字。质量在数值上是 8.5734g，显然使用的测量仪器是万分之一的分析天平。溶液的体积在数值上是 24.41ml，则表明滴定管的一次读数误差是 ±0.01ml。故上述试样质量应是（8.5734±0.0002）g，溶液的体积应是（24.41±0.02）ml。

有效数字的位数，还直接与测定的相对误差有关。例如，称得某物质量为 0.5180g，它表示该物实际质量是（0.5180±0.0002）g，其相对误差为：

$$\pm \frac{0.0002}{0.5180} \times 100\% = \pm 0.04\%$$

如果少取一位有效数字，则表示该物实际质量是（0.518±0.002）g，其相对误差为

$$\pm \frac{0.002}{0.518} \times 100\% = \pm 0.4\%$$

因此在分析过程中要正确记录所测得的数据。

必须指出，如果数据中有 "0" 时，应分析具体情况，然后才能肯定哪些数据中的 "0" 是有效数字，哪些数据中的 "0" 不是有效数字。从第一个非零数字开始数，有几位数字就是有效数字的位数，如 1.0005、30.003、23405 为五位有效数字，1.501g、30.05%、6.003×10^2 为四位有效数字；第一个非 0 数字前面的 0 只起到定位作用，非 0 数字后面的所有 0 都是有效数字，0.0540、0.800 为三位有效数字；0.0054、0.40% 为两位有效数字。

同时还要注意对数值的有效数字的位数仅取决于小数部分数字的位数，因整数部分只说明该数十的方次。例如，pH=12.68，即 $[H^+] = 2.1 \times 10^{-13}$ mol/L 其有效数字为两位，而不是四位。药品检验检测行业中，对于高效液相色谱法的仪器数据记录，对于不同厂家的仪器读数有效数字位数有相应规定，对于安捷尔生产的 HPLC 仪器要求记录 5 位有效数字，对于 Waters 或岛津产的 HPLC 仪器要求记录至整数即可。

二、数据与误差的关系

（一）有效数字的修约规则

在数据处理过程中，各测量值的有效数字的位数可能不同，在运算时按一定的规则舍入多余的尾数，可以避免误差累计。按运算法则确定有效数字的位数后，舍入多余的尾数，称为数字修约。其基本原则如下。

1. 按照"四舍六入五成（留）双"的规则进行数字的修约　该规则规定：测量值中被修约的那个数≤4时，舍弃；≥6时，进位；等于5时，且"5"的后面尾数全部是"0"或无数字，则根据5前面的数字是奇数还是偶数（包括0）进行舍弃，即采用"奇进偶舍"原则进行修约，当"5"的前面一位是奇数，则进位，把单数变成偶数，如13.23500修约成13.24；当"5"的前面一位是偶数，则舍弃，如16.26500→16.26；若"5"的后面尾数不是"0"，无论"5"的前面一位是奇数还是偶数，均进位，如32.23530修约成32.24，23.26501→23.27。

2. 禁止分次修约　修约分析结果数字时，只允许对原测量值一次修约至所需位数，不能分次修约，否则将得到错误的结果。如2.2451修约为三位数，不能先修约成2.245，再修约为2.24，只能一次修约成2.25。

3. 标准偏差的修约　对标准偏差及相对标准偏差的修约，其结果应使准确度降低，通常取1~2位有效数字。如某组测定数据的标准偏差计算结果为0.241，则取两位有效数字修约成0.25。

（二）有效数字的运算法则

在分析结果的计算中，每个测量值的误差都将传递到最后的测定结果中，因此有效数字的计算必须遵循以下的运算规则。

（1）加减法　当几个数据相加或相减时，它们的和或差的有效数字的保留，应以小数点后位数最少（即绝对误差最大的）的数据为依据。例如0.0121、25.64及1.05782三数相加。因25.64中的4已是可疑数字，则三者之和为

$$0.0121 + 25.64 + 1.05782 = 26.71$$

（2）乘除法　几个数据相乘除时，积或商的有效数字的保留，应以其中相对误差最大的那个数，即有效数字位数最少的那个数为依据。

如求0.0121、25.64和1.05782三数相乘之积。第一个数是三位有效数字，其相对误差最大，应以此数据为依据，确定其他数据的位数，然后相乘，则$0.0121 \times 25.64 \times 1.05782 = 0.328$。

（3）在对数运算中，所取对数位数应与真数有效数字位数相等。

（4）在所有计算式中，常数π、e的数值以及乘除因子如$\sqrt{2}$、1/2及倍数等的有效数字位数，可认为无限制，即在计算过程中，根据需要确定位数。

第三节　结果数据的评判

一、结果的可靠性评定依据

在定量分析中，由于测定过程中存在系统误差、偶然误差甚至"过失误差"，使分析结果与真实值之间不一致。因此为了更好地评价分析结果的准确性，一般采用准确度和精密度作为分析结果评价的指标。

1. 准确度（accuracy）

（1）准确度的定义　准确度是指测量值与真实值接近的程度，用于表示分析结果的准

确性和分析方法的可靠性。分析结果的准确度的高低一般采用误差来表示。误差包括前面所述的绝对误差和相对误差两大类。

一般，绝对误差相等，相对误差并不一定相同；绝对误差相同，被测定的量较大时，相对误差相对较小；在分析结果的准确性时，相对误差比绝对误差表示准确度更准确；绝对误差和相对误差的正值表示分析结果偏高，负值表示分析结果偏低；当真实值无法获得时，常用纯物质的理论值、国家标准局提供的标准参考物质的证书上给出的数值或多次测定结果的平均值当做真实值。

（2）准确度的测定方法

①测定标准物质的误差　标准物质的误差测定包括绝对误差的测定和相对误差的测定。绝对误差和相对误差的计算参照本章第一节中误差的种类部分。

②做回收试验计算回收率　在相同条件下用同一种方法对加入标准样品和未知样品进行预处理和测定，计算回收率［见公式（3-9）］。

2. 精密度（precision）　精密度指一组平行测量的测定值相互之间的接近程度。精密度的高低能体现分析方法的稳定性和重现性。精密度的高低可用偏差、平均偏差、相对平均偏差、标准偏差和相对标准偏差来衡量。一般偏差越大，分析结果的精密度越低。

（1）偏差（deviation，d）和相对平均偏差（relative average deviation，$\bar{d}_r$）

绝对偏差 d:

$$d = x_i - \bar{x} \tag{3-10}$$

平均偏差 $\bar{d}$:

$$\bar{d} = \frac{\sum\limits_{i=1}^{n} |x_i - \bar{x}|}{n} \tag{3-11}$$

相对平均偏差 $\bar{d}_r$:

$$\bar{d}_r = \frac{\bar{d}}{\bar{x}} \times 100\% \tag{3-12}$$

在表明一批（3次以上）测量值与测定平均值的接近程度时，常用平均偏差和相对平均偏差来表示测定结果的精密度高低。

（2）标准偏差（standard deviation，S）和相对标准偏差（relative standard deviation，RSD）　由于在一系列测定值中，偏差小的测定值总是占多数，因此按总测定次数计算平均偏差时会使得所得的结果偏小，大偏差值将得不到充分的反映。因此在数理统计中，一般不采用平均偏差而广泛采用标准偏差来衡量测定数据的精密度高低，以突出测定结果中较大偏差的影响。当进行有限次测定（$n \leqslant 20$）时，标准偏差 S 的定义式为：

$$S = \sqrt{\frac{\sum\limits_{i=1}^{n} (x_i - \bar{x})^2}{n-1}} \tag{3-13}$$

标准偏差与计算结果算术平均值的比值称为相对标准偏差（RSD），又称为变异系数（coefficient of variation，CV）。

$$RSD = \frac{S}{\bar{x}} \times 100\% \tag{3-14}$$

标准偏差的单位与测量数据的单位相同。计算时一般保留1~2位有效数字。

在用偏差表示分析结果的精密度高低时，标准偏差比平均偏差具有更多的统计意义，能更好地说明分析数据的分散程度，常用标准偏差和变异系数来表示分析结果的精密度；精密度的高低与待测物质的浓度水平有关，应取两个或两个以上不同浓度水平的样品进行分析方法精密度的检查；同时要有足够的测定次数以降低偶然误差对分析结果精密度的影响。

3. 准确度与精密度的关系　测定结果的好坏应从准确度与精密度两个方面进行衡量。

例如：甲、乙、丙、丁四个分析工作者分析同一试样，每人分次测定 4 次，所得结果如图 3-1 所示。可见，甲所得结果的精密度高，但准确度却较低，在分析测试过程中可能存在系统误差；乙的准确度和精密度均较好，系统误差和偶然误差均较小，测定结果可靠；丙的各测定值的平均值虽然比较接近真实值，但各测定数据比较分散，精密度较差，但这却是因为存在较大的正负误差并相互抵消从而使得测定值的平均值接近真实值，但这纯属巧合，测定结果不可靠，准确度低；而丁的准确度与精密度均很低，因为存在系统误差和偶然误差。

对于准确度与精密度的关系，可以得出以下结论：

（1）准确度表示分析结果的正确性，而精密度表示分析结果的重复性。

（2）分析结果要准确度高，精密度一定要高。分析结果精密度高，准确度不一定高。只有在消除了系统误差的前提下，精密度好，准确度才会高。

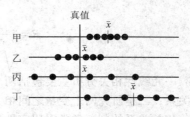

图 3-1　准确度与精密度关系示意图

（3）精密度是保证准确度的先决条件。

（4）准确度与精密度的差别主要是由于系统误差的存在。

二、结果相关性分析

在分析测定中，在探索各个变量间的关系时，常用回归分析来讨论，用相关系数衡量两个变量间是否存在线性关系—相关性。相关与回归（correlation and regression）是研究变量间相关关系的统计学方法，包括相关分析与回归分析。相关分析与回归分析是研究相关关系的两种重要的定量分析方法，它们相互联系但又相互区别。一些统计学书籍将相关分析与回归分析合并，称为回归分析。

二者的主要区别在于分析的内容不同。相关分析的主要内容是确定现象之间关系呈现的形态或类型、度量关系的密切程度。回归分析则是根据相关关系的具体形态，选择合适的数学模型，来近似地表达现象间的相互依存规律。

相关分析与回归分析可以加深人们对客观现象之间关系的认识，因而是对客观现象进行分析的有效方法。但是，它们也存在一定的局限性。现象之间是否存在真实的相关关系是由现象的内部联系所决定的。相关分析与回归分析虽然可以从数量上近似地反映现象之间的依存规律关系和关系的密切程度，但是无法准确地判断现象内在联系的有无，也无法确定何种现象为因何种现象为果。对没有内在联系的现象进行相关回归分析，不但没有实际意义，反而会导致荒谬的结论。

讨论： 相关和回归分析的区别和联系。

（一）相关分析

现象之间的相关关系按相关形式分为线性相关和非线性相关。在分析化学中，经常使用标准曲线这一线性关系来获得试样某组分的浓度。如光度分析中的浓度-吸光度曲线；电位法中的浓度-电位值曲线；色谱法中的浓度-峰面积（或峰高）曲线等。所以本书重点介绍用于标准曲线法结果评价的一元线性相关分析和回归分析。

在分析测定过程中，由于各种误差的存在，使得待测组分含量与所测试样物理量之间往往不存在确定的函数关系，而仅呈相关关系。因此在实际研究中，讨论两个变量 x 和 y 之间的相关关系时，最常用的方法就是将它们画在坐标图上，x、y 各占坐标轴，每对数据在图上对应一个点，将各个点连接成一条直线或曲线以显示两个变量之间的相关关系。若两个变量所得各点连接成一条直线，表明 x、y 之间具有较好的线性关系；如果不成直线甚至杂乱无章，则表明 x、y 之间的线性关系较差。

统计学中为了定量地描述两个变量的相关性，一般用相关系数 R 来描述 x、y 两个变量之间相关的密切程度，并定量描述两个变量之间的相关性。

设两个变量 x 和 y 的 n 次测量值分别为（x_1，y_1）、（x_2，y_2）、（x_3，y_3）…（x_n，y_n），可按下式计算相关系数 R 值。

$$R = \frac{\sum_{i=1}^{n}(x_i - \bar{x})(y_i - \bar{y})}{\sqrt{\sum_{i=1}^{n}(x_i - \bar{x})^2 \cdot \sum_{i=1}^{n}(y_i - \bar{y})^2}} \tag{3-15}$$

一元线性相关分析主要包括两个方面的内容，一是判断两个变量之间是否存在线性相关关系，二是研究两个变量之间相关关系的密切程度。

相关关系的判断常常采用定性判断、绘制相关表及散点图两种思路。通过相关表和散点图可以明确、直观地判断两个变量间有无关系，并对变量间的关系形态作出大致的描述，但不能准确反映变量之间关系的密切程度。为准确度量两个变量之间关系的密切程度，需要计算相关系数。

一般，$0.90<R<0.95$，表示两个变量之间存在一条平滑的直线；$0.95<R<0.99$，表示两个变量之间存在一条良好的直线；当 $R>0.99$，线性关系很好。在实际分析测定中一般均要求 R 大于 0.999. 但在生物样品分析中，因干扰因素较多，线性关系较差，一般要降低要求。

判定系数是说明回归直线拟合优度最常用的数量指标。判定系数 R^2 是回归方程拟合优度的综合度量。R^2 越接近于 1，表明回归直线与各观察点越近，回归直线的拟合优度就越好；若所有观察值都落在直线上，则 $R^2=1$，说明拟合是完全的；反之，R^2 越接近于 0，回归直线的拟合优度就越差；若 y 的变化与 x 的取值无关，则 $R^2=0$。R^2 的取值范围是 $0\sim1$ 之间。

可以证明：

$$R^2 = (r)^2 \tag{3-16}$$

r 为线性相关系数。可见，在一元线性回归分析中，相关系数实际上是判定系数的平方根，相关系数与回归系数 b 的正负符号是一致的。相关系数从另一个侧面说明了回归直线的拟合优度，$|R|$ 越接近于 1，表明回归直线拟合优度越好，$|R|$ 越接近于 0，表明回归直线的拟合优度越差。

（二）回归分析

在实际分析测定中，判断两个变量 x、y 之间是否具有显著的相关性，单凭目测一般是不准确的。因此较好的方法就是对数据进行回归分析（regression analysis），求出回归方程，从而得到对各数据误差最小的一条线性直线，即回归线。回归分析中的显著性检验包括两个方面的内容：一是线性关系的检验，二是回归系数的检验。

例 3-2 我们得到居民生活消费对可支配收入的一元线性回归估计方程为 $y_c = -22.68 + 0.6975x$。若我们要估计居民可支配收入为 1200 元时的消费支出，便可将 $x=1200$ 代入回归方程计算，得：

$$y_c = -22.68 + 0.6975 \times 1200 = 814.32 \text{（元）}$$

即，当居民可支配收入为 1200 元时，消费支出平均为 814.32 元。

设 x 为自变量，y 为因变量。对于某一 x 值，y 的多次测量值可能有波动，但服从一定的分布规律。回归分析就是要找出 y 的平均值 $\bar{y}$ 与 x 之间的关系。

通过相关系数的计算，如果知道 $\bar{y}$ 与 x 之间呈线性相关关系，就可以简化为线性回归。用最小二乘法解出回归系数 a（截距）与 b（斜率），如下式所示：

$$a = \frac{\sum\limits_{i=1}^{n} y_i - b \sum\limits_{i=1}^{n} x_i}{n} \tag{3-17}$$

$$b = \frac{n \sum\limits_{i=1}^{n} x_i y_i - \frac{1}{n} \sum\limits_{i=1}^{n} x_i \cdot \sum\limits_{i=1}^{n} y_i}{n \sum\limits_{i=1}^{n} x_i^2 - \frac{1}{n} \left(\sum\limits_{i=1}^{n} x_i \right)^2} \tag{3-18}$$

将实验测定数据分别代入式（3-17）和式（3-18），求出回归系数 a 与 b，确定回归方程式：$\bar{y} = a + bx$。现在多采用计算机计算而得到。

 **重点小结**

本章主要介绍了分析中的误差的分类及误差的来源、分析测定数据的记录及修约方法和计算规则，实验测定数据的评判。重点是学完本章后，能在实际分析工作中，能正确地进行测定操作，以尽量减小测量误差，并能正确地记录分析测定到的数据，并能对测定数据进行检验评判。

目标检测

一、选择题

（一）最佳选择题

1. 在回归直线方程 $y_c = a + bx$ 中，b 表示
   A. 当 x 增加一个单位时，y 增加 a 的数量
   B. 当 y 增加一个单位时，x 增加 b 的数量
   C. 当 x 增加一个单位时，y 的平均增加量
   D. 当 y 增加一个单位时，x 的平均增加量
   E. 截距

2. 下列有关偶然误差的叙述中不正确的是
   A. 偶然误差在分析中是不可避免的
   B. 偶然误差正负误差出现的机会相等
   C. 偶然误差具有单向性
   D. 偶然误差由一些不确定的偶然因素造成
   E. 偶然误差不可避免，但可以通过增加平行测定次数减小

3. 可用于减少测量过程中的偶然误差的方法
   A. 进行对照实验　　　　　　　　　　B. 进行空白试验
   C. 进行仪器校准　　　　　　　　　　D. 增加平行试验的次数
   E. 做回收试验

4. 用 25ml 移液管移出的溶液体积应记录为

 A. 25ml   B. 25.0ml   C. 25.00ml

 D. 25.000ml   E. 25.0000ml

5. 滴定分析法要求相对误差为 ±0.1%，若称取试样的绝对误差为 0.0002g，则一般至少称取试样

 A. 0.1g   B. 0.2g   C. 0.3g

 D. 0.4g   E. 2.0g

6. 相关系数的数值一定是在

 A. $0 \leqslant R \leqslant 1$ B. $0 < R < 1$ C. $-1 \leqslant R \leqslant 0$

 D. $-1 \leqslant R \leqslant 1$ E. $-100 \leqslant R \leqslant 100$

7. 已知某规格的微量滴定管的读数误差为 ±0.002ml，为使分析结果误差小于 0.2%，一次至少应用滴定剂

 A. 20ml   B. 10ml   C. 5ml

 D. 2ml   E. 1ml

8. 下列数字中，有效数字为四位的是

 A. pH = 10.56   B. 0.0501g   C. $[H^+] = 0.0056$mol/L

 D. 25.08ml   E. 5001

（二）配伍选择题

[9~14] A. 系统误差   B. 0.051

   C. 0.0506   D. 偶然误差

   E. 0.0507

9. 标示 50ml 的容量瓶实际容量为 49.90ml，导致实验结果产生误差，该误差是多少？

10. 称某化合物 0.746g 于 50ml 容量瓶中，加水溶解并稀释致刻度，该化合物的摩尔浓度是多少 mol/L？（已知该化合物的摩尔质量为 294g/mol）

11. 数值 0.05065000000001 修约成三位有效数字时，其结果为

12. 称量时，因空气中湿度太大而使称量结果产生误差，该误差是

13. 紫外测定时，由于波长不准确，总使测定结果偏低，该误差是

14. 下式有效数字的计算：$0.67095 \times 0.207 - 0.08818665$，其结果为

[15~20] A. 方法误差   B. 试剂或仪器误差

   C. 操作误差   D. 偶然误差

   E. 过失误差

15. 砝码受腐蚀

16. 称量时温度有波动

17. 试剂中含待测组分

18. 重量分析法中，试样中的非被测组分也被沉淀

19. 滴定时将滴定管读数 23.65ml 读为 23.35ml

20. 碘量法测定维生素 C 注射液中将加醋酸加成了硝酸

[21~26] A. 减小偶然误差   B. 消除系统误差

   C. 判断过失误差   D. 系统误差

   E. 偶然误差

21. 天平零点漂移

22. 做回收试验

23. 水银温度计毛细管不均匀

24. 增加平行测定次数

25. 进行 Grubbs 检验（G 检验）

26. 做空白试验

（三）共用题干单选题

[27~30] 维生素 C 注射液的含量测定（规格：2ml：0.5g）：精密取本品适量（相当于维生素 C 0.2g），加水 15ml 与丙酮 2ml，摇匀，放置 5 分钟，加稀醋酸 4ml 与淀粉指示液 1ml 用碘滴定液（0.04980mol/L）滴定，滴定至溶液显蓝色并持续 30 秒钟不褪色。每 1ml 碘滴定液（0.05mol/L）相当于 8.806mg 的维生素 C（$C_6H_8O_6$）。平行测定三份，分别消耗碘滴定液 22.78ml、22.84ml、22.73ml。

27. 维生素 C 注射液规格：2ml：0.5g 分别为多少位有效数字

    A. 不确定   B. 二   C. 三

    D. 四   E. 一

28. 每 1ml 碘滴定液（0.05mol/L）相当于 8.806mg 的维生素 C（$C_6H_8O_6$）为约定真值的是

    A. 0.05   B. 1   C. 不确定

    D. 8.806   E. ABD 都是

29. 上述题干中有四位有效数字的数的个数

    A. 五   B. 四   C. 三

    D. 二   E. 一

30. 22.78ml、22.84ml、22.73ml 相对误差大的是

    A. 22.78   B. 22.73   C. 一样大

    D. 22.84   E. 不确定

（四）X 型题（多选题）

31. 以下哪些是系统误差的特点

    A. 误差可以估计其大小

    B. 数值随机可变

    C. 误差大小是可以测定的

    D. 在同一条件下重读测定，正负误差出现的机会相等，具有抵消性

    E. 通过多次测定，均出现正误差或负误差

32. 以下哪些是偶然误差的特点

    A. 误差可以估计其大小

    B. 数值大小随机可变

    C. 误差的正负不固定

    D. 在同一条件下重读测定，正负误差出现的机会相等，具有抵消性

    E. 通过多次测定，误差的大小可以减小

33. 消除或减免系统误差的方法有

    A. 进行对照试验   B. 进行空白试验

    C. 增加平行测定次数   D. 做回收试验

    E. 校准仪器

34. 产生系统误差的主要原因有
    A. 方法误差　　　　　B. 仪器误差　　　　　C. 试剂误差
    D. 操作误差　　　　　E. 主观误差
35. 为了得到较准确的分析结果，在实际工作中应注意的问题是
    A. 选择合适的分析方法　　　　　B. 减小测量误差
    C. 减小偶然误差　　　　　　　　D. 消除系统误差
    E. 多操作仪器
36. 下列数字的有效数字位数为 3 位的是
    A. 0.235　　　　　　B. 3.020　　　　　　C. 0.405
    D. pH = 3.12　　　　E. 5.69

二、填空题

37. 滴定管的读数常有 ±0.01ml 的误差，则在一次滴定中的绝对误差最少为＿＿＿＿＿ml。常量滴定分析的相对误差一般要求应 $RE \leqslant 0.1\%$，为此，滴定时消耗的标准溶液的体积必须控制在＿＿＿＿＿ ml 以上。
38. 测量值越接近真实值，＿＿＿＿＿越高，反之准确度低。准确度的高低，用＿＿＿＿＿表示。误差又分为＿＿＿＿＿和＿＿＿＿＿。
39. 两质量不同的物体称量的绝对误差相等，它们的相对误差肯定＿＿＿＿＿。
40. 测定中的偶然误差是由＿＿＿＿＿引起的，可采取＿＿＿＿＿方式来减少偶然误差。
41. 在有效数字弃去多余数字的修约过程中，所使用的法则规定为"＿＿＿＿＿"。
42. 在测定分析过程中，为消除或减小测定结果的系统误差，提高分析结果的准确度，可以通过＿＿＿＿＿、＿＿＿＿＿、＿＿＿＿＿和遵守操作规章，消除操作误差。

三、判断题

43. 测量值与真实值无关，主要与绝对误差和相对误差的大小有关。
44. 不管什么物质称量的绝对误差相等时，它们的相对误差均相同。
45. 作空白试验，用空白值校正分析结果可以消除或减少由于试剂、蒸馏水等引起的系统误差。
46. 将测量值 2.205 和 2.2449 修约为三位数是 2.21 和 2.3。
47. 0.00203、2.31×10^3、pH2.41 都是三位有效数字。
48. 统计检验的方法很多，在定量分析中最常用 t 检验与 F 检验，分别主要用于检验两个分析结果是否存在显著的系统误差与偶然误差等。

四、名词解释

49. 准确度　　　　　50. 系统误差　　　　　51. 偶然误差
52. 精密度　　　　　53. 有效数字

五、计算题

54. 进行下述运算，并给出适当位数的有效数字：
    （1）2.52×4.10×15.14÷（6.16×10⁴）。
    （2）3.10×21.14×5.1÷0.0001120。

（3）$51.0 \times 4.03 \times 10^{-4} \div (2.512 \times 0.002034)$。

（4）$0.0324 \times 8.1 \times 2.12 \times 10^{-4} \div 1.050$。

（5）$(2.2856 \times 2.51 + 5.42 - 1.8940 \times 7.50 \times 10^{3}) \div 3.5462$。

（6）$pH = 2.10$，求 $[H^+]$。

（韦国兵）

第四章

原始数据的检验记录、分析结果的表示方法

学习目标

知识要求　1. **掌握**　原始数据检验记录的要求和规范，数据显著性检验。

　　　　　2. **熟悉**　分析结果的表示方式和结果表达；计量器具的校验规范和色标管理；分析化学中常用法定计量单位。

　　　　　3. **了解**　分析数据的取舍方法。

技能要求　准确记录检验中的原始数据，合理规范地处理数据；正确使用计量单位，用规定色标规范管理各种分析设备设施。

案例导入

案例：国家政府机构和大型企事业单位进行大额人民币汇转和支出时，一般采用银行支票或汇票，同学们知道：支票或汇票单的日期如何正确填写？汇出或支出人民币的额度阿拉伯数字如何填写？不妨试一试，看看你开出的支票或汇票能进行兑现吗？

第一节　原始数据的检验记录

一、原始数据检验记录的要求和规范

原始数据检验记录是出具检验报告书的依据，是进行科学研究和技术总结非常重要的原始资料。原始检验记录的内容应包括与检验有关的一切法定技术资料、设施设备型号及编号、数据和现象等，须完整地记录检验全过程，要做到原始真实、完整准确、清晰明了、有法定凭据。原始检验记录既要有真实地检验记录检测时的各种数据，又有完整的信息，以便识别不确定度的影响因素，保证待检样品在该检测条件下所有测量数据的可溯源性，因此规范完整的原始检验记录，是检验工作者必须具备的职责，也是检验工作者必备的实事求是、高度严谨的职业素养。

（一）检验室（检测室或质控室）原始检验记录管理规范

每个法定单位的检验室，首先应明确原始检验记录编制、填写、更改、标识、收集、检索、存取、归档、贮存、维护和清理等各个环节的制度、职责和操作规程，对检验记录形成的全过程实施合理、规范的控制。制度要能约束和督导检验记录的可行性，操作规程要保证检验记录编制合理、填写真实、更改规范、标识清晰、收集及时、检索方便、存取有序、归档分类、贮存防损、维护得力、清理合法。必须避免出现检验室编制的原始检验记录管理程序内容不齐全、不合理，相互不协调。质量检测检验室应当有下列经过批准执行的系列文件。

（1）取样操作制度、职责和操作规程。

（2）检验操作制度、职责和操作规程，包括检验记录或检验室工作记事簿。如每批药品的检验记录应当包括样品来源、检验目的、检验依据、检验条件、检验项目等质量检验记录。

（3）检验报告填写、留存制度、职责和操作规程。

（4）留样制度、职责和操作规程。

（5）检验过程有关的环境检验记录制度、职责和操作规程。

（6）设施设备的校准和使用、保养、维护的制度、职责和操作规程。

（二）规范设计原始检验记录

原始检验记录是受控文件，应有专用检验记录格式，并统一编号。虽然检验记录的格式和内容很难给出一个全国统一的模式，但各个行业结合实际情况，对检验记录的方式、格式、载体、用笔、装订、字体等都进行标准化、表格化、规范化的规定。原始记录应按顺序编号打印或填写装订成册，逐页装订、首末页分别写共×页，第×页。其他页写第×页，不得缺页损角。

（三）原始检验记录的保管

原始检验报告书统一保管立卷归档，必要时电子备份另地储存保管，以防止丢失，同时便于使用、管理和查询。无论是书面文本报告检验记录还是电子信息报告检验记录，均要按照程序文件的规定进行控制，对电子版本的检验记录应采取适当的加密措施，防止数据丢失或未经批准擅自修改检验记录。原始检验记录应保存规定的时间期限（不同类别的检验记录也可能保存期限不同）。

确定检验记录保存期限一般应遵循以下原则：

（1）有永久保存价值的检验记录，应整理归档，长期保管。

（2）合同要求时，检验记录的保存期应征得顾客的同意或由顾客确定。

（3）无合同要求时，产品检验记录的保存期一般不得低于产品的寿命期或责任期。

对于食品原始检验记录应至少保存 5 年。对于药品质量检测，每批号药品应当有的批检验记录（批生产检验记录、批包装检验记录、批批发检验记录和药品放行审核检验记录等）由质量管理部门负责管理，至少保存至药品有效期后一年。相应的质量标准、工艺规程、操作规程、稳定性考察、确认、验证、变更等其他重要文件应当长期保存。

此外，还应规定对过期或作废检验记录的处理方法。杜绝只保存检验报告，而不保存影响原始检验记录的原始凭证的现象。

（四）原始检验记录内容信息完整

原始检验记录是记述检验过程中的各种检验现象及检测数据的原始资料，因此，必须详细记录检验数据，便于第二者理解和复核，甚至重复检验。完整信息记录是保证样品检验数据的科学性、严肃性、真实性、可溯源和完整性，如《GMP》要求每项活动均应当有检验记录，以保证产品生产、质量控制和质量保证等活动可以追溯。

检验记录中应标明检验样品名称、编号标记、样品到达日期、检验日期和检验完成日期；检验项目和方法；检测仪器名称、型号、仪器检测条件；必需的检测环境条件；检测过程中所出现现象的观察检验记录；检测的原始数据检验记录、计算及数据处理结果；检验人员和校核人员、复核人员签名。但这并不意味着检验记录内容越多越好。原则是"做有痕、追有踪、查有据"，体现客观、规范、准确及时的原则。

（五）原始检验记录填写规范

（1）检验过程中应尊重检验事实，及时在规定的检验记录本上做好完整而确切的原始检验记录，绝不允许记于纸条上或其他地方事后再誊写补记，也不允许暂记脑中等下再追记。按检验日期顺序和检验报告书页数逐一记录原始检验数据。

原始检验记录包括原始数据和原始信息两方面，原始数据是由检验员直接操作和仪器使用产生，这方面数据是不可以补记的；原始信息是操作者和仪器固有的信息，可以是文字、数字，也可以是编号、环境信息。操作者根据原始数据计算结果和结论，这些信息是操作者的原始数据，而不是操作规程的原始数据。

（2）原始检验记录必须用钢笔或中性笔填写，不允许用圆珠笔、铅笔，字迹要工整、清晰、完整，检验记录应当保持清洁，不得撕页、任意涂改、贴盖。

（3）原始检验记录各项内容应逐项填写，若有缺项，应在格内划一斜线，该页大部分为空白应该有"以下为空白"内容。原始检验记录的某些内容可以打印，但取样量、取/加溶剂量、测定温度等实际操作参数、测定值（现象）、结果和结论等应手写。书写时应使用正规用语，不得使用俗语和规定外的英文缩写。所采用的计量单位，符号和计算公式必须符合有关规定、规范。

（4）测量数据检验记录的有效位数应与检测系统的准确度相适应，不能超过检测方法最低检出限有效数字的位数，允许保留一位可疑数字，不足的部分以"0"补齐。"0"在有效数字中的作用不同，可以是有效数，也可以不是有效数字。以"0"结尾的正整数有效数的位数不确定，如160倍，有效位数可能不确定。

（5）原始检验记录应真实地记录检验现象、数据。仪器自动显示检验记录、打印的检验记录、图谱和曲线图等数据应准确复制或剪下贴在原始检验记录单上，并标明产品或样品的名称、批号和检验记录设备的信息，操作人应当签注姓名和日期。用热敏纸打印的数据、图谱为防止日久褪色，应将所有检验数据记录在原始检验记录单上，并及时复印妥善保存。

（6）如使用电子数据处理系统、照相技术或其他可靠方式检验记录的数据资料。使用电子数据处理系统的，只有经授权的人员方可输入或更改数据，更改和删除情况应当有记录痕迹。

（7）一旦出现误记，可采用"杠改法"，在需要改正的地方用红色笔划一横杠，改正后的值应写在被更改值的右上方，不要涂擦，也不能用涂改液，被更改的原检验记录内容仍须清晰可见，不允许消失或不清楚。检验记录中任何更改都应当签注姓名和日期，更改人一般为直接责任人。检验记录如需重新誊写，则原有检验记录不得销毁，应当作为重新誊写检验记录的附件保存。检验结果，无论成败（包括必要的复试），均应详细检验记录、保存。对废弃的数据或失败的检验，应及时分析其可能的原因，并在原始检验记录上注明。

（六）数据处理

为了得到准确的检测结果，检验人员不仅要认真操作，而且还要正确处理检验数据。整个数据处理过程一定要使用法定计量单位，在检验记录中得到统一体现。运算过程要规范，计算都应有原始数据代入，不能只列出公式，给出运算结果，这样就失去了原始检验记录的原始溯源性。同时，一定要严格按数字修约规则进行数字修约，先计算后修约。

（七）复核工作

检验复核是由未参加该检验并具资格的检验专员对检验内容的完整性，以及计算结果的真实性和准确性、结论等进行核对、修改并签名。具体内容如下：

（1）计算公式或代入数据的应用是否正确，有无计算差错，导出数据是否合理。

（2）有效数值表达、进舍规则、异常值处理是否符合有关标准要求。

（3）环境条件记载是否出自测试现场、是否失真、是否失控。

（4）平行多份是否符合准确度和精密度要求。

（八）审核工作

由质量控制负责人审核，并在原始检验报告书上签名，重点是原始检验记录的规范化和合理性。具体内容如下：

（1）执行标准是否正确、有无差错，方法选择是否恰当；环境条件是否受控。

（2）原始检验记录与任务通知单的要求是否相符。

（3）检查计算分析数据的误差，决定复测（验）与否？超出允差范围样品（项目）的处理；疑点值的判定、检查。

（4）有关人员如检验人、复核人的签字是否齐全。

（5）原始检验记录是否完整，应有的标识是否齐全。

（6）是否完全按照任务通知单的要求完成了任务，有无漏项（目）、漏报、签署日期是否准确。

（7）是否符合质量手册和程序文件的有关规定。

需要提醒的是，检验者在检验前，应注意检品标签与所填送验单的内容是否相符，应注意查对品名、规格、批号和效期、代号（或编号）、来源（生产单位或产地）、取样日期、样品的数量和封装情况等。

二、原始数据的检验记录方式和检验记录实例分析

（一）原始数据的检验记录内容

检验原始数据记录内容如下：

（1）产品或物料的名称、剂型、规格、批号或供货批号，必要时注明供应商或生产商的名称或来源。

（2）检验用质量标准和检验操作规程。若操作方法与检验依据方法一致的，简略扼要叙述，若对检验依据方法有修改的，记录质量标准全部内容。

（3）检验所用的仪器或设备的型号和编号、检定或校准情况。

（4）检验所用的试液和培养基的配制批号、对照品或标准品的来源和批号。

（5）检验所用动物的相关信息。

（6）检验过程，包括对照品溶液的配制、各项具体的检验操作、必要的环境温湿度。

（7）检验结果，包括观察得到情况或测得的检验数据、计算和图谱或曲线图；结果描述及判断；检验日期。

（8）检验计算、复核、审核人员的签名和日期。

（二）各检验项目具体检验记录方式

检验项目如以定量计算结果给出，则应填写量值单位，单位应为法定计量单位或其导出单位；若是以定性结果给出的，应以文字（如，阴性或副反应、阳性或正反应）的形式填写。

现对一些常见药品质量检验项目的检验记录内容，列出下述的最低要求，即必不可少的检验记录内容。检验人员可根据实际情况酌情增加，多记不限。

1. 性状检验记录

（1）外观性状 原料药应根据检验中观察到的情况如实描述药品的外观，不可照抄标准上的规定。如标准规定其外观为"白色或类白色的结晶或结晶性粉末"，可依观察结果检验记录为"白色结晶性粉末"。标准中的臭、味和引湿性（或风化性）等，一般可不予检验记录，但遇异常时，应详细描述。

制剂应描述供试品的颜色和外形，如：本品为白色片；本品为糖衣片，除去糖衣后显

白色；本品为无色澄明的液体。外观性状符合规定者，也应作出外观检验记录，不可只写检验记录"符合规定"这一结论；对外观异常者（如变色、异臭、潮解、碎片、花斑等）要详细描述。中药材应详细描述药材的外形、大小、色泽、外表面、质地、断面、气味等。中成药：描述制剂的色泽、外形，或内容物的色泽、外形，气、味。

（2）溶解度　一般不作为必须检验的项目；但遇有异常情况需进行此项检查时，应详细记录检验用天平型号、供试品的取量、溶剂及其用量、温度和溶解时的情况等。

（3）相对密度　采用的方法（比重瓶法或韦氏比重秤法），测定时的温度，测定值或各项称量数据，计算式与结果。

（4）熔点　采用第×法，仪器型号或标准温度计的编号及其校正值，除硅油外的传温液名称，升温速度；供试品的干燥条件，初熔及全熔时的温度（估计读数到 0.1℃），熔融时是否有同时分解或异常的情况等。每一供试品应至少测定 2 次，取其平均值，并加温度计的校正值；遇有异常结果时，可选用正常的同一药品再次进行测定，检验记录其结果并进行比较，再得出单项结论。

（5）旋光度　检验仪器型号，测定时的温度，供试品的称量及其干燥失重或水分，供试液的配制，旋光管的长度，零点（或停点）和供试液旋光度的测定值各 3 次的读数，计算平均值，以及比旋度的计算、结果等。含量测定时，2 份供试品测定读数极差应在 0.02° 以内。

（6）折光率　检验用仪器型号、温度、校正用物，3 次测定值，取平均值。

（7）吸收系数　检验用仪器型号与狭缝宽度，供试品的称量（平行试验 2 份）及其干燥失重或水分，溶剂名称与检查结果，供试液的溶解稀释过程，测定波长（必要时应附波长校正和空白吸光度）与吸光度值（或附仪器自动打印检验记录），以及计算式与结果等。

（8）酸值（皂化值、羟值或碘值）　记录检验用供试品的称量（除酸值外，均应作平行试验 2 份），各种滴定液的名称及其浓度（mol/L），消耗滴定液的毫升数，空白试验消耗滴定液的毫升数，计算式与结果。

2. 鉴别检验记录

（1）中药材的经验鉴别　检验简要的操作方法，鉴别特征的描述，单项结论。

（2）显微鉴别　除用文字详细描述组织特征外，可根据需要用 HB、4H 或 6H 铅笔绘制简图，并标出各特征组织的名称；必要时可用对照药材进行对比鉴别并检验记录。

中药材，必要时可绘出横（或纵）切面图及粉末的特征组织图，测量其长度，并进行统计。

中成药粉末的特征组织图中，应着重描述特殊的组织细胞和含有物，如未能检出某应有药味的特征组织，应注明"未检出××"；如检出不应有的某药味，则应画出其显微特征图，并注明"检出不应有的××"。

（3）呈色反应或沉淀反应　简要的操作过程，供试品的取用量，所加试剂的名称与用量，反应结果（包括生成物的颜色，气体的产生或异臭，沉淀物的颜色，或沉淀物的溶解等）。采用《中国药典》2015 年版四部中未收载的试液时，应检验记录其配制方法或出处。

（4）薄层色谱（或纸色谱）　室温及湿度，薄层板所用的吸附剂（或层析纸的预处理），供试品的预处理，供试液与对照液的配制及其点样量，展开剂、展开距离、显色剂，色谱示意图；必要时，计算出 R_f 值。

（5）气（液）相色谱　如为引用检查或含量测定项下所得的色谱数据，检验记录可以简略；但应注明检查（或含量测定）项检验记录的页码。

（6）可见-紫外吸收光谱特征　同"1.（7）吸收系数"项下的要求。

（7）红外光吸收图谱　检验用仪器型号，环境温度与湿度，供试品的预处理和试样的制备方法，对照图谱的来源（或对照品的图谱），并附供试品的红外光吸收图谱。

（8）离子反应　供试品的取样量，简要的试验过程，观察到的现象和结论。

3. 检查检验记录内容

（1）结晶度　偏光显微镜的型号及所用倍数，观察结果。

（2）含氟量　氟对照溶液的浓度，供试品的称量（平行试验2份），供试品溶液的制备，对照溶液与供试品溶液的吸光度，计算结果。

（3）含氮量　采用氮测定法第×法，供试品的称量（平行试验2份），硫酸滴定液的浓度（mol/L），样品与空白试验消耗滴定液的毫升数，计算式与结果。

（4）pH（包括原料药与制剂采用pH检查的"酸度、碱度或酸碱度"）　记检验用仪器型号、室温、定位用标准缓冲液的名称，标准缓冲液的名称及其校准结果，供试溶液的制备，测定结果，2次读数取平均值。

（5）溶液的澄清度与颜色　供试品溶液的制备，浊度标准液的级号，标准比色液的色调与色号或所用分光光度计的型号和测定波长，比较（或测定）结果。

（6）氯化物（或硫酸盐）　记录检验用标准溶液的浓度和用量，供试品溶液的制备，比较结果。必要时应检验记录供试品溶液的前处理方法。

（7）干燥失重　检验用分析天平的型号，干燥条件（包括温度、真空度、干燥剂名称、干燥时间等），各次称量（失重为1%以上者应作平行试验2份）及恒重数据（包括空称量瓶重及其恒重值，取样量，干燥后的恒重值）及计算等。

（8）水分（费休氏法）　检验室的湿度、供试品的称量（平行试验3份）、消耗费休氏试液的毫升数、费休氏试液标定的原始数据（平行试验3份）、计算式与结果、平均值。

（9）水分（甲苯法）　供试品的称量、出水量、计算结果；并应注明甲苯用水饱和的过程。

（10）炽灼残渣（或灰分）　炽灼温度、空坩埚恒重值、供试品的称量、炽灼后残渣与坩埚的恒重值、计算结果。

（11）重金属（或铁盐）　采用的方法、供试液的制备、标准溶液的浓度和用量、比较结果。

（12）砷盐（或硫化物）　采用的方法，供试液的制备，标准溶液的浓度和用量，比较结果。

（13）异常毒性　小鼠的品系、体重和性别，供试品溶液的配制及其浓度，给药途径及其剂量，静脉给药时的注射速度，检验小鼠在48小时内的死亡数，结果判断。

（14）热原　饲养室及检验室温度，家兔的体重与性别，每一家兔正常体温的测定值与计算，供试品溶液的配制（包括稀释过程和所用的溶剂）与浓度，每1kg体重的给药剂量及每一家兔的注射量，注射后3小时内每1小时的体温测定值，计算每一家兔的升温值，结果判断。

（15）降压物质　对照品溶液及其稀释液的配制，供试品溶液的配制，检验动物的种类（猫或狗）及性别和体重，麻醉剂的名称及剂量，抗凝剂的名称及用量，检验记录血压的仪器名称及型号，动物的基础血压，动物灵敏度的测定，供试品溶液及对照品稀释液的注入体积，测量值与结果判断。并附检验记录血压的完整图谱。

（16）升压物质　标准品溶液及其稀释液与供试品溶液的配制，雄性大鼠的品系及体重，麻醉剂的名称及用法用量，肝素溶液的用量，交感神经阻断药的名称及用量，检验记录血压的仪器名称及型号，动物的基础血压，标准品稀释液和供试品溶液的注入体积，测量值与结果判断。并附检验记录血压的完整图谱。

(17) 无菌　经无菌方法学验证，阳性菌回收率符合国家有关标准规定后，记录培养基的名称和批号，对照用菌液的名称，供试品溶液的配制及其预处理方法，供试品溶液的接种量，培养温度，培养期间逐日观察的结果（包括阳性管的生长情况），结果判断。薄膜过滤法，还应检验记录滤器类型，冲洗液种类及用量。

(18) 细菌内毒素　鲎试剂、细菌内毒素标准品、细菌内毒素检查用水的来源、批号、规格、灵敏度，阳性对照溶液、供试品溶液及供试品阳性对照液的制备，保温温度及保温时间，供试品管、供试品阳性对照管、阳性对照管及阴性对照管的结果，结果判断。

(19) 原子吸收分光光度法　仪器型号和光源，仪器的工作条件（如波长、狭缝、光源灯电流、火焰类型和火焰状态），对照溶液与供试品溶液的配制（平行试验各 2 份），每一溶液各测 3 次的读数，计算结果。

(20) 乙醇量测定法　仪器型号，载体和内标物的名称，柱温，系统适用性试验（理论塔板数、分离度和校正因子的变异系数），标准溶液与供试品溶液的制备（平行试验各 2 份）及其连续 3 次进样的测定结果，取平均值。并附色谱图。

(21) （片剂或滴丸剂的）质量差异　20 片（或丸）的总质量及其平均片（丸）重，限度范围，每片（丸）的质量，超过限度的片数，结果判断。

(22) 崩解时限　检验记录仪器型号，介质名称和温度，是否加档板，在规定时限（注明标准中规定的时限）内的崩解或残存情况，结果判断。

(23) 含量均匀度　供试溶液（必要时，加记对照溶液）的制备方法，仪器型号，测定条件及各测量值，计算结果与判断。

(24) 溶出度（或释放度）　仪器型号，采用的方法，转速，介质名称及其用量，取样时间，限度（Q），测得的各项数据（包括供试溶液的稀释倍数和对照溶液的配制），计算结果与判断。

(25) 不溶性微粒　微孔滤膜和净化水的检查结果，供试品（25ml）的二次检查结果（$\geq 10 \mu m$ 及 $\geq 25 \mu m$ 的微粒数）及平均值，计算结果与判断。

(26) 粒度　供试品的取样量，不能通过一号筛和能通过五号筛的颗粒和粉末的总量，计算结果与判断。

(27) 微生物限度　经微生物限度方法学验证，阳性菌回收率符合国家有关标准规定后，检验记录供试液的制备方法（含预处理方法）后，再分别检验记录：①细菌数　检验记录各培养皿中各稀释度的菌落数，空白对照平皿中有无细菌生长，计算，结果判断；②霉菌数和酵母菌数　分别检验记录霉菌及酵母菌在各培养皿中各稀释度的菌落数、空白对照平皿中有无霉菌或酵母菌生长，计算，结果判断；③控制菌　检验记录供试液与阳性对照菌增菌培养的条件及结果，分离培养时所用的培养基、培养条件和培养结果（菌落形态），纯培养所用的培养基和革兰染色镜检结果，生化试验的项目名称及结果，结果判断；必要时，应检验记录疑似菌进一步鉴定的详细条件和结果。

(28) 可见异物　仪器型号，照度，检查的总支（瓶）数，观察到的异物名称和数量，不合格的支（瓶）数，结果判断（保留不合格的检品作为留样，以供复查）。

4. 浸出物检验记录　供试品的称量（平行试验 2 份），溶媒，蒸发皿的恒重值，浸出物质量，计算结果。

5. 含量测定检验记录

(1) 容量分析法　供试品的称量（平行试验 2 份），简要的操作过程，指示剂的名称，滴定液的名称及其浓度（mol/L），消耗滴定液的毫升数，空白试验的数据，计算式与结果。

电位滴定法应检验记录采用的电极；非水滴定要检验记录室温；用于原料药的含量测定时，所用的滴定管与移液管均应检验记录其校正值。

（2）重量分析法　供试品的称量（平行试验2份），简要的操作方法，干燥或灼烧的温度，滤器（或坩埚）的恒重值，沉淀物或残渣的恒重值，计算式与结果。

（3）紫外分光光度法　仪器型号，检查溶剂是否符合要求的数据，吸收池的配对情况，供试品与对照品的称量（平行试验各2份）其及溶解和稀释情况，核对供试品溶液的最大吸收峰波长是否正确，狭缝宽度，测定波长及其吸光度值（或附仪器自动打印检验记录），计算式及结果。必要时应检验记录仪器的波长校正情况。

（4）薄层扫描法　除应按"2.（4）"检验记录薄层色谱的有关内容外，还应检验记录薄层扫描仪的型号，扫描方式，供试品和对照品的称量（平行试验各2份），测定值，结果计算。

（5）气相色谱法　仪器型号，检测器及其灵敏度，色谱柱长与内径，柱填料与固定相，载气和流速，柱温，进样口与检测器的温度，内标溶液，供试品的预处理，供试品与对照品的称量（平行试验各2份）和配制过程，进样量，测定数据，计算式与结果；并附色谱图。标准中如规定有系统适用性试验者，应检验记录该试验的数据（如理论板数，分离度，校正因子的相对标准偏差等）。

（6）高效液相色谱法　仪器型号，检测波长，色谱柱与柱温，流动相与流速，内标溶液，供试品与对照品的称量（平行试验各2份）和溶液的配制过程，进样量，测定数据，计算式与结果；并附色谱图。如标准中规定有系统适用性试验者，应检验记录该试验的数据（如理论板数，分离度，校正因子的相对标准偏差等）。

（7）氨基酸分析　除应检验记录（6）高效液相色谱法的内容外，还应检验记录梯度洗脱的情况。

（8）抗生素微生物检定法　应检验记录检定菌的名称，培养基的编号、批号及其pH，灭菌缓冲液的名称及pH，标准品的来源、批号及其纯度或效价，供试品及标准品的称量（平行试验2份），溶解及稀释步骤和核对人，高低剂量的设定，抑菌圈测量数据（当用游标卡尺测量直径时，应将测得的数据以框图方式顺双碟数检验记录；当用抑菌圈测量仪测量面积或直径时，应检验记录测量仪器的名称及型号，并将打印数据贴附于检验记录上），计算式与结果，可靠性测验与可信限率的计算。

第二节　数据分析和结果表达

一、分析数据的取舍

定量分析多次平行测量之后会得到大量的检验数据，若只有算术平均值是不够确切的，还应运用统计学方法，对检验结果的可靠性做出判断，并给出正确、科学的评价，一般用 RSD 衡量，以决定结果的取舍。

实际定量分析所得到的一组数据（x_1，x_2，…，x_n）中会出现过高过低的异常数据，即可疑值或逸出值，若这组数据按大小顺序排列，则可疑值必然出现在两端（x_1 或 x_n）。首先要对这些可疑测量值的取舍作出正确的判断，才能使最后的定量分析结果更加符合客观要求。

对可疑测量值的取舍原则上应采取如下步骤：

（1）仔细回顾和检查产生该可疑值的检验过程，看看有无可觉察的技术上的异常原因，如读错、记错、算错、仪器工作条件异常、工作环境条件异常或有人为的其他过失存在。如可以肯定有，则该数据有充分理由舍弃。

（2）如果得到一些偏差较大的数据而又找不出明显的原因来舍弃这些数据时，就要用统计判别法进行可疑值检验。统计判别法的依据是随机误差的理论，而统计判别法要舍弃的"坏值"数目相对来说是极少数的。如果要舍弃的"坏值"数目较多，那就要对测定方法的正确性提出怀疑了。

对于可疑值的取舍的统计判别法很多，常见的有 Q 检验法和 G 检验法。

（一）Q 检验法

Q 检验法，亦称 Dixon 检验法或舍弃商法，是一种简便易行的可疑值取舍的统计判别法，原则上只适用于只有一个可疑值的情况，它的误判概率很小。

（1）将一组测量值，按从大小顺序排列。

（2）对于 n 小于 10 的一组数据，可把置信度固定在 95%，并把统计量计算公式化简为下式

$$Q_{计} = \frac{|X_{可疑值} - X_{临近值}|}{|X_{最大值} - X_{最小值}|} \tag{4-1}$$

（3）查表 4-1，若 $Q_{计} > Q_{表}$，则可疑值应舍弃，否则应保留。

表 4-1　$n \leqslant 10$，置信度为 95% 时 Q 值表

n	3	4	5	6	7	8	9	10
Q	0.94	0.76	0.64	0.56	0.51	0.47	0.44	0.41

例 4-1　在用气相色谱测定某样品中叔丁醇的含量时得到一组 5 个平行测定的结果，叔丁醇的质量百分数为：2.50%、2.63%、2.64%、2.65%、2.65%，给定置信度为 95%，判别该组数据中有无可疑值应舍弃。

解： 检验 x_1

按公式 4-1 计算 $Q_{计}$：$Q_{计} = \dfrac{|X_{可疑值} - X_{临近值}|}{|X_{最大值} - X_{最小值}|} = \dfrac{|2.50 - 2.63|}{2.65 - 2.50} = 0.867$

从表 4-1 中查出 $n=5$ 时 $Q_{表} = 0.64$，由此可知 $Q_{计} > Q_{表}$，可疑值 2.50% 应予舍弃。

检验 x_n

按公式 4-1 计算 $Q_{计}$：$Q_{计} = \dfrac{|X_{可疑值} - X_{临近值}|}{|X_{最大值} - X_{最小值}|} = \dfrac{|2.65 - 2.65|}{2.65 - 2.50} = 0$

从表 4-1 中查出 $n=5$ 时 $Q_{表} = 0.64$，由此可知 $Q_{计} < Q_{表}$，可疑值 2.65% 应予保留。

（二）G 检验法

G 检验法（Grubbs 检验法）也是一种可靠的可疑值舍弃判别方法。

（1）计算整组数据的平均值和标准偏差 S。

（2）按下式计算：

$$G_{计} = \frac{|X_{可疑值} - \overline{X}|}{S} \tag{4-2}$$

（3）查表 4-2，若 $G_{计} > G_{表}$，则可疑值应舍弃，否则应保留。

表 4-2　置信度为 95% 时 G 值表

n	3	4	5	6	7	8	9	10
G	1.155	1.481	1.715	1.887	2.020	2.126	2.215	2.290

G 检验法计算公式与测量次数 n、算数平均值 $\overline{X}$ 及标准偏差 S 有关，而 Q 检验法只与测

量次数 n 有关，由此可见 G 检验法更可靠。

二、分析结果的表示方式和结果表达

任何定量分析得到结果都不可能是真值，只能无限地接近真值。所以定量分析结果的表达中常包含算术平均值 $\bar{X}$ 和能反映定量分析结果可靠性的不确定度（如测定次数 n、样本标准偏差 S 或相对标准偏差 RSD）。

（一）真值与测量值

在消除了系统误差的前提下，造成测量值偏离真值的主要原因是偶然误差。偶然误差使得同条件下无限多次测得的测量值围绕着真值左右分布，其分布规律符合正态分布见图 4-1，其数学表达式为：

$$y = \frac{1}{\sigma\sqrt{2\pi}}e^{-\frac{(x-\mu)^2}{2\sigma^2}} \qquad (4-3)$$

在分析化学中，μ 表示真值所在的数值位置，σ 反映的是这组测量值的分散程度（标准偏差），纵坐标 y 表示的是某一测量值在整组数据中出现的次数（即概率密度）。由此可见，①偶然误差带来的影响越小，这组数据分散程度就低，精密度越高，测量值就越向 μ 集中，图就比较尖锐。②小偶然误差出现的概率大，大偶然误差

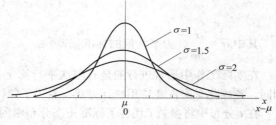

图 4-1 正态分布曲线

出现的概率小，于是大大偏离真值的测量值的个数就少，更多的测量值能逼近真值。

造成测量值偏离真值的原因就是偶然误差，于是就需要研究偶然误差的分布情况。公式（4-3）过于复杂，在实际工作中为了应用方便，引入变量 u，令：$u = \dfrac{x-\mu}{\sigma}$，即得公式（4-4）和图 4-2。

$$y = \frac{1}{\sigma\sqrt{2\pi}}e^{-\frac{u^2}{2}} \qquad (4-4)$$

在正态分布曲线的数学表达式中，$x-\mu$ 为偶然误差的大小，u 就是在标准正态分布曲线中，以标准偏差为单位时表示的偶然误差。考虑到一般会在 0 两端等距取 u（如 $u=\pm1$），因此 $x-\mu=\pm\mu\sigma$。若实际工作中，某测量值在 $u=\pm3$ 范围以外，则说明该值中偶然误差的影响很大，该测量值即可舍弃。

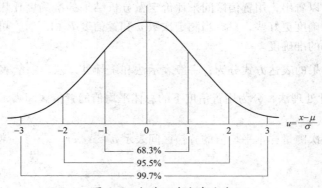

图 4-2 标准正态分布曲线

（二）置信度与平均值的置信区间

在准确度要求较高的分析工作中，需对样本总体平均值 μ 做出估计，即 μ 的可能取值的区间，把 μ 所在的数值区间称为置信区间。将真实值落在此区间的概率称为置信概率或置信度 P，公式如下：

$$P(a < x < b) = \int_b^a \frac{1}{\sigma\sqrt{2\pi}} e^{\frac{(x-\mu)^2}{2\sigma^2}} dc \qquad (4-5)$$

置信度越高，置信区间就越宽；反之，越窄。若将置信度选为 100% 置信区间为无穷大，则没有实际意义；置信度选为低于 50%，置信区间尽管很窄，但可靠性难以保证。实际工作中，一般取 95% 的置信度。

为方便讨论，也引入 u 这一变量。在一定置信度时，用无限次测量的样本平均值 $\overline{X}$ 来估算 μ 值的取值范围，称为总体平均值的置信区间，考虑到 u 的符号问题，则：

$$\mu = \overline{X} \pm u\overline{\sigma} = \overline{X} \pm u\frac{\sigma}{\sqrt{n}} \qquad (4-6)$$

其中 $\overline{\sigma} = \dfrac{\sigma}{\sqrt{n}}$，为平均值的标准偏差。

在实际工作中通常进行的是有限次平行测定，其分布规律与正态分布规律不可能完全相同。英国化学家古赛特用统计方法，提出了能体现有限次测量值的分布规律的 t 分布。

在 t 分布中将参数 t 代替了标准正态分布中的 u，将有限次测量的样本标准偏差 S 替代了总体标准偏差 σ。由于 t 与置信度 P 和自由度 f 有关，故可写成 $t_{(P,f)}$。则，在一定置信度下，用有限次测量的样本平均值来估算 μ 值的取值范围，称为平均值的置信区间，公式如下：

$$\mu = \overline{X} \pm t_{(p,f)}\overline{S} = \overline{X} \pm t_{(p,f)}\frac{S}{\sqrt{n}} \qquad (4-7)$$

置信区间表示分析结果的准确度，而置信度表示分析结果的可靠程度。置信区间的宽窄与置信度、测定值的精密度和测定次数有关，当测定值精密度越高（S 值越小），测定次数越多（n 值越大）时，置信区间越窄，即平均值越接近真值，平均值越可靠。显然可通过求取某一置信度下的置信区间来评定定量分析结果的准确度。

在一定置信度的情况下，t 值随 n 值增大而变小；在相同的 S 下，n 值越大，所得的置信区间就越小，即可使测定的 $\overline{X}$ 与 μ 接近，准确度越高。当 n 值相同时，t 值随置信度的增加而增大，说明对同一组测定数值（n，S 相同），提高置信度，置信区间增加，准确度下降。从以上讨论可以看出，用置信区间来评价定量分析结果的准确度比用 S 或 RSD 来评价定量分析结果的准确度更好些，只有当测定次数 n 和置信度 P 相同时，可以用 S 或 RSD 来评价定量分析结果的准确度。

因此，分析结果的表达方式分为，一般表示法和统计处理法。一般表示法，需列出 $\overline{X}$、n、S 或 RSD；统计处理法，分为用置信度下的总体平均值的置信区间表示 $\mu = \overline{X} \pm u\dfrac{\sigma}{\sqrt{n}}$，和用置信度下的有限次测量样本平均值的置信区间表示 $\mu = \overline{X} \pm t_{(p,f)}\dfrac{S}{\sqrt{n}}$，常用后者。

三、显著性检验

在定量分析中常发现，样品的测量值与其标准品（对照品）真值会有差异；测同一样品时不同方法或不同人的测得值也会有差异。这些差异不是系统误差引起，就是偶然误差引起的。因此，必须检验两组分析结果的差异是由显著的偶然误差还是由显著的系统误差引起的。

（一）F 检验法

F 检验法是通过比较两组数据的方差 S^2，来确定是否存在显著的偶然误差，即两组数据间的精密度是否有显著性差异。

（1）首先计算两组数据的方差 S_1^2 和 S_2^2，按下式计算

$$F = \frac{S_1^2}{S_2^2}(S_1 > S_2) \tag{4-8}$$

（2）由 95% 置信度时的 F 分布值表查出 $F_表$，若 $F < F_表$，则表明两组数据间的精密度无显著差异，反之，则差异显著。

（二）t 检验法

（1）为了检验一个分析方法是否可靠，是否有足够的准确度，是不是有较大的系统误差，常用已知含量的标准试样进行试验，用 t 检验法将测定的平均值 $\bar{x}$ 与已知标准值 μ 比较，按下式进行计算：

$$t_计 = \frac{|\bar{x} - \mu|}{S} \cdot \sqrt{n} \tag{4-9}$$

然后查 t 分布值表，若 $t_计 \geq t_表$，则 $\bar{x}$ 与 μ 之间存在显著性差异，说明该方法有系统误差。反之，则说明无显著性差异，虽然 $\bar{x}$ 与 μ 之间有差异，但不是系统误差引起的，而应是偶然误差引起的正常差异。

（2）t 检验法也可以判断两组数据之间是否存在显著性的系统误差。如，同一试样在不同条件下测得的两组数据之间，或是两个试样含同一成分，用相同方法测得的两组数据之间。

按下式计算

$$t_计 = \frac{|\bar{x}_1 - \bar{x}_2|}{S_R} \cdot \sqrt{\frac{n_1 \cdot n_2}{n_1 + n_2}} \tag{4-10}$$

$\bar{x}_1$、$\bar{x}_2$ 是两组数据的平均值，n_1、n_2 是两组数据测量次数，S_R 为合并标准偏差。若 S_1 与 S_2 间通过 F 检验法检验不存在显著性差异，则：

$$S_R = \sqrt{\frac{S_1^2(n_1 - 1) + S_2^2(n_2 - 1)}{(n_1 - 1) + (n_2 - 1)}} \tag{4-11}$$

例 4-2 甲、乙二人对同一试样用不同方法进行测定，得两组测定值如下：

甲：1.26 1.25 1.22

乙：1.35 1.31 1.33 1.34

两种方法间是否有显著性差异？

解： $n_甲 = 3$、$\bar{x}_甲 = 1.24$、$S_甲 = 0.021$

$n_乙 = 4$、$\bar{x}_乙 = 1.33$、$S_乙 = 0.017$

$$F_计 = \frac{S_1^2}{S_2^2} = \frac{0.021^2}{0.017^2} = 1.53$$

查 95% 置信度时的 F 分布值表，$F_表 = 9.55$，$F_计 < F_表$，说明两组方差无显著差异，进一步用 t 检验法计算。

$$S_R = \sqrt{\frac{S_1^2(n_1 - 1) + S_2^2(n_2 - 1)}{(n_1 - 1) + (n_2 - 1)}} = \sqrt{\frac{0.021^2(3 - 1) + 0.017^2(4 - 1)}{(3 - 1) + (4 - 1)}} = 0.020$$

查 t 分布表，$f = n_1 + n_2 - 2 = 3 + 4 - 2 = 5$，置信度为95%，$t_表 = 2.571$，可见 $t_计 > t_表$，表明甲、乙二人采用的不同方法间存在显著性差异，如要进一步查明何种方法可行，可分别与标准方法或使用标准试样进行对照试验，根据检验结果进行判断。

本例中两种方法所得平均值的差为0.09，其中包含了系统误差和偶然误差。根据 t 分布规律，随机误差允许最大值为：

$$|\bar{x}_1 - \bar{x}_2| = t_计 S_R \sqrt{\frac{n_1 + n_2}{n_1 n_2}} = 2.57 \times 0.02 \sqrt{\frac{3 + 4}{3 \times 4}} = 0.04$$

说明可能至少有0.05的值是由系统误差产生的。

须注意，若要判断两组数据间是否存在系统误差，应在进行完 F 检验证明它们之间精密度无显著性差异后，再进行 t 检验，否则会得出错误的结论。

第三节　分析化学中的常用计量关系

一、计量器具的校验规范和彩色标志管理

（一）分级管理制度与彩色标志管理

《化学工业计量器具分级管理办法》是根据《中华人民共和国计量法》《中华人民共和国计量法实施细则》《中华人民共和国强制检定的工作计量器具检定管理办法》及《化工系统贯彻〈计量法〉实施办法》中的有关规定，结合化工生产、施工、科研的特点制定的。

计量器具按 A、B、C 三级进行管理，其分级原则应以计量器具的技术特性、使用条件、在生产、施工和管理中的作用及国家对该种计量器具的管理要求等情况进行划分。

各化工系统各企事业单位必须购置有制造计量器具许可证和检定合格证的计量器具。各单位应根据《化学工业计量器具分级管理办法》编制计量器具分级管理目录，目录中应注明计量器具类别、种别、名称、适用范围和检定周期。若有本办法中未编入的计量器具，应根据本办法的分级原则自行编入企业分级管理目录中去。现行使用的计量器具台账、卡片等须注明管理级别。并对各级计量器具实行彩色标志管理。

计量器具在现场使用彩色标志是 A、B、C 分类管理的必需，它使得使用中的计量器具的基本使用情况在现场显得更直观、更一目了然。但应指出的是彩色标志并不代表证书，只是一种分类和使用标志。计量器具的彩色标志有计量标准器证、合格证、准用证、限用证、禁用证、封存证等六种。

1. 计量标准器证　表示企业内的最高计量标准器和工作用计量标准器，应按计量法有关条款和企业计量标准器管理办法管理。

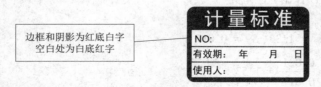

边框和阴影为红底白字
空白处为白底红字

计 量 标 准
NO:
有效期:　　年　　月　　日
使用人:

2. 合格证　用于周期性检定、一次性检定、实行有效期管理及作指示性用的计量器具，共分 A、B、C 三类。

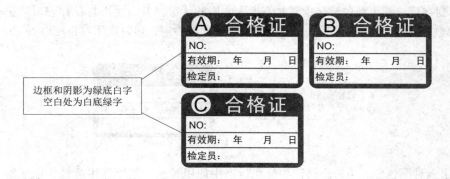

3. 准用证 表示工业生产中（1）无检定系统、检定规程，（2）无量值传递计量标准器的计量器，可以依照本企业的检定、校准方法进行周期检定、校准后使用。

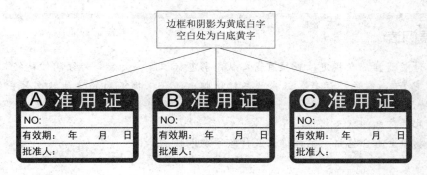

4. 限用证 用于通用量具作为专用的或只限于某一量程范围内使用的计量器具，须注明专用或限用的范围。

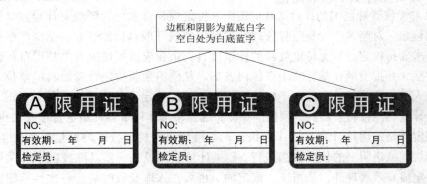

5. 禁用证 对国家规定淘汰和超过检定周期或计量监督员抽检不合格等计量器具使用《禁用》标志，禁止在生产和管理中使用，相当于封条。

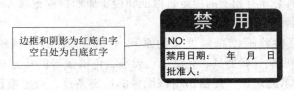

6. 封存证　在生产或流转中暂时不投入使用的计量器具，使用封存标志，防止流入生产和管理中使用，这类计量器具在封存期内不按周期检定，启封使用前检定即可。

边框和阴影为红底白字
空白处为白底红字

以上六种彩色标志中，合格证用绿色，准用证用黄色，限用证用蓝色，标准器证、禁用证、封存证用红色。绿色表示可正常使用；黄色表示过渡，暂时允许使用；蓝色表示遵照限用指令使用；红色表示不能随便用或不能用。

拓展阅读

　　计量器具应在指定位置挂有设备状态彩色标识牌，大致分为红色"待修"、绿色"完好"、绿色"运行"三张状态标识牌；还会根据不同的清洁状态挂出绿色"已清洁"或红色"待清洁"的状态标识牌。当然，也可以在同一块状态牌中标识出此两方面的状态信息。

　　物料会有合格证、不合格证及待验等彩色标识牌。

有效期是指该计量器具合法使用的截至日期；检定日期是指一次性检定计量器具进行检定的日期；封存日期是指开始封存的日期；禁用日期是指禁止使用的日期。

（二）计量器具的校验规范

凡列入 A 级管理范围的计量器具应按国家检定规程要求向辖区政府计量监督管理行政部门申请检定。对经政府计量监督管理行政部门授权开展自检的企业，也应严格按国家检定规程要求安排检定。暂无检定规程的计量器具，企业应依照国家有关规定自行制定校验或比对方法，并报当地计量行政主管部门备案。凡使用强制检定计量器具的单位，应设专职或兼职人员进行管理，以保证严格按规程实施周期检定，并监督检查使用情况。B 类中属于强检计量检测设备、器具，须按国家颁布的强检工作计量器具检定管理办法执行强检；其他则制定严格的周检计划，按计划执行，不得超周期检定校准的计量检测设备、器具，应按检定规程或说明书的校准方法进行。C 类计量检测设备、器具除按国家有关规定实行一次性检定或有效管理外，公司统一规定的，也可在入库验收时进行一次性检定；对国家暂无要求的某些进口计量检测设备、器具可进行功能性检查，贴《准用证》并加强监督管理。

A、B 级计量器具必须有相应的检定合格证和检定原始检验记录。C 级应有检定原始检验记录，或有 CMC 标记的产品合格证。

由国家质量监督检验检疫总局发布的系列《中华人民共和国国家计量检定规程》（JJG）文件，对各类玻璃计量器具、光谱仪、天平、色谱仪等的检定进行了详细的计量性能要求和通用技术要求的规定，并给出了该设备的检定条件、检定项目、检定方法、检定周期及检定结果的处理，还给出了格式化的检定原始检验记录模板。将来"规程"修订或新制定，则规程名称、编号及相关检定周期均应以相应的新"规程"的规定为准。

二、分析化学中常用法定计量单位

分析化学中常见的法定计量单位包括：

（1）质量法定计量单位为吨（t）、千克或公斤（kg）、克（g）、毫克（mg）、微克（μg）、纳克（ng），都是 10^3 进制。原子质量单位（u），u 是统一原子质量的计量单位，1u 等于一个 ^{12}C 原子质量的十二分之一，约为 $1.6605655 \times 10^{-27}$ kg，元素的原子量就是其原子质量为 1u 的几倍，称为"相对原子量"（Ar）。

（2）物质的量法定计量单位为摩尔（mol），或毫摩尔（mmol）、皮摩尔（pmol）等为 10^3 进制。摩尔质量（M）是指物质的质量除以该物质的物质的量即 $M = m/n$，其单位为 kg/mol、g/mol。

（3）物质的量浓度简称"浓度"，法定单位为 mol/m^3、mol/L、mmol/L、μmol/L、nmol/L 等。

须注意，物质的量浓度单位 mol/L 和质量浓度单位 g/L 中，分子可以加各种词头，但分母统一用升（L），一般不能加词头，如：nmol/L、mg/L 等。例如：mol/L 不宜写成 mmol/ml。

（4）长度法定计量单位为米（m）、分米（dm）、厘米（cm）、毫米（mm）等。

（5）体积法定计量单位为立方米（m^3）、升（L，小写 l）、毫升（ml）、微升（μl）等。应废除的单位名称和符号是立升、公升、CC 等。

（6）量、单位和符号的使用规则

①每一个物理量都有一个规定的符号和一个单位名称，它的倍数或分数单位应由这个单位加词头构成量的符号，用斜体拉丁文或希腊字母表示（pH 例外）。

②单位符号一律用正体字母，来源于人名时符号第一字母为大写体，其余一律用小写。"升"这个单位比较特殊，既可大写也可小写，但有时为了不致混淆，最好大写，如 1 升，最好写为 1 L，而不写为 1 l。

③词头一律用正体，10^6 级数及其以上符号用大写，其余一律用小写。

④不能用词头代替单位，不能重叠使用词头，例如"nm"不应写作"mμm"。

⑤国际符号可用于一切场合；单位与词头名称，一般只宜在叙述性文字中使用，不要用于公式、图表中。

📊 **重点小结**

本章主要介绍了原始检验记录规范和分析结果的表示方法，重点介绍了原始检验记录的管理细则、置信度与置信区间的计算和意义，显著性检验的计算和意义，计量器具的分级管理制度。

目标检测

一、选择题

（一）最佳选择题

1. 用两种方法检测同一样品，得到两组数据结果，若要判断两种方法是否存在显著性差异，

应选下列哪种方法

A. Q 检验法   B. G 检验法   C. t 检验法

D. F 检验法   E. F 检验法和 t 检验法

2. 下列有关置信区间的定义正确的是

     A. 真值落在某一可信区域的概率

     B. 在一定置信度时，以测量值的平均值为中心包括总体平均值的范围

     C. 以真值为中心的某区间

     D. 以测量值的平均值为中心的区间范围

     E. 置信度所在的区间

3. 下列有关 Q 检验法的步骤错误的是

     A. 将测量值按由小到大排列   B. 将测量值按由大到小排列

     C. 计算最大值与最小值之差   D. 计算 $Q_{表}$

     E. $Q_{计} > Q_{表}$，可疑值应舍弃

4. 某试样中 NaCl 含量的平均值的置信区间为 97% ±4%（置信度为 95%），说明

     A. 总体平均值落在该区间的概率为 4%

     B. 在此区间内的测量值不存在误差

     C. 在 95% 的置信度下，试样中 NaCl 的含量在 93% ~ 101%

     D. 有 95% 的可信度，样中 NaCl 含量为 97%

     E. 在 95% 的置信度下，试样中 NaCl 的含量为 95%

5. 下列对偶然误差的描述错误的是

     A. 数值不可定

     B. 大误差出现的概率小，小误差出现的概率大

     C. 数值相等的正负误差出现的概率一样

     D. 是误差的最主要来源

     E. 符合正态分布

6. 原始检验记录误记后的处理方法是

     A. 涂改法   B. 杠改法   C. 遗弃法

     D. 覆盖法   E. 作废法

7. 下列计量单位描述正确的是

     A. mmol/L   B. nmol/ml   C. mol/ml

     D. mμm   E. G

8. 两位分析人员对同一含 SO_4^{2-} 的试样用重量法进行分析，得到两组数据，要判断两人分析的精密度有无显著性差异，应用哪一种方法

     A. Q 检验法   B. F 检验法   C. G 检验法

     D. t 检验法   E. 极值检验法

9. 某标准溶液的浓度，其四次平行测定的结果为 0.1023mol/L、0.1022mol/L、0.1020mol/L 和 0.1024mol/L。如果第五次测定结果采用 Q 检验法（$n=5$ 时，$Q_{0.90}=0.76$）应保留，则最低值应为

     A. 0.1017mol/L   B. 0.1012mol/L   C. 0.1008mol/L

     D. 0.1015mol/L   E. 0.1011mol/L

10. 计量器具分类方式是

    A. 1、2、3   B. 一、二、三   C. A、B、C

    D. 优、良、差   E. 甲、乙、丙

（二）配伍选择题

[11~15] 计量器具的彩色标志管理中证与颜色的关系是

        A. 绿色   B. 红色   C. 黄色

        D. 蓝色   E. 白色

11. 计量标准器证

12. 封存证

13. 限用证

14. 合格证

15. 准用证

（三）X 型题（多选题）

16. 决定可疑值取舍的方法有

    A. Q 检验法   B. G 检验法   C. t 检验法

    D. F 检验法   E. 正态检验法

17. 在定量分析中用于检验显著性差异的方法是

    A. Q 检验法   B. G 检验法   C. t 检验法

    D. F 检验法   E. 正态检验法

18. 原始检验记录要做到

    A. 真实   B. 完整   C. 准确

    D. 清晰   E. 规范

19. 质量检测检验室包含的原始检验记录文件类型有

    A. 取样检验记录   B. 检验检验记录

    C. 环境检验记录   D. 检验方法验证检验记录

    E. 检验报告

20. 分析结果的表达方式有

    A. $\bar{x}$, n, RSD B. $\mu = \bar{X} \pm u \dfrac{\sigma}{\sqrt{n}}$

    C. $\mu = \bar{X} \pm t_{(P,f)} \dfrac{S}{\sqrt{n}}$ D. $\bar{x}$

    E. μ, n, RSD

二、判断题

21. 原始检验记录中不允许有修改。

22. 原始检验记录与检验报告是同一种文件。

23. Q 检验法比 G 检验法更可靠。

24. t 检验法是检验系统误差是否存在显著性差异。

25. 计量器具都是强检设备。

26. 分析结果只需用多次测量值的平均值。

27. 原始检验记录中的每一处更改都要签字、盖章确认。
28. 药品检验的原始检验记录至少保存产品出厂后 1 年。

三、简答题
29. 检定日期、有效期的定义。

（谭　韬）

第二篇　化学分析法简介

化学分析法是依赖于特定的化学反应，根据发生的化学现象和反应的量效关系（直接或间接），从而确定某一成分的组成、比例、含量等对物质进行系统分析的一种方法。化学分析法起源早、应用快、使用广、设备简单、易于操作，是分析化学的基础，因此化学分析法又称为经典分析法，是分析化学科学重要的分支，为仪器分析奠定了很好的理论基础。

根据分析任务不同，化学分析法可分为定性分析、定量分析、结构分析等；就化学定量分析而言，根据其利用化学反应的方式和使用仪器不同，分为重量分析法和滴定分析法；根据介质不同，把化学分析法分为水介质化学分析和非水介质化学分析法如酸碱滴定法、费休氏法；根据化学反应原理不同，把化学分析法分为无电子转移的化学分析法和有电子转移的化学分析法如酸碱滴定法、碘量法。

无论何种化学分析法，对于初学者也好还是专业操作人也好，要保持高度逻辑思维的敏捷性，紧紧抓住要分析目标或靶点，理清脉络，解析实际操作过程的量效关系包括溶剂或介质，对分析过程中影响主从关系的各物质纯杂程度、数量等进行整理，利用专业特点找出直接或间接关系，而不是靠死记硬背几个所谓的公式就能学好化学分析法。例如将 0.2500g 样品置于 100ml 小烧杯中，分次加入 20ml 左右的纯化水，分别转移至 250ml 的容量瓶中，加水至刻度。精密量取其溶液 25ml，置于 250ml 锥形瓶中，加指示剂，用 XX 滴定液滴定至终点，消耗此滴定液 Vml，这就是最简单的化学分析法，100ml 烧杯与分析量效无关，因为 0.2500g 样品全部转移至 250ml 容量瓶中，实际分析用量为 $0.2500 \times \dfrac{25.00}{250.00}$ g 并非全量。实际分析用量与锥形瓶的容积无关系，只与操作有关。在本篇中一定要弄清楚定量分析的过程、器具、量效关系，才能很好地找出目的量。

化学分析法能够引领我们对于一种事务的真正领悟和正确理解，如碳酸钠与硫酸滴定液的反应 $Na_2CO_3 + H_2SO_4 = Na_2SO_4 + H_2O + CO_2 \uparrow$，反应完全时，当碳酸钠是纯物质或基准物质或对照品时（含量为 100%），此时碳酸钠全部参与了反应，作为此反应计算的量；如果是样品（含量不是 100%）一般不能全部参与计算，只有与硫酸滴定液反应的物质才能参与计算，按照碳酸钠与硫酸的物质的量之比为 1:1 计算。在整个化学分析法中，学者一般难于想像或忽略的是：不一定所取样品全部参与化学反应。

在当今生产生活的许多领域，化学分析法作为常规的分析方法，发挥着重要作用。化学分析法通常用于测定相对含量在 1% 以上的常量组分，准确度相当高（一般情况下相对误差为 0.1% ~ 0.2% 左右）。重量分析法在药物纯度检查中常用于干燥失重、炽灼残渣、灰分及不挥发物的测定及《中国药典》中某些药物的含量测定等。化学分析法被应用在许多实际生产领域，并且由于科学技术的发展，它在向自动化、智能化、一体化、在线化的方向发展，可以与各种仪器分析紧密结合，发挥快速分析的特点，为食品、药品的质量监控提供了有力的法律技术支撑。

（张晓继）

第五章

滴定分析基本原理和方法

学习目标

知识要求　**1. 掌握**　滴定分析术语及滴定分析基本条件；滴定分析方法；滴定液的配制与标定；滴定液浓度表示及其有关计算。

　　　　　2. 熟悉　基准物质应具备的条件和常见的基准物质；滴定分析仪器选用；溶剂选用。

　　　　　3. 了解　滴定分析中的试剂配制规范。

技能要求　**1.** 熟练掌握滴定分析技术；各种滴定分析方法。

　　　　　2. 学会滴定分析仪器的正确操作及维护方法；滴定液的配制与标定操作；滴定分析中的相关计算。

案例导入

案例： 人们在生活中，制作新鲜凉菜时往往在其中加入醋酸，除中和碱性外，还有其独特的功效，如蒜泥加醋驱蛔虫；山西老陈醋制备的"苦酒开音汤"治疗顽固性慢性咽炎及声音嘶哑，醋还可以治疗呃嗳不止。

讨论： 1. 为什么醋具有这些功效？

　　　　2. 醋有哪些种类？

　　　　3. 食用醋、白醋、冰醋酸三者有何区别？在食品制作中可以替代吗？

　　　　4. 常用什么分析方法来控制三者的含量？

　　法国的物理学家兼化学家盖吕萨克（Gay-Lussac，1778—1850）是滴定分析的创始人，在 20 世纪初，建立滴定分析的四大平衡理论。滴定分析是化学分析中最常用的定量分析方法，其设备简单、成本低廉、操作容易、适用范围广，分析结果准确度高，一般情况下相对误差在 0.2% 以下，适用于常量分析及常量组分分析。其广泛用于化工领域、食品、药品领域等行业。

第一节　滴定分析术语及方法

一、滴定分析术语及滴定分析条件剖析

（一）滴定分析术语

　　滴定分析法又称容量分析法，是将已知准确浓度的试剂溶液即滴定液，也称标准溶液，滴加到待测物质溶液中，直至滴定液与待测组分按照确定的化学计量关系恰好完全反应，根据滴定液的浓度和体积，计算待测组分含量的一种化学定量分析方法。

　　将滴定液通过滴定管滴加到待测物质溶液中的操作过程称为滴定。当滴入的滴定液与待测组分恰好按照化学反应式所表示的化学计量关系反应完全时，称反应到达了化学计量点。化学计量点时，绝大多数反应并没有显著的外部特征变化。为了能比较准确地掌握化学计量点的到达，在实际滴定操作时，常在待滴定的溶液中加入一种辅助试剂，借助其颜色的变化，作为化学计量点到达的信号，这种辅助试剂称为指示剂。滴定过程中，指示剂颜色发生突变之点称为滴定终点。实际的滴定分析中，滴定终点与化学计量点不一定能完全吻合，由此造成的误差称为滴定误差或终点误差。

（二）滴定分析条件剖析

　　滴定分析法是以化学反应为基础的分析方法，但不是所有的化学反应都可用于滴定分析。能应用于滴定分析的化学反应，应满足以下四个条件。

　　1. 快　指用于滴定分析的化学反应速率要快或创造条件使其反应速率快，滴定反应要求瞬间完成。

　　2. 全　指用于滴定分析的化学反应进行的程度要完全，完全反应的程度达到99.9%以上。化学反应单向进行或逆反应程度极小，在计算中不影响结果的准确性。

　　3. 量　指反应必须按照一定的化学计量关系定量进行，并且没有副反应发生，这是滴定分析定量计算的基础。

　　4. 终　有适宜简便的方法确定滴定终点。

二、滴定分析方法分类

（一）按操作原理分类

　　滴定分析法根据化学反应类型的不同，可分为酸碱滴定法、沉淀滴定法、配位滴定法和氧化还原滴定法。

　　1. 酸碱滴定法　以质子传递反应（即中和反应）为基础的滴定分析法。常用碱作滴定液测定酸或酸性物质，也可用酸作滴定液测定碱或碱性物质。滴定反应式：

$$H^+ + OH^- \rightleftharpoons H_2O$$

$$OH^- + HA \rightleftharpoons A^- + H_2O \qquad H^+ + BOH \rightleftharpoons B^+ + H_2O$$

　　2. 沉淀滴定法　以沉淀反应为基础的滴定分析法。银量法是沉淀滴定法中应用最广泛的方法，常用于测定卤化物、硫氰酸盐、银盐等物质的含量。滴定反应式：

$$Ag^+ + X^- \rightleftharpoons AgX \downarrow$$

X^-代表Cl^-、Br^-、I^-、SCN^-等。

　　3. 配位滴定法　以配位反应为基础的滴定分析法。目前广泛使用氨羧配位剂（常用EDTA-2Na）作为滴定液，可滴定多种金属离子。滴定反应式：

$$M（金属离子）+ Y（EDTA-2Na）\rightleftharpoons MY（配合物）$$

　　4. 氧化还原滴定法　以氧化还原反应为基础的滴定分析法。可直接测定氧化剂或还原剂，也可间接测定本身不具氧化还原性的物质。目前应用较多的有高锰酸钾法、碘量法及亚硝酸钠法等。例如用高锰酸钾滴定液滴定草酸，其反应式为：

$$2MnO_4^- + 5C_2O_4^{2-} + 16H^+ \rightleftharpoons 2Mn^{2+} + 10CO_2 + 8H_2O$$

（二）按操作形式分类

　　滴定分析法根据操作形式不同可分为直接滴定法、返滴定法、置换滴定法和间接滴定法。

1. 直接滴定法 凡是能满足上述快、全、量、终四个条件的反应，可直接用滴定液滴定待测组分，这种方法称为直接滴定法。直接滴定法具有简便、快速、引入误差因素较少的特点，是最常用、最基本的滴定操作方法。例如，用 NaOH 滴定液滴定盐酸溶液，用 EDTA-2Na 滴定液滴定 Ca^{2+} 溶液。当化学反应不能满足上述四个条件时，可采用下述滴定操作方法。

2. 返滴定法 也称回滴定法或剩余滴定法。当滴定液与待测组分反应速度较慢，或反应物难溶于水，或没有适当指示剂时，可先在待测溶液中准确加入定量且过量的第一种滴定液，待反应完全后，再用第二种滴定液滴定（返滴）剩余的第一种滴定液。例如，碳酸钙的含量测定，由于试样是固体且不溶于水，可先准确加入定量过量的 HCl 滴定液，反应完全后，再用 NaOH 滴定液返滴剩余的 HCl 滴定液，即可测定碳酸钙的含量。反应如下：

$$CaCO_3（s）+ 2HCl（定量、过量滴定液 1）\Longrightarrow CaCl_2 + CO_2 + H_2O$$

$$HCl（剩余滴定液 1）+ NaOH（滴定液 2）\Longrightarrow NaCl + H_2O$$

3. 置换滴定法 对于滴定剂与待测组分不按确定的反应式进行（如伴有副反应）的化学反应，可先加入适当的试剂与待测组分反应，定量置换出另一种可被直接滴定的物质，再用滴定液滴定，此法称为置换滴定法。例如硫代硫酸钠不能直接滴定重铬酸钾，因为无确定的化学计量关系，可先将 $K_2Cr_2O_7$ 与过量的 KI 发生氧化还原反应，定量置换出 I_2，再用 $Na_2S_2O_3$ 滴定液直接滴定 I_2。反应如下：

$$Cr_2O_7^{2-} + 6I^-（过量）+ 14H^+ \Longrightarrow 2Cr^{3+} + 3I_2 + 7H_2O$$

$$I_2 + 2S_2O_3^{2-}（滴定液）\Longrightarrow 2I^- + S_4O_6^{2-}$$

4. 间接滴定法 待测组分不能与滴定液直接反应时，可先通过一定的化学反应，再用滴定液滴定反应产物，此法称为间接滴定法。例如，Ca^{2+} 的含量测定，由于 Ca^{2+} 没有还原性，不能直接用 $KMnO_4$ 滴定，若将 Ca^{2+} 沉淀为 CaC_2O_4，过滤洗涤后溶于 H_2SO_4 中，再用 $KMnO_4$ 滴定液滴定生成的 $H_2C_2O_4$，则可间接测定 Ca^{2+} 的含量。反应如下：

$$Ca^{2+} + C_2O_4^{2-} \Longrightarrow CaC_2O_4 \downarrow$$

$$CaC_2O_4 + 2H^+ \Longrightarrow H_2C_2O_4 + Ca^{2+}$$

$$2MnO_4^- + 5C_2O_4^{2-} + 16H^+ \Longrightarrow 2Mn^{2+} + 10CO_2 \uparrow + 8H_2O$$

在滴定分析中，由于采用了返滴定法、置换滴定法、间接滴定法等滴定操作方法，大大扩展了滴定分析的应用范围。

（三）按操作介质分类

滴定分析法根据操作介质不同可分为水溶液滴定法和非水溶液滴定法。

1. 水溶液滴定法 是在水为溶剂的溶液中进行滴定的方法。根据反应类型不同，可分为水溶液中酸碱滴定法、沉淀滴定法、配位滴定法和氧化还原滴定法。

2. 非水溶液滴定法 是在水以外溶剂的溶液中进行滴定的方法。包括上述四大滴定。在食品、药物分析中应用较多的是测定弱酸弱碱的非水溶液酸碱滴定法和测定水分的费休氏法。

第二节 试剂的配制

一、试剂配制规范

（一）试剂的等级

化学试剂是进行化学研究、成分分析的相对标准物质，广泛用于物质的合成、分离、定性和定量分析。化学试剂品种繁多，分类方法国际上尚未有统一的规定。化学试剂可按纯度分为一般试剂、基准试剂（纯度≥99.9%）和高纯试剂（纯度≥99.99%）。表5-1列出一般化学试剂的规格及主要用途。

表5-1 化学试剂的规格及用途

试剂等级	名称	代号（瓶签颜色）	纯度	适用范围
一级品	优级纯	GR（绿色）	≥99.8%	适用于精密的科学研究和分析实验
二级品	分析纯	AR（红色）	≥99.7%	适用于一般科学研究和分析实验
三级品	化学纯	CP（蓝色）	≥99.5%	适用于工矿、学校一般分析工作
四级品	实验试剂	LR（黄色、棕色）	≥99%	适用于一般化学实验和合成制备

分析工作者应根据实际工作需要合理选择试剂：

（1）配制滴定液可采用分析纯、化学纯试剂或基准物质，但标定滴定液必须用基准试剂。

（2）直接配制法配制滴定液必须采用基准试剂。

（3）配制杂质限度检查用的标准溶液采用优级纯或分析纯试剂。

（4）配制试液与缓冲液等可采用分析纯或化学纯试剂。

（二）试剂配制要求

（1）配前先检查试剂瓶应完好、封口严密、无污染，仔细查看标签，在规定的使用期内，符合规格要求。

（2）严格按照配制操作规程进行配制，并建立配制记录档案。

（3）配好的滴定液，必要时按规定程序进行标定，其相对平均偏差≤0.1%，并由第二人复核标定，标定与复核标定相对平均偏差≤0.15%，否则重标。

（4）配制、标定、复核标定的操作应有记录，配制过程有状态标识。

（5）复核标定合格的滴定液须贴标签，内容：品名、浓度、配标者、配标日期、复核标定者、复核标定日期、有效期、编号等。试液标签内容：品名、浓度、配制人、复核人、配制日期等。

须注意滴定液自配制日期起，每隔一段时间（根据滴定液的性质和稳定性）需进行一次复标。

（三）试剂的稳定性及保存期限

化学试剂在贮存、运输过程中受温度、光照、空气和水分等外在因素的影响，容易发生潮解、变色、分解、聚合、氧化、挥发和升华等物理化学变化使其失效而无法使用。判断一个物质的稳定性，可遵循以下几个原则。

（1）无机化合物，只要妥善保管，包装完好无损，可以较长时期使用。

（2）有机小分子量化合物一般挥发性较强，包装的密闭性要好，可以较长时间保存。

（3）易氧化、易潮解、受热分解、易聚合等的物质，在避光、阴凉、干燥的条件下，只能短时间（1~5 年）内保存，具体要看包装和贮存条件是否合乎规定。

（4）有机高分子，尤其是油脂、多糖、蛋白质、酶、多肽等生命材料，极易受到微生物、温度、光照的影响，而失去活性或变质腐败，因此要冷藏（冻）保存，而且保存时间也较短。

（5）基准物质、标准物质和高纯物质，要严格按照规定来保存，确保包装完好无损，避免受到化学环境的影响，而且保存时间不宜过长。一般情况下，基准物质必须在有效期内使用。

（6）化验室试剂的贮存期为距生产日期五年，应有完整、清晰的标签以确保品名正确，并在贮存期内使用。

（7）除另有规定外，试液、缓冲液、指示剂（液）的有效期均为半年。HPLC 用的流动相、纯化水有效期为 15 天。

（8）检验用试剂的有效期必须在贮存期内，且液体试剂开启后一年内有效，固体试剂开启后三年内有效。在贮存期和有效期内，液体如发现有分层、浑浊、变色、发霉等异常现象，固体如发现吸潮、变色等异常现象则应停止使用。

大多数化学品的稳定性还是比较好的，具体情况要由实际使用要求来判定。

二、试剂配制实例分析

（一）试液配制实例分析

碘化钾试液：取碘化钾 16.5g，加水使溶解成 100ml，即得。本液应临用新制。

解析：用十分之一感量天平称取碘化钾 16.5g，置于 100ml 量杯中，少量加新沸冷的纯化水搅拌溶解，再加纯化水至全量，转移至试剂瓶或滴瓶贮存和使用，贴签即得。

（二）混合溶剂配制实例分析

冰醋酸：甲醇：水（2∶1∶1，*V/V*）：取冰醋酸 20ml、甲醇 10ml、纯化水 10ml，将三者混合均匀，即得。

解析：用配制总容积相应的量杯（筒）分别量取各溶剂，混合搅拌均匀，转移至试剂瓶中，贴签即得。

（三）指示剂的配制实例分析

1. 固体指示剂配制实例分析

铬黑 T 指示剂：取铬黑 T 0.1g，加氯化钠 10g，研磨均匀，即得。

解析：用十分之一感量天平称取铬黑 T 0.1g，于搪瓷乳钵中，再称取氯化钠 10g 加入乳钵中，边加入边研磨，直至研磨至颜色细度一致，装入固体试剂瓶中，贴签即得。

2. 液体指示剂配制实例分析

铬酸钾指示液：取铬酸钾 10g，加水 100ml 使溶解，即得。

解析：用十分之一感量天平称取铬酸钾 10g，于 200ml 量杯中，加水使铬酸钾溶解，搅拌均匀，加水至 100ml，转移至试剂瓶中，贴签即得。

（四）缓冲溶液配制实例分析

醋酸-醋酸钠缓冲溶液（pH 4.6）：取醋酸钠 5.4g 加水 50ml 使溶解，用冰醋酸调节 pH 至 4.6，再加水稀释至 100ml，混合均匀，即得。

解析：用十分之一感量天平称取醋酸钠 5.4g，于 100ml 量杯中，加入 50ml 水使醋酸钠溶解，滴加冰醋酸并用电位法测定溶液 pH 为 4.6 时，停止滴加冰醋酸，再加水至 100ml，搅拌均匀，转移至试剂瓶中，贴签即得。

第三节　滴定液的配制

一、滴定液浓度的表示和相关计算

（一）物质的量浓度

物质的量浓度是指单位体积溶液中所含溶质 B 的物质的量，用符号 c_B 表示，即：

$$c_B = \frac{n_B}{V} \tag{5-1}$$

式（5-1）中，n_B 是溶质 B 的物质的量，单位为 mol；V 是溶液的体积，单位为 L；c_B 是溶质 B 的物质的量浓度，简称浓度，单位为 mol/L。

$$n_B = \frac{m_B}{M_B} \tag{5-2}$$

故

$$c_B = \frac{m_B}{M_B \cdot V} \tag{5-3}$$

式（5-3）中，m_B 是溶质 B 的质量，常用单位为 g；M_B 是溶质 B 的摩尔质量，常用单位为 g/mol。

例 5-1　准确称取基准物质 NaCl 1.4610g，溶解后定量转移至 250ml 容量瓶中，定容后摇匀，试计算此滴定液的浓度。（$M_{NaCl} = 58.44$ g/mol）

解：根据式（5-3）得：

$$c_{NaCl} = \frac{m_{NaCl}}{M_{NaCl} \cdot V} = \frac{1.4610 \times 1000}{58.44 \times 250.0} = 0.1001 \text{（mol/L）}$$

（二）滴定度

滴定度是指每毫升滴定液 B 相当于被测物 A 的质量，用符号 $T_{A/B}$ 表示，单位为 g/ml。下标 B、A 分别表示滴定液、被测物的化学式。如 $T_{NaOH/HCl} = 0.005000$ g/ml 时，表示用盐酸滴定液滴定氢氧化钠试样时，每消耗 1ml HCl 滴定液相当于试样中含有 0.005000g NaOH。已知滴定度 $T_{A/B}$ 及滴定中消耗滴定液体积 V_B，即可计算出被测物 A 的质量 m_A，公式可表示：

$$m_A = T_{A/B} \cdot V_B \tag{5-4}$$

例 5-2　如用 $T_{NaOH/HCl} = 0.003000$ g/ml 的 HCl 测定试样中 NaOH 含量，如果消耗 HCl 25.00ml，计算试样中 NaOH 的质量。

解：根据式（5-4）计算：

$$m_{NaOH} = T_{NaOH/HCl} \cdot V_{HCl} = 0.003000 \times 25.00 = 0.07500 \text{（g）}$$

二、滴定液配制

滴定液又叫标准溶液，用于样品定量分析，其浓度在一定时期内是准确值。滴定液的配制方法有两种，即直接配制法和间接配制法。

（一）直接配制法

准确称取一定量的基准物质，溶于适量溶剂后，定量转移入容量瓶中，以溶剂稀释至刻度，根据称取基准物质的质量和容量瓶的体积，即可计算出该滴定液的准确浓度（通常要求四位有效数字）。此种配制方法称直接配制法，又称容量瓶法。

能用于直接配制滴定液或标定滴定液的物质称为基准物质。基准物质应具备以下四个条件。

（1）纯度高，试剂的纯度一般应在99.9%以上，杂质总含量应小于0.1%。

（2）试剂组成和化学式完全相符，若含结晶水，其含量也应与化学式相符。

（3）性质稳定，加热干燥时不发生分解，称量时不吸收水分、CO_2，不与空气中的氧气反应。

（4）试剂最好有较大的摩尔质量，可减少称量误差。

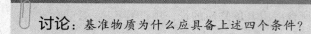

讨论：基准物质为什么应具备上述四个条件？

滴定分析中常用的基准物质及其干燥条件、应用范围见表5-2。

表5-2　常用的基准物质

基准物质	化学式	干燥条件	标定对象
无水碳酸钠	Na_2CO_3	270~300℃	酸
硼砂	$Na_2B_4O_7 \cdot 10H_2O$	有NaCl-蔗糖饱和液的干燥器	酸
邻苯二甲酸氢钾（KHP）	$KHC_8H_4O_4$	105~110℃	碱、高氯酸
氧化锌	ZnO	800℃	EDTA-2Na
锌	Zn	室温、干燥器	EDTA-2Na
草酸钠	$Na_2C_2O_4$	105~110℃	高锰酸钾
重铬酸钾	$K_2Cr_2O_7$	140~150℃	硫代硫酸钠
三氧化二砷	As_2O_3	室温、干燥器	碘
氯化钠	NaCl	500~600℃	硝酸银

（二）间接配制法

又称标定法。有许多物质不符合基准物质的要求（如NaOH、HCl等），只能采用间接法配制其滴定液。通常是先按所需浓度将试剂配制成近似浓度的溶液，再用基准物质或另一种滴定液来测定和表示该溶液的准确浓度。这种利用基准物质或其他滴定液来测定待测滴定液浓度的滴定操作过程，称为标定。标定方法通常有以下两种。

1. 基准物质标定法　准确称取一定量的基准物质，溶解后，用待标定溶液滴定，根据所称取的基准物质的质量和待标定溶液所消耗的体积，按照确定的化学计量关系即可计算出待标定溶液的准确浓度。大多数滴定液是用基准物质标定。

2. 比较标定法　用待标定溶液与另外一种已知准确浓度的滴定液相互滴定，按照确定的化学计量关系，根据两溶液消耗的体积和滴定液的浓度，计算出待标定溶液的准确浓度。这种用滴定液来测定待标定溶液准确浓度的操作过程称为比较法。

> **拓展阅读**
>
> 基准物质标定法分类
>
> **1. 多次称量标定法** 精密称取基准物质 2~3 份，分别溶于适量的纯化水中，然后用待标定的溶液滴定。根据基准物质的质量和待标定的溶液所消耗的体积，计算出待标定的溶液的准确浓度，将几次滴定计算结果取平均值作为滴定液的浓度。
>
> **2. 移液管标定法** 精密称取一份较多的基准物质，溶解后定量转移至容量瓶中，稀释至刻度，摇匀。用移液管取出 2~3 份，分别用待标定的溶液滴定，计算，最后取其平均值，作为滴定液浓度。

三、滴定液配制实例分析

（一）直接配制法

例 5-3 如何配制 0.01000mol/L $K_2Cr_2O_7$ 滴定液 1000ml？（$M_{K_2Cr_2O_7}=294.19g/mol$）

解： 根据式（5-3）计算：

$$m_{K_2Cr_2O_7}=c_{K_2Cr_2O_7}M_{K_2Cr_2O_7}V=0.01000×294.19×1.000=2.9419g$$

操作：称取 $K_2Cr_2O_7$ 基准物 2.9419g，置烧杯中溶解后定量转移至 1000ml 容量瓶中，加溶剂稀释至刻度摇匀即可。此法配制的 $K_2Cr_2O_7$ 滴定液的浓度即为 0.01000mol/L。

（二）间接配制法及准确浓度计算

例 5-4 如何配制和标定 0.05mol/L EDTA-2Na 滴定液 1000ml？

解： 根据式（5-3）计算：

$$m=cVM=0.05×1.000×372.24=18.61g$$

EDTA-2Na 滴定液的配制：称取 $Na_2H_2Y\cdot2H_2O$（$M_{Na_2H_2Y\cdot2H_2O}=372.24g/mol$）19g，溶于 300ml 的温纯化水中，冷却后用纯化水稀释至 1L，摇匀贮存于聚乙烯瓶中待标定（近似浓度为 0.05mol/L）。

标定：称取基准 ZnO（$M_{ZnO}=81.40g/mol$）0.1208g，加稀盐酸使溶解，加纯化水中 25ml，加 pH=10 的 NH_3-NH_4Cl 缓冲溶液 10ml，再加铬黑 T 指示剂少量，用 EDTA-2Na 滴定液滴定溶液由紫红色变为纯蓝色即为终点，消耗 EDTA-2Na 体积为 29.50ml。

计算：

滴定反应式： Zn^{2+} + Y^{4-} $\rightleftharpoons$ ZnY^{2-}

计量关系： 1 1

$$\frac{0.1208}{81.40}\qquad c×29.50×10^{-3}$$

$$1:1=\frac{0.1208}{81.40}:c×29.50×10^{-3}\qquad c=\frac{0.1208}{81.40×29.50×10^{-3}}=0.05031mol/L$$

此法配制的 EDTA-2Na 滴定液的准确浓度为 0.05031mol/L。

拓展阅读

滴定液直接配制法分类

1. 指定准确浓度的滴定液配制，根据要配制溶液的体积，计算出要称定的基准物质量，采用指定质量称量法，准确称取基准物，置烧杯中溶解后定量转移至相应容量瓶中，加溶剂稀释至刻度摇匀即可。

2. 未指定准确浓度的滴定液配制，根据滴定液一般浓度范围 0.1~0.5mol/L 及要配制溶液的体积，计算出应称量基准物的质量范围，采用减重称量法，准确称取基准物，置烧杯中溶解后定量转移至相应容量瓶中，加溶剂稀释至刻度摇匀即可。计算得该溶液准确浓度。

四、常用的滴定液

滴定分析中常用的滴定液列于表 5-3 中。

表 5-3 常用的滴定液

滴定液	化学式	浓度（mol/L）	贮藏条件
氢氧化钠	NaOH	0.1	置聚乙烯塑料瓶中，密封保存
盐酸	HCl	0.1	
高氯酸	$HClO_4$	0.1	置棕色玻瓶中，密闭保存
硫氰酸铵	NH_4SCN	0.1	
硝酸银	$AgNO_3$	0.1	置玻璃塞的棕色玻瓶中，密封保存
乙二胺四乙酸二钠	EDTA-2Na	0.05	置玻璃塞瓶中
$ZnSO_4$	$ZnSO_4$	0.05	
高锰酸钾	$KMnO_4$	0.02	置玻璃塞的棕色玻瓶中，密封保存
亚硝酸钠	$NaNO_2$	0.1	置玻璃塞的棕色玻瓶中，密封保存
重铬酸钾	$K_2Cr_2O_7$	0.1	
硫代硫酸钠	$Na_2S_2O_3$	0.1	
碘	I_2	0.05	置玻璃塞的棕色玻瓶中，密闭，在凉处保存

第四节 滴定分析计算

一、滴定分析计算的依据

在滴定分析中，用滴定液（B）滴定被测物质（A）时，反应物之间存在着确定的化学计量关系，这是滴定分析定量计算的依据。例如对于任意滴定反应：

$$b\text{B}(\text{滴定液}) + a\text{A}(\text{被测物质}) = \text{P}(\text{生成物})$$

反应到达化学计量点时，b mol 的 B 与 a mol 的 A 完全反应，即：

$$n_B : n_A = b : a \qquad (5-5)$$

可变换成：

$$n_B = \frac{b}{a} n_A \quad 或 \quad n_A = \frac{a}{b} n_B \qquad (5-6)$$

式中，n_A、n_B 分别表示 A、B 物质的量；a、b 分别表示 A、B 化学式前的系数；a/b 或 b/a 为换算因数。式（5-6）是滴定液与被测物质之间化学计量的基本关系式，根据实际情况，可衍生为不同的计算表达式。

二、滴定分析基本公式及应用

1. 被测物为溶液，则式（5-6）可表示为

$$c_A V_A = \frac{a}{b} c_B V_B \qquad (5-7)$$

式中，c_A、c_B 分别表示被测物、滴定液的物质的量浓度（mol/L）；V_A、V_B 分别表示被测物、滴定液的体积（L 或 ml）。此式适用于滴定液浓度的标定；溶液稀释或标定的计算等。

例 5-5 取浓度约为 0.1mol/L 的 HCl 溶液 25.00mL，用 0.1032mol/L NaOH 滴定液滴定至终点，消耗 NaOH 滴定液 24.50ml，计算该 HCl 溶液的浓度。

解：滴定反应为：

$$HCl + NaOH \Longleftrightarrow NaCl + H_2O$$

根据式（5-7）得：

$$c_{HCl} = \frac{c_{NaOH} V_{NaOH}}{V_{HCl}} = \frac{0.1032 \times 24.50}{25.00} = 0.1011 (\text{mol/L})$$

2. 被测物是由固体物质配制成的溶液，则式（5-6）可表示为

$$\frac{m_A}{M_A} = \frac{a}{b} c_B V_B \times 10^{-3} \qquad (5-8)$$

式中，m_A 为被测物的质量（g）；M_A 为被测物的摩尔质量（g/mol）；V_B 为消耗滴定液的体积（ml）。此式适用于直接法配制标准溶液；滴定液浓度的标定等。

例 5-6 用基准物质邻苯二甲酸氢钾（KHP）标定 NaOH 滴定液，称取基准 KHP 0.4867g，用 NaOH 滴定液滴定至终点时，消耗 NaOH 滴定液 23.50ml，试计算 NaOH 滴定液的浓度。（$M_{KHP} = 204.2\text{g/mol}$）

解：滴定反应为：

由式（5-8）导出：

$$c_{NaOH} = \frac{m_{KHP} \times 1000}{M_{HKP} \cdot V_{NaOH}} = \frac{0.4867 \times 1000}{204.2 \times 23.50} = 0.1014 (\text{mol/L})$$

3. $T_{A/B}$ 与 c_B 的换算 根据式（5-4）及式（5-8）：

$$m_A = T_{A/B} V_B \qquad m_A = \frac{a}{b} c_B V_B M_A \times 10^{-3}$$

当 $V_B = 1\text{ml}$ 时，$T_{A/B} = m_A$，则：

$$T_{A/B} = \frac{a}{b} c_B M_A \times 10^{-3} \qquad (5-9)$$

例 5-7 已知 $c_{HCl} = 0.1000mol/L$，计算 $T_{CaO/HCl}$。（$M_{CaO} = 56.00g/mol$）

解： 滴定反应为：

$$2HCl + CaO \rightleftharpoons CaCl_2 + H_2O$$

$$n_{CaO} = \frac{1}{2}n_{HCl}$$

根据式（5-9）得：

$$T_{CaO/HCl} = \frac{1}{2}c_{HCl}M_{CaO} \times 10^{-3} = \frac{1}{2} \times 0.1000 \times 56.00 \times 10^{-3} = 0.002800(g/ml)$$

4. 被测物含量的计算 设 m_s 为试样的质量（g），m_A 为试样中被测组分 A 的质量（g）则：

$$A\% = \frac{m_A}{m_s} \times 100\%$$

因 $m_A = \frac{a}{b}c_B V_B M_A \times 10^{-3}$ 或 $m_A = T_{A/B}V_B$

故 样品中某组分的百分含量 $= \dfrac{\frac{a}{b}c_B V_B M_A \times 10^{-3}}{m_s} \times 100\%$ (5-10)

或 样品中某组分的百分含量 $= \dfrac{T_{A/B}V_B}{m_s} \times 100\%$ (5-11)

式（5-10）和式（5-11）为滴定分析中计算被测组分百分含量的通式。

实际滴定中，滴定液的实际浓度与规定浓度可能不一致。如《中国药典》规定，每 1ml 氢氧化钠滴定液（0.1mol/L）相当于 0.01802g 阿司匹林，其中 0.1mol/L 称为规定浓度，而实际工作中所配制的滴定液的浓度称为实际浓度，二者不可能完全一致。因此须用浓度校正因子 F 进行校正。

$$F = \frac{c_{实际}}{c_{规定}}$$

式（5-11）可表示样品中某组分的百分含量 $= \dfrac{T_{A/B}FV_B}{m_s} \times 100\%$ (5-12)

式（5-12）是药物分析中计算药物含量最常用的计算公式。

例 5-8 测定药用 Na_2CO_3 的含量，称取试样 0.2800g，用 0.2000mol/L 的 HCl 滴定液滴定，耗去 HCl 滴定液 25.50ml，计算该药品中 Na_2CO_3 的百分含量。（$M_{Na_2CO_3} = 106.0g/mol$）

解： 滴定反应为：

$$2HCl + Na_2CO_3 \rightleftharpoons 2NaCl + H_2CO_3$$

$$n_{CaCO_3} = \frac{1}{2}n_{HCl}$$

根据式（5-10）得：

$$Na_2CO_3\% = \frac{\frac{1}{2}c_{HCl} \times V_{HCl} \times M_{Na_2CO_3} \times 10^{-3}}{m_s} \times 100\%$$

$$= \frac{\frac{1}{2} \times 0.2000 \times 25.50 \times 106.0 \times 10^{-3}}{0.2800} \times 100\% = 96.54\%$$

第五节　滴定分析的对象分析

一、滴定分析仪器选用

滴定分析是药学类、药品制造类、食品药品管理类、食品类各专业相关专业人员必备的一项最基本的操作技术，器材的选用得当，分析结果的准确度就会提高，因此正确选用滴定分析仪器是提高分析结果准确度方法之一。

（一）滴定管选用

滴定管分酸式滴定管、碱式滴定管、棕色滴定管及通用型滴定管等。规格有 10ml、25ml、50ml 等，常量分析一般选用 50ml 滴定管；非水滴定，一般选用 10ml 滴定管。其最小刻度为 0.1ml，读数误差为±0.01ml。

1. 酸式滴定管（玻塞滴定管）　酸式滴定管下端为一玻璃活塞，玻璃活塞是固定配合该滴定管的，不能任意更换。一般的滴定液均可用酸式滴定管，但因碱性滴定液常使玻塞与玻孔黏合，至难以转动，故碱性滴定液宜用碱式滴定管。

2. 碱式滴定管　碱式滴定管的管端下部连有橡皮管，管内装一玻璃珠控制开关，橡皮管下端连接一支带有尖嘴的小玻璃管。一般用做碱性滴定液的滴定。其准确度不如酸式滴定管，主要由于橡皮管的弹性会造成液面的变动。具有氧化性的溶液或其他易与橡皮起作用的溶液，如高锰酸钾、碘、硝酸银等不能使用碱式滴定管。在使用前，应检查橡皮管是否破裂或老化及玻璃珠大小是否合适，无渗漏后才可使用。

3. 棕色滴定管　滴定管有无色、棕色两种，一般需避光的滴定液（如硝酸银滴定液、碘滴定液、高锰酸钾滴定液、亚硝酸钠滴定液、溴滴定液等），需用棕色滴定管。

4. 通用型滴定管　通用型滴定管，它是带有聚四氟乙烯旋塞的，耐酸耐碱。使用时克服了常规碱式滴定管下端尖嘴处容易留下气柱等缺陷；操作方便，结构简单，造价低；滴定速度和滴定终点容易控制；用于滴定分析，它比常规滴定管有较高的精度。

（二）移液管选用

移液管是用来准确移取一定体积溶液的量器。移液管有两种形状：一种中部膨大，下端为细长尖嘴，又称腹式吸管，常用的有 5ml、10ml、25ml 和 50ml 等规格，可用来准确移取一定体积的溶液；另一种移液管是管壁上标有刻度的直形玻璃管，称为刻度吸管或吸量管，常用的有 1ml、2ml、5ml 和 10ml 等规格。移液管和吸量管所移取的体积可准确到 0.01ml。

根据所移取溶液的体积和要求选择合适规格的移液管，移取见光易分解的溶液应选择棕色移液管。在滴定分析中准确移取溶液一般使用移液管，反应需控制试液加入量时一般使用吸量管。在使用吸量管时，为了减少测量误差，每次都应从最上面刻度（0 刻度）处为起始点，往下放出所需体积的溶液，而不是需要多少体积就吸取多少体积。移液管和容量瓶常配合使用，因此在使用前常作两者的相对体积校准。

（三）容量瓶选用

容量瓶是一种细颈梨形平底的容量器，带有磨口玻塞，颈上有标线，表示在所指温度下，液体凹液面与容量瓶颈部的标线相切时，溶液体积恰好与瓶上标注的体积相等。容量瓶是准确配制或稀释一定体积的溶液用的精确仪器，有 25ml、50ml、100ml、250ml、500ml、1000ml 等多种规格。容量瓶只能配制一定容量的溶液，一般保留以 ml 为单位小数点后两位（如：50.00ml、250.00ml 等），在实际工作中人们习惯标写为整数毫升。

根据所要配制溶液的体积选择合适规格的容量瓶，见光易分解的溶液的配制应选择棕色容量瓶。在使用容量瓶之前，要先检查容量瓶容积与所要求的是否一致，再检查瓶塞是否严密、不漏水，合格后才可使用。容量瓶应和移液管配合使用。

（四）盛放待测物的玻璃器具选用

待测物具有不同的化学结构，稳定性各异，在滴定分析中，合理使用盛放器具，可以减少测量误差。需要快速滴定的操作，一般选用开口较大的敞开盛具如烧杯；需要边滴定边振摇的操作，一般选用锥形瓶防止待测物液体飞溅；滴定易挥发性待测物的操作，一般选用可以暂时密闭的盛具如碘量瓶；用自动滴定仪进行滴定分析，应选用专门配置的盛具。

二、滴定分析的溶剂选用

（一）水溶液中滴定分析的溶剂选用

水溶液中进行的滴定分析，配制溶液常用的溶剂是纯化水，既经济又环保，且不与待测物及滴定液发生化学反应。只有溶解某个在水中溶解度很小的固体物质时，才用酸、碱或有机溶剂将固体先溶解，然后按要求用纯化水稀释至所需的体积。例如，用直接配制法配制 ZnO 滴定液，先准确称取基准 ZnO 固体，置洁净小烧杯中，用少量稀盐酸溶解（ZnO 固体难溶于水），然后定量转移至容量瓶中，加纯化水稀释至刻度，混匀即可。

（二）非水溶液滴定分析的溶剂选用

在非水滴定中溶剂的选择非常重要，关系到滴定成败。根据非水滴定的基本原理及滴定分析的要求，在选择溶剂时应遵循以下原则。

（1）溶剂的溶解能力好　应能完全溶解被测样品及滴定产物，选择溶剂时遵循相似相溶的原则。

（2）溶剂不引起副反应　溶剂不能与被测样品发生副反应。

（3）溶剂的纯度要高　进行非水溶液酸碱滴定，溶剂中不应含有酸性或碱性杂质。存在于非水溶剂中的水分，既是酸性杂质，又是碱性杂质，影响测定，必须予以除去。

（4）选择安全、价廉、黏度小、挥发性低、易于回收和精制的溶剂。

三、样品取量与分析结果准确度的关系

滴定分析适用于常量分析和常量组分分析。常量分析指被测固体试样的质量大于 0.1g（或液体试样的体积大于 10ml）的分析；常量组分分析指对常量组分（含量大于 1%的组分）的分析。

滴定分析中，当进行样品含量测定时，需要操作完成两大步骤：①称取固体试样（或量取液体试样），制成溶液；②用滴定液滴定待测试样至终点，记录消耗滴定液体积。为了减小测量误差，要求称量和滴定每步都要满足相对误差 $RE \leqslant 0.1\%$ 的要求，这样才能保证分析结果准确度高。

（一）固体试样的取量

用电子天平（万分之一）称量固体试样，称量一次的绝对误差是 ± 0.0001g，用减重称量法称取一份试样，要称量两次，可能引起的最大称量误差为 ± 0.0002g。为使称量的相对误差不大于 0.1%，所称试样质量不能小于 0.2g。另外，称取试样质量还应与滴定中消耗滴定液体积联系，一般采用 50ml 滴定管，要保证消耗滴定液体积在 20ml 以上。如果称取试样质量较大，可溶解后用容量瓶稀释定容，然后用移液管准确移取一定体积，再滴定。

《中国药典》中滴定分析一般是用 50ml 滴定管设计样品取量，如果样品取量减少可用其他规格滴定管，所以在设计滴定分析方案中，样品的取量一定要考虑使用滴定管的规格。

（二）滴定液的用量

在滴定分析中，滴定管读数的绝对误差为 ±0.02ml（包括调零、读数），要保证滴定的相对误差不大于 0.1%，消耗滴定液的体积应不小于 20ml。如果使用 25ml 的滴定管，滴定液消耗体积控制在 20~25ml。若非水滴定法，滴定液消耗体积应控制在 5~8ml。

（张晓继）

 重点小结

本章重点介绍了滴定分析术语；滴定分析反应条件；滴定分析法分类；滴定液浓度的表示方法；试液及滴定液的配制；滴定分析计算方法及实例分析；滴定分析的对象分析等内容。

目标检测

一、选择题

（一）最佳选择题

1. 标定叙述正确的是
   A. 标定等于滴定分析
   B. 标定只能用基准物质
   C. 标定是确定滴定液的准确浓度的过程
   D. 标定是含量测定
   E. 标定所采用的滴定液浓度准确

2. 以水为介质的常量分析采用滴定管的规格一般是
   A. 50ml
   B. 25ml
   C. 15ml
   D. 10ml
   E. 5ml

3. 化学试剂有几种等级
   A. 1
   B. 2
   C. 3
   D. 4
   E. 5

4. 化学试剂纯度最高的是
   A. 优级纯
   B. 分析纯
   C. 化学纯
   D. 实验试剂
   E. 以上都不是

5. 标定滴定液的固体物质必须是
   A. 优级纯
   B. 分析纯
   C. 化学纯
   D. 实验试剂
   E. 基准物质

6. 滴定液标定方法有几种
   A. 1
   B. 2
   C. 3
   D. 4
   E. 5

7. 常用的滴定液浓度一般为
   A. 1~0.1mol/L
   B. 1~0.5mol/L
   C. 0.1~0.02mol/L
   D. 1~0.02mol/L
   E. 0.5~0.02mol/L

8. 滴定分析用于含量测定的依据是

A. 化学计量点   B. 化学计量系数

C. 指示剂变色的点   D. 指示剂的变色范围

E. 电流为零的点

9. 硝酸银滴定液在滴定分析时盛于

A. 碱式滴定管   B. 酸式滴定管

C. 玻塞滴定管   D. 棕色酸式滴定管

E. 容量瓶

10. 重铬酸钾标定对象为

A. 酸性滴定液   B. 碱性滴定液

C. 碘滴定液   D. 高锰酸钾滴定液

E. 硫代硫酸钠滴定液

（二）配伍选择题

[11~15] A. 滴定   B. 标定

C. 化学计量点   D. 滴定终点

E. 基准物质

11. 用近似浓度的试剂溶液滴定固定质量基准物质，测定该试剂溶液准确浓度的过程为

12. 滴定液与待测组分恰好按照化学反应式所表示的化学计量关系反应完全时为

13. 将滴定液通过滴定管滴加到待测物质溶液中的操作过程称为

14. 滴定液的标定可用

15. 在滴定分析过程中指示剂颜色明显转变而停止滴定时为

[16~20] A. 指示剂   B. 多次称量法

C. 盐酸滴定液   D. 比较标定法

E. 滴定误差

16. 在实际滴定操作时，常在待滴定的溶液中加入一种辅助试剂，借助其颜色的变化，作为化学计量点到达的信号，这种辅助试剂称为

17. 实际的滴定分析中，滴定终点与化学计量点不一定能完全吻合，由此造成的误差称为

18. 测定 NaOH 溶液准确浓度可用

19. 用滴定液来测定待标定溶液准确浓度的操作过程称为

20. 精密称取基准物质 2~3 份，分别溶于适量的纯化水中，然后用待标定的溶液滴定为

（三）共用题干单选题

取适量颜色深的食用醋加少许活性炭，搅拌均匀，用干燥中性滤纸过滤，滤液至无色。精密量取滤液 25ml，放入 250ml 容量瓶中，加新沸放冷的纯化水稀释至刻度，摇匀，备用。精密量取上述稀释液 25ml 于 250ml 锥形瓶中，滴加 2~3 滴酚酞指示剂，用（0.1001mol/L）氢氧化钠滴定液滴定至微红色并在 30 秒内不褪色即为终点，记录消耗的体积。平行测定三份，测定结果的相对平均偏差不大于 0.1%。

21. 精密量取续滤液 25ml 所用量具是

A. 量瓶   B. 量杯   C. 移液管

D. 烧杯   E. 试管

22. 精密量取上述稀释液 25ml，记录读数为

A. 25.0   B. 25   C. 25.00

D. 25.000   E. 0.25×10^{-2}

23. 使用活性炭的目的是

A. 除去杂质　　　　　　　　　　　B. 除去其他酸的干扰

C. 消除样品的颜色　　　　　　　　D. 除去微生物

E. 除去二氧化碳

24. 本滴定法为

    A. 酸碱滴定法　　　　B. 配位滴定法　　　　C. 沉淀滴定法

    D. 氧化还原滴定法　　E. 非水滴定法

25. 化学试剂三级品标签颜色为

    A. 绿色　　　　　　　B. 红色　　　　　　　C. 蓝色

    D. 黄色　　　　　　　E. 棕色

26. 英文缩写 AR 为

    A. 基准试剂　　　　　B. 化学纯试剂　　　　C. 分析纯试剂

    D. 优级纯试剂　　　　E. 实验试剂

（四）X 型题（多选题）

27. 基准物质必须具备的条件为

    A. 高纯度　　　　　　B. 性质稳定　　　　　C. 不含结晶水

    D. 不具有颜色　　　　E. 相对分子质量大

28. 用 m（g）基准硼砂（$Na_2B_4O_7 \cdot 10H_2O$）标定近似浓度盐酸，以甲基橙为指示剂，终点时消耗盐酸 Vml，则盐酸准确浓度（mol/L）的计算方式为（硼砂的摩尔质量为 M）（$Na_2B_4O_7 \cdot 10H_2O + 2HCl = 2NaCl + 4H_3BO_3 + 5H_2O$）

    A. $\dfrac{2m}{MV}$　　　　　　　B. $\dfrac{m}{2MV}$　　　　　　　C. $\dfrac{2m}{MV \times 10^{-3}}$

    D. $\dfrac{2m \times 10^3}{MV}$　　　　　　E. $\dfrac{2m}{MV}$（L）

29. 能应用于滴定分析的化学反应，应满足以下四个条件

    A. 快　　　　　　　　B. 全　　　　　　　　C. 量

    D. 终　　　　　　　　E. 停

30. 滴定分析法根据操作形式不同可分为

    A. 直接滴定法　　　　B. 返滴定法　　　　　C. 置换滴定法

    D. 间接滴定法　　　　E. 回流滴定法

二、填空题

31. 滴定分析中指示剂颜色发生突变之点称为_____。

32. 固体样品用滴定分析测定含量时，往往要加入一定量的_____。

33. 基准物质标定法分_____和_____。

34. 滴定液的配制方法有_____和_____。

35. 直接配制法又称_____；间接配制法又称_____。

三、判断题

36. 滴定液配制后必须立即标定。

37. 滴定液标定后可长期使用，浓度不变。

38. 基准物质属于化学试剂。

39. 纯化水属于化学试剂。

四、综合分析题

40. 用重铬酸钾（$K_2Cr_2O_7$）标定硫代硫酸钠，今有配制已有 3 个月的 0.1mol/L 硫代硫酸钠溶液，选用直链淀粉为指示剂，为了确定其准确浓度，请设计方案。

$$Cr_2O_7^{2-}+6I^-（过量）+14H^+ \stackrel{}{=\!=\!=} 2Cr^{3+}+3I_2+7H_2O$$

$$I_2+2S_2O_3^{2-}（滴定液）\stackrel{}{=\!=\!=} 2I^-+S_4O_6^{2-}$$

要求（1）确定重铬酸钾（$M_{K_2Cr_2O_7}=294.19g/mol$）的称量范围。

（2）正确选用标定需要的器具。

（3）通过分析写出硫代硫酸钠标定后的浓度计算公式。

（4）近终点加入指示剂，终点是什么颜色？

（5）分析标定过程中结果产生误差的可能原因。

（冉启文）

酸碱滴定法、 非水酸碱滴定法

知识要求　**1. 掌握**　酸碱指示剂的选择原则和常用酸碱指示剂的使用，强酸与强碱相互滴定、一元弱酸（碱）滴定和非水溶剂的性质以及非水酸碱滴定法的基本原理、滴定条件。

　　　　　　2. 熟悉　酸碱指示剂的变色原理、变色范围和多元酸（碱）的滴定条件及指示剂的选择；返滴定法和测定混合碱含量的原理，非水酸碱滴定法测定有机酸的碱金属盐的原理。

　　　　　　3. 了解　混合指示剂作用原理，非水溶剂的分类、非水酸碱滴定法和酸碱滴定法的应用。

技能要求　1. 熟练掌握酸碱滴定液的配制、标定的操作方法，直接法测定酸碱物质含量的操作技能和非水滴定的操作技术，以及含量计算及结果判断。

　　　　　　2. 学会判断酸碱滴定终点和对结果准确度的评价。

案例导入

案例：凯氏定氮法是一种检测物质中"氮的含量"的方法。例如，蛋白质是一种含氮的有机化合物，食品中的蛋白质经硫酸和催化剂分解后，产生的氨能够与硫酸结合，生成硫酸铵，再经过碱化蒸馏后，氨即成为游离状态，游离氨经硼酸吸收，再以硫酸或盐酸的标准溶液进行滴定，根据酸的消耗量再乘以换算系数 6.25，就可以推算出食品中的蛋白质含量。

讨论：1. 如何判断滴定终点？

　　　　　2. 游离氨经硼酸吸收后，会不会影响滴定分析的结果？

　　　　　3. 总氮量如何计算？用此方法测蛋白质的含量有什么缺陷？

　　酸碱滴定法是以酸碱中和反应为基础的滴定分析方法。一般的酸碱以及能与酸碱直接或间接发生反应的物质，几乎都可以用酸碱滴定法进行测定。因此，酸碱滴定法是应用很广泛的一种滴定分析方法。它不仅应用于科学研究和工农业生产中，而且也常用于药品、食品分析中。

　　在酸碱滴定过程中，溶液的 pH 在不断地发生改变，而酸碱反应通常不发生外观的变化。因而如何判断滴定终点的到达是本章的关键问题。要解决这一问题，必须了解整个滴定过程中 pH 的变化规律，以及如何正确地选择指示剂。

第一节　酸碱指示剂

一、酸碱指示剂的变色原理和变色范围

在酸碱滴定过程中，通常不发生任何外观变化，因此必须借助某种指示剂颜色的突变来指示滴定终点。将酸碱滴定中用以指示滴定终点的试剂称为酸碱指示剂。酸碱指示剂一般都是一些有机弱酸或有机弱碱，它们的共轭酸碱对具有不同的结构，且颜色也各不相同。在酸碱滴定过程中，当溶液的 pH 改变时，指示剂获得质子转化为共轭酸，或者失去质子转化为共轭碱，使指示剂的结构发生了改变，从而引起溶液的颜色变化。例如，酚酞是有机弱酸，其 $pK_a = 9.1$。其酸式结构常用 HIn 表示，呈现的颜色称为酸色（即无色）。其碱式结构常用 In$^-$ 表示，呈现的颜色称为碱色（即红色）。酚酞在水溶液中的解离平衡式如下：

$$HIn \rightleftharpoons H^+ + In^-$$

酸式　　　　　　　　　　　碱式
（无色）　　　　　　　　　（红色）

从解离平衡式可知，增大溶液的碱性，平衡向右移动，即酚酞的酸式结构向碱式结构转变，使其溶液中酸色浓度降低，碱色浓度增大，酚酞酸色转变为碱色，即溶液的颜色由无色变为红色。反之，增大溶液的酸性，溶液的颜色由红色变为无色。

以上所知，酸碱指示剂发生颜色变化，不仅是因为自身能够解离出具有不同颜色的共轭酸碱对，还因为共轭酸碱对的浓度变化与溶液的 pH 有关。根据指示剂的解离平衡式，可以得出溶液的 pH 与指示剂共轭酸碱浓度的关系：

$$pH = pK_{HIn} - \lg \frac{[HIn]}{[In^-]} \tag{6-1}$$

一般情况下，指示剂在溶液中应呈现两种互变异构体的混合色。只有当两种颜色的浓度比在 10 以上时，人的肉眼看到的只是浓度较大的那种结构的颜色。因此，

当 $[HIn] / [In^-] \geqslant 10$ 时，$pH \leqslant pK_{HIn} - 1$，溶液呈酸色；

当 $[HIn] / [In^-] \leqslant 0.1$ 时，$pH \geqslant pK_{HIn} + 1$，溶液呈碱色。

由此可见，只有当溶液的 pH 在 $pK_{HIn} - 1$ 到 $pK_{HIn} + 1$ 之间变化时，人的肉眼才能清楚地看到指示剂的颜色变化。此范围称为指示剂的变色范围，用 $pH = pK_{HIn} \pm 1$ 表示。

当溶液中 $[HIn] / [In^-] = 1$ 时，$pH = pK_{HIn}$，此时溶液呈现的是酸色和碱色的混合色，即称为指示剂的理论变色点。由于在同一温度时，不同指示剂的解离常数的负对数（pK_{HIn}）不同，因此各种指示剂的变色范围也不相同。

从理论上讲，指示剂的变色范围都有 2 个 pH 单位。但实验测得的指示剂变色范围并不都是 2 个 pH 单位，而是略有改变。这是因为实验测得的指示剂变色范围是人的肉眼目视测定的，由于人眼对不同颜色的敏感不同，如人眼对黄色中出现红色就比对红色中出现黄色要敏锐得多。红色在无色中格外明显，而无色在红色中却不明显。指示剂的变色范围，应该由实验测定，即人眼观察到的变色范围。常用的酸碱指示剂的变色范围及颜色情况，见表 6-1。

表 6-1　常用的酸碱指示剂（室温）

指示剂	变色范围（pH）	酸色	碱色	变色点 pK_{HIn}
百里酚蓝	1.2~2.8	红	黄	1.7
甲基橙	3.1~4.4	红	黄	3.45
溴甲酚绿	3.8~5.4	黄	蓝	4.9
甲基红	4.4~6.2	红	黄	5.1
溴百里酚蓝	6.2~7.6	黄	蓝	7.3
中性红	6.8~8.0	红	黄橙	7.4
酚红	6.7~8.4	黄	红	8.0
酚酞	8.0~10.0	无	红	9.1
百里酚酞	9.6~10.6	无	蓝	10.0

指示剂的变色范围越窄越好，因为在滴定过程中，pH 稍有改变，就可以立即由一种颜色变成另一种颜色。指示剂变色敏锐，有利于提高测定的准确度。

二、影响酸碱指示剂变色范围的因素

影响指示剂变色范围的因素，主要有两个方面：一是影响指示剂常数 pK_{HIn} 的因素如温度；二是影响变色范围宽度的因素如溶剂。

1. 温度　指示剂的变色范围与指示剂的 pK_{HIn} 有关，而 pK_{HIn} 与温度有关。因此，当温度改变时，指示剂的变色范围也跟着改变。如甲基橙在室温下的变色范围是 3.1~4.4，在 100℃时为 2.5~3.7。因此，滴定宜在室温下进行。

2. 指示剂的用量　根据指示剂变色的平衡关系可以得出：

$$HIn \rightleftharpoons H^+ + In^-$$

如果指示剂的浓度小，加入少量碱标准溶液即可使 HIn 转变为 In^-，故颜色变化灵敏。如果指示剂的浓度大，则变色范围加宽，变色迟钝，终点难以判断。因此，指示剂的用量少一点为好，一般在 50~100ml 溶液中滴加 2~3 滴即可。但也不能太少，否则会影响颜色变化的观察效果。

对指示剂变色范围的影响还有溶剂、滴定程序等其他因素。

三、混合酸碱指示剂

某些酸碱滴定中，pH 突跃范围很窄，使用一般的指示剂难以判断终点，可以采用混合指示剂。

混合指示剂可以分为两类。一类是在某种指示剂中加入一种惰性染料。后者不是酸碱指示剂，颜色不随 pH 改变而变化，变色范围不变，但因颜色互补使变色更敏锐。例如由甲基橙和靛蓝组成的混合指示剂，靛蓝不随 pH 变化，只作为甲基橙的蓝色背景。在 pH>4.4 的溶液中，混合指示剂显绿色（黄与蓝）；pH<3.1 的溶液中，混合指示剂显紫色（红与蓝）；在 pH=4 的溶液中，混合指示剂显浅灰色（几乎无色），终点颜色变化非常敏锐。

另一类是由两种酸碱指示剂混合而成。由于颜色互补的原理使变色范围变窄，颜色变化更敏锐。例如溴甲酚绿和甲基红按 3∶1 混合后，使溶液在 pH<4.9 时显橙红色（黄与红），在 pH>5.1 时显绿色（蓝与黄），而在 pH=5.0 时两者颜色发生互补，呈灰色。此混合指示剂的变色范围明显变窄，为 pH4.9~5.1。当溶液 pH 由 4.9 变为 5.1 时，颜色突变，由橙红色变为绿色，变色十分敏锐。

第二节 酸碱滴定原理

酸碱滴定中滴定终点的判断是借助于酸碱指示剂的颜色变化来确定的，而指示剂的变色是由于待测溶液的 pH 发生了变化。为了减少测定误差，指示剂应尽量靠近化学计量点变色，这就需要了解滴定过程中特别是化学计量点前后待测溶液的 pH 变化情况，以便选择合适的指示剂。

酸碱滴定曲线是以所滴入滴定液（酸或碱）的物质的量或体积为横坐标，以滴定过程中待测溶液的 pH 为纵坐标，来绘制的曲线。此曲线从理论上解释了滴定过程中待测溶液的 pH 随着滴定液加入量的变化规律，对正确选择指示剂具有指导意义。由于各种不同类型的酸碱滴定过程中，H^+ 浓度的变化规律各不相同，因此必须分别加以讨论。本书主要讨论三种类型：强酸（碱）的滴定；一元弱酸（碱）的滴定；多元酸（碱）的滴定。

一、强酸（碱）的滴定

这类滴定的基本反应为：

$$H^+ + OH^- \rightleftharpoons H_2O$$

这种酸碱反应程度最高，最容易得到准确的滴定结果。下面以 0.1000mol/L NaOH 标准溶液滴定 20.00ml 0.1000mol/L HCl 溶液为例，说明在滴定过程中溶液的 pH 变化规律。该滴定过程可分为四个阶段。

1. 滴定开始前　由于 HCl 是强酸，所以溶液的 pH 由盐酸溶液的原始浓度决定，即

$$[H^+] = c_{HCl} = 0.1000mol/L, \quad pH = -lg[H^+] = -lg0.1000 = 1.00$$

2. 滴定开始至化学计量点前　此时溶液的 pH 由剩余 HCl 溶液的浓度决定，即

$[H^+] = \dfrac{c_{HCl} \times V_{剩余}}{V_{HCl} + V_{NaOH}}$。

例如，当滴入 18.00ml NaOH 溶液时，反应后剩余 HCl 溶液 2.00ml，此时溶液的 pH 为

$$[H^+] = \frac{0.1000 \times 2.00}{20.00 + 18.00} = 5.26 \times 10^{-3}, \quad pH = -lg(5.26 \times 10^{-3}) = 2.28。$$

当滴入 19.98ml NaOH 溶液时，反应后剩余 HCl 溶液 0.02ml，此时溶液的 pH 为 $[H^+] = \dfrac{0.1000 \times 0.02}{20.00 + 19.98} = 5.00 \times 10^{-5}$，$pH = -lg(5.00 \times 10^{-5}) = 4.30$。

3. 化学计量点时　当滴入 20.00ml NaOH 溶液时，溶液中的 HCl 全部被中和，溶液呈中性。此时溶液的 pH 为 $[H^+] = [OH^-] = 1.0 \times 10^{-7}$，$pH = -lg(1.0 \times 10^{-7}) = 7.00$。

4. 化学计量点后　此时溶液的 pH 由过量 NaOH 溶液的浓度决定，即 $[OH^-] = \dfrac{c_{NaOH} \times V_{过量}}{V_{HCl} + V_{NaOH}}$。

例如，当滴入 20.02ml NaOH 溶液时，过量 NaOH 溶液 0.02ml，此时溶液的 pH 为

$$[OH^-] = \frac{0.1000 \times 0.02}{20.00 + 20.02} = 5.00 \times 10^{-5}, \quad pH = 14 - pOH = 14 + lg(5.00 \times 10^{-5}) = 9.70。$$

根据以上方法，可以计算滴定过程中加入任意体积 NaOH 溶液时溶液的 pH。以 NaOH 溶液加入体积为横坐标，以 pH 的变化为纵坐标作图，可以得到一条曲线，即为强碱滴定强酸的滴定曲线，如图 6-1 所示。

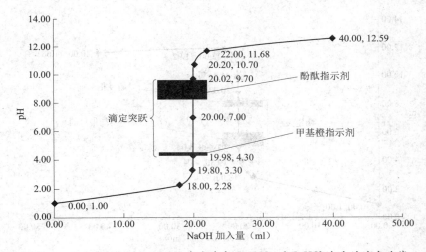

图 6-1　用 0.1000mol/L NaOH 溶液滴定 0.1000mol/L HCl 溶液的滴定曲线

由图 6-1 可以得出以下结论：

（1）从滴定开始至加入 NaOH 溶液 19.98ml，溶液的 pH 只改变 3.30 个单位，变化较慢，曲线形状比较平坦。

（2）在化学计量点附近加入 1 滴 NaOH 溶液（从 19.98ml 到 20.02ml 之间相差 0.04ml，接近 1 滴），就使得溶液的 pH 从 4.30 突然上升到 9.70，改变了 5.40 个单位，曲线形状骤然变陡。这种在化学计量点附近溶液 pH 的突变，称为滴定突跃。突跃所在的 pH 范围称为滴定突跃范围。上述用 0.1000mol/L NaOH 标准溶液滴定 0.1000mol/L HCl 溶液，滴定突跃范围为 pH 4.30～9.70。若在此突跃范围内停止滴定，滴定相对误差不超过±0.1%。

（3）化学计量点后继续滴加 NaOH 溶液，溶液的 pH 变化又比较缓慢，曲线形状再趋于平坦。误差超过 0.1%，结果不符合准确度要求。

滴定突跃是选择指示剂的依据。凡是变色范围全部或部分落在滴定突跃范围内的指示剂，都可以用作该滴定操作的指示剂，这是指示剂的选择原则，同时考虑指示剂的理论变色点要尽量与滴定反应的化学计量点一致。从图 6-1 可以看出，用 0.1000mol/L NaOH 标准溶液滴定 0.1000mol/L HCl 溶液时，其滴定突跃范围是 pH4.30～9.70，所以酚酞、甲基橙和甲基红等都可以用来指示滴定终点。

必须指出，滴定突跃范围的大小与酸碱的浓度有关。从图 6-2 可以看出，若用 0.01000mol/L NaOH 标准溶液滴定 0.1000mol/L HCl 溶液时，则滴定突跃范围变成 pH 5.30～8.70，此时甲基橙指示剂就不能再用了。可见溶液浓度越大，滴定突跃范围越宽，可供选择的指示剂也就越多；溶液的浓度越小，滴定突跃范围越窄，指示剂的选择就受到限制。当溶液浓度稀至一定限度时，则没有明显的滴定突跃，也就无法准确滴定了。在一般测定中，标准溶液的浓度不能太小，试样也不能制成太稀的溶液，否则会造成较大的滴定误差。如果用 1.0000mol/L NaOH 溶液滴定 0.1000mol/L HCl 溶液见图 6-3，则滴定突跃范围变成 pH4.04～9.96，此时滴定突跃变宽，指示剂选择的种类多了。可见滴定液浓度越大，滴定突跃范围越宽，可供选择的指示剂也就越多；滴定液的浓度越小，滴定突跃范围越窄，指示剂的选择就受到限制。通常以滴定液浓度 0.01～0.2mol/L 为宜。

如果用 0.1000mol/L HCl 标准溶液滴定 0.1000mol/L NaOH 溶液，则滴定曲线的形状恰好与 NaOH 标准溶液滴定 HCl 溶液的曲线对称，pH 变化方向相反，滴定突跃范围相同。

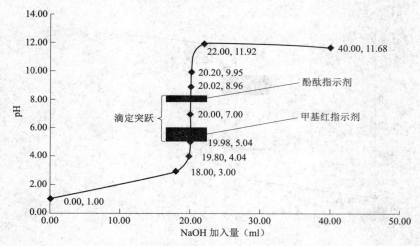

图 6-2 用 0.01000mol/L NaOH 溶液滴定 0.1000mol/L HCl 溶液的滴定曲线

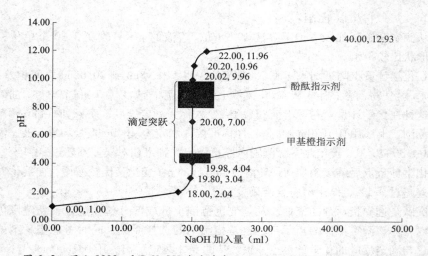

图 6-3 用 1.0000mol/L NaOH 溶液滴定 0.1000mol/L HCl 溶液的滴定曲线

二、一元弱酸（碱）的滴定

由于弱酸（碱）的电离不完全，所以强酸滴定弱碱或强碱滴定弱酸的反应完全程度相对较差。下面以 0.1000mol/L NaOH 标准溶液滴定 20.00ml 0.1000mol/L HAc 溶液为例，说明在滴定过程中溶液的 pH 变化规律。该滴定过程也可分为四个阶段。

1. 滴定开始前 由于 HAc 是弱酸，所以溶液的 $[H^+]$ 主要来自于 HAc 的解离，其浓度可按最简式进行计算，即 $[H^+] = \sqrt{K_a c_a} = \sqrt{1.76 \times 10^{-5} \times 0.10} = 1.33 \times 10^{-3}$ mol/L。

$$pH = -lg[H^+] = -lg(1.33 \times 10^{-3}) = 2.88$$

2. 滴定开始至化学计量点前 由于 NaOH 的滴入，溶液中未被中和的 HAc 和反应产物 Ac^- 同时存在，构成缓冲体系。溶液的 pH 可由缓冲溶液公式计算，即 $pH = pK_a + lg\dfrac{[Ac^-]}{[HAc]}$。

例如，当滴入 18.00ml NaOH 溶液时，反应后剩余 HAc 溶液 2.00ml，反应产物 Ac^- 可按 18.00ml 计算，此时溶液的 $pH = 4.75 + lg\dfrac{18.00}{2.00} = 5.70$。

当滴入 19.98ml NaOH 溶液时，反应后剩余 HAc 溶液 0.02ml，反应产物 Ac$^-$ 可按 19.98ml 计算，此时溶液的 pH = $4.75 + \lg\dfrac{19.98}{0.02} = 7.75$。

3. 化学计量点时　当滴入 20.00ml NaOH 溶液时，溶液中的 HAc 全部被中和为 Ac$^-$，溶液呈碱性。此时溶液的 pH 为 $[OH^-] = \sqrt{K_b c_b} = 5.33 \times 10^{-6}$，$pH = 14 + \lg(5.33 \times 10^{-6}) = 8.73$。

4. 化学计量点后　此时溶液中存在过量的 NaOH，它抑制了 Ac$^-$ 的水解，溶液的 pH 由过量 NaOH 溶液的浓度决定，即 $[OH^-] = \dfrac{c_{NaOH} \times V_{过量}}{V_{HCl} + V_{NaOH}}$。

例如，当滴入 20.02ml NaOH 溶液时，过量 NaOH 溶液 0.02ml，此时溶液的 pH 为 $[OH^-] = \dfrac{0.1000 \times 0.02}{20.00 + 20.02} = 5.00 \times 10^{-5}$，$pH = 14 - pOH = 14 + \lg(5.00 \times 10^{-5}) = 9.70$。

根据以上方法，可以计算滴定过程中加入任意体积 NaOH 溶液时溶液的 pH。以 NaOH 溶液加入体积为横坐标，以 pH 的变化为纵坐标作图，可以得到一条曲线，即为强碱滴定弱酸的滴定曲线，如图 6-4 所示。

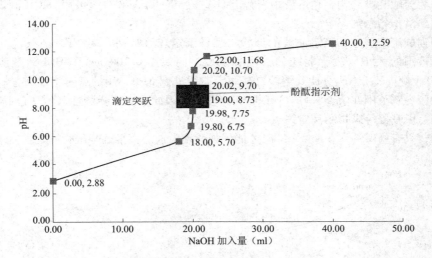

图 6-4　用 0.1000mol/L NaOH 溶液滴定 0.1000mol/L HAc 溶液的滴定曲线

比较图 6-4 和图 6-1，可以得出强碱滴定弱酸的滴定曲线有以下特点：

（1）由于弱酸的不完全电离，滴定曲线的起点 pH 较高，为 2.88，比图 6-1 中高出约 2 个 pH 单位。

（2）滴定过程中 pH 的变化规律不同于图 6-1。从滴定开始至化学计量点前，滴定曲线斜率变化为两头大、中间小。滴定开始时存在同离子效应，NaAc 抑制了 HAc 的电离，使 [H$^+$] 迅速降低，pH 上升较快。随着 NaOH 溶液的加入，溶液中形成 NaAc 和 HAc 缓冲对，pH 变化缓慢，曲线平坦。在接近化学计量点时，缓冲作用减弱，pH 又较快上升。化学计量点后，滴定曲线与图 6-4 中的曲线基本吻合。

（3）化学计量点时的溶液 pH 大于 7，呈碱性。这是由于 NaAc 的水解造成的。

（4）滴定突跃范围变窄，pH 为 7.75~9.70，pH 仅相差约 2 个单位，比图 6-1 中的 5.4 个 pH 值单位窄得多。此时不能用甲基橙，而必须选用在碱性区域变色的指示剂，如酚酞等。

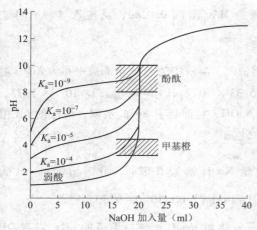

图 6-5 用 0.1000mol/L NaOH 溶液滴定
不同强度酸溶液的滴定曲线

在弱酸的滴定中，突跃范围的大小除了与溶液浓度有关外，还与弱酸的强度有关。用 0.1000mol/L NaOH 标准溶液滴定 20.00ml 0.1000mol/L 不同强度的一元酸时，其滴定曲线如图 6-5 所示。从图中可以看出，当酸的浓度一定时，K_a 值越大，滴定突跃范围也越宽。当 $K_a < 10^{-9}$ 时，已经没有明显的滴定突跃了，无法利用一般的指示剂来指示滴定终点。

实践证明，要使人眼能借助指示剂的变色来判断滴定终点，滴定突跃范围至少要 0.3 个 pH 单位。若要使分析结果的相对误差 $RE < 0.1\%$，只有弱酸的 $c_a \cdot K_a \geqslant 10^{-8}$ 时才能用强碱滴定液直接准确地进行滴定。例如，阿司匹林为芳酸酯类结构，在溶液中离解出 H^+，其 pK_a 为 3.49，故可用 NaOH 滴定液直接滴定，用酚酞作指示剂。

若用强酸滴定弱碱，滴定曲线的形状与强碱滴定弱酸时基本相似，仅 pH 变化方向相反，突跃范围的大小取决于弱碱的强度和浓度。例如用 0.1000mol/L HCl 标准溶液滴定 20.00ml 0.1000mol/L $NH_3 \cdot H_2O$ 溶液，其滴定曲线见图 6-6。计量点时生成铵盐，水解后呈弱酸性，突跃范围在酸性区域（pH 6.30~4.30）。因此只能选择酸性区域变色的指示剂，如甲基红、甲基橙等来指示滴定终点。

同理，只有弱碱的 $c_b \cdot K_b \geqslant 10^{-8}$ 时才能用强酸滴定液直接准确地进行滴定。

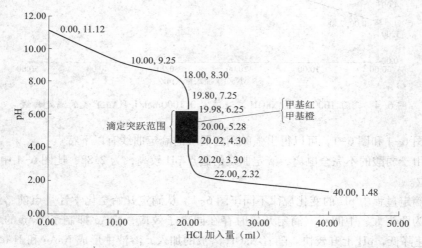

图 6-6 用 0.1000mol/L HCl 溶液滴定 0.1000mol/L $NH_3 \cdot H_2O$ 溶液的滴定曲线

三、多元弱酸（碱）的滴定

多元弱酸（碱）在溶液中存在分步解离平衡，每一级解离产生的 H^+ 或 OH^- 被直接准确滴定的条件与上述一元弱酸（碱）相同，即 $c_a \cdot K_a \geqslant 10^{-8}$ 或 $c_b \cdot K_b \geqslant 10^{-8}$。在此基础上，如果相邻两级的解离平衡常数之比 $\geqslant 10^4$ 时，则这两级解离产生的 H^+ 或 OH^- 能被分步滴定，即整个滴定过程中将产生两个独立的滴定突跃。在实际工作中，选择在每一步化学计量点pH附近变色的指示剂指示滴定终点。

下面以 0.1000mol/L HCl 标准溶液滴定 20.00ml 0.1000mol/L Na$_2$CO$_3$ 溶液为例，来分析其滴定曲线及指示剂的选择。

Na$_2$CO$_3$ 是碳酸的钠盐，为二元弱酸，水溶液呈碱性。其两级解离平衡常数分别为：

$$CO_3^{2-} + H^+ \Longrightarrow HCO_3^- \qquad K_{b1} = 1.79 \times 10^{-4}$$

$$HCO_3^- + H^+ \Longrightarrow H_2CO_3 \qquad K_{b2} = 2.38 \times 10^{-8}$$

由于 $c_b \cdot K_{b1}$ 和 $c_b \cdot K_{b2}$ 都大于或近似等于 10^{-8}，且 K_{b1}/K_{b2} 约等于 10^4，因此 Na$_2$CO$_3$ 两级解离的碱不仅能被盐酸滴定液准确滴定，而且还能分步滴定，有两个滴定突跃。其滴定反应式为：

$$HCl + Na_2CO_3 \Longrightarrow NaHCO_3 + NaCl$$

$$HCl + NaHCO_3 \Longrightarrow CO_2 \uparrow + H_2O + NaCl$$

其滴定曲线如图 6-7 所示。当达到第一化学计量点时，Na$_2$CO$_3$ 全部反应生成 NaHCO$_3$，其溶液的 pH 为 8.31，可以选择碱性区域变色的指示剂，如酚酞，也可选择甲酚红和百里酚酞混合指示剂来指示滴定终点。

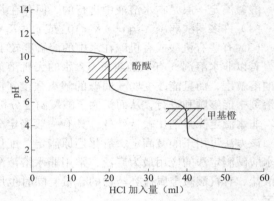

当达到第二化学计量点时，NaHCO$_3$ 全部反应生成 CO$_2$ 和 H$_2$O，其溶液为碳酸的饱和溶液，浓度约为 0.04mol/L，pH 为 3.89，可以选择酸性区域变色的指示剂来指示滴定终点，如甲基橙、溴酚蓝。

图 6-7　用 0.1000mol/L HCl 溶液滴定 0.1000mol/L Na$_2$CO$_3$ 溶液的滴定曲线

值得注意的是，滴定接近第二化学计量点时，为防止形成 CO$_2$ 的过饱和溶液，使溶液的酸度稍有增大，终点过早出现。因此，滴定至终点附近时，应剧烈摇动或煮沸溶液，以加速分解 H$_2$CO$_3$，除去 CO$_2$，使终点明显。

拓展阅读

混合碱的分析：药用氢氧化钠在放置过程中，易吸收空气中的 CO$_2$ 使部分 NaOH 变成 Na$_2$CO$_3$，形成 NaOH 和 Na$_2$CO$_3$ 的混合物。用双指示剂法可以很方便地来测定它们的含量。

准确称取试样 m_s（g），加适量水溶解后，以酚酞为指示剂，用浓度为 c 的 HCl 标准溶液滴定至红色刚刚消失，记下消耗的 HCl 标准溶液的体积 V_1（ml）。这时 NaOH 全部被中和，而 Na$_2$CO$_3$ 则中和至 NaHCO$_3$。然后加入甲基橙指示剂，继续用 HCl 标准溶液滴定至溶液由黄色变为橙色，记下又用去的 HCl 标准溶液的体积 V_2（ml）。因为 Na$_2$CO$_3$ 被中和至 NaHCO$_3$ 和 NaHCO$_3$ 被中和至 H$_2$CO$_3$，所消耗的 HCl

标准溶液的体积是相等的，所以可以分析出 HCl 标准溶液消耗在 Na_2CO_3 上的体积为 $2V_2$，而消耗在 NaOH 上的体积为 (V_1-V_2)。其含量的计算公式为：

$$样品中碳酸钠百分含量 = \frac{c \times V_2 \times M_{Na_2CO_3} \times 10^{-3}}{m_s} \times 100\%$$

$$样品中氢氧化钠百分含量 = \frac{c \times (V_1-V_2) \times M_{NaOH} \times 10^{-3}}{m_s} \times 100\%$$

第三节 非水酸碱滴定法简介

酸碱滴定一般是在水溶液中进行的，但存在着一定的局限性：

（1）许多弱酸弱碱，当 $c_a \cdot K_a < 10^{-8}$ 或 $c_b \cdot K_b < 10^{-8}$ 时，不能准确滴定。

（2）有些有机酸或有机碱在水中的溶解度较小，使滴定无法进行。

若以非水溶剂（有机溶剂和不含水的无机溶剂）作为滴定介质，不仅能增大有机化合物的溶解度，而且能改变弱酸弱碱的解离强度，使在水中不能进行滴定反应的物质，在非水溶剂中能够顺利进行，从而扩大了酸碱滴定分析法的应用范围。

非水滴定除溶剂比较特殊外，具有一般滴定分析法的优点，如准确、快速、设备简单等。该方法可用于酸碱滴定、氧化还原滴定、配位滴定和沉淀滴定，但在药物分析中，以非水酸碱滴定法的应用最为广泛，常用非水溶液酸碱滴定法测定有机碱及其氢卤酸盐、有机酸盐、有机酸碱金属盐类药物的含量。同时也用于测定某些有机弱酸药物的含量和水分测定。

一、非水溶剂

（一）溶剂的分类

按质子酸碱理论，非水溶剂可以分为质子溶剂和无质子溶剂两大类。

1. 质子溶剂　凡是能给出或接受质子的溶剂称为质子溶剂。根据其接受质子能力的大小，又可以分为酸性溶剂、碱性溶剂和两性溶剂三种。

酸性溶剂是指给出质子能力较强的溶剂。例如冰醋酸、丙酸等，适合作为滴定弱碱性物质的溶剂。

碱性溶剂是指接受质子能力较强的溶剂。例如乙二胺、乙醇胺等，适合作为滴定弱酸性物质的溶剂。

两性溶剂是指既能接受质子、又能给出质子的溶剂。其酸碱性与水相似，并能在溶剂分子间发生质子自递反应。例如甲醇、乙醇、异丙醇等，主要用作滴定不太弱的酸或碱的溶剂。

2. 无质子溶剂　相同分子间不能发生质子自递反应的溶剂称为无质子溶剂。根据接受质子能力的不同，可以分为偶极亲质子性溶剂和惰性溶剂两种。

偶极亲质子性溶剂分子中没有可给出的质子，但却有较弱的接受质子倾向和形成氢键的能力。例如酮类、酰胺类、吡啶类等，具有一定碱性却无酸性，适合作为弱酸的滴定溶剂。

惰性溶剂是指既不能给出又不能接受质子，不参与酸碱反应的溶剂。例如苯、四氯化碳、三氯甲烷等，能起溶解、分散和稀释溶质的作用。

将质子溶剂和惰性溶剂混合使用，即称混合溶剂。混合溶剂可使样品易于溶解，增大滴定突跃，并使指示剂的终点变色更敏锐。常见的混合溶剂有：由二醇类与烃类或卤代烃组成的溶剂，用于溶解有机酸盐、生物碱和高分子化合物；冰醋酸-醋酐、冰醋酸-苯混合溶剂，用于弱碱性物质的滴定；苯-甲醇混合溶剂，可用于羧酸类物质的滴定。

（二）溶剂的性质

当溶质溶解于溶剂中，其酸碱性都将受到溶剂的酸碱性、离解性和极性等因素的影响。因此，了解溶剂的性质有助于选择适当溶剂，达到增大滴定突跃和改变溶质酸碱性的目的。

1. 溶剂的酸碱性　溶剂的酸碱性可以影响溶质的酸性强度。实践证明：酸在溶剂中的表观酸强度，取决于酸的自身酸度和溶剂的碱度。同理碱在溶剂中的表观碱强度，取决于碱的自身碱度和溶剂的酸度。例如硝酸在水溶液中给出质子能力较强，即表现出强酸性，而醋酸在水溶液中给出质子能力较弱，而表现出弱酸性。若将硝酸溶于冰醋酸中，由于 HAc 的酸性比 H_2O 强，即 Ac^- 的接受质子的能力比 OH^- 弱，导致硝酸在冰醋酸溶液中给出质子的能力比水中弱，而表现出弱酸性。因此，一种酸（碱）在溶液中的酸（碱）性强弱，不仅与酸（碱）本身的给出（接受）质子能力大小有关，还与溶剂接受（给出）质子能力有关。即酸碱的强度具有相对性。弱酸溶解于碱性溶剂中，可以增强其酸性；弱碱溶解于酸性溶剂中，可以增强其碱性。非水酸碱滴定法就是根据此原理，通过选择不同酸碱性的溶剂，达到增强溶质酸碱强度的目的。例如碱性很弱的胺类，在水中难以进行滴定，若改用冰醋酸作溶剂，则使胺的碱性增强，可以用高氯酸的冰醋酸溶液进行滴定。

2. 溶剂的离解性　常用的非水溶剂中，只有惰性溶剂不能离解，其他溶剂均有不同程度的离解。它们与水一样，能发生质子自递反应，即一分子作酸，另一分子作碱，质子的传递是在同一种溶剂分子之间进行。若以 SH 表示质子性溶剂，则溶剂间发生的质子自递反应为：$SH + SH \rightleftharpoons SH_2^+ + S^-$。

$$K_S = \frac{[SH_2^+][S^-]}{[SH]^2} \tag{6-2}$$

式中，K_S 称为溶剂的自身离解常数，也称质子自递常数。

在一定温度下，不同溶剂因离解程度不同而具有不同的自身离解常数。几种常见溶剂的 pK_s 见表 6-5。

表 6-5　几种常见溶剂的自身离解常数（pK_s）和介电常数（25℃）

溶剂	pK_S	介电常数
水	14.0	78.5
甲醇	16.7	31.5
乙醇	19.1	24.0
冰醋酸	14.45	6.13
醋酐	14.5	20.5
乙二胺	15.3	14.2
乙腈	28.5	36.6

续表

溶剂	pK_S	介电常数
吡啶	—	12.3
苯	—	2.3
三氯甲烷	—	4.81

溶剂 K_S 的大小对酸碱滴定突跃范围的改变有一定影响。例如，以乙醇（pK_S = 19.1）和水（pK_S = 14.0）分别作为强碱滴定同一强酸的滴定介质。在以水为介质的溶液中滴定，其滴定突跃只有 5.4 个 pH 单位的变化，而在以乙醇为介质的溶液中滴定，其滴定突跃有 10.5 个单位的变化。由此可见，溶剂的自身离解常数越小，滴定突跃范围越大，表明反应进行更完全。因此，原来在水中不能滴定的酸碱，在乙醇中有可能被滴定。

3. 溶剂的极性 溶剂的极性与介电常数（ε）有关，不同的溶剂其介电常数不同，如表 6-5 所示。极性强的溶剂，其介电常数较大。

极性强的溶剂，介电常数大，对离子对的作用就越大，有利于离子对的离解；极性弱的溶剂，介电常数小，对离子对的作用也就越小，溶质分子较难发生离解。因此，同一溶质，在极性不同的溶剂中，因离解的难易程度不同而表现出不同的酸碱度。例如，醋酸在水中的酸度比在乙醇中大。

4. 均化效应和区分效应 实验证明：$HClO_4$、H_2SO_4、HCl、HNO_3 的自身酸强度是有差别的，其强度顺序为：$HClO_4 > H_2SO_4 > HCl > HNO_3$。但在水溶液中，它们的酸强度几乎相同，均属强酸。它们在水溶液中存在如下平衡：

$$HClO_4 + H_2O \Longleftrightarrow H_3O^+ + ClO_4^-$$

$$H_2SO_4 + H_2O \Longleftrightarrow H_3O^+ + HSO_4^-$$

$$HCl + H_2O \Longleftrightarrow H_3O^+ + Cl^-$$

$$HNO_3 + H_2O \Longleftrightarrow H_3O^+ + NO_3^-$$

上述反应进行得十分完全，它们溶于水后，其固有的酸强度就显示不出来了，都被拉平为水合质子（H_3O^+）的强度水平。这种将各种不同强度的酸均化到溶剂合质子水平，使其酸强度相等的效应，称为均化效应。具有均化效应的溶剂称为均化性溶剂。水是上述四种酸的均化性溶剂。在水中能够存在的最强酸的形式是 H_3O^+，最强碱的形式是 OH^-。

若将上述四种酸分别溶解在冰醋酸溶剂中，由于冰醋酸接受质子的能力比水弱，它们就不能将其质子全部转移给冰醋酸，并且在程度上有差别。

$$HClO_4 + HAc \Longleftrightarrow H_2Ac^+ + ClO_4^- \qquad pK_a = 5.8$$

$$H_2SO_4 + HAc \Longleftrightarrow H_2Ac^+ + HSO_4^- \qquad pK_a = 8.2$$

$$HCl + HAc \Longleftrightarrow H_2Ac^+ + Cl^- \qquad pK_a = 8.8$$

$$HNO_3 + HAc \Longleftrightarrow H_2Ac^+ + NO_3^- \qquad pK_a = 9.4$$

从 pK_a 可以看出，这四种酸的强度从上到下依次减弱。这种能区分酸（碱）强弱的效应，称为区分效应。具有区分效应的溶剂称为区分性溶剂。冰醋酸是上述四种酸的区分性溶剂。

溶剂的均化效应和区分效应，实质是溶剂与溶质之间发生质子转移的强弱的结果。一般来说，酸性溶剂是碱的均化性溶剂，而是酸的区分性溶剂；碱性溶剂是酸的均化性溶剂，而是碱的区分性溶剂。例如，HAc 是 $HClO_4$、H_2SO_4、HCl、HNO_3 的区分性溶剂，是乙胺、乙二胺的均化性溶剂。

在非水滴定中，经常利用均化效应来测定混合酸（碱）的总量，利用区分效应来测定混合酸（碱）中各组分的含量。

二、滴定条件的选择

（一）碱的滴定

1. 溶剂的选择　利用改变溶剂来提高弱酸弱碱的强度是非水酸碱滴定法的最基本原理。滴定弱碱通常选用酸性溶剂，以增强弱碱的强度，使滴定突跃更加明显。同时选择溶剂还应考虑以下几个原则。

（1）溶剂能完全溶解样品及滴定产物，一种溶剂不能溶解时，可采用混合溶剂。

（2）溶剂不能引起副反应。

（3）溶剂的纯度要高（不含水分）。

（4）溶剂应安全、价廉、黏度小、挥发性低，并易于回收和精制等。

冰醋酸提供质子的能力较强，性质稳定，是滴定弱碱的理想溶剂。但市售的一级或二级冰醋酸都含有少量的水分，而水分是非水滴定中的干扰杂质，影响滴定，因此在使用时必须除去水分。通常加入一定量的醋酐，使之与水反应变成醋酸。反应式如下：

$$(CH_3CO)_2O + H_2O \Longrightarrow 2\ CH_3COOH$$

从反应式可知，醋酐与水是等物质的量反应，可根据等物质的量原则，计算加入醋酐的量。

2. 滴定液　在冰醋酸溶剂中，只有高氯酸的酸性最强，且绝大多数有机碱的高氯酸盐易溶于有机溶剂，对滴定有利，因此常用高氯酸是冰醋酸溶液作为滴定弱碱的滴定液。

市售的高氯酸通常为含 $HClO_4$ 70.0% ~ 72.0%的水溶液，相对密度为 1.75。为除去水分，应加入适量的醋酐。高氯酸与有机物接触、遇热易引起爆炸，和醋酐混合会发生剧烈反应，并放出大量的热。因此在配制高氯酸的冰醋酸溶液时，不能把醋酐直接加到高氯酸溶液中，应先用无水冰醋酸将高氯酸稀释后，在不断搅拌下缓缓加入适量的醋酐。测定一般样品时，醋酐稍微过量不影响测定结果。若所测样品为芳香伯胺或芳香仲胺，醋酐过量会导致酰化反应发生，使测定结果偏低。

高氯酸标准溶液浓度的标定，常用邻苯二甲酸氢钾为基准物质，以结晶紫为指示剂。其滴定反应式如下：

（图）

水的膨胀系数较小，而冰醋酸等有机溶剂的膨胀系数较大，以有机溶剂为介质的滴定液的体积随温度变化较大。《中国药典》规定若高氯酸的冰醋酸溶液滴定样品和标定时的温度超过10℃，应重新标定，未超过10℃，可按照下式将标准溶液的浓度加以校正：

$$c_1 = \frac{c_0}{1 + 0.0011(t_1 - t_2)}$$

式中，t_0、c_0 为标定时的温度和浓度；t_1、c_1 为测定样品时的温度和浓度；0.0011 为冰醋酸的膨胀系数。

在非水溶剂中进行标定时，还需同时对滴定结果做空白试验校正。

3. 指示剂　在非水酸碱滴定中，对弱碱的滴定常用结晶紫、喹哪啶红及 α-萘酚苯甲醇作指示剂。其中最常用的是结晶紫。其酸式色为黄色，碱式色为紫色。在不同的酸度下变色较为复杂，由碱区到酸区的颜色变化为：紫、蓝紫、蓝、蓝绿、绿、黄绿、黄。在滴定不同强度的碱时，终点颜色不同。滴定较强的碱，以蓝色或蓝绿色为终点；滴定较弱的碱，以蓝绿色或绿色为终点，并做空白试验以减少终点误差。

目前，在非水酸碱滴定中，除用指示剂指示终点外，还可用电位滴定法确定终点。

4. 应用 在《中国药典》中，采用高氯酸滴定液测定碱性药物的实例较多，主要有以下几类。

（1）有机弱碱类 在水溶液中有机弱碱（如胺类、生物碱类等）$K_b < 10^{-10}$，都能在冰醋酸介质中选用合适的指示剂，用高氯酸标准溶液进行滴定。若是滴定 $K_b < 10^{-12}$ 的极弱碱，则需选择一定比例的冰醋酸-醋酐的混合溶液为溶剂，加入适宜的指示剂，用高氯酸标准溶液滴定，例如咖啡因的测定。

（2）有机酸的碱金属盐 由于有机酸的酸性较弱，其共轭碱在冰醋酸中显较强的碱性，故可用高氯酸的冰醋酸溶液滴定。例如，邻苯二甲酸氢钾、苯甲酸钠、水杨酸钠、乳酸钠、枸橼酸钠等属于此类。

（3）有机碱的氢卤酸盐 因生物碱类药物难溶于水，且不稳定，常以氢卤酸盐的形式存在。由于氢卤酸在冰醋酸溶液中呈较强的酸性，使反应不能进行完全，需加入 $Hg(Ac)_2$ 使形成难电离的卤化汞，而生物碱以醋酸盐的形式存在，即可用高氯酸标准溶液滴定。此类型滴定在药物分析中应用较广泛。

（4）有机碱的有机酸盐 此类盐在冰醋酸或冰醋酸-醋酐的混合溶剂中碱性增强。因此可用高氯酸的冰醋酸溶液滴定，以结晶紫为指示剂。属于此类的药物有枸橼酸维静宁、扑尔敏及重酒石酸去甲肾上腺素等。

（二）酸的滴定

滴定不太弱的酸时，可用醇类作溶剂；滴定弱酸和极弱酸时，可用碱性溶剂乙二胺或无质子亲质子性溶剂二甲基甲酰胺作溶剂；滴定混合酸时，可选用甲基异丁酮作为区分性溶剂。也常常使用混合溶剂如甲醇-苯、甲醇-丙酮等。

滴定酸常用的滴定液是甲醇钠的甲醇溶液。甲醇钠是由甲醇和金属钠反应制得，其浓度的确定常用苯甲酸作基准物质来标定。指示剂可以选择百里酚蓝、偶氮紫和溴酚蓝等。

📊 **重点小结** ————————————————

本章主要介绍了酸碱指示剂的变色原理及常用的酸碱指示剂，滴定曲线与滴定突跃范围，指示剂的选择，以及非水溶剂的作用的应用。

（1）指示剂变色原理 酸碱指示剂是一类有机弱酸或弱碱，其共轭碱或共轭酸具有不同的结构，呈现明显不同的颜色。溶液 pH 变化→指示剂结构改变→颜色改变→指示终点。

（2）滴定突跃及意义 化学计量点前后 0.1% 的相对误差范围内引起 pH 的突变现象，称为滴定突跃，影响突跃范围大小的因素是酸碱浓度和酸碱的强度。突跃范围是选择指示剂的依据，指示剂的变色范围应全部或部分落在突跃范围内，指示剂的变色点接近化学计量点。

（3）一元弱酸和弱碱能被准确滴定的判据：

$$c_a \cdot K_a \geq 10^{-8} \text{ 或 } c_b \cdot K_b \geq 10^{-8}$$

（4）溶剂的酸碱性、离解性和极性可以改变溶质的酸碱性和离解性。

（5）非水酸碱滴定法测定碱所用的溶剂是冰醋酸，除水剂是醋酐，滴定液是高氯酸，常用指示剂是结晶紫。

目标检测

一、选择题

（一）最佳选择题

1. 已知下列各碱溶液的浓度均为 0.1mol/L，哪种碱能用盐酸标准溶液直接滴定
   A. 六次甲基四胺，$K_b = 1.5 \times 10^{-9}$
   B. 乙醇胺，$K_b = 2.4 \times 10^{-5}$
   C. 联胺，$K_b = 3.5 \times 10^{-15}$
   D. 苯胺，$K_b = 1.8 \times 10^{-10}$

2. 能用于酸碱滴定的反应应具备的条件中不包括
   A. 反应迅速
   B. 反应完全
   C. 要有沉淀生成
   D. 有合适的确定滴定终点的方法

3. 下列哪种固体物质不溶于水，需用酸来溶解
   A. 碳酸钠
   B. 氢氧化钠
   C. 氯化铵
   D. 氧化锌

4. 根据滴定突跃范围，用氢氧化钠滴定液滴定盐酸时，可选用下列哪种指示剂
   A. 甲基橙
   B. 酚酞
   C. 两者均可
   D. 两者均不可

5. 用 0.1mol/L 的盐酸滴定 0.1mol/L 的氢氧化钠溶液，当滴定至化学计量点时，溶液的 pH 为
   A. 7.0
   B. 4.3
   C. 9.7
   D. 13

6. 酸碱指示剂一般属于
   A. 无机物
   B. 有机弱酸或弱碱
   C. 有机酸
   D. 有机碱

7. 决定酸碱指示剂发生颜色变化的直接因素是
   A. 溶液的温度
   B. 溶液的黏度
   C. 溶液的电离度
   D. 溶液的酸碱度

8. 下列可作为标定 HCl 滴定液的基准物质的是
   A. NaOH
   B. Na_2CO_3
   C. HAc
   D. $AgNO_3$

9. 下列可作为标定 NaOH 溶液的基准物质的是
   A. HAc
   B. HCl
   C. $KHC_8H_4O_4$
   D. Na_2CO_3

10. 用 NaOH 滴定液测定 HAc 含量时应选择的指示剂是
    A. 百里酚蓝
    B. 甲基橙
    C. 酚酞
    D. 甲基红

11. 用 HCl 滴定液滴定 $NH_3 \cdot H_2O$ 浓度时应选择的指示剂是
    A. 甲基橙
    B. 酚酞
    C. 百里酚酞
    D. 中性红

12. 用非水碱量法测定氢卤酸的生物碱盐的含量，为了使反应进行完全，常需要在溶液中加入
    A. 醋酐
    B. 氯化汞
    C. 醋酸汞
    D. 醋酸

（二）配伍选择题

[13~15] A. pH<7　　　B. pH>7　　　C. pH=7

13. 用强酸滴定弱碱时，其化学计量点的 pH 是

14. 用强碱滴定弱酸时，其化学计量点的 pH 是
15. 用强酸滴定强碱时，其化学计量点的 pH 是

[16~20] A. 甲醇　　　　B. 冰醋酸　　　　C. 四氯化碳
　　　　　D. 乙二胺　　　　E. 丙酮

16. 属于酸性溶剂的是
17. 属于碱性溶剂的是
18. 属于两性溶剂的是
19. 属于无质子亲质子性溶剂的是
20. 属于惰性溶剂的是

（三）共用题干单选题

在非水酸碱滴定中，对弱碱的滴定常用结晶紫、喹哪啶红及 α-萘酚苯甲醇作指示剂。其中最常用的是结晶紫。其酸式色为黄色，碱式色为紫色。在不同的酸度下变色较为复杂，由碱区到酸区的颜色变化为：紫、蓝紫、蓝、蓝绿、绿、黄绿、黄。在滴定不同强度的碱时，终点颜色不同。滴定较强的碱，以蓝色或蓝绿色为终点；滴定较弱的碱，以蓝绿色或绿色为终点，并做空白试验以减少终点误差。

21. 非水溶液中的弱碱是指
　　A. $K_a > 10^{-8}$　　　　B. $K_a \geqslant 10^{-8}$　　　　C. $K_a \leqslant 10^{-8}$
　　D. $K_a > 10^{-6}$　　　　E. $K_b \leqslant 10^{-8}$

22. 空白试验的目的是
　　A. 提高精密度　　　　B. 提高准确度　　　　C. 消除系统误差
　　D. 除去水分　　　　　E. BCD 都可以

23. 在非水滴定法中加入少量醋酐的目的是
　　A. 提高精密度　　　　B. 提高准确度　　　　C. 消除系统误差
　　D. 除去水分　　　　　E. BCD 都可以

（四）X 型题（多选题）

24. 下列只能用间接方法配制的滴定液有
　　A. $AgNO_3$　　　　B. NaOH　　　　C. $KMnO_4$
　　D. HCl　　　　　　E. EDTA-2Na

25. 影响滴定突跃大小因素有
　　A. 滴定程序　　　　B. 浓度　　　　C. 温度
　　D. 解离常数　　　　E. 滴定速度

26. 影响酸碱指示剂变色范围大小的因素有
　　A. 滴定速度　　　　B. 温度　　　　C. 滴定程序
　　D. 溶剂　　　　　　E. 指示剂用量

27. 下列哪些物质可用酸碱滴定法直接滴定
　　A. NH_4Cl　　　　B. NaOH　　　　C. NaAc
　　D. Na_2CO_3　　　　E. HAc

二、填空题

28. 酸碱滴定中常用的酸滴定液是_____，常用的碱滴定液是_____。
29. 滴定液的配制方法有_____和_____两种。

30. 强碱滴定强酸时可选用_____作指示剂；强酸滴定强碱时可选用_____作指示剂；
强碱滴定弱酸时可选用_____作指示剂；强酸滴定弱碱时可选用_____作指示剂。

31. 酸碱指示剂的选择原则是_____。

32. 弱酸与弱碱彼此不能相互滴定，是因为_____。

33. H_2O 是 $HClO_4$、H_2SO_4、HCl、HNO_3 的 _____ 性溶剂；是 HCl、HAc、H_3PO_4 的 _____ 性溶剂。

三、判断题

34. 酸碱滴定中，滴定液的浓度越大，滴定突跃范围越宽。

35. 酸碱滴定法只能用来测定显酸性或显碱性的物质。

36. 凡是显酸性或显碱性的物质都可以用酸碱滴定法来测定。

37. 酸碱滴定中，指示剂的颜色变化应该非常明显。

四、计算题

38. 用基准无水 Na_2CO_3 标定近似浓度为 $0.1mol/L$ 的 HCl 溶液。若消耗 HCl 溶液 20ml，应称取基准无水 Na_2CO_3 的质量为多少克？

39. 准确称取无水碳酸钠基准物 0.1362g，用待标定的盐酸溶液滴定至终点，消耗了盐酸溶液 22.10ml，试求盐酸溶液的准确浓度。

40. 用氢氧化钠溶液测定食醋中醋酸的含量。取食醋 4.32g，加少量水稀释，用 $0.1108mol/L$ 的氢氧化钠溶液滴定至终点，消耗碱液 28.75ml，试计算食醋中醋酸的百分含量。（保留三位有效数字）

41. 精密称取某含苯甲酸钠的样品 0.3248g，溶于冰醋酸中，用 $0.1000mol/L$ 高氯酸滴定液滴定至终点，用去 18.42ml 滴定液，空白试验消耗 0.12ml 滴定液，求苯甲酸钠的百分含量。

实训四　盐酸滴定液的配制与标定

一、实训目的

1. 熟练掌握盐酸滴定液的配制与标定的方法。
2. 熟练掌握酸式滴定管的使用和操作方法。
3. 熟练计算盐酸滴定液的浓度。
4. 学会甲基橙指示剂判断滴定终点。
5. 学会用相对平均偏差来评价实验结果。

二、实训原理

盐酸滴定液的配制只能用间接配制法。先将浓盐酸稀释至 $0.1mol/L$，再用无水 Na_2CO_3 作基准物质来标定其准确浓度。无水 Na_2CO_3 应在标定前置于 270~300℃ 的干燥箱内加热，除去 $NaHCO_3$ 和水。Na_2CO_3 可以看成二元碱，其两级离解常数均大于或近似等于 10^{-8}，因此可以用盐酸滴定液直接滴定。反应式为：

$$2HCl+Na_2CO_3 \Longrightarrow 2NaCl+CO_2\uparrow+H_2O$$

当反应达到第二计量点时，溶液为碳酸饱和溶液，pH 为 3.89。可选用甲基橙作指示剂来指示滴定终点。但滴定至终点附近时，应剧烈摇动或煮沸溶液，以加速分解 H_2CO_3，除去 CO_2，使终点明显。

盐酸滴定液的浓度计算公式为：

$$c_{HCl} = \frac{2m \times 1000}{MV}$$

三、仪器与试剂

电子天平、称量瓶、酸式滴定管、玻璃棒、量筒（10ml）、洗耳球、锥形瓶（250ml）、试剂瓶（500ml）、烧杯（500ml）、浓盐酸、基准 Na_2CO_3、甲基橙指示剂等。

四、实训步骤

1. 0.1mol/L 盐酸滴定液的配制 根据溶液稀释公式 $c_1V_1 = c_2V_2$，计算配制 0.1mol/L 盐酸溶液 500ml，需要取浓盐酸的体积。

用量筒量取所需体积的浓盐酸 5ml，置于 500ml 烧杯中，再加蒸馏水稀释至 500ml，摇匀后转移至 500ml 试剂瓶中，贴上标签。

2. 0.1mol/L 盐酸滴定液的标定 用减量法精密称取干燥至恒重的基准 Na_2CO_3 三份，每份约 0.2g，分别置于 250ml 锥形瓶中，并在锥形瓶上标记 1、2、3 号。在锥形瓶中加入约 50ml 蒸馏水，将固体 Na_2CO_3 完全溶解后，加甲基橙指示剂 2~3 滴，用待标定的盐酸滴定液滴定至溶液由黄色变为橙色，停止滴定，将锥形瓶在水浴箱内加热至 90℃，溶液将变回黄色。冷却后继续滴定至溶液呈橙色，记录所消耗的盐酸滴定液的体积。平行测定三份。

3. 数据的记录与处理

实训序号	1	2	3
基准 Na_2CO_3 的质量（g）			
HCl 滴定液终读数（ml）			
HCl 滴定液初读数（ml）			
V_{HCl}（ml）			
HCl 滴定液的浓度（mol/L）			
HCl 滴定液的平均浓度（mol/L）			
相对平均偏差（$\bar{Rd}$）			

五、实训思考

1. 量取蒸馏水应选哪种量器？为什么？

2. 盐酸滴定液为什么不能采用直接配制法？

3. 每份应精密称取基准碳酸钠约 0.2g，为什么？如果称取基准碳酸钠的量过多或过少会导致什么问题？

4. 滴定管需要用待标定的盐酸滴定液润洗 2~3 次，这样做的目的是什么？否则会对实验结果造成什么影响？

5. 滴定近终点时应加热锥形瓶中的溶液，这样做的目的是什么？

📝 实训五 氢氧化钠滴定液的配制与标定

一、实训目的

1. 熟练掌握 NaOH 滴定液的配制与标定的方法。

2. 学会酚酞指示剂判断滴定终点。

3. 熟练掌握碱式滴定管的使用和操作方法。

4. 熟练掌握计算 NaOH 滴定液浓度的方法。

二、实训原理

NaOH 极易吸收空气中的水和 CO_2，因此只能采用间接配制法。由于 NaOH 易吸收 CO_2 而生成 Na_2CO_3，为除去 Na_2CO_3，通常将 NaOH 配成饱和溶液（26mol/L），Na_2CO_3 在 NaOH 饱和溶液中的溶解度很小，会沉淀在溶液底部。取上层清液稀释即可得纯净的 NaOH 溶液。

标定 NaOH 滴定液的基准物质有多种，常采用邻苯二甲酸氢钾。邻苯二甲酸氢钾为一元弱酸，其与 NaOH 的反应式为：

当达到化学计量点时，溶液呈碱性，pH 约为 9.1。可选用酚酞作指示剂来指示滴定终点。

NaOH 滴定液的浓度计算公式为：

$$c_{NaOH} = \frac{m \times 1000}{MV}$$

三、仪器与试剂

电子天平、托盘天平、称量瓶、碱式滴定管、玻璃棒、量筒（5ml）、洗耳球、锥形瓶（250ml）、试剂瓶（500ml）、烧杯（500ml）等。

氢氧化钠固体、基准邻苯二甲酸氢钾、酚酞指示剂等。

四、实训步骤

1. 0.1mol/L NaOH 滴定液的配制　用托盘天平称取固体 NaOH 约 120g，倒入装有 100ml 蒸馏水的烧杯中，搅拌使之溶解，即得到饱和 NaOH 溶液。

用量筒量取饱和 NaOH 溶液 2.8ml，置于 500ml 烧杯中，再加蒸馏水稀释至 500ml，摇匀后转移至 500ml 试剂瓶中，贴上标签。

2. 0.1mol/L NaOH 滴定液的标定　用减量法精密称取干燥至恒重的邻苯二甲酸氢钾三份，每份约 0.5g，分别置于 250ml 锥形瓶中，并在锥形瓶上标记 1、2、3 号。在锥形瓶中加入约 50ml 蒸馏水，将固体基准物质完全溶解后，加酚酞指示剂 1~2 滴，用待标定的 NaOH 滴定液滴定至溶液由无色变为粉红色，并保持 30 秒不褪色，记录所消耗的 NaOH 滴定液的体积。再平行测定三份。

3. 数据的记录与处理

实训序号	1	2	3
基准 $KHC_8H_4O_4$ 的质量（g）			
NaOH 滴定液终读数（ml）			
NaOH 滴定液初读数（ml）			
V_{NaOH}（ml）			
NaOH 滴定液的浓度（mol/L）			
NaOH 滴定液的平均浓度（mol/L）			
相对平均偏差（$\overline{Rd}$）			

五、实训思考

1. 能否用酸式滴定管装 NaOH 溶液？为什么？

2. 滴定过程中溶液出现粉红色，并马上褪去，是否需要继续滴定？若滴定过程中溶液出现粉红色，放置一段时间后颜色褪去，是否还需要继续滴加滴定液？

3. 滴定管的读数为什么要估读一位数？如果不估读，会对结果造成什么影响？

实训六　食用醋总酸度的测定

一、实训目的

1. 了解强碱滴定弱酸的基本原理及指示剂的选择原则。

2. 掌握食用醋中总酸量的测定原理和方法。

3. 熟悉移液管和容量瓶的准确使用方法。

4. 会用一定的方法排除颜色对测定的干扰。

二、实训原理

食用醋的主要成分是醋酸（CH_3COOH）（系统命名为乙酸）常简写成 HAc，此外还含有少量的其他有机弱酸，还含有有色物质会影响指示剂的颜色变化观察结果，白醋里含有使用添加剂冰醋酸。当用 NaOH 滴定液滴定食用醋时，其中的酸性成分醋酸和乳酸等均可以被直接滴定，只要当 c_aK_a 均大于或等于 10^{-8}，就可以找到和运用指示剂指示该法的滴定终点。乙酸（$K_a = 1.76 \times 10^{-5}$）和乳酸（$K_a = 1.4 \times 10^{-4}$）的 c_aK_a 均大于 10^{-8}，因此本法测定的是总酸量，但分析结果通常用醋酸来表示其含量。乙酸与氢氧化钠的化学反应式为：

$$CH_3COOH+NaOH \Longrightarrow CH_3COONa+H_2O$$

乙酸与氢氧化钠的化学计量系数（物质的量）为 1∶1，根据氢氧化钠滴定液消耗的体积和浓度，就可以计算出食用醋中以醋酸计数的百分含量，用 c、V 分别表示氢氧化钠滴定液的浓度（mol/L）和体积（ml）、M 表示乙酸的摩尔质量、m_s 表示样品食用醋取量。

$$食用醋中乙酸百分含量 = \frac{m_{乙酸}}{m_s} \times 100\% = \frac{c \times V \times 10^{-3} \times M}{m_s} \times 100\%$$

由于这是强碱滴定弱酸，当达到化学计量点时生成乙酸钠，其溶液的 pH 大约是 8.7，而常见的指示剂的 pK 与之 pH 接近（±1）的为酚红、酚酞、百里酚蓝，所以本法选酚酞为指示剂，但在操作过程中要注意二氧化碳对本法所产生的滴定误差。对于液体样品含量测定，通常用移液管取量而不是称取质量，因此在结果表示时就是以 100ml 食用醋中乙酸的质量数来表示的，也可以认为是乙酸的密度即 g/ml 或 g/100ml。

食用醋具有颜色，会影响滴定终点颜色的观察引起误差，所以要经稀释或加入活性炭脱色后，再进行滴定。食用醋总酸≥5.00g/100ml。

测定含量用的食用醋必须是保质期内的产品。

三、仪器与试剂

碱式滴定管（50ml）、移液管（25ml）、容量瓶（250ml）、锥形瓶（250ml）、洗耳球、玻璃棒、铁架台、蝴蝶夹、烧杯、漏斗、中性滤纸。

0.1mol/L 氢氧化钠滴定液（要求实训前新标定）、KHP（邻苯二甲酸氢钾基准物质）、0.2% 酚酞乙醇溶液、活性炭、食用醋样品。

四、实训步骤

1. 样品的处理　取适量食用醋加少许活性炭，搅拌均匀，用干燥中性滤纸过滤，滤液至无色。若食用醋为无色，则省略此步骤。用移液管（25ml）精密量取续滤液 25.00ml，放入 250ml 容量瓶中，加新沸冷的蒸馏水稀释至刻度，摇匀，备用。

2. 操作内容　精密量取上述稀释液 25.00ml 于 250ml 锥形瓶中，滴加 1~2 滴酚酞指示剂，用氢氧化钠滴定液滴定至微红色并在 30 秒内不褪色即为终点，记录消耗的体积。平行测定三份，要求每次测定结果或复测结果的相对平均偏差不大于 0.2%。（$M_{CH_3COOH} = 60.05g/mol$）

3. 数据记录和结果处理

实训序号	I	II	III
氢氧化钠滴定液浓度 $c_{实际}$			
NaOH 滴定液终读数（ml）			
NaOH 滴定液初读数（ml）			
V_{NaOH}（ml）			
食用醋中总酸百分含量（%）			
食用醋中总酸平均值百分含量（%）			
相对平均偏差（$\overline{Rd}$）			

五、实训思考

1. 测定食用白醋时，为什么选用酚酞为指示剂，能否选用甲基橙或甲基红？

2. 酚酞指示剂由无色变为红色时，待测溶液的 pH 约为多少？变红的溶液露置空气中后又会变为无色的原因是什么？

实训七　乳酸钠注射液的测定

一、实训目的

1. 熟练掌握用非水酸碱滴定法测定乳酸钠注射液的方法。
2. 熟练掌握非水酸碱滴定法的操作方法。
3. 学会结晶紫指示剂判断滴定终点。
4. 熟练计算盐酸滴定液的浓度。

二、实训原理

乳酸钠（$C_3H_5NaO_3$）为有机酸盐，呈弱碱性。但其 $pK_b = 10.15$，不能用盐酸滴定液在水溶液中测定。用冰醋酸作溶剂可提高乳酸钠的碱性，因此乳酸钠注射液的测定需采用非水酸碱滴定法，在冰醋酸溶液中用高氯酸滴定液进行滴定。

取供试品置锥形瓶中，在 105℃ 干燥 1 小时，除去水分，加冰醋酸与醋酐，加热使溶解，放冷，以结晶紫作指示液，用高氯酸滴定液（约 0.1mol/L）滴定至溶液显蓝绿色，并用空白试验加以校正。根据高氯酸滴定液的使用量，计算注射液中乳酸钠的含量。

乳酸钠注射液含量的计算公式为：

$$乳酸钠注射液百分含量 = \frac{c \times (V - V_0) \times 10^{-3} \times M_{乳酸钠}}{m_s} \times 100\%$$

三、仪器与试剂

恒温干燥箱、酸式滴定管、玻璃棒、吸量管、洗耳球、锥形瓶（250ml）。

高氯酸滴定液、乳酸钠注射液样品、结晶紫指示液、冰醋酸、醋酐。

四、实训步骤

1. 样品的处理　精密量取三份乳酸钠注射液样品，每份 2.00ml，分别置于锥形瓶中，在 105℃ 干燥箱中干燥 1 小时，以除去水分。加冰醋酸 15ml 与醋酐 2ml，加热使之完全溶解，冷却。

2. 含量的测定　在上述装有样品的锥形瓶中加结晶紫指示液 1 滴，用高氯酸滴定液滴定至溶液显蓝绿色，记录消耗高氯酸滴定液的体积数（ml）。另取干燥的锥形瓶，加入冰醋酸 15ml 与醋酐 2ml，加结晶紫指示液 1 滴，用高氯酸滴定液滴定至溶液显蓝绿色，记录消耗高氯酸滴定液的体积数（ml）。再平行测定两次。

3. 数据的记录与处理

实训序号	1	2	3
注射液样品的体积（ml）			
$HClO_4$ 滴定液消耗体积（ml）			
$HClO_4$ 滴定液空白值（ml）			
V_{HClO_4}（ml）			
乳酸钠百分含量（%）			
乳酸钠的平均百分含量（%）			
相对平均偏差（$\bar{Rd}$）			

五、实训思考

1. 冰醋酸为什么能提高乳酸钠的碱性？

2. 非水滴定操作需要注意什么问题？

3. 为什么要先把注射液样品加热除去水分？

（许　标）

第七章

沉淀滴定法和重量分析法

学习目标

知识要求　1. **掌握**　莫尔法、佛尔哈德法和法扬司法的概念、原理、终点确定和滴定条件；掌握沉淀重量法概念、原理、影响因素及条件控制。

　　　　　2. **熟悉**　银量法的概念和分类；熟悉重量分析法的概念、分类。

　　　　　3. **了解**　挥发法、萃取重量法的概念、原理。

技能要求　1. 熟练掌握莫尔法、佛尔哈德法和法扬司法的滴定分析技术。

　　　　　2. 学会样品的称量、沉淀的过滤、洗涤、烘干和灼烧等操作。

　　　　　3. 学会正确记录实验数据并计算结果。

案例导入

案例：水合氯醛含量测定　取本品约 4g，精密称定，加水 10ml 溶解后，精密加氢氧化钠滴定液（1mol/L）30ml，摇匀，静置 2 分钟，加酚酞指示液数滴，用硫酸滴定液（0.5mol/L）滴定至红色消失，再加铬酸钾指示液 6 滴，用硝酸银滴定液（0.1mol/L）滴定；自氢氧化钠滴定液（1mol/L）的体积（ml）中减去消耗硫酸滴定液（0.5mol/L）的体积（ml），再减去消耗硝酸银滴定液（0.1mol/L）体积（ml）的 2/15。每 1ml 氢氧化钠滴定液（1mol/L）相当于 165.4mg 的 $C_2H_3Cl_3O_2$。

讨论：1. 上述案例中采用的是哪种分析方法？滴定反应有何共同点？

　　　　2. 什么是沉淀滴定法？为何又叫银量法？银量法包括哪几种方法？分类的依据是什么？银量法可用于哪些化合物的分析？

　　　　3. 银沉淀滴定法和沉淀重量法有何区别？

第一节　沉淀滴定法

一、概述

　　沉淀滴定法是以沉淀反应为基础的一类滴定分析方法。沉淀反应虽然众多，但只有符合下列条件的反应才能用于滴定分析。

　　（1）沉淀反应必须能迅速、定量地进行，且被测组分和滴定液之间具有确定的化学计量关系。

　　（2）生成的沉淀必须组成恒定，溶解度小，在沉淀过程中不易发生共沉淀现象。

　　（3）反应的完全程度高，达到平衡的速率快，不易形成过饱和溶液。

　　（4）有适当的方法确定滴定终点。

能够满足这些条件用于滴定分析的沉淀反应有生成难溶性银盐的反应、$NaB(C_6H_5)_4$ 与 K^+、$K_4[Fe(CN)_6]$ 与 Zn^{2+}、$Ba^{2+}(Pb^{2+})$ 与 SO_4^{2-}、Hg^{2+} 与 S^{2-} 的反应。

二、银量法

沉淀滴定法中，应用最多的滴定反应是生成难溶银盐的反应。例如：$Ag^+ + X^- \Longrightarrow AgX\downarrow$，$X = Cl^-$、$Br^-$、$I^-$、$SCN^-$ 等。这种以生成难溶银盐沉淀的反应为基础的沉淀滴定法，称为银量法。银量法以硝酸银或硫氰酸铵为滴定液，可用于测定含有 Cl^-、Br^-、I^-、SCN^- 及 Ag^+ 等离子的无机化合物，也可以测定经过处理能定量转化为这些离子的有机物。

根据指示化学计量点时所用的指示剂不同，银量法可分为莫尔法（Mohr 法）、佛尔哈德法（Volhard 法）和法扬司法（Fajans 法）。

（一）莫尔法

1. 原理

以铬酸钾（K_2CrO_4）为指示剂的银量法称为莫尔法。主要用于以硝酸银（$AgNO_3$）为滴定液，在中性或弱碱性溶液中，直接滴定 Cl^-（或 Br^-）的反应。

滴定反应：$Ag^+ + Cl^- \Longrightarrow AgCl\downarrow$（白色）

指示终点的反应：$2Ag^+ + CrO_4^{2-} \Longrightarrow Ag_2CrO_4\downarrow$（砖红色）

由于 AgCl 的溶解度小于 Ag_2CrO_4，根据分步沉淀的原理，首先发生滴定反应析出白色的 AgCl 沉淀。当 Cl^- 定量沉淀后，稍过量的 Ag^+ 就会与 CrO_4^{2-} 反应，产生砖红色的 Ag_2CrO_4 沉淀指示滴定终点。

2. 滴定条件

（1）指示剂的用量　滴定时，若指示剂用量太多，会引起滴定终点提前，使测定结果偏低，且 CrO_4^{2-} 本身的黄色会影响终点观察；若 $[CrO_4^{2-}]$ 过低，会引起滴定终点滞后，导致测定结果偏高。根据溶度积原理可以计算出计量点时恰好析出 Ag_2CrO_4 沉淀所需的 $[CrO_4^{2-}]$ 理论值。

计量点时：$[Ag^+]_{sp} = [Cl^-]_{sp} = \sqrt{K_{sp}(AgCl)}$

此时溶液中的 CrO_4^{2-} 浓度为：

$$[CrO_4^{2-}] = \frac{K_{sp}(Ag_2CrO_4)}{[Ag^+]_{sp}^2} = \frac{K_{sp(Ag_2CrO_4)}}{K_{sp(AgCl)}} = \frac{2.0 \times 10^{-12}}{1.8 \times 10^{-10}} = 1.1 \times 10^{-2}\ (mol/L)$$

但在实际滴定中，如此高浓度的 CrO_4^{2-} 黄色太深，对终点的观察不利。所以指示剂的实际用量要低于理论值，这会产生正误差。另外，考虑到只有当溶液中析出的 Ag_2CrO_4 沉淀达到一定量时，才能观察到明显的颜色变化而确定终点。所以，在实际滴定中，通常加入 5% 的 K_2CrO_4 溶液 1ml 作为指示剂，滴定终点时 $[CrO_4^{2-}]$ 约为 $5 \times 10^{-3}mol/L$。

（2）溶液的酸度　莫尔法应在中性或弱碱性溶液中进行。若溶液的酸度过高，CrO_4^{2-} 因酸效应，使 $[CrO_4^{2-}]$ 降低，引起滴定终点推迟甚至不能生成 Ag_2CrO_4 来指示终点，导致测定结果偏高；若碱性太强，又将生成 Ag_2O 沉淀。故适宜的酸度范围为 $pH = 6.5 \sim 10.5$。

若溶液中有铵盐，则由于 pH 较大时会有 NH_3 生成，它能与 Ag^+ 反应生成 $Ag(NH_3)^+$ 或 $Ag(NH_3)_2^+$，使 AgCl 和 Ag_2CrO_4 溶解度增大，测定准确度降低。实验表明：当 $[NH_3] < 0.05mol/L$ 时，控制溶液的 pH 在 $6.5 \sim 7.2$ 范围内可以得到满意的结果；当 $[NH_3] > 0.15mol/L$ 时，控制酸度已不能消除其影响，需在滴定前将大量铵盐除去。

（3）应剧烈摇动锥形瓶　莫尔法滴定时，由于生成的 AgCl 的吸附作用，使 Cl^- 被沉淀吸附，因此滴定速度不能太快，以防止局部过量而使 Ag_2CrO_4 砖红色提前出现，滴定时应剧烈摇动，使被吸附的 Cl^- 及时解吸出来，防止终点提前。

（4）干扰的消除 凡能与 CrO_4^{2-} 生成沉淀的阳离子（如 Ba^{2+}、Pb^{2+}、Bi^{3+} 等）、能与 Ag^+ 生成沉淀的阴离子（如 S^{2-}、PO_4^{3-}、CO_3^{2-}、CrO_4^{2-} 等）、在中性或弱碱性溶液中易水解的离子（如 Fe^{3+}、Al^{3+} 等）以及大量的 Cu^{2+}、Co^{2+} 等有色离子均会干扰滴定，应在滴定前预先分离。

3. 应用范围 主要用于 Cl^- 和 Br^- 的测定，不适用于 I^- 和 SCN^- 的测定，因为 AgI 和 AgSCN 沉淀有强烈的吸附作用，即使剧烈振摇也无法使被吸附的 I^- 和 SCN^- 释放出来。

拓展阅读

有机卤化物的测定

有机卤化物多数不能直接测定，必须经过适当的预处理，使有机卤素转变为卤离子后再用银量法测定。

由于有机卤化物中卤素的结合方式不同，预处理的方式也各异。脂肪族卤化物或卤素结合在芳环侧链上的类似脂肪族化合物，其卤素原子都比较活泼，可以通过碱水解法，使有机卤素转化为卤离子，如案例水合氯醛含量测定中，就是应用碱水解法使有机卤素转变为卤离子后，再应用莫尔法进行滴定的。而结合在苯环或杂环上的有机卤素比较稳定，需采用熔融法或氧瓶燃烧法预处理才能使有机卤素转变为卤离子。

（二）佛尔哈德法（Volhard 法）

以铁铵矾 $NH_4Fe(SO_4)_2$ 为指示剂的银量法称为佛尔哈德法。本法分为直接滴定法和剩余滴定法。

1. 原理

（1）直接滴定法 在酸性条件中，以铁铵矾作为指示剂，以硫氰酸铵（NH_4SCN）或硫氰酸钾（KSCN）为滴定液，直接滴定测定 Ag^+ 的含量。

滴定反应：$Ag^+ + SCN^- \rightleftharpoons AgSCN\downarrow$（白色）

指示终点的反应：$Fe^{3+} + SCN^- \rightleftharpoons FeSCN^{2+}$（红色）

（2）剩余滴定法 在酸性溶液中，首先向待测液中加入定量且过量的 $AgNO_3$ 滴定液，再以铁铵矾［$NH_4Fe(SO_4)_2$］作为指示剂，用 NH_4SCN 滴定液滴定剩余的 $AgNO_3$，测定卤化物含量的银量法。

滴定反应：Ag^+（已知量且过量）$+ X^- \rightleftharpoons AgX\downarrow$（白色）

$\qquad Ag^+$（剩余）$+ SCN^- \rightleftharpoons AgSCN\downarrow$（白色）

指示终点的反应：$Fe^{3+} + SCN^- \rightleftharpoons FeSCN^{2+}$（红色）

2. 滴定条件

（1）溶液的酸度 滴定应在 $0.1 \sim 1mol/L$ HNO_3 溶液中进行。既可防止 Fe^{3+} 水解，又可避免在中性溶液中干扰离子（如 PO_4^{3-}、CO_3^{2-} 等）的影响，提高方法的选择性。

（2）指示剂的用量 为了能在滴定终点观察到明显的红色，通常加入 40% 的铁铵矾指示剂 1ml，控制终点时［Fe^{3+}］约为 $0.015mol/L$。

（3）直接滴定时应剧烈振摇 滴定反应生成的 AgSCN 沉淀具有强烈的吸附作用，滴定过程中要充分振摇，使被沉淀吸附的 Ag^+ 解吸附，防止终点提前。

（4）干扰的消除　强氧化剂、氮的氧化物、铜盐、汞盐均可与 SCN^- 作用而干扰。

（5）剩余滴定测定氯化物时，由于 AgCl 沉淀的溶解度比 AgSCN 沉淀的溶解度大，须先将已生成的 AgCl 沉淀滤去，或者剩余滴定前向溶液中加入少量有机溶剂，如硝基苯、异戊醇、邻苯二甲酸二丁酯等，并强烈振摇，使其包裹在沉淀颗粒的表面上，再用硫氰酸铵（NH_4SCN）滴定剩余的硝酸银。这样做的作用是可以避免 AgCl 沉淀在返滴定过程中转换为 AgSCN 沉淀，造成滴定终点推迟，产生较大的误差。临近终点时，摇动不能太剧烈，以免发生沉淀的转化。测定溴化物或碘化物时，由于 AgBr 和 AgI 沉淀的溶解度都比 AgSCN 沉淀的溶解度小，则不必这样做。

3. 应用范围　佛尔哈德法的最大优点是在酸性条件下滴定，大多弱酸根离子都不干扰，因此选择性高，应用范围广。直接滴定法可以测定 Ag^+ 等，剩余滴定法可以测定 Cl^-、Br^-、I^-、SCN^- 等。

讨论：佛尔哈德剩余滴定法测定 I^- 时，指示剂必须在加入过量 $AgNO_3$ 溶液之后才能加入，为什么？

（三）法扬司法（Fajans 法）

1. 原理　以 $AgNO_3$ 为滴定液滴定卤离子，用吸附指示剂确定滴定终点的银量法称为法扬司法。吸附指示剂是一类有色的有机染料，属于有机弱酸或弱碱。吸附指示剂的离子被带异电荷的胶体沉淀微粒表面吸附之后，结构发生改变而导致颜色变化，从而指示滴定终点。

2. 滴定条件

（1）吸附指示剂颜色的变化　发生在沉淀表面，胶体沉淀颗粒很小，比表面积大，吸附指示剂离子多，颜色明显。为使沉淀保持胶体状态具有较大的吸附表面，防止沉淀凝聚，应在滴定前加入糊精、淀粉等亲水性高分子化合物等胶体保护剂，使卤化银沉淀呈胶体状态。

（2）应控制适宜的酸度　吸附指示剂多为有机弱酸，被吸附而变色的则是其共轭碱阴离子型体。因此必须控制适宜的酸度使指示剂在溶液中保持其阴离子状态，以起到指示剂的作用。适宜的酸度与指示剂的 K_a 有关，K_a 越大，允许的酸度越高，pH 越小。常见吸附指示剂适用的 pH 范围及变色情况见表 7-1。

表 7-1　常用的吸附指示剂

名称	被测组分	指示液颜色	被吸附后颜色	适用的 pH 范围
荧光黄	Cl^-	黄绿色	粉红色	7~10
二氯荧光黄	Cl^-	黄绿色	红色	4~10
曙红	Br^-、I^-、SCN^-	橙色	红色	2~10
二甲基二碘荧光黄	I^-	橙红色	蓝红色	中性

（3）吸附能力　通常要求胶体沉淀对指示剂离子的吸附能力应略小于对被测离子的吸附能力。否则在计量点前，指示剂离子即取代被吸附的待测离子而使溶液变色，滴定终点

提前，测定结果偏低。若沉淀对指示剂离子的吸附能力太弱，则会在到达计量点时不能被吸附变色，使滴定终点推迟或无法观察终点，使测定结果偏高。卤化银胶体对卤素离子和几种常用指示剂的吸附力的大小次序为：$I^- > SCN^- > Br^- >$ 曙红 $> Cl^- >$ 荧光黄。

因此在滴定 Cl^- 时应选用荧光黄为指示剂而不选曙红，但滴定 Br^-、I^-、SCN^- 时宜选用曙红为指示剂。

（4）滴定时要避免强光照射　因卤化银胶体沉淀对光敏感，易分解析出金属银使沉淀变为灰黑色，影响滴定终点的观察，故滴定过程要避免强光照射。

3. 应用范围　法扬司法可用于 Cl^-、Br^-、I^-、SCN^- 和 Ag^+ 等离子的测定。

第二节　重量分析法

案例导入

案例：取炔孕酮片20片，精密称定，研细，精密称取适量（约相当于炔孕酮50mg），置分液漏斗中，用石油醚提取4次，弃去石油醚提取液，并将分液漏斗中石油醚除尽，再用三氯甲烷提取4次，每次15ml，合并三氯甲烷提取液，置恒重的容器中，蒸发除去三氯甲烷，至近干燥，残渣于105℃干燥2小时，精密称定，即得供试样中含有 $C_{21}H_{28}O_2$ 的质量。

讨论：1. 上述案例中采用的是何种分析方法？其分析方法有何共同点？
　　　　2. 重量分析法包括哪几种方法？分类的依据是什么？
　　　　3. 什么是沉淀重量法？沉淀重量法和沉淀滴定法有何区别？

重量分析法是通过称量物质的质量来确定被测组分含量的一种定量分析方法。在重量分析中，一般先采用适当的方法使被测组分与试样中的其他组分分离，然后转化为一定的称量形式再经过称量，从而计算其含量。重量分析法实际包括了分离和称量两个过程。根据分离方法的不同，重量分析法又可分为挥发法、萃取重量法和沉淀重量法等。

由于重量分析法可以直接通过称量和有关计算而得到测定结果，不需要与标准试样或基准物质进行比较，因此准确度较高；但操作繁琐费时，且测定低含量组分时误差较大，目前已逐渐被其他方法所代替。

一、挥发法

挥发法就是将一定量的试样经加热或其他方法处理，使其中的被测组分挥发逸出或分解为气体逸出，然后根据其他逸出前后试样的质量之差来计算被测组分的含量。

《中国药典》中规定的"干燥失重测定法"就是应用挥发重量法测定药品中的水分和一些易挥发物的质量。一般的操作方法是：精密称取样品适量，在一定条件加热干燥至恒重，以减失的质量与取样量相比来计算干燥失重。

所谓恒重系指样品连续两次干燥或灼烧后所称得的质量差小于或等于 0.3mg 时的物体的质量。

根据试样的耐热性不同和水分挥发的难易，测定干燥失重常用的干燥方法有以下三种。

1. 常压加热干燥　通常将试样置于电热干燥箱中，于 105～110℃ 加热。常压加热干燥适用于性质稳定，受热不易挥发、氧化或分解变质的试样。例如，$BaCl_2 \cdot 2H_2O$ 中结晶水的含量测定，对于某些吸湿性强或水分不易挥发除去的样品，也可适当提高温度或延长加热时间。

供试品如未达规定的干燥温度即融化时，除另有规定外，应先将供试品在低于熔化温度 5~10℃ 的温度条件下干燥至大部分水分除去后，再按规定条件干燥。例如，$NaH_2PO_4 \cdot 2H_2O$ 在 60℃ 时熔融，可先在 60℃ 以下干燥 1 小时后，再调至 105℃ 干燥至恒重。

2. 减压加热干燥　高温中易变质或熔点低的试样，只能加热至较低温度，因此使用减压加热干燥箱进行减压加热干燥。《中国药典》规定，一般减压是指压力在 2.67kPa（20mmHg）以下，干燥温度一般为 60~80℃（除另有规定外）。

3. 干燥剂干燥　能升华或受热不稳定、易变质的物质，适用于干燥剂干燥。干燥剂干燥一般可分为常压干燥剂干燥和减压干燥剂干燥。方法是将试样置于盛有干燥剂的干燥器中，直至恒重。例如氯化铵干燥失重：取本品，置硫酸干燥器中干燥至恒重；阿司匹林干燥失重：取本品，置五氧化二磷为干燥剂的干燥器中，在 60℃ 减压干燥至恒重。

利用干燥剂干燥时，应注意干燥剂的选择。常用干燥剂有无水氯化钙、硅胶、浓硫酸及五氧化二磷等。一般来说，它们的吸水能力是无水氯化钙<硅胶<浓硫酸<五氧化二磷。其中硅胶使用最为方便，硅胶通常为蓝色，吸水后变红，在 105℃ 加热至重显蓝色，冷却后可重复使用。

二、萃取重量法

萃取重量法是利用不同物质在互不相溶的两相中具有不同的分配系数，用一种溶剂（萃取剂）把待测组分从溶液中萃取出来，然后除去萃取剂后称重，再计算被测组分的含量。

1. 分配定律

（1）分配系数　溶质在两相中（如水相和有机相）的浓度达到平衡时，称为分配平衡，此时溶质在两相中的浓度之比 K 称为分配系数，分配系数与溶质和溶剂的性质和温度有关，在较低浓度时，是一常数。

（2）分配比　萃取是一个复杂的过程，溶质在两相中可能以多种形式存在，不能简单地以分配系数来说明整个萃取过程中的平衡问题。于是引入分配比这一参数，表示溶质在两相中各种存在形式的总浓度之比，用 D 表示。

$$D = \frac{c_{有机}}{c_{水}}$$

分配比随着溶质和有关溶剂的浓度而改变，但分配比比较容易测得。

2. 萃取效率　萃取效率就是萃取的完全程度，常用萃取百分含量表示，即

$$萃取百分含量 = \frac{溶质在有机相中的总量}{溶质的总量} \times 100\%$$

$$= \frac{c_{有机} V_{有机}}{c_{水} V_{水} + c_{有机} V_{有机}} \times 100\%$$

或　　　　　　　$$萃取百分含量 = \frac{D}{D + V_{水}/V_{有机}} \times 100\%$$

可见，萃取百分含量由分配比 D 和两相的体积比 $V_{水}/V_{有机}$ 决定，D 越大，体积比 $V_{水}/V_{有机}$ 越大，则萃取百分含量越高。

同样的萃取剂，采用少量多次萃取的方法，可以提高萃取效率。

三、沉淀重量法

沉淀重量法是利用沉淀反应使被测组分以微溶化合物的形式沉淀下来，然后将沉淀过滤、洗涤并经烘干或灼烧后使之转化为组成一定的称量形式，最后称量其质量，并计算被测组分的含量。

1. 沉淀重量法对沉淀的要求 沉淀重量法中，沉淀的化学组成称为沉淀形式，沉淀经处理后供最后称量的化学组成称为称量形式。沉淀形式和称量形式可以相同，也可以不相同。例如测定，加入沉淀剂 $BaCl_2$，沉淀形式和称量形式都是 $BaSO_4$，沉淀形式与称量形式相同；测定 Mg^{2+} 时，沉淀形式为 $MgNH_4PO_4$，经灼烧后得到的称量形式为 $Mg_2P_2O_7$，此时沉淀形式和称量形式就不相同。

为了得到准确的分析结果，沉淀形式和称量形式要具备以下几个条件。

（1）对沉淀形式的要求：

①沉淀溶解度必须很小，以保证被测组分沉淀完全；

②沉淀必须纯净，不应带入沉淀剂和其他杂质；

③沉淀应便于过滤和洗涤，在沉淀反应中应注意控制条件，以得到粗大的晶形沉淀；若只能得到无定形沉淀，也应通过控制沉淀条件，使所得沉淀易于过滤和洗涤；

④沉淀应易于转变为称量形式。

（2）对称量形式的要求：

①必须有确定的化学组成，否则无法计算测定结果；

②要有足够的稳定性，不受空气中水分、CO_2 和 O_2 等气体的影响；

③称量形式应具有尽可能大的相对摩尔质量。一方面，称量形式的相对摩尔质量越大，而被测组分在其中所占的比例越小，则操作过程中因沉淀的损失对被测组分的影响就越小，测定的准确度就越高；另一方面，称量形式的相对摩尔质量越大，由同样质量的待测组分所得到的称量形式的质量就越大，因此称量误差就越小，方法的准确度就越高。

例如，测定铝时，称量形式可以是 Al_2O_3（相对分子质量 101.96），也可以是 8-羟基喹啉铝（相对分子质量 459.44），而 0.1000g 铝可获得 0.1890g Al_2O_3 或 1.7029g 8-羟基喹啉铝，分析天平的称量误差一般为 ±0.2mg，则两种测定方法的相对误差分别为：

Al_2O_3 法：相对误差 $= \dfrac{\pm 0.0002}{0.1890} \times 100\% = \pm 0.1\%$

8-羟基喹啉铝法：相对误差 $= \dfrac{\pm 0.0002}{1.7029} \times 100\% = \pm 0.01\%$

显然，8-羟基喹啉铝法测定铝的准确度更高。

2. 沉淀的形成 沉淀的形成是一个比较复杂的过程，一般包括晶核的形成（成核）和晶体的生长两个步骤，可大致表示如下：

构晶离子 $\xrightarrow[\text{异相成核}]{\text{均相成核}}$ 晶核 $\xrightarrow{\text{成长}}$ 沉淀颗粒 $\nearrow$ (聚集) 无定形沉淀 $\searrow$ (定向排列) 晶形沉淀

3. 沉淀的溶解度及其影响因素 沉淀重量法要求沉淀反应尽可能完全，沉淀的溶解损失要小于 0.2mg，为了满足这一要求，需要了解影响测定溶解度的因素。

（1）同离子效应 当沉淀反应达到平衡时，向溶液中再加入含有某一构晶离子的试剂，使沉淀溶解度减小的现象，称为同离子效应。例如，25℃时，$BaSO_4$在水中的溶解度为：

$$S = \sqrt{K_{sp}(BaSO_4)} = \sqrt{1.1 \times 10^{-10}} = 1.05 \times 10^{-5} \ (mol/L)$$

而在 $0.1mol/L \ Ba^{2+}$ 溶液中：

$$S = \frac{K_{sp}(BaSO_4)}{[Ba^{2+}]} = \frac{1.1 \times 10^{-10}}{0.10} = 1.1 \times 10^{-9} \ (mol/L)$$

由此可见，加入过量沉淀剂，可大大降低沉淀溶解度。所以，同离子效应是保证沉淀完全的重要措施之一。实际工作中，一般不挥发沉淀剂过量 20%~30%，挥发性沉淀剂过量 50%~100%。

（2）盐效应　由于强电解质的存在而引起溶解度增大的现象，称为盐效应。发生盐效应的原因，是由于强电解质的加入，溶液的离子强度增大，使离子的活度系数减小，而 K_{sp} 与活度系数成反比，所以 K_{sp} 增大，溶解度也增大。

（3）副反应的影响　若溶液中存在与构晶离子发生副反应的成分，则使溶解度增大，如酸效应、配位效应、水解作用等。

（4）温度的影响　溶解一般是放热过程，绝大多数沉淀的溶解度随温度升高而增大。

（5）沉淀颗粒大小的影响　同一种沉淀，在一定温度下晶体颗粒大，溶解速率慢，溶解度小。

拓展阅读

沉淀的形成过程

一般认为，沉淀在形成过程中，首先由构晶离子在过饱和溶液中形成晶核。例如 $BaSO_4$ 沉淀：在过饱和溶液中，由于静电作用，Ba^{2+} 和 SO_4^{2-} 缔合为离子对 $(Ba^{2+} \cdot SO_4^{2-})$，离子对又进一步结合 Ba^{2+} 和 SO_4^{2-} 形成离子群，当离子群长到一定程度就形成了晶核。晶核形成后，溶液中的构晶离子向结合表面扩散，并沉积到晶核上，使晶核长大到一定程度，成为沉淀微粒，这种沉淀微粒有聚集成更大的聚集团的倾向——聚集过程；同时，构晶离子还具有按一定的晶格排列形成大晶粒的倾向——定向过程，若聚集速度慢，定向速度快，则形成晶形沉淀，反之，则形成无定形沉淀。

晶形沉淀和无定形沉淀的主要区别在于沉淀颗粒大小不同，晶形沉淀的颗粒直径约在 0.1~1μm 之间，无定形沉淀颗粒直径一般小于 0.02μm。

4. 影响沉淀纯度的因素　影响沉淀纯度的因素主要有共沉淀现象和后沉淀现象。

（1）共沉淀现象　沉淀从溶液中析出时，溶液中某些可溶性杂质也会夹杂在沉淀中沉下来，这种现象称为共沉淀现象。如 $BaSO_4$ 沉淀时，若溶液中有 Fe^{3+}，则 $Fe_2(SO_4)_3$ 可能夹在 $BaSO_4$ 中同时析出，而使高温灼烧后 $BaSO_4$ 呈黄棕色。

（2）后沉淀现象　沉淀析出后，溶液中原来不能析出沉淀的组分也在沉淀表面逐渐沉淀出来的现象，称为后沉淀。例如，在含有 Cu^{2+}、Zn^{2+} 等离子的酸性溶液中，最初通入 H_2S 时得到的沉淀中不夹杂 ZnS，但是如果沉淀和溶液长时间接触，由于 CuS 沉淀表面吸附 S^{2-}，而使 S^{2-} 富集浓度大大增大，当 $[S^{2-}][Zn^{2+}] > K_{sp}(ZnS)$ 时，在 CuS 沉淀表面，就析出 ZnS 沉淀。

5. 沉淀的条件　为了获得完全、纯净、易于过滤和洗涤的沉淀，对不同类型的沉淀，应当采取不同的沉淀条件。

（1）**晶形沉淀的沉淀条件**　对晶形沉淀来说，主要考虑如何获得较大的沉淀颗粒。与小颗粒沉淀相比，大颗粒沉淀因溶解度小而沉淀更加完全，总表面积小，吸附的杂质少，沉淀更纯净且易于过滤和洗涤。但晶形沉淀的溶解度一般都较大，因此，还应注意减少沉淀的溶解损失。

①应在适当稀的溶液中进行沉淀，这样溶液的相对过饱和度不致太大，有利于得到大颗粒沉淀。

②在不断搅拌下加入沉淀剂，可以防止溶液中局部沉淀剂过浓的现象，以免生成大量的晶核。

③沉淀作用应在热溶液中进行，这样可降低相对过饱和度，并减少对杂质的吸附。为防止沉淀在热溶液中的溶解损失，应在沉淀作用完毕后，将溶液冷却至室温再进行过滤。

④沉淀反应完毕后，让沉淀留在母液中放置一段时间，这一过程称为陈化。

（2）**无定形沉淀的沉淀条件**　无定形沉淀一般溶解度很小，颗粒小，吸附杂质多，而且难以过滤和洗涤，甚至容易形成胶体溶液无法沉淀出来。所以对于无定形沉淀来说，主要考虑加速沉淀微粒凝聚以获得较紧密的沉淀，减少杂质的吸附并防止形成胶体溶液。至于沉淀的溶解损失，可以忽略不计。

①沉淀作用应在比较浓的溶液中进行，加入沉淀剂的速度也可以适当快一些。

②沉淀作用应在热溶液中进行，这样可防止生成胶体，并减少对杂质的吸附，还可以使生成的沉淀紧密些。

③在溶液中加入适当的电解质，以防止生成胶体溶液。但加入的应是易挥发的盐类如铵盐等。

④沉淀反应完毕后，趁热过滤，不必陈化。

6. 结果的计算　沉淀反应完全后，须经过过滤、洗涤、干燥或灼烧制成称量形式，再称量计算结果。通常按下式计算被测组分 B 在样品中的质量分数（百分含量）：

$$样品中被测组分的质量分数（百分含量）= \frac{m_{被测组分}}{m_s} \times 100\%$$

$m_{被测组分}$可根据称量形式和被测组分之间的化学计量关系转化求得，如

$$aM_{被测组分} : bM_{称量形式} = m_{被测组分} : m_{称量形式}$$

$$m_{被测组分} = \frac{a \times M_{被测组分}}{b \times M_{称量形式}} m_{称量形式}$$

式中，a、b 是使分子和分母中主体元素的原子个数相等时需乘以的系数。例如：用沉淀重量法测定铁的含量，最后称量形式为 Fe_2O_3，则 $2Fe \Longleftrightarrow Fe_2O_3$。

$$m_{Fe} = \frac{2 \times M_{Fe}}{1 \times M_{Fe_2O_3}} m_{Fe_2O_3}$$

📊 重点小结

本章主要介绍了沉淀滴定法和重量分析法的概念和分类。重点介绍了莫尔法、佛尔哈德法、法扬司法概念、原理、滴定条件；沉淀重量法的原理、对沉淀的要求、沉淀的影响因素以及沉淀条件等。

目标检测

一、选择题

（一）最佳选择题

1. 莫尔法采用 $AgNO_3$ 标准溶液测定 Cl^- 时，其滴定条件是
   A. pH = 2.0~4.0　　　　　　　　　　　　B. pH = 6.5~10.5
   C. pH = 4.0~6.5　　　　　　　　　　　　D. pH = 10.0~12.0

2. 用莫尔法测定纯碱中的氯化钠，应选择的指示剂是
   A. $K_2Cr_2O_7$　　　　　B. K_2CrO_4　　　　　C. KNO_3　　　　　D. $KClO_3$

3. 采用佛尔哈德法测定水中 Ag^+ 含量时，终点颜色为
   A. 红色　　　　　B. 纯蓝色　　　　　C. 黄绿色　　　　　D. 蓝紫色

4. 以铁铵矾为指示剂，用硫氰酸铵标准滴定溶液滴定银离子时，应在下列何种条件下进行
   A. 酸性　　　　　B. 弱酸性　　　　　C. 碱性　　　　　D. 弱碱性

5. 用佛尔哈德法测定 Cl^- 时，如果不加硝基苯（或邻苯二甲酸二丁酯），会使分析结果
   A. 偏高　　　　　　　　　　　　　　　　B. 偏低
   C. 无影响　　　　　　　　　　　　　　　D. 可能偏高也可能偏低

6. 用氯化钠基准试剂标定 $AgNO_3$ 溶液浓度时，溶液酸度过大，会使标定结果
   A. 偏高　　　　　　　　　　　　　　　　B. 偏低
   C. 不影响　　　　　　　　　　　　　　　D. 难以确定其影响

7. 以沉淀 Ba^{2+} 时，加入适量过量的可以使 Ba^{2+} 沉淀更完全。这是利用
   A. 同离子效应　　　B. 酸效应　　　　　C. 配位效应　　　D. 盐效应

8. 下列叙述中，哪一种情况适于沉淀 $BaSO_4$
   A. 在较浓的溶液中进行沉淀
   B. 在热溶液中及电解质存在的条件下沉淀
   C. 进行陈化
   D. 趁热过滤、洗涤、不必陈化

9. 有利于减少吸附和吸留的杂质，使晶形沉淀更纯净的是
   A. 沉淀时温度应稍高　　　　　　　　　　B. 沉淀时在较浓的溶液中进行
   C. 沉淀时加入适量电解质　　　　　　　　D. 沉淀完全后进行一定时间的陈化

10. 在下列杂质离子存在下，以 Ba^{2+} 沉淀时，沉淀首先吸附
   A. Fe^{3+}　　　　　B. Cl^-　　　　　C. Ba^{2+}　　　　　D. NO_3^-

（二）配伍选择题

[11~17] 下列情况的测定结果
　　　　　　A. 偏高　　　　　B. 偏低　　　　　C. 无影响

11. 莫尔法测定 Cl^- 浓度时，溶液呈酸性

12. 佛尔哈德剩余滴定法测定 Cl^- 浓度时，没有加硝基苯

13. 法扬司法测定 Cl^- 浓度时，用曙红作指示剂

14. $BaSO_4$ 沉淀法测定样品中 Ba^{2+} 的含量时，沉淀中包埋了 $BaCl_2$

15. $BaSO_4$ 沉淀法测定样品中 Ba^{2+} 的含量时，灼烧过程中部分 $BaSO_4$ 被还原成 BaS

16. $BaSO_4$ 沉淀法测定样品中 Ba^{2+} 的含量时，在热的稀溶液中逐滴加入沉淀剂

17. 用 $C_2O_4^{2-}$ 作沉淀剂，重量法测定 Ca^{2+}、Mg^{2+} 混合溶液中 Ca^{2+} 含量

（三）共用题干单选题

［18~20］氯化钠注射液含量测定：精密量取本品 10ml，加水 40ml、2% 糊精溶液 5ml、2.5% 硼砂溶液 2ml 与荧光黄指示液 5~8 滴，用硝酸银滴定液（0.1mol/L）滴定。每 1ml 硝酸银滴定液（0.1mol/L）相当于 5.844mg 的 NaCl。

18. 上述案例应用的是银量法中的
   A. 莫尔法
   B. 佛尔哈德直接滴定法
   C. 佛尔哈德剩余滴定法
   D. 法扬司法

19. 上述案例中滴定终点的颜色变化是
   A. 白色变砖红色
   B. 白色变红色
   C. 黄绿色变粉红色
   D. 粉红色变黄绿色

20. 上述案例中，加入糊精和硼砂溶液的作用是
   A. 调节溶液 pH
   B. 使终点颜色变化更明显
   C. 防止生成胶体溶液
   D. 使卤化银沉淀成胶体状态

［21~23］某同学应用沉淀重量法沉淀某样品溶液中的含量，步骤如下：向样品溶液中加入过量的沉淀剂 $BaCl_2$ 溶液，过滤，洗涤，将沉淀在 800℃ 灼烧至恒重，称量，计算得到样品溶液中的含量。

21. 该同学在分析时，有如下操作，其中错误的是
   A. 在热的和稀溶液中进行沉淀
   B. 在不断搅拌下向试液逐滴加入沉淀剂
   C. 沉淀剂一次加入试液中
   D. 对生成的沉淀进行陈化

22. 加入过量的沉淀剂 $BaCl_2$ 溶液的原因是
   A. 利用同离子效应，减小 $BaSO_4$ 溶解度
   B. 利用盐效应，减小 $BaSO_4$ 溶解度
   C. 减少共沉淀现象，提高分析准确度
   D. 使生成沉淀大颗粒

23. 该同学过滤时，从定量滤纸撕下的小角，擦完玻棒和烧杯后，忘记放入沉淀在，就灼烧灰化了，则最终结果
   A. 偏大
   B. 偏小
   C. 无影响
   D. 无法判断

（四）X 型题（多选题）

24. 在下列滴定方法中，哪些是沉淀滴定采用的方法
   A. 莫尔法
   B. 碘量法
   C. 佛尔哈德法
   D. 高锰酸钾法

25. 下列哪些不是重量分析对称量形式的要求
   A. 性质要稳定
   B. 颗粒要粗大
   C. 相对分子质量要大
   D. 表面积要大

26. 在进行沉淀的操作中，属于形成晶形沉淀的操作有
   A. 在浓的和热的溶液中进行沉淀
   B. 在不断搅拌下向试液逐滴加入沉淀剂
   C. 沉淀剂一次加入试液中
   D. 对生成的沉淀进行水浴加热或存放一段时间

27. 用重量法测定 $C_2O_4^{2-}$ 含量，在 CaC_2O_4 沉淀中有少量草酸镁（MgC_2O_4）沉淀，会对测定结果有何影响
   A. 产生正误差 　　B. 产生负误差 　　C. 降低准确度 　　D. 对结果无影响

28. 沉淀完全后进行陈化是为了
    A. 使无定形沉淀转化为晶形沉淀
    B. 使沉淀更为纯净
    C. 加速沉淀作用
    D. 使沉淀颗粒变大

29. 在称量分析中，称量形式应具备的条件是
    A. 摩尔质量大
    B. 组成与化学式相符
    C. 不受空气中 O_2、CO_2 及水的影响
    D. 与沉淀形式组成一致

二、填空题

30. 银量法分为_____、_____和_____三类，分类方法的依据是_____。

31. 莫尔法应在是_____或_____性溶液中，佛尔哈德法须在_____性溶液中进行。

32. 沉淀滴定法中莫尔法的指示剂是_____、佛尔哈德法的指示剂是_____、法扬司法的指示剂是_____。

33. 沉淀滴定法中莫尔法的滴定剂是_____、佛尔哈德直接滴定法的滴定剂是_____、佛尔哈德剩余滴定法的滴定剂是_____、法扬司法的滴定剂是_____。

34. 铬酸钾法测定 NH_4Cl 时，若 $pH > 7.5$，会引起 $Ag(NH_3)_2^+$ 的形成，使测定结果偏_____。

35. 吸附指示剂是一类_____的有机化合物。吸附指示剂法滴定前应向溶液中加入_____等_____性高分子化合物等胶体保护剂，使卤化银沉淀呈_____状态。

36. 重量分析法一般可分为_____、_____和_____。

37. 干燥失重测定法中常用的干燥方法有_____、_____和_____。

38. 重量分析法中，一般同离子效应将使沉淀溶解度_____；配位效应将使沉淀溶解度_____。

39. 利用 Fe_2O_3（$M = 159.69\text{g/mol}$）沉淀形式称重，测定 FeO（$M = 71.85\text{g/mol}$）时，其换算因数为_____。

40. 在沉淀反应中，沉淀的颗粒愈_____，沉淀吸附杂质愈_____。

三、判断题

41. 莫尔法测定 Cl^- 时，溶液酸度过高，则结果产生负误差。

42. 莫尔法测定 Cl^- 含量时，指示剂 K_2CrO_4 用量越大，终点越易观察，测定结果准确度越高。

43. 用佛尔哈德法测定 Ag^+，滴定时必须剧烈摇动。用返滴定法测定 Cl^- 时，也应该剧烈摇动。

44. 佛尔哈德法中，提高 Fe^{3+} 的浓度，可减小终点时 SCN^- 的浓度，从而减小滴定误差。

45. 在法扬司法中，为了使沉淀具有较强的吸附能力，通常加入适量的糊精或淀粉使沉淀处于胶体状态。

46. 银量法中使用 $pK_a = 5.0$ 的吸附指示剂测定卤素离子时，溶液酸度应控制在 $pH > 5$。

47. 沉淀称量法测定中，要求沉淀式和称量式相同。

48. 共沉淀引入的杂质量，随陈化时间的增大而增多。

49. 沉淀 $BaSO_4$ 应在热溶液中后进行，然后趁热过滤。

50. 晶形沉淀用热水洗涤，非晶形沉淀用冷水洗涤。

四、综合题

51. 用铬酸钾法测定食盐中 NaCl 的含量。精密称取食盐 0.2015 克溶于水后，以铬酸钾为指示剂，用 $AgNO_3$ 滴定液（0.1002mol/L）滴定至终点，消耗 24.60ml，计算食盐中 NaCl 的含量（质量分数）为多少？（已知 $M_{NaCl}=58.44g/mol$）

52. 称取磁铁矿试样 0.1666g，经溶解后将 Fe^{3+} 沉淀为 $Fe(OH)_3$，最后灼烧为 Fe_2O_3（称量形式），其质量为 0.1370g，求试样中 Fe_3O_4 的百分含量。

📝 实训八　生理盐水中氯化钠的含量测定

一、实训目的

1. 掌握吸附指示剂法的原理、方法要求和测定过程。
2. 熟练应用移液管、滴定管并规范进行滴定操作。

二、实训原理

生理盐水为氯化钠的等渗灭菌水溶液，含氯化钠（NaCl）应为 0.850%～0.950%（g/ml）。可以通过银量法用硝酸银滴定液来滴定其中的氯离子（Cl^-），计算得到氯化钠的含量。

$$Ag^+ + Cl^- \longrightarrow AgCl\downarrow$$

硝酸银和氯化钠反应的化学计量数比为 1∶1，根据硝酸银滴定液消耗的体积和浓度，即可计算出生理盐水中氯化钠的含量。

$$NaCl\ 百分含量 = \frac{V_{AgNO_3} \times T \times \dfrac{c_{AgNO_3实际}}{c_{AgNO_3规定}}}{m_s} \times 100\%$$

$$= \frac{V_{AgNO_3} \times 5.844 \times 10^{-3} \times \dfrac{c_{AgNO_3实际}}{0.1}}{m_s} \times 100\%$$

三、仪器与试剂

1. 仪器　10ml 移液管、洗耳球、滤纸片、2% 糊精溶液、2.5% 硼砂溶液、荧光黄指示液、棕色酸式滴定管（50ml）、铁架台、蝴蝶夹、锥形瓶（250ml）、洗瓶、量筒（10ml、50ml）、烧杯、胶头滴管。

2. 试剂　0.1mol/L 硝酸银滴定液、基准氯化钠（已在 110℃ 干燥至恒重）、分析天平（0.1mg）、称量瓶、碳酸钙。

四、实训步骤

1. 硝酸银溶液的标定　用减量法精密称取干燥至恒重的基准氯化钠约 0.2g，精密称定，置锥形瓶中，加水 50ml 使溶解，再加糊精溶液（1→50）5ml、碳酸钙 0.1g 与荧光黄指示液 8 滴，用硝酸银溶液滴定至混浊溶液由黄绿变为微红色，即为终点。记录消耗的体积。平行测定三份，要求每次测定结果或复测结果的相对平均偏差不大于 0.1%。每 1ml 硝酸银滴定液（0.1mol/L）相当于 5.844mg 的 NaCl。

2. 含量测定　用 10ml 移液管精密量取生理盐水 10ml，放入 250ml 锥形瓶，加水 40ml、2% 糊精溶液 5ml、2.5% 硼砂溶液 2ml 与荧光黄指示液 5～8 滴，用硝酸银滴定液（0.1mol/L）滴定到溶液由黄绿色变为粉红色，即为终点。记录消耗的体积。平行测定三份，要求每次测定结果或复测结果的相对平均偏差不大于 0.1%。每 1ml 硝酸银滴定液（0.1mol/L）相当于 5.844mg 的 NaCl。

3. 数据记录与处理

（1）硝酸银溶液标定数据记录与处理

实训序号	I	II	III
m（NaCl）			
$AgNO_3$滴定液终读数（ml）			
$AgNO_3$滴定液初读数（ml）			
V_{AgNO_3}（ml）			
c_{AgNO_3}（mol/L）			
$\bar{c}_{AgNO_3}$（mol/L）			
相对平均偏差（$R\bar{d}$）			

（2）生理盐水氯化钠含量测定数据记录与处理

实训序号	I	II	III
硝酸银滴定液实际浓度（mol/L）			
生理盐水滴定分析用量（ml）			
$AgNO_3$滴定液终读数（ml）			
$AgNO_3$滴定液初读数（ml）			
V_{AgNO_3}（ml）			
生理盐水中 NaCl 的百分含量			
生理盐水中 NaCl 百分含量平均值			
相对平均偏差（$R\bar{d}$）			

五、实训思考

法扬司法标定硝酸银和测定氯化钠注射液含量时需要加水稀释，并加入一定量的糊精、硼砂或碳酸钙，为什么？

（许瑞林）

第八章

配位滴定法

学习目标

知识要求　1. **掌握**　EDTA-2Na 性质及其配合物特点；金属指示剂变色原理、具备条件和常见金属指示剂的使用；标准溶液的制备和配位滴定法的应用。

2. **熟悉**　影响配位平衡的主要因素；条件稳定常数的计算和意义；配位滴定的酸度条件选择。

3. **了解**　副反应、副反应系数及其有关计算；指示剂的封闭现象及消除方法。

技能要求　1. 学会条件稳定常数的计算和意义。

2. 熟练掌握最低 pH 计算和酸度条件选择；金属指示剂的正确选择和使用；标准溶液的制备和配位滴定法的应用。

案例导入

案例： 在《中国药典》中许多含有金属离子的药物常采用配位滴定法测定其含量，如葡萄糖酸钙口服液、复方氢氧化铝片等。配位滴定法常见的配位剂是乙二胺四乙酸二钠（EDTA-2Na）。而乙二胺四乙酸钙二钠盐，即依地酸钙钠，本身也是常用药物，它可以和多种金属结合成为稳定可溶的配合物，从尿中排泄，因此，依地酸钙钠常用于钴、铜、铬、镉、锰、铅等的解毒剂。《中国药典》2015 版二部关于依地酸钙钠的含量测定如下：

取本品约 50mg，精密称定，置锥形瓶中，加水 100ml 使溶解，加二甲酚橙指示液 3 滴，用硝酸铋滴定液（0.01mol/L）滴定至溶液由黄色变为红色。每 1ml 硝酸铋滴定液（0.01mol/L）相当于 3.743mg 的 $C_{10}H_{12}CaN_2Na_2O_8$。

讨论： 1. 什么是配位滴定法？其原理如何？

2. 乙二胺四乙酸的结构如何？它与金属离子配合有何特点？

维尔纳（Werner，A，1866—1919）瑞士无机化学家。1893 年提出配合物的配位理论，提出了配位数概念。维尔纳的理论可说是现代无机化学发展的基础，并为化合价的电子理论开辟了道路。他抛弃了凯库勒关于化合价恒定不变的观点，大胆地提出了副价的概念，创立了配位理论。他因创立配位化学而获得 1913 年诺贝尔化学奖。

配位滴定法（compleximetry）是通过金属离子与配位剂作用形成配位化合物进行滴定的分析方法，又称为络合滴定法。生成配位化合物的配位反应很多，只有具备一定条件的配位反应才能用于滴定分析。这些条件有以下几种。

（1）反应必须能迅速，并按一定化学反应式定量完全进行。

（2）生成的配位化合物必须是可溶的，且具有足够的稳定性。

（3）有适当的方法指示化学计量点。

很多金属离子可以与无机配位剂形成配合物，例如，铜离子与氨水生成 $[Cu(NH_3)_4]^{2+}$，银离子与氨水生成 $[Ag(NH_3)_2]^+$ 等。实际上这些反应多数是分级生成配合物，稳定常数较小，各级配合物的稳定性差别不大，反应没有确定的计量关系。因此，无机配位剂与金属离子配位反应一般不能用于配位滴定。大多数有机配位剂，特别是氨羧配位剂（complexone），与金属离子配位反应，则能满足上述条件，用于配位滴定。氨羧配位剂是一类既有氨基又有羧基的有机配位剂的总称，这些配位剂以氨基二乙酸为基体，配位能力强，几乎能与所有金属离子定量完全配位反应。目前氨羧配位剂有几十种，其中应用最广的是乙二胺四乙酸二钠，简称为 EDTA-2Na。由于有机配位剂的出现才克服了无机配合剂的缺点，使配位滴定法得到迅猛发展，成为广泛应用的滴定分析法之一。

第一节　乙二胺四乙酸及其配合物

一、乙二胺四乙酸二钠的性质

乙二胺四乙酸的结构式为

$$\begin{array}{c}HOOCCH_2 \\ HOOCCH_2\end{array}\!\!\!\diagdown N{-}CH_2{-}CH_2{-}N\diagup\!\!\!\begin{array}{c}CH_2COOH \\ CH_2COOH\end{array}$$

从结构上看它是四元有机羧酸，可用化学式 H_4Y 表示，而分子中 N 原子上还有一对孤对电子，在酸性较强的溶液中，整个分子还可以接受两个 H^+ 形成 H_6Y^{2+}，结构如下：

$$\begin{array}{c}HOOCCH_2 \\ HOOCCH_2\end{array}\!\!\!\diagdown \overset{H^+}{N}{-}CH_2{-}CH_2{-}\overset{H^+}{N}\diagup\!\!\!\begin{array}{c}CH_2COOH \\ CH_2COOH\end{array}$$

H_6Y^{2+} 为六元酸，其六级解离平衡可表示如下：

$$H_6Y^{2+}\underset{+H^+}{\overset{-H^+}{\rightleftharpoons}}H_5Y^+\underset{+H^+}{\overset{-H^+}{\rightleftharpoons}}H_4Y\underset{+H^+}{\overset{-H^+}{\rightleftharpoons}}H_3Y^-\underset{+H^+}{\overset{-H^+}{\rightleftharpoons}}H_2Y^{2-}\underset{+H^+}{\overset{-H^+}{\rightleftharpoons}}HY^{3-}\underset{+H^+}{\overset{-H^+}{\rightleftharpoons}}Y^{4-}$$

H_6Y^{2+} 的各级解离平衡的 pK_a 为

$pK_{a1}=0.9$　$pK_{a2}=1.6$　$pK_{a3}=2.0$　$pK_{a4}=2.67$　$pK_{a5}=6.16$　$pK_{a6}=10.26$

EDTA 的 7 种存在形式为 H_6Y^{2+}、H_5Y^+、H_4Y、H_3Y^-、H_2Y^{2-}、HY^{3-}、Y^{4-}，其中 Y^{4-} 能直接和金属离子配合。依据酸碱平衡的原理，显然这些存在形式的浓度取决于溶液 pH，不同 pH 条件下 EDTA 的主要存在形式，见表 8-1。

表 8-1　EDTA 的主要存在形式与 pH 之间关系

pH	<0.9	0.9~1.6	1.6~2.0	2.0~2.67	2.67~6.16	6.16~10.26	>10.26
形式	H_6Y^{2+}	H_5Y^+	H_4Y	H_3Y^-	H_2Y^{2-}	HY^{3-}	Y^{4-}

乙二胺四乙酸为白色晶体，无毒，不吸潮，在水中溶解度很小，难溶于酸和一般有机溶剂，易溶于氨水和氢氧化钠等碱性溶液，生成相应的盐溶液。由于它在水中的溶解度很

小（室温下，每100ml 水中只能溶解 0.02g，浓度为 6.4×10^{-4}mol/L），不能作为滴定液。在配位滴定中常用其二钠盐也简称 EDTA-2Na（$Na_2H_2Y \cdot 2H_2O$），EDTA-2Na 盐是白色粉末状结晶，其溶解度较大（室温下，每100ml 水中能溶解 11.2g，浓度为 0.3mol/L）。由于 EDTA-2Na 盐水溶液中主要是 H_2Y^{2-}，所以溶液 pH 接近于 $(pK_{a4} + pK_{a5})$ /2 = （2.67+6.16）/2 = 4.42，为弱酸性溶液。在配制其溶液时，应注意先用温热水溶解。

二、乙二胺四乙酸二钠与金属离子配位反应特点

EDTA-2Na 分子中有两个氨氮和四个羧氧，共有六个配位原子，为六齿配位剂。

$$-N\!\!\begin{array}{c}\diagup\\\diagdown\end{array} \qquad \overset{\displaystyle O}{\underset{\displaystyle |}{-C-}}$$

氨氮　　　　　羧氧

一般中心原子或离子最常见的配位数为 4 和 6，其次为 2 和 8，因此 EDTA-2Na 能满足大多数金属离子对配位数的要求，其与金属离子形成的配位化合物的配位比在一般情况下都是 1∶1，其反应可简化为

$$M + Y \rightleftharpoons MY$$

EDTA-2Na 与金属离子形成的配合物为螯合物（chelate），其立体结构见图 8-1。

这种配合物中含有多个五元环，配合物的稳定性高，因此金属离子与 EDTA-2Na 形成的配合物的稳定常数一般都很大（碱金属离子除外）。

此外，EDTA-2Na 与金属离子的配位反应一般速度快，生成的配合物水溶性好，有色的金属离子与 EDTA-2Na 形成比离子颜色更深

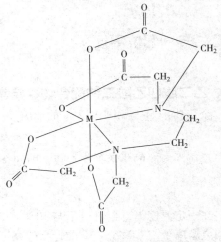

图 8-1　EDTA-2Na 与金属离子 M 形成的螯合物的立体结构

的配合物，其他大多数配合物是无色的，便于指示剂指示终点。几种有色金属离子与 EDTA-2Na 配合物的颜色见表 8-2。

表 8-2　几种有色金属离子-EDTA-2Na 配合物的颜色

配合物	颜色	配合物	颜色
CoY^-	紫红	$Fe(OH)Y^{2-}$	棕（pH≈6）
CrY^-	深紫	FeY^-	黄
$Cr(OH)Y^-$	蓝（pH>10）	MnY^{2-}	紫
CuY^{2-}	深蓝	NiY^{2-}	蓝紫

由此可见，EDTA-2Na 与金属离子配合反应符合配位滴定的反应条件，广泛用于滴定分析。

拓展阅读

　　EDTA-2Na 是一种重要的络合剂。EDTA-2Na 用途很广，可用作彩色感光材料冲洗加工的漂白定影液，染色助剂，纤维处理助剂，化妆品添加剂，血液抗凝剂，洗涤剂，稳定剂，合成橡胶聚合引发剂，EDTA-2Na 是螯合剂的代表性物质。能和碱金属、稀土元素和过渡金属等形成稳定的水溶性络合物。除钠盐外，还有铵盐及铁、镁、钙、铜、锰、锌、钴、铝等各种盐，这些盐各有不同的用途。此外 EDTA-2Na 也可用来使有害放射性金属从人体中迅速排泄起到解毒作用。也是水的处理剂。EDTA-2Na 还是一种重要的指示剂，可是用来滴定金属镍、铜等，用的时候要与氨水一起使用，才能起指示剂的作用。

第二节　配位平衡

一、乙二胺四乙酸二钠配合物稳定常数

　　金属离子 M 与 EDTA-2Na 的反应

$$M + Y \rightleftharpoons MY$$

　　反应平衡时的化学平衡常数，即配合物的稳定常数（stability constant）足 K_{MY} 可表达为

$$K_{MY} = \frac{[MY]}{[M][Y]} \tag{8-1}$$

　　在一定温度下，金属离子与 EDTA-2Na 配合物的稳定常数 K_{MY} 越大，配合物越稳定。不同金属离子与 EDTA-2Na 配合物的稳定常数，见附录六。

　　在适当的条件下，$\lg K_{稳} > 8$ 就可以准确配位滴定。

二、副反应与副反应系数

　　在配位滴定时，除了被测金属离子 M 与 Y 之间的主反应外，还存在溶液中 H^+、OH^-、其他配体 L、其他阳离子 N 等引起的副反应，表示如下

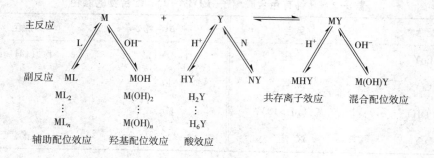

　　依据化学平衡的原理，这些副反应的发生将对主反应产生影响。其中与反应物 M、Y 发生的副反应对配位滴定不利。这些副反应包括 EDTA-2Na 与干扰离子之间的配位效应和酸效应；金属离子与其他配体发生的配位效应以及水解效应。与生成物 MY 发生的副反应，

则有利于配位滴定，包括了生成酸式或碱式配合物的反应，但是因为这类反应的影响较小，一般忽略不计。

显然，副反应的发生使得实际情况下的配位反应并非简单地按照主反应进行，副反应的影响大小可以通过副反应系数定量计算，因此，要引入副反应系数（side reaction coefficient）的概念。上述不同的副反应分别有相应的副反应系数。

（一）EDTA-2Na 发生的副反应

1. 酸效应　如前所述，EDTA-2Na 的存在形式有 7 种，其浓度大小取决于溶液 pH。其中真正能与金属离子配位的是 Y^{4-} 离子，它既是配位体，也是能接受质子的碱，能与溶液中 H^+ 发生副反应。这就使 Y 参加主反应能力降低，这种现象称为酸效应（acid effect）。酸效应系数则可以用来定量衡量酸效应的大小，用 $\alpha_{Y(H)}$ 表示。其定义为在一定 pH 下，未与金属配位的 EDTA-2Na 的总浓度 $[Y']$（$[Y'] = [Y^{4-}] + [HY^{3-}] + [H_2Y^{2-}] + [H_3Y^-] + [H_4Y] + [H_5Y^+] + [H_6Y^{2+}]$）与平衡浓度 $[Y]$（即 $[Y^{4-}]$）之比，即

$$\alpha_{Y(H)} = \frac{Y'}{Y} = \frac{[Y^{4-}] + [HY^{3-}] + [H_2Y^{2-}] + \cdots + [H_6Y^{2+}]}{Y^{4-}} \tag{8-2}$$

$$= 1 + \frac{[H^+]}{K_{a6}} + \frac{[H^+]^2}{K_{a6}K_{a5}} + \cdots + \frac{[H^+]^6}{K_{a6}K_{a5}K_{a4}K_{a3}K_{a2}K_{a1}}$$

可见 $\alpha_{Y(H)}$，是 $[H^+]$ 的函数，当溶液中 $[H^+]$ 增加，即溶液酸度增强，溶液 pH 下降时，$\alpha_{Y(H)}$ 增大，酸效应增强，副反应干扰严重；反之，则酸效应减弱，副反应干扰较小。当 $\alpha_{Y(H)} = 1$ 时，$[Y'] = [Y]$，表示 EDTA-2Na 未发生副反应。

同时可以看到，$\alpha_{Y(H)}$ 仅为溶液 $[H^+]$ 的函数，当溶液 pH 一定时，$\alpha_{Y(H)}$ 亦为一定值。不同 pH 时 EDTA-2Na 的 $\lg\alpha_{Y(H)}$ 值，见附录五。

2. 共存离子效应　当溶液中存在干扰离子 N 时，Y 与 N 之间也可以形成配合物，同样使得 Y 参加主反应的能力降低，这就是共存离子效应。其影响可用副反应系数 $\alpha_{Y(N)}$，表示。类似于酸效应系数，$\alpha_{Y(N)}$ 的计算公式如下

$$\alpha_{Y(N)} = \frac{Y'}{Y} = \frac{[Y] + [NY]}{Y} = 1 + K_{NY}[N] \tag{8-3}$$

可见 $\alpha_{Y(N)}$ 的大小取决于干扰离子 N 的浓度和干扰离子 N 与 EDTA-2Na 的稳定常数足 K_{NY}。

（二）金属离子发生的副反应

金属离子 M 上有空轨道，如溶液中其他配位剂 L 或 OH^-（也是配体）浓度高时，M 可以与这些配体或 OH^- 发生副反应，形成 ML 或金属羟基配合物 MOH。这种由于 L 或 OH^- 的存在，使 M 与 Y 进行主反应的能力降低的现象，称为配位效应（coordination effect）。其影响用副反应系数 $\alpha_{M(L)}$ 表示，如用 $[M']$ 表示未与 Y 配位的金属离子各种形式的总浓度（$[M'] = [M] + [ML] + [ML_2] + \cdots + [ML_n]$），$[M]$ 表示游离金属离子浓度，$K_1 \sim K_n$ 表示 $[ML] \sim [ML_n]$ 各级配合物的稳定常数，则可得到 $\alpha_{M(L)}$，计算公式如下

$$\alpha_{M(L)} = \frac{[M']}{[M]} = \frac{[M] + [ML] + [ML_2] + \cdots + [ML_n]}{[M]} \tag{8-4}$$

$$= 1 + K_1[L] + K_1K_2[L_2] + \cdots + K_1K_2\cdots K_n[L_n]$$

滴定时所用的缓冲剂如 NH_3 与 NH_4Cl，防止金属离子水解所加的辅助配位剂，为了消除干扰而加的掩蔽剂等，均可能产生配位效应。当在高 pH 条件下滴定时，L 为 OH^-。

由于 MY 与 H^+、与 OH^- 发生的副反应的生成物 MHY 和 M（OH）Y 多数情况下都不太稳定，因此计算时可忽略不计。

三、配合物条件稳定常数

从前面的描述中可以看到，在实际进行配位滴定时，由于各方面的因素导致实际发生的反应非常复杂。在这样的条件下，金属离子 M 与 EDTA-2Na 的主反应进行的真实程度无法用稳定常数 K_{MY} 来表示，而必须将副反应因素的影响考虑在内。根据实际情况，用发生的副反应对应的副反应系数对 K_{MY} 进行校正，可以获得实际情况下的稳定常数，称为配合物的条件稳定常数（conditional stability constant），用 K'_{MY} 表示。其表达式与 K_{MY} 的形式一致，只是将式中的 MY、M、Y 分别以 MY′、M′、Y′代替，即

$$K'_{MY} = \frac{[MY']}{[M'][Y']} \tag{8-5}$$

条件稳定常数和稳定常数关系为

$$K'_{MY} = \frac{[MY']}{[M'][Y']} = \frac{\alpha_{MY}[MY]}{\alpha_M[M]\alpha_Y[Y]} = K_{MY}\frac{\alpha_{MY}}{\alpha_M\alpha_Y} \tag{8-6}$$

两边取对数则有

$$\lg K'_{MY} = \lg K_{MY} - \lg\alpha_M - \lg\alpha_Y + \lg\alpha_{MY} \tag{8-7}$$

这就将金属离子、EDTA-2Na 以及金属离子与 EDTA-2Na 形成配合物可能发生的副反应对 K_{MY} 进行了校正。显然，K'_{MY} 是在实际条件下有副反应发生时主反应进行的真实程度。因此，K'_{MY} 称为条件稳定常数。在给定条件下，K'_{MY} 为常数，是实际稳定常数。

副反应主要是酸效应和配位效应对主反应有较大影响，尤其是酸效应，则式（8-7）可简化为

$$\lg K'_{MY} = \lg K_{MY} - \lg\alpha_{Y(H)} \tag{8-8}$$

综上所述，在实际条件下由于副反应的发生，导致了配合物的实际稳定常数发生变化。特别是当酸效应、配位效应、共存离子效应等增强时，配位平衡向左进行，使 M 与 Y 主反应程度降低，将影响滴定分析结果。因此，在实际配位滴定中，需控制适当的滴定条件，尤其是酸度条件。

四、配位滴定条件的选择

如金属离子 M 能被 EDTA-2Na 准确滴定，则意味着测定结果能够满足滴定分析对终点误差的要求，一般来说这一相对误差应该≤0.1%。设 M 和 Y 的起始浓度为 0.02mol/L（等体积），则滴定至计量点时溶液中生成的 MY 的总浓度约为 0.02/2＝0.010mol/L。相对误差≤0.1%，即是在计量点时，溶液中游离 M 和 Y 的总浓度应≤0.1%×0.01mol/L＝10^{-5}mol/L。代入条件稳定常数则有

$$K'_{MY} = \frac{[MY']}{[M'][Y']} \geqslant \frac{0.01}{10^{-5}\times10^{-5}} = 10^8 \tag{8-9}$$

因此配位滴定要获得准确的分析结果需要反应的条件稳定常数 $K'_{MY} \geqslant 10^8$，即 $\lg K'_{MY} \geqslant 8$，如再考虑被测金属离子浓度（$c_M = 0.01$mol/L），则应满足 $\lg c_M K'_{MY} \geqslant 6$。而要满足这一条件，需控制酸效应、配位效应及共存离子效应等因素，选择合适的配位滴定条件。

（一）酸度的选择

在副反应中，酸效应和羟基配位效应其实都取决于溶液 pH（酸度），pH 小（酸度大）则酸效应强，pH 大（酸度小），则羟基配位效应强。由于这两者均对主反应不利，因此需

要控制溶液 pH（酸度）在适当范围。

1. 配位滴定的最低 pH（最高酸度） 当溶液酸度高时，副反应以酸效应为主，条件稳定常数符合（8-8）式，要获得准确分析结果，要求

$$\lg K'_{MY} = \lg K_{MY} - \lg \alpha_{Y(H)} \geqslant 8$$

则

$$\lg \alpha_{Y(H)} \leqslant \lg K_{MY} - 8 \tag{8-10}$$

在特定 pH 条件下 $\alpha_{Y(H)}$ 为特定数值，对给定的金属离子其 K_{MY} 也为定值，因此从式（8-10）可以计算出溶液 pH 最低数值，超过这一值，酸效应过强，将使其条件稳定常数 $\lg K'_{MY}$ 小于 8，配合物不稳定，不能准确滴定。这一最低允许 pH，称为最低 pH（或最高酸度）。

例 8-1 当 0.010mol/L EDTA-2Na 滴定液滴定等体积的 0.010mol/L Zn^{2+} 溶液时，溶液 pH 不能低于多少？已知 $\lg K_{MY} = 16.50$。

解： 由式（8-10）得 $\lg \alpha_{Y(H)} \leqslant 16.50 - 8 = 8.50$

查附录五，$\lg \alpha_{Y(H)} = 8.50$ 时，pH = 4.00，因此，要确保准确滴定，应控制溶液 pH 不低于 4。

不同金属离子与 EDTA-2Na 形成配合物的 $\lg K_{MY}$ 不同，使 $\lg K'_{MY}$ 达到 8 的最低 pH 也不同。若以不同的 $\lg K_{MY}$ 对相应的最低 pH 作图，就得到酸效应曲线，如图 8-2 所示。利用酸效应曲线，可查到各种金属离子的最高允许酸度（最低 pH）。

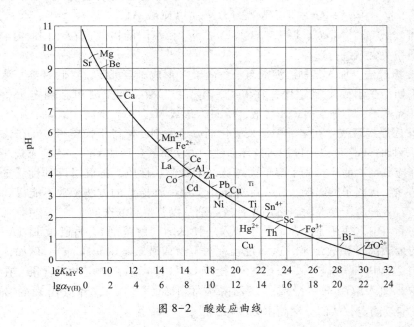

图 8-2 酸效应曲线

2. 配位滴定的最高 pH（最低酸度） 如溶液 pH 太高（酸度太低），酸效应影响减小，但羟基配位效应增强，金属离子易水解。因此，溶液 pH 不能高于一定数值，即最高 pH（最低酸度），否则金属离子水解形成羟基配合物，甚至析出 $M(OH)_n$ 沉淀。为避免生成 $M(OH)_n$ 沉淀，则需保证溶液中 $[OH^-]$

$$[OH^-] \leqslant \sqrt[n]{\frac{K_{sp}}{c_M}} \tag{8-11}$$

式中，K_{sp} 为 $M(OH)_n$ 沉淀的溶度积。

由此可以计算出滴定所需要最高 pH。

综上所述，配位滴定酸度应控制在最低 pH 和最高 pH 之间，这一范围称为配位滴定适宜 pH 范围（适宜酸度范围）。不同金属离子有着不同的适宜 pH 范围。因此，可以通过控制溶液 pH 的方法，选择性地让某种或某几种金属离子能发生配位反应，而其他离子则不能发生，从而提高配位滴定的选择性。

（二）掩蔽和解蔽作用

EDTA-2Na 配位能力强，因此应用广泛，但也决定了其选择性不高。如前所述，通过控制酸度可以将适宜 pH 范围相差较大的共存离子（干扰离子）的影响消除，但是，当干扰离子与 EDTA-2Na 形成配合物与被测离子与 EDTA-2Na 形成的配合物的稳定性接近时，就无法用控制酸度的办法消除共存离子的影响。这时可向被测试样中加入某种能与干扰离子 N 发生反应的试剂，使得 N 转变成其他稳定的化合物，降低 N 的游离浓度，使 M 可以单独滴定，这种方法称为掩蔽（masking）法，所加的试剂称为掩蔽剂（masking agent）。

常用掩蔽法有配位掩蔽法、沉淀掩蔽法和氧化还原掩蔽法。

1. 配位掩蔽法　加入某种配位剂（掩蔽剂）与干扰离子 N 形成稳定配合物，降低溶液中游离的 N 的浓度，就可以使 M 单独被滴定，提高滴定的选择性。例如，EDTA-2Na 滴定法测定水的总硬度，即测定 Ca^{2+}、Mg^{2+} 总量时，Al^{3+}、Fe^{3+} 严重干扰，可加入三乙醇胺掩蔽剂与 Al^{3+}、Fe^{3+} 形成更稳定的配合物消除干扰。常见的掩蔽剂还有 KCN（可掩蔽 Co^{2+}、Ni^{2+}、Cu^{2+}、Zn^{2+}、Hg^{2+}、Ag^+、Ti^{3+} 等），NH_4F（可掩蔽 Al^{3+}、Ti^{3+}、Sn^{4+}、Zr^{4+}、W^{6+} 等），酒石酸（可掩蔽 Mg^{2+}、Cu^{2+}、Fe^{3+}、Al^{3+}、Mo^{4+} 等），不同的掩蔽剂在使用时有特定 pH 范围，可查阅相关文献进行选择。

2. 沉淀掩蔽法　加入某种沉淀剂与干扰离子 N 形成难溶沉淀，降低 N 离子浓度，消除其干扰。例如，在水硬度测定中，在 Ca^{2+}、Mg^{2+} 共存时，如果要单独测定水中 Ca^{2+}，则 Mg^{2+} 成为干扰离子，可加入 NaOH 溶液，使 Mg^{2+} 形成 $Mg(OH)_2$ 沉淀，消除干扰。

3. 氧化还原掩蔽法　在溶液中加入氧化剂或还原剂，使得干扰离子 N 的价态改变，消除其干扰。例如，Fe^{3+} 可以通过加入抗坏血酸的方法将其还原成 Fe^{2+}，达到掩蔽 Fe^{3+} 作用。

在选择掩蔽剂之前应首先了解干扰离子 N 的种类、性质，再根据 N 的性质选择合适的方法，以消除干扰离子的影响。在实际分析中，用一种掩蔽的方法，常不能得到令人满意的结果，当有多种离子共存时，可用几种掩蔽剂，以获得高的选择性。

在某些测定中，往往还会在溶液中加入一种试剂（解蔽剂），将已被 EDTA-2Na 或掩蔽剂配位的金属离子释放出来，这一过程称为解蔽或破蔽（demasking）。例如，用配位滴定法测定铜合金中 Zn^{2+} 和 Pb^{2+}，可用 KCN 掩蔽 Cu^{2+}、Zn^{2+} 后，测定 Pb^{2+} 含量。在滴定 Pb^{2+} 后的溶液中，加入解蔽剂甲醛或三氯乙醛破坏 $[Zn(CN)_4]^{2-}$，释放出来的 Zn^{2+}，再用 EDTA-2Na 继续滴定，从而分别测出 Zn^{2+} 和 Pb^{2+} 的含量。

第三节　金属指示剂

与前面各滴定方法类似，在配位滴定中，也通过指示剂颜色的变化来指示滴定终点。配位滴定法的指示剂是一种配位体，它与金属离子配位时能生成与其游离态颜色不同的有色配合物，可用来指示滴定过程中金属离子浓度的变化，因此，称为金属离子指示剂，简称金属指示剂（metallochromic indicator）。

一、金属指示剂的作用原理

金属指示剂大多是有机染料，它在一定 pH 条件下能与金属离子配位，由于形成配合物后其结构改变，因此颜色发生变化。滴定前一般先在金属离子溶液中加入金属指示剂，生成金属离子-指示剂的配合物，溶液显示配合物的颜色。在滴定过程中，加入的 EDTA-2Na 首先与游离的金属离子配位生成无色 EDTA-2Na-金属离子配合物，不改变溶液颜色。当达到化学计量点附近时，游离的金属离子减少到一定程度时，加入的 EDTA-2Na 将夺取金属离子-指示剂配合物中的金属离子，使金属指示剂游离出来，导致溶液颜色变化，指示到达滴定终点。

例如，用配位滴定法测定溶液中 Mg^{2+}，可用金属指示剂铬黑 T（HIn^{2-}），其可与 Mg^{2+} 形成的配合物（$MgIn^-$），二者的结构及颜色如下

HIn（蓝）

MgIn⁻（红）

在滴定开始时，溶液中有大量游离的 Mg^{2+}，加入少量铬黑 T 后，部分 Mg^{2+} 与铬黑 T 形成配合物，显 $MgIn^-$ 的红色。随着 EDTA-2Na 的加入，游离的 Mg^{2+} 被加入的 EDTA-2Na 配合。在化学计量点附近，游离 Mg^{2+} 浓度降得很低时，加入的 EDTA-2Na 夺取 $MgIn^-$ 配合物中的 Mg^{2+}，使铬黑 T 游离出来，显 HIn^{2-} 的蓝色，指示到达滴定终点。

作为金属指示剂的有机染料应该具备下列条件：

（1）指示剂与金属离子生成的配合物（MIn）颜色应与指示剂本身的颜色（In^-）有明显区别，才能保证终点颜色变化比较明显，同时 MIn 也应易溶于水。

（2）依据配位平衡移动的原理，MIn 的稳定性应比 MY 的稳定性低，这样 EDTA-2Na 才能夺取 MIn 中的 M，使 In 游离出来。同时 MIn 应该足够稳定，这样在金属离子浓度很小时，仍能呈现明显的颜色，避免因其稳定性差在到达计量点前，就发生解离，显示出指示剂本身的颜色，使终点提前。综合来看，一般要求 $K'_{MY}/K'_{MIn} > 10^2$。

（3）显色反应快，灵敏，具有良好的可逆性。

（4）金属指示剂应稳定性较好，便于贮存与使用。

二、常见的金属指示剂

到目前为止，金属指示剂已有 300 种以上，还不断有新的指示剂被合成出来。现将几种常用的金属指示剂介绍如下。

（一）铬黑 T

铬黑 T（eriochrome black T）为 O,O-二羟基偶氮类染料，简称 EBT 或 BT，其化学名是

1-(1-羟基-2-萘偶氮)-6-硝基-2-萘酚-4-磺酸钠。铬黑 T 的钠盐为黑褐色粉末，带有金属光泽，可用于指示 Mg^{2+}、Zn^{2+}、Cd^{2+}、Pb^{2+}、Hg^{2+} 等离子。对 Ca^{2+} 不够灵敏，必须有 Mg-EDTA-2Na 或 Zn-EDTA-2Na 存在时，才能指示滴定终点。常用于水中 Ca^{2+} 和 Mg^{2+} 总量的测定。

实际上金属指示剂大多是有机弱酸，其颜色也随 pH 变化而变化（得到或失去质子导致结构改变，引起颜色变化，与酸碱指示剂类似），因此，在使用时必须控制适当的 pH 范围。铬黑 T 在溶液中有以下平衡：

$$H_2In^- \underset{pH<6.3}{\overset{pK_a=6.3}{\rightleftharpoons}} HIn^{2-} \underset{pH=6.3\sim11.6}{\overset{pK_a=11.6}{\rightleftharpoons}} In^{3-}$$

（紫红）　　　　（蓝）　　　　（橙）
pH<6.3　　　pH=6.3~11.6　　　pH>11.6

当 pH<6.3 时，显紫红色；pH>11.6 时，显橙色，均与指示剂金属配合（MIn）的红色相近。因此，使用铬黑 T 时，需控制 pH 在 6.3~11.6，最佳 pH 范围为 8.0~10.0。

铬黑 T 水溶液易发生分子聚合而变质，尤其在 pH<6.3 时最严重，加入三乙醇胺可防止聚合。在碱性溶液中，铬黑 T 易被氧化而褪色，加入盐酸羟胺或抗坏血酸等，可防止其氧化。为便于保存，常将铬黑 T 与 NaCl 或 KNO_3 等中性盐按照 1∶100 的比例混合研磨均匀后使用，在使用时要注意控制用量。

（二）钙指示剂

钙指示剂（calconcarboxylic acid），又称 NN 指示剂或钙红或钙紫红素，其化学名是 2-羟基-1-（2-羟基-4-磺基-1-萘偶氮）-3-萘甲酸。纯品为黑紫色粉末，很稳定，其水溶液或乙醇溶液均不稳定，故一般也取固体试剂与 NaCl 按 1∶100 或 1∶200 的比例混合研磨均匀后使用。

钙指示剂在溶液中有如下平衡：

$$H_2In^{2-} \rightleftharpoons HIn^{3-} \rightleftharpoons In^{4-}$$

pH<8　　　pH=8~13　　　pH>13
（酒红色）　　（蓝色）　　（酒红色）

其与 Ca^{2+} 生成的配合物颜色为酒红色，使用的 pH 为 10~13。使用此指示剂测定 Ca^{2+} 时，如有 Mg^{2+} 存在，则颜色变化非常明显，但不影响结果，可用于水中 Ca^{2+} 的单独测定。

（三）二甲酚橙

二甲酚橙（xylenol orange），简称 XO，为红棕色结晶性粉末，易吸湿，易溶于水，不溶于无水乙醇。二甲酚橙作为指示剂常配成 0.2% 的水溶液使用。其水溶液当 pH>6.3 时，呈现红色；pH<6.3 时，呈现黄色；pH=pK_a=6.3 时，呈现中间颜色。而二甲酚橙与金属离子形成的配合物都是紫红色，因此，它适用于在 pH<6 的酸性溶液中使用。

三、金属指示剂在使用中存在的问题

（一）指示剂的封闭现象

如果指示剂能与某些金属离子生成极为稳定的配合物，这些配合物较对应的 MY 配合物更稳定，即 $K'_{MIn}>K'_{MY}$，以致到达计量点时滴入过量 EDTA-2Na，也不能夺取指示剂配合物（MIn）中的金属离子，指示剂不能释放出来，看不到颜色的变化，这种现象称为指示剂的封闭现象。例如，铬黑 T 与 Fe^{3+}、Al^{3+}、Cu^{2+}、Co^{2+}、Ni^{2+} 等形成的配合物都非常稳定，测定这些离子或测定时存在这些干扰离子时，就不能用铬黑 T 作指示剂，否则会产生指示剂的封闭现象。可以用前述的掩蔽方法消除封闭离子的干扰。

（二）指示剂的僵化现象

如果金属指示剂与金属离子形成的配合物的溶解度很小，或其稳定性只稍差于对应的 MY 配合物，均可能使得 EDTA-2Na 与 MIn 之间的反应缓慢，使终点拖长，这种现象称为指示剂的僵化现象。这时，可加入适当的有机溶剂或加热，以加快反应速度。

（三）指示剂的氧化变质现象

由于金属指示剂大多数是具有许多双键的有色化合物，见光易氧化，日久变质，在使用时需要注意采用一定的措施，防止这些情况出现，如将金属指示剂等配制成固态使用等。

 重点小结

本章主要介绍了 EDTA-2Na 的性质及其配合物的特点；金属指示剂的正确选择和使用；标准溶液的制备和配位滴定法的应用。亦简要介绍了影响配位平衡的主要因素；条件稳定常数的计算和意义；配位滴定的酸度条件选择；副反应、副反应系数及其有关计算；指示剂的封闭现象及消除方法。

目标检测

一、选择题

（一）最佳选择题

1. 下列叙述中结论错误的是
   A. EDTA-2Na 的酸效应使配合物的稳定性降低
   B. 金属离子的水解效应使配合物的稳定性降低
   C. 辅助配位效应使配合物的稳定性降低
   D. 各种副反应均使配合物的稳定性降低

2. 使用铬黑 T 指示剂的酸度范围是
   A. pH<6.3   B. pH 6.3~11.6   C. pH>11.6   D. pH 6.3±1

3. 用 EDTA-2Na 直接滴定有色金属离子，终点所呈现的颜色是
   A. EDTA-2Na-金属离子配合物的颜色   B. 指示剂-金属离子配合物的颜色
   C. 游离指示剂的颜色   D. 上述 A 与 C 的混合颜色

4. 在 EDTA-2Na 的各种存在形式中，能直接与金属离子配合的是
   A. Y^{4-} B. HY^{3-} C. H_4Y D. H_6Y^{2+}

5. EDTA-2Na 配位滴定中 Fe^{3+}、Al^{3+} 对铬黑 T 有
   A. 封闭作用   B. 僵化作用   C. 沉淀作用   D. 氧化作用

（二）配伍选择题

[6~8] A. pH 8.0~10.0   B. pH 10~13   C. pH<6

6. 配位滴定使用二甲酚橙时，pH 范围为

7. 配位滴定使用钙指示剂时，pH 范围为

8. 配位滴定使用铬黑 T 作指示剂时，最佳 pH 范围为

[9~11] 下列各题分别为哪种掩蔽法：

　　A. 配位掩蔽法　　　B. 沉淀掩蔽法　　　　　C. 氧化还原掩蔽法

9. 在水硬度测定中，在 Ca^{2+}、Mg^{2+} 共存时，如果要单独测定水中 Ca^{2+}，则 Mg^{2+} 成为干扰离子，可加入 NaOH 溶液，使 Mg^{2+} 形成 $Mg(OH)_2$ 沉淀，消除干扰。

10. EDTA-2Na 滴定法测定水的总硬度，即测定 Ca^{2+}、Mg^{2+} 总量时，Al^{3+}、Fe^{3+} 严重干扰，可加入三乙醇胺掩蔽剂与 Al^{3+}、Fe^{3+} 形成更稳定的配合物消除干扰。

11. Fe^{3+} 可以通过加入抗坏血酸的方法将其还原成 Fe^{2+}，达到掩蔽 Fe^{3+} 作用。

（三）共用题干单选题

　　[12~15] EDTA-2Na 标准溶液（0.05mol/L）的标定：取于 800℃ 灼烧至恒重的基准物氧化锌 1.2g，精密称定，加稀盐酸 30ml 使溶解，定容于 250ml 容量瓶中，用移液管精密吸取 25ml 置于锥形瓶中，加 0.025% 甲基红的乙醇溶液 1 滴，滴加氨试液至溶液显微黄色，加水 25ml 及氨-氯化铵缓冲液（pH=10.0）10ml，再加铬黑 T 指示剂少量，用 EDTA-2Na 滴定至溶液由紫红色变为纯蓝色，即为终点。记录 EDTA-2Na 消耗量 V（ml）。空白试验，假如 EDTA-2Na 用量 V_0（ml）。

　　EDTA-2Na 浓度计算公式

$$c_{EDTA-2Na} = \frac{m_{ZnO} \times 10^{-3} \times \dfrac{25.00}{250.00}}{M_{ZnO} \times (V - V_0)}$$

12. 恒重是连续两次称量之差小于
　　A. 0.3g　　　　　　　B. 0.3mg　　　　　　　C. 3mg　　　　　　D. 3μg

13. 在用 ZnO 为基准物质标定 EDTA-2Na 溶液时要加氨-氯化铵缓冲溶液的目的是
　　A. 防止干扰　　　　　　　　　　　　　　B. 防止 Zn^{2+} 水解
　　C. 使金属离子指示剂变色更敏锐　　　　　D. 加大反应速度

14. 配位滴定与酸碱滴定的指示剂变色的区别
　　A. 滴定反应类型不同　　　　　　　　　　B. 测定对象不相同
　　C. 指示剂变色原理不相同　　　　　　　　D. 标准溶液不相同

15. 铬黑 T 分子在不同 pH 范围,显示不同的颜色,正确的是
　　A. pH<6.3 紫蓝色　　　　　　　　　　　B. pH7~10 蓝色
　　C. pH>11.6 紫色　　　　　　　　　　　 D. pH>1 蓝色

（四）X 型题（多选题）

16. EDTA-2Na 与大多数金属离子配位反应的优点是
　　A. 配位比为 1:1　　　B. 配合物稳定性高　　　C. 配合物水溶性好
　　D. 配合物水溶性不好　　E. 配合物均无颜色

17. 影响条件稳定常数大小的因素是
　　A. EDTA-2Na　　　　　B. 酸效应系数　　　　　C. 配位效应系数
　　D. 金属指示剂　　　　　E. 掩蔽剂

18. 下列说法正确的是
　　A. 溶液 pH 越小,酸效应越强
　　B. 溶液 pH 越大,水解效应越强
　　C. 若配离子稳定性更高,则向沉淀中加入配位剂,通常易使沉淀溶解
　　D. 当加入氧化剂和中心原子反应后,则配离子向分解的方向移动
　　E. 以上结果都不对

19. 与配位滴定所需控制的酸度有关的因素为

A. 金属离子颜色　　　B. 酸效应　　　　　C. 羟基化效应

D. 指示剂的变色　　　E. 以上都不对

20. EDTA-2Na 法测定水的总硬度是在 pH=（　　　）的缓冲溶液中进行,钙硬度是在 pH=（　　　）的缓冲溶液中进行。

A. 4~5　　　　　B. 6~7　　　　　　C. 8~10

D. 12~13　　　　E. 1~2

二、填空题

21. 在含有酒石酸和 KCN 的氨性溶液中,用 EDTA-2Na 滴定 Pb^{2+},Zn^{2+} 混合溶液中的 Pb^{2+}。加入酒石酸的作用是_____,KCN 的作用是_____。

22. 含有 Zn^{2+} 和 Al^{3+} 的酸性混合溶液,欲在 pH=5~5.5 的条件下,用 EDTA-2Na 标准溶液滴定其中的 Zn^{2+}。加入一定量六亚甲基四胺的作用是_____;加入三乙醇胺的作用是_____。

23. 采用 EDTA-2Na 为滴定剂测定水的硬度时,因水中含有少量的 Fe^{3+}、Al^{3+},应加入_____作掩蔽剂,滴定时控制溶液 pH=_____。

24. EDTA-2Na 酸效应曲线是指_____,当溶液的 pH 越大,则_____越小。

25. EDTA 的化学名称为_____。配位滴定常用水溶性较好的_____来配制标准滴定溶液。

26. 提高配位滴定选择性的方法有:_____和_____。

27. 用二甲酚橙作指示剂,以 EDTA 直接滴定 Pb^{2+}、Zn^{2+} 等离子时,终点应由_____色变为_____色。

28. 影响配位平衡的因素是_____和_____。

29. 用 EDTA-2Na 滴定 Ca^{2+}、Mg^{2+} 总量时,以_____为指示剂,溶液的 pH 必须控制在_____。滴定 Ca^{2+} 时,以_____为指示剂,溶液的 pH 必须控制在_____。

三、判断题

30. EDTA-2Na 的酸效应系数与溶液的 pH 有关,pH 越大,则酸效应系数也越大。

31. 在配位反应中,当溶液的 pH 一定时,K_{MY} 越大则 K'_{MY} 就越大。

32. 造成金属指示剂封闭的原因是指示剂本身不稳定。

33. EDTA-2Na 滴定某金属离子有一允许的最高酸度(pH),溶液的 pH 再增大就不能准确滴定该金属离子了。

34. 用 EDTA-2Na 法测定试样中的 Ca^{2+} 和 Mg^{2+} 含量时,先将试样溶解,然后调节溶液 pH 为 5.5~6.5,并进行过滤,目的是去除 Fe^{3+}、Al^{3+} 等干扰离子。

35. 金属指示剂的僵化现象是指滴定时终点没有出现。

36. 铬黑 T 指示剂在 pH=7~11 范围使用,其目的是为减少干扰离子的影响。

37. 滴定 Ca^{2+}、Mg^{2+} 总量时要控制 pH≈10,而滴定 Ca^{2+} 分量时要控制 pH 为 12。若 pH=13 时测 Ca^{2+} 则无法确定终点。

38. 采用铬黑 T 作指示剂终点颜色变化为蓝色变为紫红色。

39. 提高配位滴定选择性的常用方法有:控制溶液酸度和利用掩蔽的方法。

四、综合题

一种市售抗胃酸药由 $CaCO_3$、$BaCO_3$ 以及 MgO 和适当的辅形剂组成。现取 10 片该药共 6.614g,溶解后稀释至 500ml。取出 25.00ml,调节 pH 后,以铬黑 T 做指示剂,用

0.1041mol/L EDTA-2Na 溶液滴定，用去 25.41ml。

试回答以下问题：

40. 金属指示剂的作用原理？

41. EDTA-2Na 和金属离子形成的配合物有哪些特点？

42. 试样中碱土金属（以 MgO 计）的百分含量；

43. 平均每片药片可中和多少毫克的酸？（以 HCl 计）已知 $M_{MgO} = 40.304$，$M_{HCl} = 36.45$。

实训九　水的总硬度及钙、镁离子的测定

水中钙离子（Ca^{2+}）、镁离子（Mg^{2+}）等，容易同一些阴离子，如碳酸根离子、碳酸氢根离子、硫酸根离子等结合在一起，形成钙镁的碳酸盐、碳酸氢盐、硫酸盐等，在水被加热的过程中，由于蒸发浓缩，这些盐容易析出，附着在受热面上形成水垢，而影响热传导。人们将水中这些金属离子的总浓度，称为水的硬度。铁、锰等金属离子也会形成硬度，但由于它们在天然水中含量很少，可以略去不计。因此，通常把钙、镁离子的总浓度看作水的总硬度。测定水的硬度，实际上就是测定水中钙、镁离子的总量，再把测得的钙、镁离子量折算成碳酸钙（$CaCO_3$）或氧化钙（CaO）的质量，以表示水的总硬度。水的硬度对锅炉用水的影响很大，因为水垢会导致局部受热不均引起锅炉爆炸。

硬度的表示方法尚未统一，可以每升水中含有 $CaCO_3$ 的 mg 数表示。国家《生活饮用水卫生标准》规定，总硬度（以 $CaCO_3$ 计）限值为 450mg/L。另外一种被普遍使用的水硬度表示方法为德国度（1d），其含义为 1L 水中含有相当于 10mg 的 CaO，其硬度即为 1 个德国度。硬度是工业用水的重要指标，是水处理的重要依据，而配位滴定法则是硬度测定的常用方法。

一、实训目的

1. 学会 EDTA-2Na 的配制和标定方法。

2. 学会水的总硬度及钙离子（Ca^{2+}）、镁离子（Mg^{2+}）含量测定方法。

3. 掌握铬黑 T 和钙指示剂的应用和终点颜色变化。

二、实训原理

纯度高的 EDTA-2Na（$Na_2H_2Y \cdot 2H_2O$）可采用直接法配制，但因它略有吸湿性，所以配制之前，应先在 80℃ 以下干燥至恒重。若纯度不够，可用间接法配制，再用 ZnO 或纯锌为基准物标定。为了减少误差，标定与测定条件尽可能相同。若以铬黑 T 为指示剂，有关反应如下

滴定前　$Zn^{2+} + HIn^{2-} = ZnIn^-（紫红色）+ H^+$

滴定时　$Zn^{2+} + H_2Y^{2-} = ZnY^{2-} + 2H^+$

终点时　$ZnIn^-（紫红色）+ H_2Y^{2-} = ZnY^{2-} + HIn^{2-}（纯蓝色）+ H^+$

水的总硬度测定时，取一定量水样调节 pH = 10，以铬黑 T 为指示剂，用 EDTA-2Na 标准溶液直接滴定水中 Ca^{2+} 和 Mg^{2+}。其反应式如下

滴定前　$Mg^{2+} + HIn^{2-} = MgIn^- + H^+$

滴定时　$Ca^{2+} + H_2Y^{2-} = CaY^{2-} + 2H^+$　　$Mg^{2+} + H_2Y^{2-} = MgY^{2-} + 2H^+$

终点时　$MgIn^-（酒红色）+ H_2Y_2 = MgY_2^- （纯蓝色）+ HIn_2^- + H^+$

Ca^{2+} 含量测定，先用 NaOH 调节 pH 12，使 Mg^{2+} 以 $Mg(OH)_2$ 沉淀掩蔽，再以钙指示剂指

示终点，用 EDTA-2Na 标准溶液滴定 Ca^{2+}。

Mg^{2+} 含量是由等体积水样 Ca^{2+}、Mg^{2+} 总量减去 Ca^{2+} 含量求得。

三、仪器及试剂

酸式滴定管（50ml）、容量瓶（250ml）、烧杯（1000ml）、试剂瓶（1000ml）、锥形瓶（250ml）、移液管（25ml、50ml、100ml）、托盘天平、电子天平。

乙二胺四乙酸二钠盐（AR）；ZnO（基准物，800℃灼烧至恒重）、铬黑 T 指示剂、钙指示剂、稀盐酸、甲基红指示剂、氨试液、氨-氯化铵缓冲液（pH＝10）、硬水水样。

四、实训步骤

1. EDTA-2Na 标准溶液（0.05 mol/L）制备 称取干燥至恒重的 EDTA-2Na 约 0.2g，精密称定，于 50ml 干净的小烧杯中，加适量纯化水溶解后，转移至干净的 250ml 容量瓶中，再用适量纯化水淌洗烧杯 3~5 次，分别转移至容量瓶中，用纯化水定容至 250ml，摇匀，即得。浓度按下式计算

$$c_{EDTA-2Na} = \frac{m \times 10^3}{M_{EDTA-2Na}\,V}$$

2. 水的总硬度的测定 移取水样 50.00ml 置于锥形瓶中，加 5ml 三乙醇胺（无 Fe^{3+}、Al^{3+} 时可不加），加氨-氯化铵缓冲液（pH＝10）5ml 及铬黑 T 指示剂少许，用 EDTA-2Na 滴定液滴定至溶液由酒红色变为纯蓝色，记录 EDTA-2Na 用量 V_1（ml）。水的总硬度（g/ml）计算公式：

$$\rho = \frac{c_{EDTA-2Na}\,V_1\,M_{CaCO_3} \times 1000}{V_{水样}}$$

3. Ca^{2+}、Mg^{2+} 含量分别测定 移取水样 50.00ml，置于锥形瓶中，加 5ml 三乙醇胺（无 Fe^{3+}、Al^{3+} 时可不加），摇匀。加 2ml 10% NaOH 使镁离子形成沉淀，摇匀后，加钙指示剂少许，用 EDTA-2Na 标准溶液滴定至溶液由红色变为纯蓝色，记录 EDTA-2Na 用量 V_2（ml）。水中钙和镁的质量体积浓度计算公式

$$\rho_{Ca} = \frac{c_{EDTA-2Na}\,V_2\,M_{Ca} \times 1000}{V_{水样}} \quad (mg/L)$$

$$\rho_{Mg} = \frac{c_{EDTA-2Na}\,(V_1 - V_2)\,M_{Mg} \times 1000}{V_{水样}} \quad (mg/L)$$

五、注意事项

1. 取水样量和 EDTA-2Na 标准溶液浓度可随水的总硬度大小而变化。

2. 铬黑 T 指示剂、钙指示剂均采用固体指示剂。

3. Fe^{3+}、Cu^{2+}、Al^{3+}、Ni^{2+}、Co^{2+} 等对金属指示剂有封闭现象，需要加掩蔽剂掩蔽这些干扰离子。

（徐文东）

第九章

氧化还原滴定法和非水氧化还原滴定法

学习目标

知识要求 **1. 掌握** 氧化还原反应进行程度的判断；氧化还原指示剂和外指示剂的变色原理；碘量法指示剂的选择；高锰酸钾法、亚硝酸钠法及非水氧化还原滴定法的基本原理和滴定条件的选择；费休试液的配制。

2. 熟悉 高锰酸钾法、亚硝酸钠法指示剂的选择情况及非水氧化还原滴定法浓度确定方法。

3. 了解 氧化还原滴定法分类；提高氧化还原反应速率的方法；自身指示剂、特殊指示剂的变色原理；碘量法的基本原理和滴定条件选择。

技能要求 1. 熟悉掌握直接碘量法、间接碘量法和亚硝酸钠法的原理及碘量法、亚硝酸钠法测定药物含量的操作技能。

2. 学会应用原理和定义分析样品的技巧和根据样品的组成和成分情况拟定测定分析方案的操作。

3. 解决运用反应方程式进行样品含量的计算的问题。

案例导入

案例： 准确称取在105℃干燥至恒重的基准 $Na_2C_2O_4$ 0.2g（准确至万分之一），加新煮沸过的冷的纯化水 100ml、3mol/L H_2SO_4 10ml，振摇，溶解，然后加热至 75~85℃，趁热用待标定 $KMnO_4$ 滴定液滴至溶液呈淡红色（30秒内不褪色）。利用这种滴定法可以确定 $KMnO_4$ 滴定液的准确浓度。

讨论： 1. 这种有氧化剂和还原剂发生的氧化还原反应的定量分析方法属于什么分析方法？

2. 根据此操作过程能否确定高锰酸钾溶液的准确浓度？

3. 硫酸在其中的作用是什么？

氧化还原滴定法（oxidation-reduction titration）是以氧化还原反应为基础的滴定分析法，在药物分析中有着广泛的应用。它不仅可以直接测定具有氧化还原性质的物质，还可以间接测定一些本身无氧化还原性质但能与氧化剂或还原剂定量反应的物质；不仅可以测定无机物，也可用于有机物测定。

第一节　概述

氧化还原滴定法是滴定分析中应用最广泛的方法之一，其基础反应是基于电子转移的氧化还原反应。这种电子的转移往往是分步进行的，反应机理较复杂，反应速率较慢，常有副反应发生，有的氧化还原反应不能用于准确滴定。因此，在进行氧化还原滴定时要根据反应平衡的相关理论判断反应进行的可能性，并要创造适宜的条件，加速反应，防止副反应发生，以保证滴定反应按既定方向定量完成。

一、氧化还原滴定法分类

在氧化还原滴定法中，习惯上根据所用滴定剂（氧化剂）的名称进行分类和命名，如碘量法、高锰酸钾法、亚硝酸钠法、硫酸铈法、溴酸钾法等；另外还可以根据滴定进行的溶剂环境不同分为水溶液氧化还原滴定法（在水溶液中滴定）和非水氧化还原滴定法（在非水有机溶剂中滴定）。

二、提高氧化还原反应速率的方法

许多氧化还原反应理论上是可以定量进行的，但实际上由于反应速率太慢并不能用于滴定分析。因此，在氧化还原滴定中，不仅要利用平衡的理论分析反应的可能性，还要结合其反应速率考虑反应的现实性。影响氧化还原反应速率的因素，除了参加反应的氧化剂和还原剂本身的性质外，还与反应条件有关，如浓度、温度、催化剂等。为了使氧化还原反应达到滴定分析的要求，常采取以下几种方法提高化学反应速率。

（一）增加反应物浓度

很多氧化还原反应是分步进行的，整个反应的速率由最慢的一步决定，而总的氧化还原反应式只反映初态与终态之间的关系，不涉及两态之间的历程。因此，不能按总的氧化还原反应式中各物质的系数来判断其浓度对速率的影响。但多数情况下，增大反应物浓度，都能加快反应速率。例如，在酸性溶液中，一定量的 $K_2Cr_2O_7$ 与 KI 的反应：

$$Cr_2O_7^{2-}+6I^-+14H^+ \Longrightarrow 2Cr^{3+}+3I_2+7H_2O$$

此反应速率较慢，通常采用增大 I^- 浓度（KI 过量 5 倍）或提高酸度（$0.8\sim1mol/L$）来加快反应。

（二）升高溶液温度

对于大多数反应来说，升高反应体系的温度可以加快反应速率，通常温度每升高 $10℃$，反应速率约增大 $2\sim4$ 倍，这是由于升高溶液温度，不仅增加了反应物之间的碰撞概率，更重要的是增加了活化分子或活化离子的数量，从而加快了反应速率。例如，$KMnO_4$ 与 $Na_2C_2O_4$ 在酸性溶液中的反应：

$$2MnO_4^-+5C_2O_4^{2-}+16H^+ \Longrightarrow 2Mn^{2+}+10CO_2\uparrow+8H_2O$$

室温下速率较慢，将溶液加热至 $65℃$，反应速率显著增大。必须注意，不是任何情况下都可以用加热方式来加快反应速率的。如易挥发的物质 I_2 参与的反应，加热会引起碘挥发损失；易氧化的物质 Fe^{2+}、Sn^{2+} 参与的反应，加热会使这些物质被空气中的氧气所氧化造成误差。所以必须根据具体情况确定反应的适宜温度。

> **讨论：** 对于 $2MnO_4^- + 5C_2O_4^{2-} + 16H^+ \rightleftharpoons 2Mn^{2+} + 10CO_2\uparrow + 8H_2O$ 反应是否可以将溶液温度升高至90℃以加速化学反应？

（三）使用催化剂

在滴定分析中，经常使用正催化剂来提高反应速率。例如 Ce^{4+} 与 As_2O_3 的反应速率很慢，加入少量 I^- 作催化剂，反应便迅速进行。又如 MnO_4^- 与 $C_2O_4^{2-}$ 的反应速率很慢，即使将温度升高，滴定开始的速率仍然较慢，但随着反应进行，当溶液中产生少量 Mn^{2+} 时，$KMnO_4$ 的褪色速度明显加快，原因是产物 Mn^{2+} 对反应起到了催化作用，这种利用反应产物起催化作用的现象称为自动催化。

三、氧化还原反应进行的程度

（一）电极电位

氧化剂和还原剂的强弱，可以用有关电对的电极电位（简称电位）来衡量。电对的电位越高，其氧化态的氧化能力越强；电对的电位越低，其还原态的还原能力越强。根据有关电对的电位可以判断氧化还原反应进行的方向、次序和反应的进行程度。

氧化还原电对的电位可用能斯特方程式（Nernst equation）表示，例如：对于一个可逆的氧化还原电对

$$Ox + ne \rightleftharpoons Red$$

其能斯特方程为

$$\varphi_{Ox/Red} = \varphi_{Ox/Red}^{\ominus} + \frac{RT}{nF}\ln\frac{a_{Ox}}{a_{Red}} = \varphi_{Ox/Red}^{\ominus} + \frac{2.303RT}{nF}\lg\frac{a_{Ox}}{a_{Red}} \tag{9-1}$$

式中　$\varphi_{Ox/Red}$——Ox/Red 电对的电位；

$\varphi_{Ox/Red}^{\ominus}$——Ox/Red 电对的标准电位；

R——气体常数，8.314J/（mol·K）；

T——热力学温度，单位 K，$T = 273 + t℃$；

n——转移电子的数目；

F——法拉第常数，96484C/mol；

a——氧化态或还原态的活度，单位 mol/L。

在 25℃时，将以上常数代入式（9-1）得

$$\varphi_{Ox/Red} = \varphi_{Ox/Red}^{\ominus} + \frac{0.0592}{n}\lg\frac{a_{Ox}}{a_{Red}} \tag{9-2}$$

当 $a_{Ox} = a_{Red} = 1mol/L$ 时，$\varphi_{Ox/Red} = \varphi_{Ox/Red}^{\ominus}$，即这时电对的电位就是标准电位。常见电对的标准电位值，可以直接查表得到（见附录三）。然而，实际工作中，由于氧化态和还原态离子强度较大，在溶液中常发生水解、配位或沉淀等副反应，都会引起电位的改变，一般只知道氧化态和还原态的分析浓度（即总浓度）并非活度。为了简便，常用分析浓度代替活度，同时为使结果尽量符合实际情况，减小误差，必须引入相应的活度系数和副反应系数对上述因素加以校正。

$$a_{Ox} = \gamma_{Ox}[Ox] = \frac{\gamma_{Ox}c_{Ox}}{\alpha_{Ox}} \tag{9-3}$$

$$a_{Red} = \gamma_{Red}[Red] = \frac{\gamma_{Red}c_{Red}}{\alpha_{Red}} \tag{9-4}$$

式中 γ——氧化态或还原态的活度系数；

[ ]——氧化态或还原态的游离浓度；

c——氧化态或还原态的分析浓度；

α——氧化态或还原态的副反应系数。

将式（9-3）、式（9-4）代入式（9-2）得

$$\varphi_{Ox/Red}=\varphi^{\ominus}_{Ox/Red}+\frac{0.0592}{n}lg\frac{\gamma_{Ox}\alpha_{Red}c_{Ox}}{\gamma_{Red}\alpha_{Ox}c_{Red}}$$

$$=\varphi_{Ox/Red}+\frac{0.0592}{n}lg\frac{\gamma_{Ox}\alpha_{Red}}{\gamma_{Red}\alpha_{Ox}}+\frac{0.0592}{n}lg\frac{c_{Ox}}{c_{Red}}$$

设

$$\varphi'_{Ox/Red}=\varphi^{\ominus}_{Ox/Red}+\frac{0.0592}{n}lg\frac{\gamma_{Ox}\alpha_{Red}}{\gamma_{Red}\alpha_{Ox}}$$

则

$$\varphi_{Ox/Red}=\varphi'_{Ox/Red}+\frac{0.0592}{n}lg\frac{c_{Ox}}{c_{Red}} \tag{9-5}$$

$\varphi'_{Ox/Red}$ 称为条件电位，是特定条件下，氧化态和还原态的分析浓度都为 1mol/L 或其分析浓度比为 1 时，校正了各种外界因素影响后的实际电位。

条件电位不是一种热力学常数，只有溶液的离子强度和副反应等条件不变的情况下才是一个常数。由于活度系数、副反应系数不易求得，所以条件电位都是实验测得。对于某一氧化还原电对来说，标准电位只有一个，而不同的介质条件下会有不同的条件电位。例如 Fe^{3+}/Fe^{2+} 电对的标准电位 $\varphi^{\ominus}=0.77V$，而在盐酸（0.5mol/L）中的 $\varphi'=0.71V$，在盐酸（5mol/L）中的 $\varphi'=0.64V$，在磷酸（2mol/L）中的 $\varphi'=0.46V$。引入条件电位后，我们可以直接将分析浓度代入能斯特方程（9-5）计算，这样更符合实际情况。因此在实际处理氧化还原反应的电位计算时，尽量采用条件电位，当缺少相同条件下的条件电位时，可采用相近条件的条件电位进行计算，否则应用实验方法测得。

（二）氧化还原反应进行的程度

1. 条件平衡常数 氧化还原反应要满足滴定分析的要求，首先要求反应能定量完成，反应进行的程度越完全越好。反应实际进行的完全程度可用条件平衡常数 K' 来衡量。K' 越大，反应实际完成程度越完全。

对于任意氧化还原反应

$$n_2Ox_1+n_1Red_2\Longleftrightarrow n_1Ox_2+n_2Red_1$$

两个电对的电极反应和电位分别为

$$Ox_1+n_1e\Longleftrightarrow Red_1 \qquad \varphi_1=\varphi'_1+\frac{0.0592}{n_1}lg\frac{c_{Ox_1}}{c_{Red_1}}$$

$$Ox_2+n_2e\Longleftrightarrow Red_2 \qquad \varphi_2=\varphi'_2+\frac{0.0592}{n_2}lg\frac{c_{Ox_2}}{c_{Red_2}}$$

反应达到平衡时，两电对的电位相等，即 $\varphi_1=\varphi_2$，那么

$$\varphi_1=\varphi'_1+\frac{0.0592}{n_1}lg\frac{c_{Ox_1}}{c_{Red_1}}=\varphi_2=\varphi'_2+\frac{0.0592}{n_2}lg\frac{c_{Ox_2}}{c_{Red_2}}$$

整理得

$$lg\frac{c_{Red_1}^{n_2}c_{Ox_2}^{n_1}}{c_{Ox_1}^{n_2}c_{Red_2}^{n_1}}=\frac{n_1n_2(\varphi'_1-\varphi'_2)}{0.0592}$$

将反应条件平衡常数 $K'=\dfrac{c_{Red_1}^{n_2}c_{Ox_2}^{n_1}}{c_{Ox_1}^{n_2}c_{Red_2}^{n_1}}$ 代入上式得

$$\lg K' = \frac{n_1 n_2 (\varphi_1' - \varphi_2')}{0.0592} = \frac{n_1 n_2 \Delta \varphi'}{0.0592} \tag{9-6}$$

由上式可知，条件平衡常数 K' 的大小是由氧化还原反应中的两电对的条件电位差来决定。所以两电对的条件电位差值 $\Delta \varphi'$ 越大，K' 越大，反应进行得越完全。

2. 氧化还原反应完全的条件 根据滴定分析的要求，滴定允许的误差在 0.1% 以下，也就是化学计量点时反应完全程度达到 99.9% 以上，这就意味着此时反应物至少有 99.9% 转化成了生成物，而未反应的反应物不到 0.1%。对任意氧化还原反应来说，生成物的浓度必须大于或等于反应物起始浓度的 99.9%，即

$$n_2 Ox_1 + n_1 Red_2 \rightleftharpoons n_1 Ox_2 + n_2 Red_1$$

$\lg K' = \lg \dfrac{c_{Red_1}^{n_2} c_{Ox_2}^{n_1}}{c_{Ox_1}^{n_2} c_{Red_2}^{n_1}} \geqslant \lg \dfrac{(99.9\%)^{n_2} (99.9\%)^{n_1}}{(0.1\%)^{n_2} (0.1\%)^{n_1}} = \lg \left(\dfrac{99.9}{0.1}\right)^{n_1} \left(\dfrac{99.9}{0.1}\right)^{n_2} = \lg (10^{3n_1} \times 10^{3n_2}) = 3 \times (n_1 +$

$n_2)$，也就是 $\lg K' = \lg \dfrac{c_{Red_1}^{n_2} c_{Ox_2}^{n_1}}{c_{Ox_1}^{n_2} c_{Red_2}^{n_1}} \geqslant 3(n_1 + n_2) = \dfrac{n_1 n_2 \Delta' \varphi}{0.0592}$ 时，氧化还原反应才能用于滴定分析。

在氧化还原滴定中，不论什么类型的反应，一般有 $n_1 + n_2 \geqslant 1$，若反应电对的条件电位差值 $\Delta \varphi' > 0.40V$，一般认为该反应的完全程度能够满足定量分析的要求。

必须指出，某些氧化还原反应，虽然 $\Delta \varphi' > 0.40V$，符合反应完全的要求，但若发生了副反应，这样的氧化还原反应就不能用于滴定。例如，$K_2Cr_2O_7$ 与 $Na_2S_2O_3$ 的反应，从 $\Delta \varphi'$ 来看反应能进行完全，但 $K_2Cr_2O_7$ 除能将 $Na_2S_2O_3$ 氧化为 $S_4O_6^{2-}$，还可能有部分氧化为 SO_4^{2-}，导致它们之间的计量关系无法确定，因此无法用于直接滴定。

第二节 氧化还原滴定所用的指示剂

在氧化还原滴定法中，常用的指示剂有以下几种类型。

一、自身指示剂

有些标准溶液或滴定物质自身有颜色，在发生氧化还原反应后变成无色或浅色物质，滴定时不必另加指示剂，可用自身颜色变化来指示滴定终点，这类溶液称为自身指示剂。例如 MnO_4^- 本身显紫红色，还原产物 Mn^{2+} 几乎无色，所以，在用 $KMnO_4$ 滴定无色或浅色还原剂时，到达化学计量点时，稍微过量的 MnO_4^- 使溶液显粉红色。实验证明，MnO_4^- 浓度达到 $2 \times 10^{-6} mol/L$ 就能观察到溶液呈粉红色。

二、特殊指示剂

有些物质本身不具有氧化还原性质，但能与氧化剂或还原剂作用产生特殊颜色的物质，从而指示滴定终点，这类指示剂称为特殊指示剂。例如淀粉指示剂，可溶性淀粉能与 I_3^- 生成特殊的蓝色物质，即使 I_3^- 的浓度只有 $10^{-2} mol/L$ 时也能看到明显的蓝色。所以碘量法常用淀粉溶液作指示剂，通过蓝色的出现或消失指示终点。

三、氧化还原指示剂

一些物质本身具有氧化还原性，其氧化态和还原态具有不同的颜色，在化学计量点附近时因被氧化或还原，其结构发生改变，从而引起颜色的变化以指示滴定终点，这类物质称为氧化还原指示剂。例如，用 $K_2Cr_2O_7$ 标准溶液滴定 Fe^{2+} 时，常用二苯胺磺酸钠为指示

剂。该指示剂还原态颜色为无色，氧化态颜色为紫红色，当 $K_2Cr_2O_7$ 滴定 Fe^{2+} 至化学计量点后，稍过量的 $K_2Cr_2O_7$ 会将二苯胺磺酸钠还原态氧化为氧化态，使溶液颜色由无色变为紫红色，从而指示滴定终点。

在选择这类指示剂时，应使指示剂的条件电位在滴定突跃范围内，并尽量接近化学计量点。另外必须指出的是，氧化还原指示剂本身也要消耗一定量的标准溶液。当标准溶液的浓度较大时，对分析结果的影响可忽略不计，但在较精确的测定或用较稀的标准溶液（浓度小于 0.01mol/L）进行测定时，需要做空白试验以校正指示剂误差。

四、外指示剂

指示剂不直接加入到被滴定的溶液中，而是在化学计量点附近用玻璃棒蘸取少许反应液在外面与指示剂接触并观察是否变色来指示终点，这类指示剂称为外指示剂。外指示剂常制成试纸或糊状使用。例如亚硝酸钠法常用的外指示剂是淀粉-碘化钾试纸，当滴定至化学计量点附近时，用玻璃棒蘸取少许反应液于试纸上，稍过量的亚硝酸钠在酸性条件下将试纸上的碘化钾氧化为单质碘，单质碘遇淀粉显蓝色。

第三节　碘量法

一、基本原理分析

碘量法（iodimetry）是利用 I_2 的氧化性或 I^- 的还原性进行氧化还原滴定的方法，其半电池反应为

$$I_2 + 2e \Longrightarrow 2I^- \qquad \varphi_{I_2/I^-}^{\ominus} = 0.535V$$

因为 I_2 在水中的溶解度很小（25℃时为 0.0018mol/L），且易挥发，为增加其水溶性，通常将 I_2 溶解到 KI 溶液中，此时 I_2 在溶液中以 I_3^- 配离子的形式存在，其半电池反应为

$$I_3^- + 2e \Longrightarrow 3I^- \qquad \varphi_{I_3^-/I^-}^{\ominus} = 0.536V$$

由于二者的标准电位相差很小，为了简便，习惯上仍使用前者，从 I_2/I^- 电对的电位大小可知，I_2 是较弱的氧化剂，只能与较强的还原剂作用；而 I^- 是中等强度的还原剂，能与许多氧化剂作用。因此，碘量法根据被测组分的氧化性或还原性的强弱可采用直接法或间接法两种滴定方式。

（一）直接碘量法基本原理

凡电位比 $\varphi_{I_2/I^-}^{\ominus}$ 低的强还原性物质，可用 I_2 标准溶液直接滴定，这种滴定方式称为直接碘量法。

例如，用 I_2 标准溶液滴定 SO_3^{2-}，反应如下

$$I_2 + SO_3^{2-} + H_2O \Longrightarrow SO_4^{2-} + 2HI$$

利用直接碘量法还可以测定 S^{2-}、As_2O_3、$S_2O_3^{2-}$、Sn^{2+}、Sb^{3+}、维生素 C 等还原性较强的物质。

（二）间接碘量法基本原理

凡电位比 $\varphi_{I_2/I^-}^{\ominus}$ 高的氧化性物质，可用 I^- 还原，然后用 $Na_2S_2O_3$ 标准溶液滴定置换出来的 I_2（置换滴定法），此方法可测定的氧化性物质有高锰酸钾、重铬酸钾、溴酸盐、过氧化

氢、铜盐、漂白粉、二氧化锰、葡萄糖酸锑钠等；凡电位比 $\varphi^{\ominus}_{I_2/I^-}$ 低的还原性物质，先与过量定量的 I_2 标准溶液反应，待反应完全后，再用 $Na_2S_2O_3$ 标准溶液滴定剩余的 I_2（剩余滴定法），此方法可测定的还原性物质有亚硫酸氢钠、焦亚硫酸钠、无水亚硫酸钠、葡萄糖等。这两种滴定方式统称为间接碘量法。例如，在酸性溶液中测定 $KMnO_4$，先让过量的 KI 与 $KMnO_4$ 反应：$2MnO_4^- + 10I^- + 16H^+ \rightleftharpoons 2Mn^{2+} + 5I_2 + 8H_2O$ 反应完全后用 $Na_2S_2O_3$ 标准溶液滴定析出的 I_2：

$$I_2 + 2S_2O_3^{2-} \rightleftharpoons 2I^- + S_4O_6^{2-}$$

二、滴定条件

（一）直接碘量法的滴定条件

直接碘量法应在酸性、中性或弱碱性溶液中进行。如果 pH>9，将会发生下列副反应

$$3I_2 + 6OH^- \rightleftharpoons IO_3^- + 5I^- + 3H_2O$$

（二）间接碘量法的滴定条件

1. 酸度条件　间接碘量法应在中性或弱酸性溶液中进行。为了加快 I^- 与含氧氧化物转化为 I_2，开始反应时酸度应在 1mol/L 左右，到用 $Na_2S_2O_3$ 标准溶液滴定析出的 I_2 时，应加水稀释将溶液的酸度调到中性或弱酸性。如果在碱性溶液中，会发生下列副反应

$$3I_2 + 6OH^- \rightleftharpoons IO_3^- + 5I^- + 3H_2O$$
$$S_2O_3^{2-} + 4I_2 + 10OH^- \rightleftharpoons 2SO_4^{2-} + 8I^- + 5H_2O$$

如果在酸性溶液中进行，$S_2O_3^{2-}$ 易分解，I^- 易被空气中的氧气氧化。

$$S_2O_3^{2-} + 2H^+ \rightleftharpoons S\downarrow + SO_2 + H_2O \qquad 4I^- + O_2 + 4H^+ \rightleftharpoons 2I_2 + 2H_2O$$

2. 防止 I_2 挥发

（1）加入过量 KI　一般为理论值 2~3 倍，使之与 I_2 形成 I_3^-，增大 I_2 的水溶性，减少 I_2 挥发。

（2）在室温下进行　温度升高会加速 I_2 挥发。

（3）在碘量瓶中滴定　将过量 KI 与被测物放入碘量瓶中，密封一段时间，待其充分反应后，再用 $Na_2S_2O_3$ 滴定。

（4）快滴慢摇　剧烈摇动会加速挥发。

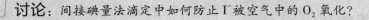

讨论：间接碘量法滴定中如何防止 I^- 被空气中的 O_2 氧化？

三、指示剂的选择

碘量法常用淀粉作为指示剂，根据蓝色的出现或消失指示滴定终点。淀粉指示剂应使用直链淀粉配制。配制时，加热时间不宜过长而且要迅速冷却，以免灵敏度降低。淀粉溶液易腐败，最好临用前配制，可加入少量 $ZnCl_2$、HgI_2 或甘油等作为防腐剂，以延长使用时限。

使用淀粉指示剂应注意加入时机。直接碘量法在酸度不高的情况下，可于滴定前加入，滴定至溶液出现蓝色即为滴定终点。间接碘量法则需在近终点时加入，滴定至溶液蓝色消失即为滴定终点，若指示剂过早加入，溶液中大量的 I_2 会被淀粉牢牢吸附，致使蓝色褪去延迟造成误差。

第四节　高锰酸钾法

一、基本原理

高锰酸钾法（permanganometric method）是以高锰酸钾为标准溶液的氧化还原滴定法。高锰酸钾是一种强氧化剂，其氧化能力和还原产物均与溶液的酸度有关。

在强酸性溶液中，MnO_4^- 被还原为 Mn^{2+} 表现为强氧化剂：

$$MnO_4^- + 8H^+ + 5e \Longrightarrow Mn^{2+} + 4H_2O \qquad \varphi^\ominus = 1.51V$$

在弱酸性、中性或弱碱性溶液中，MnO_4^- 被还原为 Mn^{2+} 表现为较弱的氧化剂：

$$MnO_4^- + 2H_2O + 3e \Longrightarrow MnO_2 + 4OH^- \qquad \varphi^\ominus = 0.59V$$

在强碱性溶液中，MnO_4^- 被还原为 MnO_4^{2-} 表现为较弱的氧化剂：

$$MnO_4^- + e \Longrightarrow MnO_4^{2-} \qquad \varphi^\ominus = 0.56V$$

由于 $KMnO_4$ 在强酸性溶液中的氧化能力最强，且还原产物为几乎无色的 Mn^{2+}，不影响终点的变色观察，所以高锰酸钾法通常在强酸性溶液中进行。一般用硫酸调节溶液的酸度，酸度常控制在 1mol/L 左右，不用盐酸或硝酸。

讨论：说一说高锰酸钾中调节溶液酸度时选用硫酸而不能使用盐酸或硝酸的原因。

根据被测物的性质不同，高锰酸钾法常采取不同的滴定方式。

1. 直接滴定法　许多还原性物质可用 $KMnO_4$ 标准溶液直接滴定，如 Fe^{2+}、$C_2O_4^{2-}$、H_2O_2、AsO_3^{3-}、NO_2^- 等。

2. 返滴定法　一些氧化性物质不能用 $KMnO_4$ 标准溶液直接滴定，可采用返滴定法。如测定 MnO_2 含量时，在 H_2SO_4 溶液中，加入过量定量的 $Na_2C_2O_4$，待 MnO_2 与 $Na_2C_2O_4$ 反应完全后，再用 $KMnO_4$ 标准溶液滴定剩余的 $Na_2C_2O_4$，从而求出 MnO_2 的含量。

3. 间接滴定法　有些无氧化性或还原性的物质，不能采用以上两种滴定方式进行滴定，但这些物质能与一种氧化剂或还原剂定量反应，可采用间接滴定法。如测定 Ca^{2+} 含量时，可先用 $Na_2C_2O_4$ 将 Ca^{2+} 沉淀为 CaC_2O_4，再用稀 H_2SO_4 溶解 CaC_2O_4，然后用 $KMnO_4$ 标准溶液滴定溶液中的 $C_2O_4^{2-}$，间接求得 Ca^{2+} 含量。

拓展阅读

　　高锰酸钾是医药上常用的氧化剂，俗称灰锰氧、PP 粉，紫黑色晶体，易溶于水，水溶液为紫红色，临床上常用 0.02%～0.1% $KMnO_4$ 水溶液洗涤创口、黏膜、膀胱、阴道、痔疮等，其有防感染、止痒、止痛等功效。也可用于吗啡、巴比妥类药物中毒时的洗胃剂，可通过氧化胃中残留的药物或毒物使其失效。生活中常用 0.3% 的 $KMnO_4$ 溶液洗涤浴具、痰盂等进行消毒，用 0.01% 的 $KMnO_4$ 溶液浸洗水果、蔬菜 5 分钟即可达到杀菌的目的。

二、滴定条件选择

（一）酸度

高锰酸钾法常在强酸溶液中进行。酸度一般控制在 $1\sim2mol/L$，酸度过高会导致 $KMnO_4$ 分解，酸度过低会产生 MnO_2 沉淀。调节溶液酸度常用 H_2SO_4 而不用 HCl 或 HNO_3，因为 HCl 中的 Cl^- 具有还原性会被 MnO_4^- 氧化，HNO_3 本身具有氧化性，可能氧化被测的还原性物质。

（二）温度

为了加快反应速率，滴定前可将溶液加热至 $75\sim85℃$ 并趁热滴定。但若被滴定的物质是在空气易氧化或加热易分解的还原性物质则不能加热，如 Fe^{2+}、Sn^{2+}、H_2O_2 等。

三、指示剂选择

高锰酸钾法通常以 $KMnO_4$ 作为自身指示剂。MnO_4^- 本身显紫红色，还原产物 Mn^{2+} 几乎无色，所以，在用 $KMnO_4$ 滴定无色或浅色还原剂时，到达化学计量点时，稍微过量的 MnO_4^- 使溶液显粉红色。如果标准溶液浓度较低（<0.002mol/L），为使终点更容易观察，也可选用二苯胺磺酸钠等氧化还原指示剂指示滴定终点。

第五节　亚硝酸钠法

一、基本原理

亚硝酸钠法（sodium nitrite method）是以亚硝酸钠为标准溶液，在酸性条件下测定芳香族伯胺、仲胺类化合物含量的氧化还原滴定法。

在盐酸等无机酸介质中，芳香族伯胺与亚硝酸钠发生重氮化反应：

$$NaNO_2+2HCl+ArNH_2 \Longleftrightarrow [Ar^+N\equiv N]Cl^-+NaCl+2H_2O$$

这种利用重氮化反应进行滴定的亚硝酸钠法称为重氮化滴定法。

在酸性介质中，芳香族仲胺与亚硝酸钠发生亚硝基化反应：

$$NaNO_2+2HCl+ArNHR \Longleftrightarrow Ar-N(R)-NO+NaCl+H_2O$$

这种基于亚硝基化反应进行滴定亚硝酸钠法称为亚硝基化滴定法。

二、滴定条件选择

重氮化滴定法是亚硝酸钠法中最为常用，在进行重氮化滴定时要注意以下各项滴定条件的选择与控制。

（一）酸的种类和浓度

亚硝酸钠法的反应速率与所处的酸介质的种类有关。在 HBr 中最快，HCl 中次之，H_2SO_4 或 HNO_3 中最慢。由于 HBr 价格较贵，且芳香族伯胺盐酸盐较硫酸盐溶解度大，所以常用 HCl。适宜的酸度不仅可以加快反应速率，还能提高重氮盐的稳定性，一般酸度控制在 1mol/L 为宜，酸度过高会阻碍芳香族伯胺的游离，影响重氮化反应的速率；酸度过低，生成的重氮盐易分解，且会与未被重氮化的芳香族伯胺偶合成重氮氨基化合物，从而使测定结果偏低。

（二）滴定速度与温度

通常反应速率会随温度升高而加快，但温度升高会造成重氮盐分解还会造成亚硝酸的分解、遗失。

$$3HNO_2 \rightleftharpoons HNO_3 + H_2O + 2NO\uparrow$$

《中国药典》规定：在30℃以下，将滴定管尖插入液面下约2/3处，随滴随搅拌，迅速滴定至近终点，将管尖提出液面继续缓慢滴定至终点。这样开始生成的亚硝酸在剧烈搅拌下向四周扩散并立即与芳香族伯胺反应，来不及分解遗失就已反应完全。这种"快速滴定法"能有效缩短滴定时间并可得到准确的分析结果。

（三）苯环上取代基团的影响

苯环上，特别是在氨基的对位上有其他取代基团存在时，会影响重氮化反应的速率。吸电子基团（如—COOH、—X、—SO$_3$H 等）会加快反应速率，而斥电子基团（如—OH、—R、—OR 等）会减慢反应速率。

另外，对于反应速率较慢的重氮化反应，加入适量 KBr 作为催化剂来加速反应。

三、指示剂选择

（一）外指示剂

亚硝酸钠法通常利用 KI-淀粉糊或 KI-淀粉试纸来确定滴定终点。滴定至化学计量点后，稍过量的 NaNO$_2$ 会将 KI 氧化为 I$_2$。

$$2NO_2^- + 2I^- + 4H^+ \rightleftharpoons I_2 + 2NO\uparrow + 2H_2O$$

生成的 I$_2$ 遇淀粉变为蓝色。这种指示剂不能直接加到被测溶液中，否则 NaNO$_2$ 会优先氧化 KI，从而无法指示终点。因此，只能在化学计量点附近用玻璃棒蘸取少许溶液，在外面与指示剂接触，再根据是否出现蓝色来判断滴定终点，以这种方式使用的指示剂称为外指示剂。由于使用外指示剂时需多次蘸取滴定溶液，不仅操作麻烦，而且损耗试样溶液，使终点难以掌握，甚至会出现较大误差。

（二）内指示剂

亚硝酸钠法也可选用内指示剂来确定终点，主要以橙黄Ⅳ、中性红、二苯胺和亮甲酚蓝应用最多。使用内指示剂操作简单，但变色不够灵敏，尤其是当重氮盐有颜色时更难判断终点。

由于内、外指示剂存在很多缺点，现在逐渐采用永停滴定法来确定滴定终点，此法将在第十一章中介绍。

第六节 非水氧化还原滴定法

非水氧化还原滴定法是在非水溶剂中进行的氧化还原滴定法。本节主要介绍在非水氧化还原滴定法中非常成熟的费休氏水分测定法。

费休氏水分测定法是 1935 年由德国化学家 Karl Fischer 首先提出。许多学者作了进一步的研究与完善，目前已成为国际上通用的水分测定方法之一。该方法具有操作简便、专属性高、准确度好等优点，本法可适用任何可溶解于费休氏液但不与费休氏液起化学反应药品的水分测定，已越来越多的应用于石油、化工、医药、农药、精细化学品等领域大多数物质中水分的测定。

一、费休氏液配制

由于费休氏液吸水性强，因此在配制、标定及滴定中所用仪器均应洁净干燥。试液的配制过程中应防止空气中水分的侵入，进入滴定装置的空气亦应经干燥剂除湿。试液的标定、贮存及水分滴定操作均应在避光、干燥环境处进行。

（一）准备

1. 仪器及器具的处理 分析天平（灵敏度 0.1mg）、水分测定仪或磨口自动滴定管（最小分度值 0.05ml）、永停滴定仪、电磁搅拌器，1000ml 干燥的锥形瓶一个，500ml 干燥量筒一个以及用作安全、洗气和放置干燥剂的锥形瓶 4 个（配有双孔橡皮塞），载重 1000g 的托盘天平及配套砝码。凡与试剂或费休氏试液直接接触的物品、玻璃仪器须在 120℃至少烘干 2 小时，橡皮塞在 80℃烘干 2 小时，取出置干燥器内备用。

2. 原料及辅料

（1）碘 将碘平铺于干燥的培养皿中置硫酸干燥器内干燥 48 小时以上，以除去碘表面吸附的水分。

（2）无水甲醇（AR，含水量<0.1%），原包装。

（3）吡啶（AR，含水量<0.1%），原包装。

（4）二氧化硫 一般使用压缩的二氧化硫气体，用时通过硫酸脱水。

（5）浓硫酸（AR）。

（6）无水氧化钙（CP）。

（二）配制

用托盘天平，称得 1000ml 锥形瓶的质量，再分别称取碘 110g，吡啶 158g 置锥形瓶中，充分振摇。加入吡啶后，溶液会发热，应注意给予冷却。用 500ml 量筒量取无水甲醇 300ml，倒入锥形瓶中，塞上带有玻璃弯管的双孔橡皮塞，称其总质量。将锥形瓶置于冰水浴中，缓缓旋开二氧化硫钢瓶的出口阀，气体流速以洗气瓶中的硫酸和锥形瓶中溶液内出连续气泡为宜。直到总质量增加 72g 为止。再用无水甲醇稀释至 1000ml，摇匀，避光放置 24 小时备用。

（三）标定

1. 准备 将磨口自动滴定管装置的下支管连接一个经硅胶除湿的双联球，顶部的上支管连接一个装有硅胶的干燥管，取一带橡皮塞的玻瓶，将两个注射器针头刺入橡皮塞至小瓶中，一个针头供排气用，另一个针头用乳胶管与滴定管尖端相连，供加入费休氏试液用。把试液加入干燥的贮液瓶中，旋转活塞使贮液瓶与滴定管接通，挤压双联球使试液压至零刻度（注意不要用力过猛，否则试液将从上支管冲出），旋转活塞，接通滴定管尖端，用试液排出乳胶管与注射器针头中的空气，直到排出的液体与试液的颜色一致时为止，关闭活塞。

2. 标定 取蒸馏水约 10~30mg，精密称定，置干燥的带橡皮塞玻瓶中，通过有无水甲醇的滴定装置加无水甲醇 2ml 后，立即用费休氏试液滴定，在不断振摇下，溶液由浅黄色变为红棕色即得，或用永停滴定法指示终点，另以 2ml 无水甲醇作空白对照，按下式计算即得。

$$F = \frac{W}{A-B} \tag{9-7}$$

式中 F——每 1ml 费休氏液相当于水的质量（mg）；

W——称取蒸馏水的质量（mg）（也称标化水）；

A——滴定所消耗费休氏试液体积（ml）；

B——空白所消耗费休氏试液体积（ml）。

标定应取蒸馏水 3 份以上，3 次连续标定结果 RSD 应在 1%以内，以平均值作为费休氏液的浓度。

（四）贮藏

配制好的费休氏液应遮光、密封、置阴凉干燥处保存，通常本标准贮备液使用期限为 2~3 个月，临用前应再标定浓度。

二、基本原理分析

费休氏水分测定法是利用碘在吡啶和甲醇溶液中氧化二氧化硫时需要定量的水参加反应的原理来测定样品中的水分含量。

基本反应：$I_2+SO_2+2H_2O \Longrightarrow 2HI+H_2SO_4$

但这个反应是个可逆反应，当硫酸浓度达到 0.05% 以上时，即能发生逆反应。如果让反应按照一个正方向进行，需要加入适当的碱性物质以中和反应过程中生成的酸。经实验证明，在体系中加入吡啶，这样就可使反应向右进行。

$$3C_5H_5N+I_2+SO_2+H_2O \Longrightarrow 2C_5H_5N \cdot HI+C_5H_5N \cdot SO_3$$

生成硫酸酐吡啶不稳定，能与水发生反应，消耗一部分水而干扰测定，为了使它稳定，可加无水甲醇。

$$C_5H_5N \cdot SO_3+CH_3OH \Longrightarrow C_5H_5NHSO_4CH_3$$

滴定的总反应为：

$$I_2+SO_2+3C_5H_5N+CH_3OH+H_2O \Longrightarrow 2C_5H_5N \cdot HI+C_5H_5NHSO_4CH_3 \tag{1}$$

由上式可知，吡啶与甲醇不仅作为溶剂，而且参与滴定反应，此外，吡啶还可以与二氧化硫结合降低其蒸气压，使其在溶液中保持比较稳定的浓度，因此 SO_2、吡啶、甲醇的用量都是过量的，反应完毕后多余的游离碘呈现红棕色，即可确定为到达终点。

三、浓度确定方法

（一）容量滴定法

根据碘和二氧化硫在吡啶和甲醇溶液中能与水起定量反应的原理；由滴定溶液颜色变化（由淡黄色变为红棕色）或用永停滴定法指示终点；利用标化水首先标定出每 1ml 费休氏试液相当于水的质量（mg），再根据样品与费休氏试液的反应计算出样品中的水分含量。

（二）库仑滴定法

与容量滴定法相同，库仑滴定法也是根据碘和二氧化硫在吡啶（有些型号仪器改用无臭味的有机胺代替吡啶）和甲醇溶液中能与水起定量反应的原理来进行测定的。不同的是在库仑滴定法中，碘是由含碘化物的电解液在电解池阳极电解产生碘。

$$2I^- \Longrightarrow I_2+2e \tag{2}$$

只要滴定池中存在水，（2）产生的碘就会按反应（1）进行反应。当所有的水都反应完毕，阳极电解液中会剩余少许过量的碘。此时，双铂电极就能检测出过量的碘，并停止产生碘，根据法拉第定律，产生碘的物质的量与流过的电流和时间成正比。在反应（1）中，碘和水以 $1:1$ 反应。根据法拉第电解定律，可由电解时间 t 和电流强度 I 计算水的质量：

$$W=Q \times \frac{M}{nF} \tag{9-8}$$

式中　W——被测物质（水）的质量；

　　　Q——电极反应消耗的电量（$Q=I \times t$）；

　　　M——被测物质的摩尔质量（$M_{H_2O}=18.00g/mol$）；

n——电极反应转移的电子数；

F——法拉第常数（96485.338C/mol）。

本法尤其适用于药品中微量水分（0.01%~0.1%）的测定，并具有很高的精确度。而且含水量是根据电解电流和电解时间计算，只须加入供试品前，先将电解液通电电解到碘刚生成少许，停止电解，再加入供试品继续电解即可，不须用标准水标定滴定液。

重点小结

本章介绍了影响氧化还原反应速率的因素及加快反应速率的措施，讨论了条件电位和条件平衡常数的意义和判断氧化还原反应完成程度的依据；重点介绍了常用的几种氧化还原滴定法的原理、条件和指示剂的选择，为解决实际应用氧化还原滴定法进行定量分析奠定基础。

目标检测

一、选择题

（一）最佳选择题

1. Fe^{3+}/Fe^{2+} 电对的电极电位升高无关的因素是
   A. 溶液离子强度的改变使 Fe^{3+} 活度系数增加
   B. 温度升高
   C. 催化剂的种类
   D. Fe^{2+} 的浓度降低
   E. 浓度

2. 在混有 H_3PO_4 的 HCl 溶液中，用 0.1mol/L $K_2Cr_2O_7$ 滴定液滴 0.1mol/L Fe^{2+} 溶液时，已知化学计量点的电位为 0.86V，最合适的指示剂为
   A. 二苯胺（$\varphi^\ominus = 0.76V$）
   B. 二苯胺磺酸钠（$\varphi^\ominus = 0.84V$）
   C. 亚甲基蓝（$\varphi^\ominus = 0.36V$）
   D. 邻二氮菲亚铁（$\varphi^\ominus = 1.06V$）
   E. 硝基邻二氮菲亚铁（$\varphi^\ominus = 1.25V$）

3. 高锰酸钾法测定 H_2O_2 含量时，调节酸度时应选用
   A. HAc
   B. HCl
   C. HNO_3
   D. H_2SO_4
   E. H_3PO_4

4. 间接碘量法中加入淀粉指示剂的适宜时间是
   A. 滴定开始前
   B. 滴定开始后
   C. 滴定至近终点时
   D. 滴定至红棕色褪尽至无色时
   E. 滴定至红棕色时

5. 间接碘法中若酸度过高，将会发生什么
   A. 反应不定量
   B. I_2 易挥发
   C. 终点不明显
   D. I^- 被氧化，$Na_2S_2O_3$ 被分解
   E. 无任何影响

6. 下列滴定法中，不用另外加指示剂的是
   A. 重铬酸钾法
   B. 甲醛法
   C. 碘量法
   D. 高锰酸钾法
   E. 亚硝酸钠法

7. 对高锰酸钾滴定法，下列说法错误的是
   A. 可在盐酸介质中进行滴定
   B. 直接法可测定还原性物质
   C. 标准滴定溶液用标定法制备
   D. 在硫酸介质中进行滴定

    E. 可使用自身指示剂

8. 在间接碘法测定中，下列操作正确的是

    A. 边滴定边快速摇动

    B. 加入过量 KI，并在室温和避免阳光直射的条件下滴定

    C. 在 70~80℃恒温条件下滴定

    D. 滴定一开始就加入淀粉指示剂

    E. 酸度要调高一些

9. 直接碘量法应控制的条件是

    A. 强酸性   B. 强碱性   C. 中性或弱碱性

    D. 中性   E. 什么条件都可以

（二）配伍选择题

[10~13] A. 自身指示剂   B. 特殊指示剂   C. 外指示剂

            D. 氧化还原指示剂   E. 金属指示剂

10. 直接碘量法常用的指示剂属于

11. 间接碘量法常用的指示剂属于

12. 亚硝酸钠法常用的指示剂属于

13. 费休氏水分测定法常用的指示剂属于

（三）共用题干单选题

    [14~17] $KMnO_4$ 滴定液的配制与标定：

    配制：在托盘天平上称取 1.6g 固体 $KMnO_4$ 置于烧杯中，加纯化水 500ml，搅拌溶解，煮沸 15 分钟，冷却后置棕色试剂瓶中，放阴暗处 2 周以上，用垂熔漏斗过滤。

    标定：准确称取在 105℃干燥至恒重的基准 $Na_2C_2O_4$ 0.2g（准确至万分之一克），加新煮沸过的冷的纯化水 100ml、3mol/L H_2SO_4 10ml，振摇，溶解，然后加热至 75~85℃，趁热用待标定 $KMnO_4$ 滴定液滴至溶液呈淡红色（30 秒内不褪色）。

14. 配制 $KMnO_4$ 滴定液时煮沸 15 分钟的目的是

    A. 加速溶解

    B. 杀死溶液中的细菌防止其加速 $KMnO_4$ 分解

    C. 除去溶液中的空气

    D. 提高溶液浓度

    E. 加速 $KMnO_4$ 分解

15. 准确称取基准 $Na_2C_2O_4$ 所用仪器

    A. 托盘天平   B. 台秤   C. 分析天平（万分之一）

    D. 移液管   E. 量筒

16. 此次滴定属于

    A. 酸碱滴定法   B. 配位滴定法   C. 重量法

    D. 氧化还原滴定法   E. 非水碱量法

17. 此次滴定所使用的指示剂为（   ）

    A. 自身指示剂   B. 特殊指示剂   C. 外指示剂

    D. 氧化还原指示剂   E. 金属指示剂

（四）X 型题（多选题）

18. 在碘量法中为减少 I_2 的挥发，常采取的措施有

    A. 使用碘量瓶   B. 加入过量 KI   C. 避免剧烈振荡

D. 加热　　　　　　　E. 以上都对

19. 碘量法中，判断滴定终点正确的有
    A. 直接碘量法以溶液出现蓝色为终点
    B. 间接碘量法以溶液蓝色消失为终点
    C. 用 I_2 标准溶液滴定 $Na_2S_2O_3$ 溶液时以溶液出现蓝色为终点
    D. 用 $Na_2S_2O_3$ 标准溶液滴定 I_2 溶液时以溶液蓝色消失为终点
    E. 自身指示剂判断终点

20. 可用作判断亚硝酸钠法滴定终点的有
    A. KI-淀粉试纸　　　　B. 淀粉　　　　　　　C. 橙黄 Ⅳ
    D. 中性红　　　　　　　E. 二苯胺

21. 配制费休氏液所需的原料有
    A. I_2　　　　　　　　B. SO_2　　　　　　　C. 无水甲醇
    D. 吡啶　　　　　　　　E. 浓 H_2SO_4

二、填空题

22. 亚硝酸钠法是以_____为标准溶液，在酸性条件下测定芳香族_____、_____类化合物含量的氧化还原滴定法。

23. 氧化剂和还原剂的强弱，可以用有关电对的_____来衡量。电对的_____越高，其氧化态的氧化能力越强；电对的_____越低，其还原态的还原能力越强。

24. 指示剂不直接加入到被滴定的溶液中，而是在化学计量点附近用玻璃棒蘸取少许反应液在外面与指示剂接触并观察是否变色来指示终点，这类指示剂称为_____。

25. 亚硝酸钠法通常利用_____试纸来确定滴定终点。

三、判断题

26. 条件电位是指一定条件下氧化态和还原态的活度都为 1mol/L 时的电极电位。

27. 凡是条件电位差 $\varphi^\ominus > 0.4V$ 的氧化还原反应均可作为滴定反应。

28. 高锰酸钾标准溶液可用直接法配制。

29. 条件电位就是某条件下电对的氧化型和还原型的分析浓度都等于 1mol/L 时的电极电位。

30. 碘量法中加入过量 KI 的作用之一是与 I_2 形成 I_3^-，以增大 I_2 溶解度，降低 I_2 的挥发性。

31. 在 HCl 介质中用 $KMnO_4$ 滴定 Fe^{2+} 时，将产生正误差。

32. 直接碘量法用 I_2 标准溶液滴定还原性物质，间接碘量法用 KI 标准溶液滴定氧化性物质。

33. 为防止 I^- 被氧化，碘量法应在碱性溶液中进行。

34. 在滴定时，$KMnO_4$ 溶液要放在碱式滴定管中。

35. 升高温度能提高氧化还原反应的速率，故在酸性溶液中用 $KMnO_4$ 滴定 $C_2O_4^{2-}$ 时，必须加热至沸腾才能保证正常滴定。

四、综合题

36. 称取软锰矿样 0.4012g 以 0.4488g $Na_2C_2O_4$ 在强酸性条件下处理后，再以 0.01012mol/L 的 $KMnO_4$ 标准溶液滴定剩余的 $Na_2C_2O_4$，消耗 $KMnO_4$ 溶液 30.20ml。求软锰矿中 MnO_2 的百分含量。（$M_{MnO_2} = 86.94g/mol$）

$$MnO_2 + Na_2C_2O_4 + 2H_2SO_4 \rightleftharpoons MnSO_4 + 2H_2O + Na_2SO_4 + 2CO_2\uparrow$$

实训十　维生素 C 的测定

一、实训目的

1. 了解直接碘量法的基本原理及指示剂的选择。
2. 掌握直接碘量法测定维生素 C 含量的方法及操作技能。
3. 学会直接碘量法滴定终点的判断，能熟练利用淀粉指示剂确定滴定终点。
4. 学会计算维生素 C 的含量。

二、实训原理

维生素 C 又称抗坏血酸，分子式为 $C_6H_8O_6$。维生素 C 具有较强的还原性，可与氧化剂 I_2 发生定量反应：

（维生素C）　　　　　　　　　　　　（脱氢维生素C）

在碱性条件下有利于反应向右进行，但由于维生素 C 在中性或碱性溶液中易被空气中的 O_2 氧化，所以滴定常在稀 CH_3COOH 溶液中进行。也就是在样品溶于稀酸后立即用碘的标准溶液进行滴定，属于直接碘量法。

由于碘的挥发性和腐蚀性，不宜在分析天平上直接称取，需采用间接配制法；通常用基准 As_2O_3 对 I_2 溶液进行标定。As_2O_3 不溶于水，溶于 $NaOH$：

$$As_2O_3+6NaOH \Longrightarrow 2Na_3AsO_3+3H_2O$$

由于滴定不能在强碱性溶液中进行，需加 H_2SO_4 中和过量的 $NaOH$，并加入 $NaHCO_3$ 使溶液的 $pH=8$。I_2 与 AsO_3^{3-} 之间的定量反应为：

$$I_2+AsO_3^{3-}+H_2O \Longrightarrow AsO_4^{3-}+2I^-+2H^+$$

三、仪器与试剂

托盘天平、电子天平（0.1mg）、称量瓶、酸式滴定管（50ml）、锥形瓶（250ml）、垂熔玻璃滤器、铁架台、蝴蝶夹。

I_2（AR）、KI（AR）、As_2O_3（基准物质）、$NaHCO_3$（AR）、NaOH 溶液（1mol/L）、浓 HCl（AR）、H_2SO_4 溶液（1mol/L）、酚酞指示剂、10% 淀粉指示剂、10% CH_3COOH、维生素 C 片剂。

四、实训步骤

1. I_2 标准溶液（0.05mol/L）的配制　称取 I_2 6.5g 和 KI 18g 置于大烧杯中，加水少许，搅拌至 I_2 全部溶解，加浓盐酸 2 滴，用蒸馏水稀释至 500ml，搅匀，用垂熔玻璃滤器过滤，滤液置于棕色试剂瓶中，阴暗处保存。

2. I_2 标准溶液（0.05mol/L）的标定　精密称取在 105℃ 干燥至恒重的基准物质 As_2O_3 约 0.12g，加 NaOH 溶液 4ml，加蒸馏水 20ml，酚酞指示剂 1 滴，滴加 H_2SO_4 溶液至粉红色褪去，再加 $NaHCO_3$ 2g、蒸馏水 30ml 和淀粉指示剂 2ml，用 I_2 标准溶液滴定至溶液显浅蓝色即为终点。

3. 测定维生素 C 含量 称取维生素 C 样品约 0.2g，精密称定，溶于新煮沸并冷却的纯化水 100ml 与稀 CH_3COOH 10ml 的混合液中，加淀粉指示剂 1ml，搅拌使维生素 C 溶解，立即用 0.05mol/L I_2 标准溶液滴定至溶液呈蓝色（30 秒不褪色），计算维生素 C 的含量。

4. 数据记录和结果处理

实训序号	I	II	III
I_2 标准溶液实际浓度 $c_{实际浓度}$（mol/L）			
维生素 C 滴定分析用量（ml）			
I_2 标准溶液终读数（ml）			
I_2 标准溶液初读数（ml）			
V_{I_2}（ml）			
维生素 C 的百分含量			
维生素 C 的百分含量平均值			
结果绝对偏差（d）			
结果平均偏差（$\bar{d}$）			
相对平均偏差（$R\bar{d}$）			

五、实训思考

溶解维生素 C 样品时，为什么要用新煮沸并冷却的蒸馏水？

实训十一 轻粉（Hg_2Cl_2）的含量测定

一、实训目的

1. 了解间接碘量法的基本原理和指示剂的选择。
2. 掌握间接碘量法测定轻粉（Hg_2Cl_2）的含量。
3. 熟悉滴定管和移液管的准确使用方法。

二、实训原理

轻粉是一种中药，主要成分为氯化亚汞（Hg_2Cl_2）。外用具有杀虫，攻毒，敛疮之功效；内服具有祛痰消积，逐水通便之功效。外治用于疥疮，顽癣，臁疮，梅毒，疮疡，湿疹；内服用于痰涎积滞，水肿臌胀，二便不利。间接碘量法测定轻粉（Hg_2Cl_2）的含量采取返滴定的方式，先向待测的轻粉溶液中加入定量过量的 I_2 标准溶液，充分反应后，再用 $Na_2S_2O_3$ 标准溶液返滴定剩余的 I_2，利用 I_2 的总量以及消耗 $Na_2S_2O_3$ 的量计算轻粉的含量。

$$Hg_2Cl_2 + I_2（过量）\Longleftrightarrow Cl_2 + Hg_2I_2$$

$$I_2（剩余）+ 2Na_2S_2O_3 \Longleftrightarrow 2NaI + Na_2S_4O_6$$

本样品含 Hg_2Cl_2 不得少于 99.0%。

三、仪器与试剂

电子天平（0.1mg）、称量瓶、碱式滴定管（50ml）、移液管（10ml、25ml）、碘量瓶（250ml）、量筒（10ml）、洗耳球、铁架台、蝴蝶夹。

0.1mol/L I$_2$ 标准溶液（要求实训前新标定）、0.1mol/L Na$_2$S$_2$O$_3$ 标准溶液（要求实训前新标定）、10% 淀粉指示剂、6mol/l KI 溶液、蒸馏水、轻粉试样。

四、实训步骤

1. 准备

（1）标定 I$_2$ 标准溶液准确浓度　见实训十。

（2）标定 Na$_2$S$_2$O$_3$ 标准溶液的准确浓度　准确称取在 120℃ 干燥至恒重的基准 K$_2$Cr$_2$O$_7$ 约 0.15g，置于碘量瓶中，加纯化水 50ml、2.0g KI，轻轻振摇使其溶解，再加 3mol/L 的 H$_2$SO$_4$ 10ml，摇匀，密封，放暗处 5~10 分钟后，加纯化水 100ml（并冲洗碘量瓶内壁和瓶塞），再用 Na$_2$S$_2$O$_3$ 标准溶液滴定至近终点（溶液为浅黄绿色）时，加淀粉指示剂 2ml，继续滴定至蓝色消失而显亮绿色。

$$c_{Na_2S_2O_3} = \frac{6m_{K_2Cr_2O_7}}{M_{K_2Cr_2O_7} V_{Na_2S_2O_3} \times 10^{-3}} (M_{K_2Cr_2O_7} = 294.18 \text{g/mol})$$

2. 操作内容　精密称取轻粉试样约 0.5g，置于碘量瓶中，加 10ml 纯化水，摇匀，在准确加入 0.1mol/L I$_2$ 标准溶液 50ml，密封，强力振摇至样品大部分溶解后，再加入 6mol/L KI 溶液 8ml 完全溶解，然后用 Na$_2$S$_2$O$_3$ 标准溶液（0.1mol/L）滴定至近终点（此时溶液为浅黄色），加淀粉指示剂 2ml，继续滴定至蓝色刚好消失即为终点。

3. 数据记录和结果处理

实训序号	I	II	III
I$_2$ 标准溶液实际浓度（mol/L）($M_{K_2Cr_2O_7} = 294.18$g/mol)			
Na$_2$S$_2$O$_3$ 标准溶液实际浓度 $c_{Na_2S_2O_3}$（mol/L）			
轻粉样品滴定分析用量 m_s			
Na$_2$S$_2$O$_3$ 标准溶液终读数			
Na$_2$S$_2$O$_3$ 标准溶液初读数			
$V_{Na_2S_2O_3}$（ml）			
轻粉的百分含量			
轻粉的百分含量平均值			
轻粉的百分含量平均值修约值			
结果绝对偏差（d）			
结果平均偏差（$\bar{d}$）			
相对平均偏差（$R\bar{d}$）			

五、实训思考

测定轻粉含量时，淀粉指示剂为什么在近终点时加入？

实训十二　盐酸普鲁卡因的含量测定

一、实训目的

1. 了解亚硝酸钠法的基本原理及指示剂的选择。
2. 掌握盐酸普鲁卡因的含量测定原理和方法。
3. 熟悉滴定管和移液管的准确操作方法。

二、实训原理

盐酸普鲁卡因，化学名称为 4-氨基苯甲酸-2-（二乙氨基）乙酯盐酸盐。

$$O \atop C-OCH_2CH_2-N-CH_2CH_3 \atop CH_2CH_3 \cdot HCl$$

$$NH_2$$

又称"奴佛卡因"，白色结晶或结晶性粉末，易溶于水。毒性比可卡因低。注射液中加入微量肾上腺素，可延长作用时间。用于浸润麻醉、腰麻、"封闭疗法"等。除用药过量引起中枢神经系统及心血管系统反应外，偶见过敏反应，用药前应作皮肤过敏试验。其分子结构中具有芳伯胺结构，在酸性溶液中可与亚硝酸钠反应，生成重氮盐，因此可用亚硝酸钠法测定含量。

$$NaNO_2 + HCl + NH_2C_6H_4COO(CH_2)_2N(C_2H_5) \cdot HCl \Longrightarrow$$

$$Cl^-N \equiv N^+C_6H_4COO(CH_2)_2N(C_2H_5) + NaCl + 2H_2O$$

利用 KI^- 淀粉试纸来确定滴定终点。滴定至化学计量点后，稍过量的 $NaNO_2$ 会将 KI 氧化为 I_2。

$$2NO_2^- + 2I^- + 4H^+ \Longrightarrow I_2 + 2NO \uparrow + 2H_2O$$

生成的 I_2 遇淀粉变为蓝色，属于外指示剂法指示终点。

三、仪器与试剂

电子天平（0.1mg）、酸式滴定管（50ml）、烧杯（200ml）、移液管（5ml）。

亚硝酸钠（AR）、无水碳酸钠（AR）、对氨基苯磺酸（基准物质）、浓氨水、盐酸（1mol/L）、溴化钾（AR）、淀粉碘化钾试纸、盐酸普鲁卡因注射液（40mg/2ml）（$S_{标示量}$）。

四、实训步骤

1. 亚硝酸钠滴定溶液（0.05mol/L）的配制与标定　取亚硝酸钠约 1.8g，加无水碳酸钠 0.05g，加水适量使溶解成 500ml，作为滴定溶液，摇匀后待标定。

取在 120℃ 干燥至恒重的基准对氨基苯磺酸约 0.25g，精密称定，加水 30ml 及浓氨水 3ml，溶解后加 1mol/L 盐酸 20ml，搅拌，在 30℃ 以下用亚硝酸钠滴定溶液迅速滴定。滴定时将滴定管尖端插入液面下约 2/3 处，事先通过计算，一次将反应所需的大部分亚硝酸钠滴定溶液在搅拌条件下迅速加入，使其尽快反应。然后将滴定管尖提出液面，用水淋洗尖端，再缓缓滴定至溶液使碘化钾试纸变蓝为终点。

$$c_{NaNO_2} = \frac{m_{对氨基苯磺酸} \times 1000}{M_{对氨基苯磺酸} V_{NaNO_2}} \quad (M_{对氨基苯磺酸} = 173.19g/mol)$$

2. 盐酸普鲁卡因注射液含量的测定 精密量取的盐酸普鲁卡因注射液 5ml 于 200ml 烧杯中，加水至 120ml，加入 1mol/L 盐酸 5ml，溴化钾 1g，用亚硝酸钠滴定溶液迅速滴定。滴定时将滴定管尖端插入液面下约 2/3 处，事先通过计算，一次将反应所需的大部分亚硝酸钠滴定溶液在搅拌条件下迅速加入，使其尽快反应。然后将滴定管尖提出液面，用水淋洗尖端，再缓缓滴定至溶液使碘化钾试纸变蓝为终点。(本品含盐酸普鲁卡因应为标示量的 95.0% ~ 105.0%)

3. 数据记录和结果处理（$M_{对氨基苯磺酸}$ = 173.19g/mol）

实训序号	I	II	III
亚硝酸钠滴定液实际浓度 c_{NaNO_2}（mol/L）			
盐酸普鲁卡因试样滴定分析用量 $V_{样品}$（ml）			
亚硝酸钠滴定液终读数（ml）			
亚硝酸钠滴定液初读数（ml）			
V_{NaNO_2}（ml）			
盐酸普鲁卡因的标示量百分含量			
盐酸普鲁卡因的标示量百分含量平均值			
盐酸普鲁卡因的标示量百分含量修约值			
结果绝对偏差（d）			
结果平均偏差（$\bar{d}$）			
相对平均偏差（$R\bar{d}$）			

五、实训思考

1. 为什么滴定时将滴定管插入液面下 2/3 处?
2. 亚硝酸钠法用于定量，与药物作用的部位或官能团是什么?
3. 亚硝酸钠法滴定液与待测物的计量系数比为多少?

（胡金忠）

第十章

滴定分析法实例分析

案例导入

案例一： 治疗躁狂症规格为 0.25g 的碳酸锂片，《中国药典》2015 年版规定本品含碳酸锂（Li_2CO_3）应为标示量的 95.0% ~ 105.0%。

案例二： 鱼石脂软膏，《中国药典》2015 年版规定本品含鱼石脂按氨（NH_3）计不得少于 0.25% 的规定。

讨论：1. 对于样品如何处理？

　　　2. 如何确定两案例中各样品分别的含量？

第一节　酸碱滴定法实例分析

一、酸滴定液测定碱性（混合碱）样品实例分析

（一）直接滴定法

实例一　药用氢氧化钠：本品含总碱量作为氢氧化钠（NaOH）计算应为 97.0% ~ 100.5%，总碱量中碳酸钠（Na_2CO_3）不得过 2.0%。

含量测定　取样品约 1.5g，精密称定，加新沸过的冷水 40ml 溶解，放冷至室温，加酚酞指示液 3 滴，用硫酸滴定液（0.5mol/L）滴定到红色消失，记录消耗硫酸滴定液的体积，再加甲基橙指示液 2 滴，继续滴加硫酸滴定液至显持续的橙红色。根据消耗硫酸滴定液的体积，算出供试量中的总碱量（作为 NaOH 计算），并根据加甲基橙指示液后消耗的硫酸滴定液的体积，算出供试量中的 Na_2CO_3 的含量。每 1ml 硫酸滴定液（0.5mol/L）相当于 40.00mg 的 NaOH 或 106.0mg 的 Na_2CO_3。

原理　本品加水溶解后，以酚酞为指示剂，用 0.5mol/L 的硫酸液滴定，生成硫酸钠，

同时夹杂的碳酸钠被中和生成碳酸氢钠，消耗硫酸液的体积为 V_1（ml）。继续用甲基橙为指示剂再滴定碳酸氢钠，消耗硫酸液的总体积为 V_2（ml）。

为避免水中二氧化碳的影响，应采用新沸过的蒸馏水。

$$2NaOH+H_2SO_4\rightarrow Na_2SO_4+2H_2O，2Na_2CO_3+H_2SO_4\rightarrow 2NaHCO_3+Na_2SO_4$$

$$2NaHCO_3+H_2SO_4\rightarrow Na_2SO_4+2CO_2\uparrow+2H_2O$$

由以上反应式知，1mol 硫酸与 2mol（2×40.00g）氢氧化钠、2mol 碳酸钠反应。每 1ml 硫酸液（0.5mol/L）含硫酸 0.5×10^{-3}mol 与氢氧化钠 1×10^{-3}mol，即 $40\times1\times10^{-3}$g 相当、与碳酸钠 $2\times0.5\times10^{-3}$mol、即 106.0×10^{-3}g 相当。

在实际计算过程中是以"每 1ml 硫酸液（0.5mol/L）相当于氢氧化钠 40.00×10^{-3}g"为依据推导出计算含量的所有式子。在实际工作中，浓度不一定是 0.5mol/L（本书把之称为规定浓度 $c_{规定浓度}$），本实例的硫酸实际浓度为 0.5015mol/L（本书把之称为实际浓度 $c_{实际浓度}$），推演过程如下：

每 1ml 硫酸液（0.5mol/L）（$c_{规定浓度}$）相当于氢氧化钠 40.00×10^{-3}（T）g

每 1ml 硫酸液（0.5015mol/L）（$c_{实际浓度}$）相当于氢氧化钠 $0.5015/0.5\times40.00\times10^{-3}$g（$FT$）（$F=c_{实际浓度}/c_{规定浓度}$）

Vml 硫酸液（0.5015mol/L）（$c_{实际浓度}$）相当于氢氧化钠 $0.5015/0.5\times40.00\times10^{-3}\times V$g（$VTF$）

样品质量 $S_{样品}$（g）与 V（ml）硫酸液（0.5015mol/L）（$c_{实际浓度}$）完全反应时组分的百分含量为：

$$样品中组分百分含量=\frac{VTF}{S_{样品}}\times100\%$$

"约"表示实际所称（取）量应为规定值的相对误差的±10%或规定值的（1±10%）。

【操作记录、数据处理及结果、结论】

1. 天平型号 SQP Quintix 224-1CN（万分之一） 编号：××。

精密称取本品①1.4923g②1.4897g 分别置 200ml 锥形瓶中，加新沸过的冷水 40ml 溶解，放冷至室温，加酚酞指示液 3 滴，用硫酸滴定液（0.5mol/L）滴定到红色消失，记录消耗硫酸滴定液的体积，再加甲基橙指示液 2 滴，继续滴加硫酸滴定液至显持续的橙红色，记录消耗硫酸滴定液的体积。

2. 滴定度 每 1ml 硫酸滴定液（0.5mol/L）相当于 40.00mg 的 NaOH 或 106.0mg 的 Na_2CO_3。

第一次消耗硫酸滴定液（0.5015mol/L）的体积

①36.48ml ②36.34ml 滴定管校正值+0.02

第二次消耗硫酸滴定液（0.5015mol/L）的总体积

①0.24ml ②0.20ml 滴定管校正值 0.00

以本品含碱总量%（按 NaOH 计算）：

①样品中总碱量（作为氢氧化钠）百分含量 $=\dfrac{VTF}{S_{样品}}\times100\%$

$$=\frac{36.50\times40.00\times10^{-3}\times\dfrac{0.5015}{0.5}}{1.4923}\times100\%=98.13\%$$

②样品中总碱量（作为氢氧化钠）百分含量 $=\dfrac{VTF}{S_{样品}}\times100\%$

$$=\frac{36.36\times40.00\times10^{-3}\times\dfrac{0.5015}{0.5}}{1.4897}\times100\%=97.92\%$$

平均 98.02% ，修约为 98.0%

①样品中碳酸钠的百分含量 $= \dfrac{VTF}{S_{样品}} \times 100\%$

$$= \frac{0.24 \times 106.00 \times 10^{-3} \times \dfrac{0.5015}{0.5}}{1.4932} \times 100\% = 1.71\%$$

②样品中碳酸钠的百分含量 $= \dfrac{VTF}{S_{样品}} \times 100\%$

$$= \frac{0.20 \times 106.00 \times 10^{-3} \times \dfrac{0.5015}{0.5}}{1.4897} \times 100\% = 1.43\%$$

平均 1.57% ，修约为 1.6%

规定：本品含总碱量作为氢氧化钠（NaOH）计算应为 97.0% ～100.5% ，总碱量中碳酸钠（Na_2CO_3）不得过 2.0% 。

结论：药用氢氧化钠中含总碱量作为氢氧化钠（NaOH）计算为 98.0% ，符合规定；总碱量中碳酸钠（Na_2CO_3）为 1.6% ，符合规定。

（二）剩余滴定法

实例二 碳酸锂片：本品含碳酸锂（Li_2CO_3）应为标示量的 95.0% ～105.0% 。

含量测定 取本品 10 片，精密称定，研细，精密称取适量（约相当于含碳酸锂 1g），加水 50ml，精密加硫酸滴定液（0.5mol/L）50ml，缓缓煮沸使二氧化碳除尽，冷却，加酚酞指示液，用氢氧化钠滴定液（1mol/L）滴定，并将滴定的结果用空白试验校正。每 1ml 硫酸滴定液（0.5mol/L）相当于 36.95mg 的 Li_2CO_3。

原理 本品加准确过量的硫酸滴定液溶解，缓缓煮沸除尽二氧化碳后，加酚酞指示液，用氢氧化钠液滴定剩余的硫酸，同时作空白试验。反应式如下：

$$Li_2CO_3 + H_2SO_4 \rightarrow Li_2SO_4 + CO_2 \uparrow + H_2O \qquad H_2SO_4 + 2NaOH \rightarrow Na_2SO_4 + H_2O$$

由上反应式知，硫酸 1mol 与碳酸锂 1mol、氢氧化钠 2mol 相当。每 1mol 硫酸滴定液（0.5mol/L）与碳酸锂 5×10^{-4}mol、即 $5 \times 73.89 \times 10^{-4}$g 相当。

应称（取）片粉量 m 估算如下，其实际称（取）量范围为 m（1±10%）。

$$m = \frac{n\,片质量}{n} \times \frac{m_{相当}}{S_{标示量}} = \overline{W}(平均片重) \times \frac{m_{相当}}{S_{标示量}}$$

【操作记录、数据处理及结果、结论】

1. 天平型号 SQP Quintix 224-1CN 编号：××。

取本品 10 片，精密称量（样品规格即标示量为 0.25g）为 3.2538g，研细称取①1.2837g②1.2921g 分别置 250ml 锥形瓶中，精密加硫酸滴定液（0.5mol/L）50ml 缓缓煮沸除尽二氧化碳后，加酚酞指示液 3 滴，用氢氧化钠滴定液（1mol/L）滴定至至终点，并将滴定的结果用空白试验校正。

2. 滴定度 每 1ml 硫酸滴定液（0.5mol/L）相当于 36.95mg 的 Li_2CO_3。

每 1ml 硫酸滴定液（0.5mol/L）相当于每 1ml 氢氧化钠滴定液（1mol/L），所以每 1ml 氢氧化钠滴定液（1mol/L）相当于 36.95mg 的 Li_2CO_3。

滴定过程的反应量关系分析如后，用相同长度的二直线表示第一次加入的滴定液 0.5mol/L 硫酸滴定液 50.00ml 即硫酸物质的量，Ⅰ直线为样品，Ⅱ直线为空白：

Ⅰ 为样品试验，灰色表示与碳酸锂反应硫酸的物质的量，黑色表示与氢氧化钠滴定液反应的硫酸物质的量，其硫酸物质的量=与碳酸锂反应硫酸物质的量（相当于碳酸锂物质的量）+样品中与氢氧化钠滴定液反应硫酸物质的量（相当于 2 倍氢氧化钠物质的量）+误差消耗的硫酸物质的量。Ⅱ 为空白试验，其硫酸物质的量=空白中与氢氧化钠滴定液反应的硫酸物质的量（相当于 2 倍氢氧化钠物质的量）+误差消耗的硫酸物质的量。由于 Ⅰ 和 Ⅱ 都是加入相同的硫酸物质的量，因此有两直线即硫酸物质的量相等，在相同试验条件下消除或抵消了操作中产生的各种误差，这时与碳酸锂反应硫酸物质的量（相当于碳酸锂物质的量）+样品中与氢氧化钠滴定液反应硫酸物质的量（相当于 2 倍氢氧化钠物质的量）= 空白中与氢氧化钠滴定液反应的硫酸物质的量（相当于 2 倍氢氧化钠物质的量），即

$$n_{Li_2CO_3}=n_{H_2SO_4}=c_{H_2SO_4}(V_{II}-V_I)_{H_2SO_4}\times10^{-3}=\frac{1}{2}c_{NaOH}(V_{II}-V_I)_{NaOH}\times10^{-3}$$

与碳酸锂反应消耗的该硫酸的体积为 $(V_{II}-V_I)_{H_2SO_4}=\dfrac{c_{NaOH}}{2c_{H_2SO_4}}(V_{II}-V_I)_{NaOH}$

因此根据每 1ml 硫酸滴定液（0.5mol/L）相当于 36.95mg 的 Li_2CO_3 可推算 $(V_{II}-V_I)_{H_2SO_4}$。

相当于每片碳酸锂的实际含量 $=\dfrac{(V_{II}-V_I)_{H_2SO_4}\times36.95\times10^{-3}}{S_{样品}}\times\dfrac{n\text{ 片质量}}{n}$，用每片实际含量与每片标示量之比即为本品的占标示量的百分含量。综合分析可表述如下：

$$碳酸锂片剂标示量百分含量=\frac{\dfrac{c_{NaOH}}{2c_{H_2SO_4}}(V_{II}-V_I)_{NaOH}T\overline{W}}{S_{样品}\times S_{标示量}}\times100\%$$

消耗氢氧化钠滴定液（1.0017mol/L）的总体积
空白 ①49.95ml　　②49.96ml　　滴定管校正值+0.02
平均 49.96ml，因此实际值为 49.96+0.02＝49.98ml
供试品①23.52ml　　②22.98ml　　滴定管校正值+0.01
按此式计算结果如下：

$$碳酸锂片剂标示量百分含量=\frac{\dfrac{c_{NaOH}}{2c_{H_2SO_4}}(V_{II}-V_I)_{NaOH}T\overline{W}}{S_{样品}\times S_{标示量}}\times100\%$$

式中，V_{II} 为空白消耗氢氧化钠滴定液的体积（ml）；V_I 为样品消耗氢氧化钠滴定液的体积（ml）；T 为 1ml 氢氧化钠（1mol/L）滴定液相当于 36.95×10^{-3}g Li_2CO_3；$\overline{W}$ 为平均片重（g）；$S_{样品}$ 为 V 对应的样品质量（g）；$S_{标示量}$ 为每片标示质量（g）。

$$F=\frac{c_{NaOH}}{2c_{H_2SO_4}}=\frac{氢氧化钠实际浓度}{氢氧化钠规定浓度}$$

①碳酸锂标示量百分含量

$$=\frac{(49.98-22.99)\times36.95\times10^{-3}\times\dfrac{1.0017}{2\times0.5}\times\dfrac{3.2538}{10}}{1.2821\times0.25}\times100\%=99.26\%$$

②碳酸锂标示量百分含量

$$= \frac{(49.98-22.99) \times 36.95 \times 10^{-3} \times \frac{1.0017}{2 \times 0.5} \times \frac{3.2538}{10}}{1.2921 \times 0.25} \times 100\% = 100.63\%$$

平均99.94%，修约为99.9%。

规定：本品含碳酸锂（Li_2CO_3）应为标示量的95.0%～105.0%。

结论：本品含碳酸锂（Li_2CO_3）为标示量的99.9%，符合规定。

二、碱滴定液测定酸性样品实例分析

实例三 硼酸（H_3BO_3，$M = 61.83g/mol$）：本品按干燥品计算，含H_3BO_3不少于99.5%。

含量测定 取本品约0.1g，精密称定，加20%的中性甘露醇溶液（对酚酞指示液显中性）25ml，微温使溶解，迅速放冷，加酚酞指示液3滴，用氢氧化钠滴定液（0.1mol/L）滴定。每1mol氢氧化钠滴定液（0.1mol/L）相当于6.183mg的H_3BO_3。

原理 硼酸酸性较弱（$K_{a_1} = 7.3 \times 10^{-10}$），不能直接被酸碱滴定，加入甘露醇（也可用其他多元醇）后，能与硼酸生成较强的配合酸，（与甘露醇生成的配合酸$K_{a_1} = 5.5 \times 10^{-5}$），从而能被碱液直接滴定。由于是强碱滴定弱酸，化学计量点在碱性范围内，故以酚酞为指示剂，滴定至显粉红色为终点。反应式如下：

由上反应式知，1mol氢氧化钠与1mol硼酸相当。（每1ml的氢氧化钠液（0.1mol/L）含氢氧化钠1×10^{-4}mol与1×10^{-4}mol硼酸即$61.83 \times 1 \times 10^{-4}$g硼酸相当。）

每1ml的氢氧化钠液（0.1mol/L）相当于$61.83 \times 1 \times 10^{-4}$g硼酸，每1mol氢氧化钠液（0.1mol/L）相当于1×10^{-4}mol硼酸。

【操作记录、数据处理及结果、结论】

1. 天平型号 SQP Quintix 224-1CN 编号：××。

精密称取本品①0.1022g②0.1058g置150ml锥形瓶中，加20%的中性甘露醇溶液（对酚酞指示液显中性）25ml，微温使溶解，迅速放冷，加酚酞指示液3滴，用氢氧化钠滴定液（0.1mol/L）滴定。每1ml氢氧化钠滴定液（0.1mol/L）相当于6.183mg的H_3BO_3。（样品的干燥失重为0.12%）

2. 滴定度 每1ml氢氧化钠滴定液（0.1mol/L）相当于6.183mg的H_3BO_3。

消耗氢氧化钠滴定液（0.1012mol/L）的总体积：

供试品①16.28ml ②16.80ml 滴定管校正值+0.02

计算①样品中硼酸的百分含量 $= \frac{VTF}{S_{样品}} \times 100\%$

$$= \frac{16.30 \times 6.183 \times 10^{-3} \times \frac{0.1012}{0.1}}{0.1022 \times (1-0.12\%)} \times 100\% = 99.92\%$$

②样品硼酸的百分含量 $= \dfrac{VTF}{S_{样品}} \times 100\%$

$$= \dfrac{16.82 \times 6.183 \times 10^{-3} \times \dfrac{0.1012}{0.1}}{0.1058 \times (1-0.12\%)} \times 100\% = 99.60\%$$

平均：99.76%，修约为 99.8%。

规定：本品按干燥品计算，含 H_3BO_3 不少于 99.5%。

结论：本品含硼酸（H_3BO_3）为 99.8%，符合规定。

三、非水酸量法、非水碱量法（含空白试验）实例分析

实例四　二盐酸奎宁注射液（规格 2ml：0.5g）：本品为二盐酸奎宁的灭菌水溶液，含二盐酸奎宁（$C_{20}H_{24}N_2O_2 \cdot 2HCl$）应为标示量的 95.0%~105.0%。

含量测定　精密量取本品适量，用水定量稀释成每 1ml 中含 15mg 的溶液。精密量取 10ml，置分液漏斗中，加水使成 20ml，加氨试验液使成碱性，用三氯甲烷分次振摇提取，第一次 25ml，以后每次各 10ml，至奎宁提尽为止，每次得到的三氯甲烷液均用同一份水洗涤 2 次，每次 5ml，洗液用三氯甲烷 10ml 振摇提取，合并三氯甲烷液，置水浴上蒸去三氯甲烷，加无水乙醇 2ml，再蒸干，在 105℃ 干燥 1 小时，放冷，加醋酐 5ml 与冰醋酸 10ml 使溶解，加结晶紫指示液 1 滴，用高氯酸滴定液（0.1mol/L）滴定至溶液显蓝色，并将滴定的结果用空白试验校正。每 1ml 高氯酸滴定液（0.1mol/L）相当于 19.87mg 的 $C_{20}H_{24}N_2O_2 \cdot 2HCl$。

原理　本品溶液加氨试液使奎宁游离，用三氯甲烷提尽。三氯甲烷提取液用水洗去氨及铵盐。水洗液又用三氯甲烷提取奎宁。合并三氯甲烷液，蒸去三氯甲烷后，再加无水乙醇蒸干并干燥后，加醋酐与冰醋酸溶解，加结晶紫指示液，用高氯酸液滴定，生成高氯酸奎宁，微过量高氯酸使溶液显蓝色为终点。同时作空白试验校正滴定误差。反应式如下：

$C_{20}H_{24}N_2O_2 \cdot HCl + 2NH_3 \cdot H_2O \rightarrow C_{20}H_{24}N_2O_2 + NH_4Cl + 2H_2O$

$C_{20}H_{24}N_2O_2 + 2HClO_4 \rightarrow C_{20}H_{24}N_2O_2 \cdot 2HClO_4$

由上反应式知，高氯酸 1mol 与二盐酸奎宁 0.5mol 相当。（每 1ml 高氯酸液（0.1mol/L）含高氯酸 1×10^{-4} mol，与二盐酸奎宁 5×10^{-5} mol、即 397.35×10^{-5} g 相当。）每 1ml 高氯酸液（0.1mol/L）相当于二盐酸奎宁 397.35×10^{-5} g，每 1mol 高氯酸液（0.1mol/L）相当于二盐酸奎宁 5×10^{-5} mol。

【操作记录、数据处理及结果、结论】

1. 精密量　取本品 3ml，置 50ml 容量瓶中，用水稀释至刻度，摇匀，精密量取 10ml，置分液漏斗中，加水 10ml，加氨试验液使成碱性，用三氯甲烷分次振摇提取 5 次（25、10、10、10、10ml）至奎宁提尽为止，每次得到的三氯甲烷液均用同一份水洗涤 2 次，每次 5ml，洗液用三氯甲烷 10ml 振摇提取，合并三氯甲烷液，置水浴上蒸去三氯甲烷，加无水乙醇 2ml，再蒸干，在 105℃ 干燥 1 小时，放冷，加醋酐 5ml 与冰醋酸 10ml 使溶解，加结晶紫指示液 1 滴，用高氯酸滴定液（0.1mol/L）滴定至溶液显蓝色，并将滴定的结果用空白试验校正。每 1ml 高氯酸滴定液（0.1mol/L）相当于 19.87mg 的 $C_{20}H_{24}N_2O_2 \cdot 2HCl$。

2. 滴定度 每 1ml 高氯酸滴定液（0.1mol/L）相当于 19.87mg 的 $C_{20}H_{24}N_2O_2 \cdot 2HCl$。
消耗高氯酸滴定液（0.1025mol/L）的体积

空白①0.18ml   ②0.18ml   平均 0.18ml   校正值 0.00

供试品①7.52ml   ②7.50ml   滴定管校正值+0.01

按下式计算：二盐酸奎宁注射液标示量百分含量 $= \dfrac{(V-V_0)TF}{S_{样品} \times S_{标示量}} \times 100\%$

①二盐酸奎宁注射剂标示量百分含量

$$= \frac{(7.53-0.18) \times 19.87 \times 10^{-3} \times \dfrac{0.1025}{0.1}}{\dfrac{3.00}{50.00} \times 10.00 \times \dfrac{0.5}{2}} \times 100\% = 99.80\%$$

②二盐酸奎宁注射剂标示量百分含量

$$= \frac{(7.51-0.18) \times 19.87 \times 10^{-3} \times \dfrac{0.1025}{0.1}}{\dfrac{3.00}{50.00} \times 10.00 \times \dfrac{0.5}{2}} \times 100\% = 99.53\%$$

平均 99.66%，修约为 99.7%。

规定：本品为二盐酸奎宁的灭菌水溶液，含二盐酸奎宁（$C_{20}H_{24}N_2O_2 \cdot 2HCl$）应为标示量的 95.0% ~ 105.0%。

结论：本品含二盐酸奎宁（$C_{20}H_{24}N_2O_2 \cdot 2HCl$）为标示量的 99.7%，符合规定。

第二节 银量法实例分析

一、有指示剂的方法实例分析

实例五 三氯叔丁醇（$C_4H_7Cl_3O$，$M=177.45g/mol$）：本品为 2-甲基-1,1,1-三氯-2-丙醇半水合物，按无水物计，含 $C_4H_7Cl_3O$ 不得少于 98.5%。

含量测定 取本品约 0.1g，精密称定，加乙醇 5ml 使溶解，加 20% 氢氧化钠溶液 5ml，加热回流 15 分钟，放冷，加水 20ml 与硝酸 5ml，精密加硝酸银滴定液（0.1mol/L）30ml，再加邻苯二甲酸二丁酯 5ml，密塞，强力振摇后，加硫酸铁铵指示液 2ml，用硫氰酸铵滴定液（0.1mol/L）滴定，并将滴定的结果用空白试验校正。每 1ml 硝酸银滴定液（0.1mol/L）相当于 5.915mg 的 $C_4H_7Cl_3O$。

原理 本品的乙醇液，加 20% 氢氧化钠溶液加热回流，水解，生成氯化物。加水和硝酸银液，生成氯化银沉淀。加入邻苯二甲酸二丁酯强力振摇包裹氯化银，以防止其与硫氰酸铵作用，影响结果。剩余的硝酸银用硫氰酸铵液滴定，生成硫氰酸银，微过量硫氰酸铵与硫酸铁铵产生淡红色，为终点。同时作空白试验校正。反应式如下：

$$CCl_3C(CH_3)_2OH + 4NaOH \rightarrow 3NaCl + HCOONa + 2H_2O + CH_3COCH_3$$

$$NaCl + AgNO_3 \rightarrow AgCl \downarrow + NaNO_3 \qquad AgNO_3 + NH_4SCN \rightarrow AgSCN \downarrow + NH_4NO_3$$

$$Fe^{3+} + SCN^- \rightarrow Fe(SCN)^{2+}$$

由上反应式知，3mol 硝酸银与 1mol 三氯叔丁醇相当（无水物摩尔质量为 177.45g/mol），每 1ml 硝酸银液（0.1mol/L）含硝酸银 1×10^{-4}mol，与三氯叔丁醇 $\dfrac{1}{3} \times 10^{-4}$mol。每 ml 硝酸银

（0.1mol/L）相当于三氯叔丁醇 5.915×10^{-3} g。

【操作记录、数据处理及结果、结论】

1. 天平型号 SQP Quintix 224-1CN 编号：××。

2. 称取 准确称取本品①0.1015g②0.1072g，加乙醇 5ml 使溶解，加 20% 氢氧化钠溶液 5ml，加热回流 15 分钟，放冷，加水 20ml 与硝酸 5ml，精密加硝酸银滴定液（0.1mol/L）30ml，再加邻苯二甲酸二丁酯 5ml，密塞，强力振摇后，加硫酸铁铵指示液 2ml，用硫氰酸铵滴定液（0.1mol/L）滴定，并将滴定的结果用空白试验校正。

3. 滴定度 每 1ml 硝酸银滴定液（0.1mol/L）相当于 5.915mg 的 $C_4H_7Cl_3O$。每 1ml 硝酸银滴定液（0.1mol/L）相当于 1ml 硫氰酸铵滴定液（0.1mol/L），所以每 1ml 硫氰酸铵滴定液（0.1mol/L）相当于 5.915mg 的 $C_4H_7Cl_3O$。

消耗硫氰酸铵滴定液（0.1032mol/L）的体积

空白①29.55ml　　②29.56ml　　　滴定管校正值+0.01

平均 29.56ml

供试品①12.95ml　　②12.06ml　　　滴定管校正值 0.00

4. 计算

$$三氯叔丁醇百分含量 = \frac{(V_0 - V)_{NH_4SCN} T_{C_4H_7Cl_3O/NH_4SCN} \frac{c_{NH_4SCN实际浓度}}{c_{NH_4SCN规定浓度}}}{S_{样品}} \times 100\%$$

①三氯叔丁醇百分含量

$$= \frac{(29.56 - 12.95) \times 5.915 \times 10^{-3} \times \frac{0.1032}{0.1}}{0.1015} \times 100\% = 99.89\%$$

②三氯叔丁醇百分含量

$$= \frac{(29.56 - 12.06) \times 5.915 \times 10^{-3} \times \frac{0.1032}{0.1}}{0.1072} \times 100\% = 99.65\%$$

平均为 99.77%，修约为 99.8%。

规定：本品为 2-甲基-1.1.1-三氯-2-丙醇半水合物，按无水物计，含 $C_4H_7Cl_3O$ 不得少于 98.5%。

结论：本品三氯叔丁醇的含量为 99.8%，符合规定。

二、无指示剂的方法实例分析

实例六 异戊巴比妥片（$C_{11}H_{18}N_2O_3$ 规格为 0.1g）：本品含异戊巴比妥（$C_{11}H_{18}N_2O_3$）应为标示量的 94.0% ~ 106.0%。

含量测定 取本品 20 片，精密称定，研细，精密称取适量（约相当于异戊巴比妥 0.2g），加甲醇 40ml 使异戊巴比妥溶解后，再加新制的 3% 无水碳酸钠溶液 15ml，照电位滴定法，用硝酸银滴定液（0.1mol/L）滴定。每 1ml 硝酸滴定液（0.1mol/L）相当于 22.63mg 的 $C_{11}H_{18}N_2O_3$。

原理 异戊巴比妥加甲醇溶解后，再加新制的 3% 无水碳酸钠溶液，反应生成异戊巴比妥钠，照电位滴定法，用硝酸银液（0.1mol/L）滴定，生成异戊巴比妥银，反应式如下：

由上反应式知，1mol 硝酸银与 1mol 异戊巴比妥定量完全反应。每 1ml 硝酸银液（0.1mol/L）相当于异戊巴比妥 $226.28 \times 1 \times 10^{-4}$ g。

【操作记录、数据处理及结果、结论】

1. 天平型号　SQP　Quintix 224-1CN　编号：××。

2. 905 Titrando 全自动滴定仪　编号：××。

3. 称取　取本品 20 片，精密称量为 2.8715g，研细，称取细粉①0.2719g②0.2685g 分别置 150ml 烧杯中，加甲醇 40ml 使异戊巴比妥溶解后，再加新制的 3% 无水碳酸钠溶液 15ml，照电位滴定法，用硝酸银滴定液（0.1mol/L）滴定。

4. 滴定度　每 1ml 硝酸银滴定液（0.1mol/L）相当于 22.63mg 的 $C_{11}H_{18}N_2O_3$。

$$异戊巴比妥片标示量百分含量 = \frac{每片实际质量}{每片标示量} \times 100\% = \frac{VTF\overline{W}}{S_{样品} \times S_{标示量}} \times 100\%$$

消耗硝酸银滴定液（0.1055mol/L）的体积

供试品①7.85ml　　②7.72ml　　滴定管校正值+0.01

①异戊巴比妥片标示量百分含量

$$= \frac{7.86 \times 22.63 \times 10^{-3} \times \dfrac{0.1055}{0.1} \times \dfrac{2.8715}{20}}{0.2719 \times 0.1} \times 100\% = 99.09\%$$

②异戊巴比妥标示量百分含量

$$= \frac{7.73 \times 22.63 \times 10^{-3} \times \dfrac{0.1055}{0.1} \times \dfrac{2.8715}{20}}{0.2685 \times 0.1} \times 100\% = 98.68\%$$

平均为 98.88%，修约为 98.9%。

规定：本品含异戊巴比妥（$C_{11}H_{18}N_2O_3$）应为标示量的 94.0% ~ 106.0%。

结论：本品含异戊巴比妥为标示量的 98.9%，符合规定。

第三节　配位滴定法实例分析

实例七　**复方氢氧化铝片**：本品每片中含氢氧化铝 [Al(OH)$_3$] 不得少于 0.177g；含三硅酸镁按氧化镁（MgO）计算，不得少于 0.020g。

含量测定

氢氧化铝　取本品 20 片，精密称定，研细，精密称取适量（约相当于 1/4 片），加盐酸 2ml 与水 50ml，煮沸，放冷，滤过，残渣用水洗涤；合并滤液与洗液，滴加氨试液至恰析出沉淀，再滴加稀盐酸使沉淀恰溶解，加醋酸-醋酸铵缓冲液（pH6.0）10ml，精密加乙二胺四醋酸二钠滴定液（0.05mol/L）25ml，煮沸 10 分钟，放冷，加二甲酚橙指示液 1ml，用锌滴定液（0.05mol/L）滴定至溶液由黄色转变为红色，并将滴定的结果用空白试验校正。每 1ml 乙二胺四醋酸二钠滴定液（0.05mol/L）相当于 3.900mg 的 Al(OH)$_3$。

氧化镁 精密称取上述细粉适量（约相当于 1 片），加盐酸 5ml 与水 50ml，加热煮沸，加甲基红指示液 1 滴，滴加氨试液使溶液由红色变为黄色，再继续煮沸 5 分钟，趁热滤过，滤渣用 2% 氯化铵溶液 30ml 洗涤，合并滤液与洗液，放冷，加氨试液 10ml 与三乙醇胺溶液（1→2）5ml，再加铬黑 T 指示剂少量，用乙二胺四醋酸二钠滴定液（0.05mol/L）滴定至溶液显纯蓝色。每 1ml 乙二胺四醋酸二钠滴定液（0.05mol/L）相当于 2.015mg 的 MgO。

一、剩余配位滴定法实例分析

氢氧化铝

原理 本品细粉加盐酸和水煮沸，放冷，滤去赋形剂，滤液依法用氨试液和稀盐酸调节酸碱度，再加醋酸-醋酸铵缓冲液（pH6.0）。铝离子和乙二胺四醋酸二钠在此缓冲液中形成 EDTA-2Na-Al 的配合物（如下第一个配位反应方程式）。加热使配合反应加速，放冷后加二甲酚橙指示液，过量的乙二胺四醋酸二钠与锌滴定液形成 EDTA-2Na-Zn 的配合物（如下第二个配位反应方程式），微过量的锌液与二甲酚橙指示剂形成红色的配合物而显终点。

为消除滴误差，滴定结果用空白试验校正。本法的空白试验，取纯化水 50ml 和盐酸 2ml，保持其体积与该项样品相同测定时的体积一致，自"加醋酸-醋酸铵缓冲液 10ml"起至"用锌滴定液（0.05mol/L）滴定至溶液由黄色转变为红色"依法操作，滴定。反应式如下：

由上反应式知，1mol 乙二胺四醋酸二钠与 1mol（1×78.01g）氢氧化铝反应。每 1mol 乙二胺四醋酸二钠液（0.05mol/L）含乙二胺四醋酸二钠 0.05×10^{-3}mol，与氢氧化铝 0.05×1×10^{-3}mol，即 78.01×0.05×1×10^{-3}，即 0.0039g 相当。

本法为剩余滴定法。

【操作记录、数据处理及结果、结论】

1. 天平型号 SQP Quintix 224-1CN 编号：××

XP205 编号：××

2. 称量 取本品 20 片，精密称定为 6.1538g，研细，称取细粉①0.08257g②0.08133g 分别置 200ml 烧杯中，加盐酸 2ml 与水 50ml，煮沸，放冷，滤过，残渣用水洗涤；合并滤液与洗液（置 250ml 锥形瓶中）滴加氨试液至恰析出沉淀，再滴加稀盐酸使沉淀恰溶解，加醋酸-醋酸铵缓冲液（pH6.0）10ml，精密加乙二胺四醋酸二钠滴定液（0.05mol/L）25ml，煮沸 10 分钟，放冷，加二甲酚橙指示液 1ml，用锌滴定液（0.05mol/L）滴定至溶液由黄色转变为红色，并将滴定的结果用空白试验校正。

3. 滴定度 每 1ml 乙二胺四醋酸二钠滴定液（0.05mol/L）相当于 3.900mg 的 Al（OH）$_3$。每 1ml 乙二胺四醋酸二钠滴定液（0.05mol/L）相当每 1ml 锌滴定液（0.05mol/L），所以每 1ml 锌滴定液（0.05mol/L）相当于 3.900mg 的 Al（OH）$_3$。

根据过程推计算式方法同前碳酸锂片。

$$每片含氢氧化铝的克数 = \frac{(V_0 - V)\,TF\overline{W}}{S_{样品}}$$

消耗锌滴定液（0.04998mol/L）的体积

空白　①24.85ml　　②24.86ml　　　　滴定管校正值+0.01
平均为 24.86ml，实际为 24.87ml
供试品①12.25ml　　②12.34ml　　　　滴定管校正值+0.02

①每片含氢氧化铝克数为

$$= \frac{(24.87 - 12.27) \times 3.900 \times 10^{-3} \times \dfrac{0.04998}{0.05} \times \dfrac{6.1538}{20}}{0.08257} = 0.1830$$

②每片含氢氧化铝克数为

$$= \frac{(24.87 - 12.36) \times 3.900 \times 10^{-3} \times \dfrac{0.04998}{0.05} \times \dfrac{6.1538}{20}}{0.08133} = 0.1845$$

平均为 0.1838，修约为 0.184g/片。

规定：每片中含氢氧化铝［Al(OH)$_3$］不得少于 0.177g。

结论：本品每片含氢氧化铝［Al(OH)$_3$］为 0.184g，符合规定。

二、直接配位滴定法实例分析

氧化镁

原理 本品细粉加盐酸与水加热煮沸，使生成三氯化铝、氯化镁溶解于水中。加氨试液至甲基红指示剂显黄色（pH6.3 左右），使铝盐生成氢氧化铝析出，继续煮沸 5 分钟，使沉淀完全。趁热滤过，滤渣用 2% 氯化铵液洗涤，防止氢氧化镁析出。合并滤液及洗液，加氨试液以保持 pH10 左右，加三乙醇胺液作隐蔽剂，隐蔽铝盐，避免干扰测定。加铬黑 T 指示剂（Ⅰ），与镁离子反应生成内配盐（Ⅱ）。用乙二胺四醋酸二钠液滴定，与镁离子生成内配盐（Ⅳ），微过量的乙二胺四醋酸二钠与铬黑 T 镁内配盐中的镁反应生成乙二胺四醋酸镁内配盐，使铬黑 T 游离而呈蓝色为终点。反应式如下：

NaOOCCH$_2$　　　　　CH$_2$COONa　　　　　　NaOOCCH$_2$　　　　　CH$_2$COONa
　　　＼NCH$_2$CH$_2$N／　　　　　　　　　　　　　　　＼NCH$_2$CH$_2$N／
CH$_2$　　　　　　　CH$_2$　　 + Mg^{2+}　——→　　CH$_2$　　　　　　　CH$_2$　　　 + Zn^{2+}
　　＼　　　　　／　　　　　　　　　　　　　　　　　　　＼　　　　　／
COO —— Zn —— OOC　　　　　　　　　　　　　COO —— Mg —— OOC
　　　　（3）　　　　　　　　　　　　　　　　　　　　　　（4）

（3）　+　（2）　——→　　（1）　+　（4）

由上反应式知，1mol 乙二胺四醋酸二钠与 1mol 氧化镁反应。每 1ml 乙二胺四醋酸二钠滴定液（0.05mol/L）相当于氧化镁 0.002015g。

【操作记录、数据处理及结果、结论】

1. 称量　取本品 20 片，精密称量为 6.1538g，研细，称取细粉①0.3018g②0.3015g 分别置 200ml 烧杯中，加盐酸 5ml 与水 50ml，加热煮沸，加甲基红指示液 1 滴，滴加氨试液使溶液由红色变为黄色，再继续煮沸 5 分钟，趁热滤过，滤渣用 2% 氯化铵溶液 30ml 洗涤，合并滤液与洗液置 250ml 锥形瓶中，放冷，加氨试液 10ml 与三乙醇胺溶液（1→2）5ml，再加铬黑 T 指示剂少量，用乙二胺四醋酸二钠滴定液（0.05mol/L）滴定至溶液显纯蓝色。

2. 滴定度　每 1ml 乙二胺四醋酸二钠滴定液（0.05mol/L）相当于 2.015mg 的 MgO。按下式计算：

$$每片含氧化镁的克数 = \frac{VTF\overline{W}}{S_{样品}}$$

消耗乙二胺四醋酸二钠滴定液（0.05005mol/L）的体积
供试品①12.20ml　　②12.08ml　　　　滴定管校正值+0.02

$$①每片含氧化镁的克数 = \frac{12.22 \times 2.015 \times 10^{-3} \times \dfrac{0.05005}{0.05} \times \dfrac{6.1538}{20}}{.0.3018} = 0.0251$$

$$②每片含氧化镁的克数 = \frac{12.10 \times 2.015 \times 10^{-3} \times \dfrac{0.05005}{0.05} \times \dfrac{6.1538}{20}}{0.3015} = 0.0249$$

平均为 0.0250，修约为 0.025。

规定：每片含三硅酸镁按氧化镁（MgO）计算，不得少于 0.020g。

结论：本品每片含含氧化镁 0.025g，符合规定。

第四节　氧化还原滴定法实例分析

一、直接高锰酸钾法实例分析

实例八　硫酸亚铁（FeSO$_4$ · 7H$_2$O，M = 378.01g/mol）：本品含 FeSO$_4$ · 7H$_2$O 应为 98.5% ~ 104.0%。

含量测定　取本品约 0.5g，精密称定，加稀硫酸与新沸过的冷水各 15ml 溶解后，立即用高锰酸钾滴定液（0.02mol/L）滴定至溶液显持续的粉红色。每 1ml 高锰酸钾滴定液（0.02mol/L）相当于 27.80mg 的 FeSO$_4$ · 7H$_2$O。

原理　在酸性溶液中，高锰酸钾氧化硫酸亚铁成硫酸高铁、微过量的高锰酸钾使溶液显持续的粉红色为滴定终点。反应式如下：

$$10FeSO_4+2KMnO_4+8H_2SO_4 \rightarrow 2MnSO_4+K_2SO_4+5Fe_2(SO_4)_3+8H_2O$$

由以上反应式知，1mol 高锰酸钾与 5mol 硫酸亚铁反应。每 1ml 高锰酸钾液（0.02mol/L）含高锰酸钾 2×10^{-5} mol，与七水合硫酸亚铁 $5 \times 2 \times 10^{-5}$ mol、即 278.0×10^{-4} g 相当。

【操作记录、数据处理及结果、结论】

1. 天平型号 SQP Quintix 224-1CN 编号：××。

2. 称量 称取本品①0.4967g②0.5012g，加稀硫酸与新沸过的冷水各 15ml 溶解后，立即用高锰酸钾滴定液（0.02mol/L）滴定至溶液显持续的粉红色。

3. 滴定度 每 1ml 高锰酸钾滴定液（0.02mol/L）相当于 27.80mg 的 $FeSO_4 \cdot 7H_2O$。

按下式计算含量：

$$样品中某一组分百分含量 = \frac{VTF}{S_{样品}} \times 100\%$$

消耗高锰酸钾滴定液（0.02011mol/L）的体积

供试品①17.90ml ②18.00ml 滴定管校正值+0.02

$$①样品中 FeSO_4 \cdot 7H_2O 百分含量 = \frac{17.92 \times 27.80 \times 10^{-3} \times \dfrac{0.02011}{0.02}}{0.4967} \times 100\% = 100.85\%$$

$$②样品中 FeSO_4 \cdot 7H_2O 百分含量 = \frac{18.02 \times 27.80 \times 10^{-3} \times \dfrac{0.02011}{0.02}}{0.5012} \times 100\% = 100.50\%$$

平均为 100.68%，修约为 100.7%

规定：本品含 $FeSO_4 \cdot 7H_2O$ 应为 98.5%~104.0%。

结论：本品含 $FeSO_4 \cdot 7H_2O$ 为 100.7%，符合规定。

二、间接碘量法实例分析

实例九 安钠咖注射液（规格：1ml 的无水咖啡因 0.12g 与苯甲酸钠 0.13g）：本品为咖啡因与苯甲酸钠的灭菌水溶液，含无水咖啡因（$C_8H_{10}N_4O_2$）与苯甲酸钠（$C_7H_5NaO_2$）均应为标示量的 93.0%~107.0%。

咖啡因含量测定 精密量取上述溶液 10ml，置 100ml 容量瓶中，加水 20ml 与稀硫酸 10ml，再精密加碘滴定液（0.05mol/L）50ml，用水稀释至刻度，摇匀，在暗处静置 15 分钟，用干燥滤纸滤过，精密量取续滤液 50ml，用硫代硫酸钠滴定液（0.1mol/L）滴定，至终点时，加淀粉指示液 2ml，继续滴定至蓝色消失，并将滴定的结果用空白试验校正。每 1ml 碘滴定液（0.05mol/L）相当于 4.855mg 的 $C_8H_{10}N_4O_2$。

原理 本法为剩余碘量法。取本品稀释液，加稀硫酸和碘液（0.05mol/L），生成红棕色的复盐沉淀，固定体积，过滤，取滤液 50ml，用硫代硫酸钠液滴定过量（剩余）的碘液。近终点时，加淀粉指示液显蓝色，继续滴定至蓝色消失为终点。为消除滴定误差，同时作空白试验校正。反应式如下：

$$2C_8H_{10}N_4O_2+4I_2+2KI+H_2SO_4 \rightarrow 2(C_8H_{10}N_4O_2) \cdot HI \cdot 2I_2 \downarrow +K_2SO_4$$

$$I_2+2NaS_2O_3 \rightarrow 2NaI+Na_2S_4O_6$$

由上反应式知，1mol 碘（I_2）相当于 0.5mol 无水咖啡因、相当于 2mol 硫代硫酸钠。每 1ml 碘滴定液（0.05mol/L）相当于无水咖啡因 $194.2 \times 0.25 \times 10^{-4}$ g。

【操作记录、数据处理及结果、结论】

1. 称量 精密量取安钠咖注射液 5ml，置 50ml 容量瓶中，加水稀释至刻度，摇匀，精密量取此溶液 10ml，置 100ml 容量瓶中，加水 20ml 与稀硫酸 10ml，再精密加碘滴定液（0.05mol/L）50ml，用水稀释至刻度，摇匀，在暗处静置 15 分钟，用干燥滤纸滤过，精密量取续滤液 50ml，用硫代硫酸钠滴定液（0.1mol/L）滴定，至终点时，加淀粉指示液 2ml，继续滴定至蓝色消失，并将滴定的结果用空白试验校正。

2. 滴定度 每 1ml 碘滴定液（0.05mol/L）相当于 4.855mg 的 $C_8H_{10}N_4O_2$。每 1ml 碘滴定液（0.05mol/L）相当于每 1ml 硫代硫酸钠滴定液（0.1mol/L），所以每 1ml 硫代硫酸钠滴定液（0.1mol/L）相当于 4.855mg 的 $C_8H_{10}N_4O_2$。

消耗硫代硫酸钠滴定液滴定液（0.1005mol/L）的体积

空白①24.55ml   ②24.56ml   滴定管校正值+0.01

平均 24.56ml，实际为 24.56+0.01＝24.57ml

供试品①12.43ml   ②12.45ml   滴定管校正值+0.02

按下式计算

$$安钠咖注射液中咖啡因标示量百分含量 = \frac{(V_o - V)TF}{S_{样品}S_{标示量}} \times 100\%$$

①钠咖注射液中咖啡因标示量百分含量

$$= \frac{(24.57-12.45) \times 4.855 \times 10^{-3} \times \dfrac{0.1005}{0.1}}{\dfrac{5.00}{50.00} \times \dfrac{10.00}{100.00} \times 50.00 \times 0.12} \times 100\% = 98.56\%$$

②安钠咖注射液咖啡因标示量百分含量

$$= \frac{(24.57-12.47) \times \dfrac{0.1005}{0.1} \times 4.855 \times 10^{-3}}{\dfrac{5.00}{50.00} \times \dfrac{10.00}{100.00} \times 50.00 \times 0.12} \times 100\% = 98.40\%$$

平均为 98.48%，修约为 98.5%。

规定：含无水咖啡因（$C_8H_{10}N_4O_2$）应为标示量的 93.0%～107.0%。

结论：本品含无水咖啡因（$C_8H_{10}N_4O_2$）为标示量的 98.5%，符合规定。

三、直接氧化还原滴定法实例分析

实例十　费休氏法

原理 本法是根据碘和二氧化硫在吡啶和甲醇溶液中能与水定量反应，生成碘化氢和三氧化硫。$I_2+SO_2+H_2O \rightarrow 2HI+SO_3$，生成的碘化氢和三氧化硫分别与吡啶反应，形成氢碘酸吡啶（Ⅰ）及硫酸酐吡啶（Ⅱ），后者进一步与甲醇反应生成稳定的硫酸氢甲酯吡啶盐（Ⅲ）。反应式如下：

$$2HI+SO_3+3C_5H_5N \rightarrow 2C_5H_5N \cdot HI(Ⅰ)+C_5H_5N \cdot SO_3(Ⅱ)$$

$$3C_5H_5N \cdot SO_3+CH_3OH \rightarrow C_5H_5N \cdot CH_3OSO_3H(Ⅲ)$$

费休氏试液是一种氧化还原混合物滴定液，其中的碘为氧化剂、二氧化硫为还原剂。在未标定前，要对甲醇等溶剂的水分通过水分测定仪消除，再用纯化水标定新鲜配制的费休氏试液的浓度，数学表达式如下：

$$F \text{ 或 } c \text{ 或 } T = \frac{m_{\text{纯化水}}}{V - V_0} \quad (\text{mg/ml 或 mg/L、g/L、g/ml})$$

用于标定费休氏试液的纯化水又叫标化水。F 为浓度单位与滴定度相同，V_0 为空白试验消耗的费休氏试液的体积，V 为纯化水消耗的费休氏试液的体积。在水分测定仪中，费休氏试液的浓度为自动显示。

用费休氏试液滴定供试品溶液，由消耗费休氏试液的量计算水分的含量。

因本法属微量水分测定，所用试剂如吡啶、甲醇等须经脱水处理后方能使用。用已知浓度的费休氏试液测定样品的水分时，计算如下：

$$\text{样品中水分的含量百分含量} = \frac{F \times (V - V_0)}{S_{\text{样品}}} \times 100\%$$

上式中各个数字的单位要统一，例如 F 如果用 mg/ml，则 V 为纯化水消耗的费休氏试液体积（ml），V_0 为空白消耗的费休氏试液体积（ml），$S_{\text{样品}}$ 为样品取量（mg）。实际操作中，样品中水分的含量百分比可以自动读数。

水分测定

温度：20℃   相对湿度：60%

天平型号：SQP   Quintix 224−1CN   编号：××

XP205   编号：××

水分测定仪型号：905 Titrando   编号：××

稀释溶剂：甲醇

1. 费休氏试液标定

水称量（g）	0.01057	0.01123	0.01072
质量浓度（mg/ml）	3.0725	3.0575	3.0611
平均质量浓度（mg/ml）	3.0637		

2. 供试品测定

称样量（g）	水分含量（%）	平均水分含量（%）
0.5217	1.18	
0.5138	1.15	1.2

标准规定：含水分不得过 2.0%。

结论：样品水分为 1.2%，符合规定。

📊 **重点小结**

本章着重介绍了在水和非水介质中，以原料、制剂、辅料等为分析对象，结合基本知识和理论，以直接滴定法、剩余滴定法用酸滴定液测定碱性样品，以直接滴定法、剩余滴定法、置换滴定法等用碱滴定液测定酸性样品，分别以指示剂或电位滴定法确定终点的过程分析、逻辑计算和数据处理、结果判断。仔细分析了配位滴定法、银量法、氧化还原滴定法等多个实例，由浅入深地展现出根据实际数据确定最终结果的科学依据，从理解的角度找出数据源，从而科学计算精益求精，得出不可推翻的结论，要求学者学会实例分析的方法和措施，循序善变，灵活思维，准确定论。

（王益平）

目标检测

一、选择题

（一）最佳选择题

1. 药用氢氧化钠样品中可能含有的成分是

    A. 氢氧化钠   B. 碳酸钠   C. 碳酸氢钠

    D. 氢氧化钠和碳酸钠   E. 氢氧化钠和碳酸氢钠

2. 碳酸钠用盐酸滴定液滴定，选用甲基橙指示剂，两者的计量系数比为

    A. 1 : 1   B. 1 : 2   C. 2 : 1

    D. 1 : 0.5   E. 0.5 : 1

3. 碳酸钠用盐酸滴定液滴定，选用酚酞指示剂，两者的计量系数比为

    A. 1 : 1   B. 1 : 2   C. 2 : 1

    D. 1 : 0.5   E. 0.5 : 1

4. 药用氢氧化钠样品中总碱量以氢氧化钠计和实际氢氧化钠的含量相比较结果

    A. 偏低   B. 偏高   C. 不变

    D. 无法确定   E. 稍偏高

5. 费休氏试液组成不包括

    A. 硫酸   B. 无水甲醇   C. 无水吡啶

    D. 碘   E. 二氧化硫

6. 硼酸在水为介质的滴定法为

    A. 直接滴定法   B. 剩余滴定法   C. 两步滴定法

    D. 置换滴定法   E. 间接滴定法

（二）配伍选择题

[7~11] A. 非水滴定   B. 标定   C. 滴定度

         D. 指示剂   E. 吡啶

7. 费休氏试液新鲜配制或用标化水确定其准确浓度的过程为

8. 样品中水分的含量百分含量 $=\dfrac{F \times (V-V_0)}{S_{样品}} \times 100\%$ 这种表示方式又为

9. 硫酸亚铁用高锰酸钾滴定液（0.02mol/L）滴定至溶液显持续的粉红色，此粉红色是

10. 能与碘化氢和三氧化硫结合的是

11. 费休氏法属于

（三）共用题干单选题

[12~17] 取 H_3BO_3 样品约 0.1g，精密称定，加 20% 的中性甘露醇溶液 25ml，微温使溶解，迅速放冷，加酚酞指示液 3 滴，用氢氧化钠滴定液（0.1mol/L）滴定。（$M_{H_3BO_3}$ = 61.84g/mol）

12. 每 1mol 氢氧化钠滴定液（0.1mol/L）相当于 H_3BO_3 的毫克数为：

 A. 61.84 　　　　 B. 6.184 　　　　 C. 0.6184

 D. 0.06184 　　　 E. 618.4

13. 约 0.1g，其称量范围为

 A. 0.1g 左右 　　　 B. 0.01~0.1g 　　　 C. 0.09~0.1g

 D. 0.09~0.11g 　　 E. 0.1~0.2g

14. 精密称定指所称取质量为指定质量的

 A. 十分之一 　　　 B. 百分之一 　　　 C. 千分之一

 D. 万分之一 　　　 E. 十万分之一

15. 在硼酸含量测定中性甘露醇溶液的作用

 A. 与硼酸形成配合酸 　　B. 降低硼酸的刺激性 　　C. 便于滴定

 D. 指示终点敏锐 　　　 E. 增大硼酸的溶解度

16. 20% 的中性甘露醇溶液 25ml，叙述正确的是

 A. 甘露醇 20g 用纯化水溶解为 100ml，用量筒取 25ml，中性为 pH=7

 B. 甘露醇 20g 用纯化水溶解为 100ml，用量杯量取 25ml，中性为使石蕊试纸不变色

 C. 甘露醇 20ml 用纯化水溶解为 100ml，用量杯量取 25ml，中性为对指示剂显中性

 D. 甘露醇 20g 用纯化水溶解为 100ml，用移液管量取 25ml，中性为对指示剂显中性

 E. 甘露醇 20g 用纯化水溶解为 100ml，用量筒量取 25ml，中性为对指示剂显中性

17. 容量分析中指示剂用量一般为

 A. 2 滴 　　　　 B. 50ml 待测溶液中 2 滴 　　　 C. 50ml 待测溶液中 2~3 滴

 D. 1ml 　　　　 E. 加至溶液颜色肉眼看清为止

[18~21] 精密量取氯化钠注射液 10ml，加水 40ml、2% 糊精溶液 5ml、2.5% 硼砂溶液 2ml 与荧光黄指示液 5~8 滴，用硝酸银滴定液（0.1mol/L）滴定。（M_{NaCl} = 58.44g/mol）

 $NaCl+AgNO_3 \rightarrow AgCl \downarrow +NaNO_3$

18. 每 1ml 硝酸银滴定液（0.1mol/L）相当于 NaCl 毫克数

 A. 5.844 　　　　 B. 0.58444 　　　 C. 58.44 　　　 D. 0.05844

 E. 0.005844

19. 精密量取氯化钠注射液 10ml，用

 A. 5ml 移液管 　　　 B. 10.0ml 刻度吸管 　　　 C. 10.0ml 移液管

 D. 25ml 刻度吸管 　　 E. B 和 C 都可以

20. 糊精溶液的作用

 A. 保护氯化银胶体 　　 B. 避光，使氯化银稳定 　　 C. 加快反应速度

 D. 便于终点颜色观察 　 E. 增大荧光黄的电离度，使终点敏锐

21. 加硼砂溶液的作用

 A. 保护氯化银胶体 　　 B. 避光，使氯化银稳定 　　 C. 加快反应速度

 D. 便于终点颜色观察 　 E. 增大荧光黄的电离度，使终点敏锐

（四）X 型题（多选题）

22. 氢氧化钠样品中可能有的成分

 A. 氢氧化钠 　　　 B. 碳酸钠 　　　 C. 碳酸氢钠

 D. 二氧化碳 　　　 E. 微生物

23. 含钙离子的药物，可能的定量方式是

 A. 配位滴定法 　　 B. 氧化还原滴定法 　　 C. 沉淀滴定法

D. 酸碱滴定法　　　　E. 重量法

24. 酸碱滴定法用于样品含量测定的方法有
  A. 直接滴定法　　　　B. 剩余滴定法　　　　C. 间接滴定法
  D. 置换滴定法　　　　E. 非水滴定法

25. 安钠咖注射液含量测定可用
  A. 碘量法　　　　　　B. 酸碱滴定法　　　　C. 配位滴定法
  D. 银量法　　　　　　E. GC 法

二、填空题

26. 药用氢氧化钠样品的总碱量作为氢氧化钠（NaOH）和总碱量中碳酸钠（Na_2CO_3）测定中所使用的指示剂为_____、_____。

27. 碳酸锂含量测定用新沸冷的纯化水目的是除去_____。

28. 三氯叔丁醇（$C_4H_7Cl_3O \cdot \frac{1}{2}H_2O$，$M = 186.47g/mol$），3mol 硝酸银与 1mol 三氯叔丁醇相当，则每 1ml 硝酸银液（0.1mol/L）相当于三氯叔丁醇_____g。

三、判断题

29. 酸性样品都可以用酸碱滴定法测定含量。

30. 金属都可以用配位滴定法测定含量。

31. 化学分析法即容量分析法只能用手动进行滴定，并且一定需要指示剂。

四、综合题

32. 准确称取明矾 0.9355g，置于 100ml 烧杯中，用适量水溶解，转移至 100ml 容量瓶中，加水至刻度线摇匀。用移液管吸取 25.00ml 上述溶液于 250ml 锥形瓶中，加入 0.04935mol/L EDTA-2Na 滴定液 25.00ml。在沸水浴中加热 10min，冷却至室温，加入纯化水 50ml、HAc-NaAc 缓冲液 5ml、二甲酚橙指示剂 10 滴。用 0.05012mol/L 的锌滴定液滴定至由黄色变为淡紫红色即为终点，消耗锌滴定液 14.80ml，计算试样中明矾的百分含量。（$M_{KAl(SO_4)_2 \cdot 12H_2O} = 474.42g/mol$）

33. 称取基准物质（按 100% 计算）KIO$_x$ 0.5000g，经过化学处理转化为碘离子，以二碘二甲基荧光黄为指示剂，用 0.1000mol/L 硝酸银滴定液滴定至终点，消耗 23.36ml，写出该物质的化学式。（$M_K = 39.10g/mol$）（$M_I = 126.90g/mol$）（$M_O = 16.00g/mol$）。

（冉启文）

第三篇　物理化学分析法概述

一、物理化学分析与化学分析

据统计，在已经颁奖的所有诺贝尔物理、化学奖中，有四分之一的颁奖项目和分析化学直接有关。

物理化学分析法是根据物质的物理和物理化学性质与其化学组成、含量和结构之间的内在联系，通过测定物质的物理和物理化学性质，获得所需要的结构、形态、定性和定量等分析信息的一大类分析方法。这类方法在测定时，常常需要使用较复杂的仪器，因此又常称为仪器分析方法。仪器分析方法是分析化学的发展方向，一般都有独立的方法原理及理论基础。

物理化学分析是在化学分析的基础上发展起来的，其不少原理涉及到化学分析。在实际检测过程中，两类方法相互融合、相互补充，为样品的分析任务提供了可靠的最佳手段。一般化学分析方法所需仪器简单（往往为玻璃器皿），试样量大，进行的是破坏性分析，适合常量分析；物理化学分析所需仪器昂贵、复杂、自动化程度高，试样量小，可进行非破坏性、现场或在线分析，适合于微量、痕量组分的分析。物理化学分析具有以下几个特点。

（1）灵敏度高，检出限低，适用于微量、痕量组分分析。

（2）分析速度快，效率高，可以一次分析样品中多种组分信息；用途广泛，适应各种分析要求。

（3）选择性好，适用于复杂组分样品分析。

（4）操作简便，分析速度快，容易实现在线分析和自动化。

（5）准确度相对较低，相对误差较大，往往为 1%~5%，甚至达 10%；化学分析的相对误差一般能控制在 0.2% 以内。

（6）一般仪器价格较贵，维修使用成本较高。

（7）物理化学分析往往采用的是一种相对分析，需要样品的标准品（对照品）做对照实验。而标准品（对照品）昂贵、甚至不易获得（一般由中国食品药品检定研究院简称中检院提供），特别是对于一些复方成分，标准品的制作很困难，如：土壤中某些元素的测定，人们很难模拟一种与土壤组成完全一样的标准品，使测定受基体效应的影响。

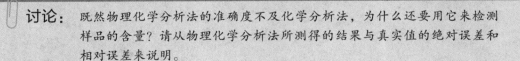

讨论：　既然物理化学分析法的准确度不及化学分析法，为什么还要用它来检测样品的含量？请从物理化学分析法所测得的结果与真实值的绝对误差和相对误差来说明。

二、物理化学分析方法

（一）物理化学分析方法的分类

物理化学分析方法的根据仪器原理分类，分为电化学分析法、光学分析、色谱分析、质谱分析及其他分析方法。

（1）电化学分析法是根据物质在溶液中的电化学性质及其变化来进行分析的方法。包括电位法、库仑法、极谱法、电导法等。

（2）光学分析法是某能量作用于待测物质后测定其产生的辐射讯号或引起的某些变化的一类分析方法，分为非光谱法和光谱法。

①非光谱法是指通过测量电磁辐射的辐射路径及其变化情况的分析方法，主要是对光的反射、折射等情况的分析。常见的仪器分析方法有干涉法、折射法、散射法、旋光法、衍射法等。

②光谱法是以测定物质的辐射强度、波长大小及其变化情况来进行分析的方法。主要是对光的吸收、发射和拉曼散射等作用情况的分析。常见的仪器分析方法有紫外-可见分光光度法、红外光谱法、荧光光谱法、原子吸收光谱法、原子发射光谱法、原子荧光光谱法、核磁共振波谱法、激光拉曼光谱法等。

此外，光谱法可以根据测量样品吸收辐射的信号或发出辐射的信号，分为吸收光谱和发射光谱；也可以根据待测样品在仪器中检测时的状态分为原子光谱和分子光谱。

（3）色谱法是根据混合物各组分在互不相溶的两相（固定相、流动相）中的吸附能力、分配系数、分子大小、亲和作用性能等差异来实现组分分离并完成分析的方法。如气相色谱法、高效液相色谱法等。色谱法是目前解决复杂样品测量的主要手段，若能与其他仪器联用，功能更加丰富，检测结果更佳。

（4）质谱法是将样品转变为气态离子后，根据样品产生的离子群的质量与电荷比分布情况（质谱图）进行结构、定性、定量分析的方法。

（5）其他方法

①热分析法是测量物质的某些性质（质量、体积、热导等）与温度之间的动态关系，进行样品组成、熔点、晶型、结晶水等性质分析的方法。如，差热分析法、热重量分析法、差示扫描量热法等。

②放射化学分析是利用核衰变过程中所产生的放射性辐射来进行分析的方法。

（二）仪器基本结构

仪器分析的基本过程如下：

（1）仪器将某能量作用到样品上；

（2）样品会因此释放辐射、电等方面的信号；

（3）用合适的信号检测器收集样品释放的相应信号；

（4）对收集到的信号进行处理分析，得出结果。

因此，仪器的基本结构一般分为信号发生器、信号检测器、信号处理系统、信号输出系统。信号发生器是待测物受仪器作用产生信号的装置，释放的信号能反映待测样品的种类和浓度情况。仪器中的信号检测器往往会将测得的信号转变为电信号，以便于与电脑联用；或者转变为机械信号，便于机械记录器进行记录。信号处理系统会把收集的小信号放大，并进行适当的降噪处理，便于准确分析，有的检测器自带信号处理系统。信号输出系统就是仪器的显示屏或者电脑。

（三）样品前处理

样品前处理指样品的制备和对样品中的待测组分进行提取、净化、浓缩的过程。其目的是提高待测组分浓度、消除基质干扰、保护仪器、提高检测方法的灵敏度、选择性、准确度、精密度。

样品前处理用时占整个样品分析时间的61%，产生的误差来源占整个样品误差来源的30%，可见样品前处理在分析过程中是一个既耗时又极易引进误差的步骤，样品处理的好坏直接影响分析的最终结果，因此，为了提高分析测定效率，改善和优化分析样品制备方法和技术是一个十分重要的问题。

目前样品前处理已成为复杂体系的分析瓶颈问题，在样品分析中至关重要，越来越多的人开始关注样品前处理技术，各大仪器生产商也开始投入到样品前处理技术的研究和开发中。

目前，常见的样品前处理的方法由萃取、蒸馏、膜分离、热解吸、衍生化技术等，由此开发出的新技术层出不穷，效果越来越好。样品前处理技术的发展方向是：

(1) 快速、简单，有效、节约；

(2) 良好的健康保护和环境保护；

(3) 选择性和重现性好；

(4) 回收率好；

(5) 自动化高；

(6) 易于推广。

（四）物理化学分析方法性能及其表征

1. 灵敏度（sensitivity） 是物质单位浓度或单位质量的变化引起响应信号值变化的程度，用 S 表示：$S = \dfrac{\mathrm{d}x}{\mathrm{d}c}$ 或 $S = \dfrac{\mathrm{d}x}{\mathrm{d}m}$，灵敏度越高越好，当然有些仪器分析法受自身因素的影响，灵敏度不会无限高，如电位法。

2. 准确度（accuracy） 是指测试结果与接受参照值间的一致程度。当用于一组测试结果时，准确度是分析过程中系统误差和随机误差的综合反映，它决定着分析结果的可靠程度。

3. 精密度（precision） 使用同一方法，对同一试样进行多次测定所得测定结果的一致程度。

4. 检测限（detection limit，DL） 在已知置信水平，可以检测到的待测物的最小质量或浓度。它和分析信号（signal）与空白信号的波动（噪声，noise）有关，或者说与信噪比（S/N）有关。只有当有用的信号大于噪声信号时，仪器才有可能识别此信号为有用信号。

任何测量值均由信号及噪声两部分组成。信号（S）反映了待测物的信息。噪声（N）是空白实验中的信号，会降低分析的灵敏度。方法的灵敏度越高，其检出限值越低。

灵敏度是组分信号随组分含量变化的大小，与检测器的放大倍数有直接依赖关系。检出限与测定噪声直接相关联，且具有明确的统计意义。提高测定精密度，降低噪声，可以改善检出限。噪声增加，检测限会提高，灵敏度下降。若得到的测量信号较小，那么会导致最终的测量结果的相对误差将增加。多数情况下，噪声 N 恒定，与信号 S 大小无关。

此外，还有定量限、线性及线性范围等表征参数。

拓展阅读
噪声的来源与消除方法

噪声的来源分为化学噪声和仪器噪声。

化学噪声是分析体系中难以控制的化学因素，受化学反应中温度和压力等参数的变化和波动；相对湿度导致样品含水量的不同；粉状固体粒度不均；光敏材料产生的光密度不均；实验室烟尘与样品或试剂作用的随机性等因素影响。

仪器的光（电）源、输入（出）转换器、信号处理单元等都是仪器噪声的来源。所用仪器的每个部分都可产生不同类别的噪声。

消除噪声的方法：

（1）硬件方法　远离强辐射源、接地、差分放大器、模拟滤波、频率调制方法、断续放大或切光器、闭锁装置放大等。

（2）软件方法　总体平均、方脉冲平均、数字滤波等。

（3）其他方法　噪声数据平滑、谱库比较、谱峰识别技术等。

（五）定量分析数据处理方法

定量分析数据处理会将仪器分析产生的各种信号与待测物浓度联系起来，进而计算样品含量。除重量法和库仑法之外，所有仪器分析方法进行定量分析时都是如此。一般说来，仪器分析法会将信号和样品的量的关系通过公式整合、变形，造成二元一次函数关系（$y=bx+a$）的形式。因此，在仪器分析法中常见的数据处理方法有对照法和标准曲线法，以及衍生出的如标准加入法、电位法中的两次测量法等。

（谭　韬）

第十一章

电化学分析法

学习目标

知识要求　**1. 掌握**　电位法中指示电极、参比电极的概念，饱和甘汞电极、银-氯化银电极、pH 玻璃电极的工作原理与电极性能；直接电位法测定溶液 pH 的基本原理和方法应用。

2. 熟悉　电位滴定法和永停滴定法测定样品含量的原理、计算及终点的判断方法。

3. 了解　电位法测定其他离子浓度的方法。

技能要求　1. 能熟练应用直接电位法测定溶液的 pH，掌握 pH 计的使用及维护方法。

2. 学会永停滴定仪和电位滴定仪的基本操作技术；了解电位滴定法数据处理的计算方法。

案例导入

案例：溶液 pH 反映了待测溶液的氢离子浓度，其数值是氢离子浓度的负对数值。虽然，分析化学有"酸碱滴定法"能测量溶液氢离子浓度，但是在实际测量中，不少样品（如尿样、血样、土壤、污水等）的组分非常复杂，用"酸碱滴定法"来测量 pH，就要对样品进行预处理。样品预处理步骤越多，测量结果引入误差就越多。所以若要快速准确测量复杂样品 pH，就很难直接采用"酸碱滴定法"和 pH 试纸来进行准确测量。

讨论：样品预处理步骤越少，测量结果才能越不失真，检测时长就越短，请问有什么方法能避免复杂样品基质干扰、快速准确测量样品 pH？

17 世纪末伽伐尼和伏打开启了电化学的新纪元。电化学通常是将待测液与检测装置系统构成化学电池，再进行电能和化学能之间相互转化量及其变化规律的研究。电化学分析（electroanalytical chemistry）则是根据待测溶液的电导（电阻）、电位、电流和电量等参数值的大小，或者用这些参数的变化情况来进行定性定量、状态信息分析的科学。

电化学分析法可根据所测量电参数种类、激发信号类型或电极反应本质不同来进行分类。其中，按所测量的电参数不同，电化学分析主要分为电位法、伏安和极谱法、电导法、库仑和电解分析法等四类。

1. 电位法　是根据待测物构成的原电池的电动势，进行定量分析的方法。其中根据待测液电动势值进行定量分析的方法，称为直接电位法；根据滴定过程中，待测液电动势值随滴定液加入量的变化情况而进行定量分析的方法，称为电位滴定法。

2. 伏安和极谱法　是根据电解过程中电流-电压曲线进行定性定量分析的方法。极谱法和伏安法的区别在于极化电极的不同。在电解池中保持两电极间电位恒定，根据溶液的电流变动来指示滴定终点的电极滴定化学分析方法，称为安培滴定法，可以分为一个极化电极的滴定和两个极化电极的滴定。有两个极化电极的就称为双指示电极安培滴定，又称永停滴定法。

3. 电导法　是根据溶液的电导与被测离子浓度的关系来进行分析的方法。电导分析法具有较高的灵敏度，但选择性较差，因此应用不广泛。

4. 库仑和电解分析法　库仑分析法是以测量电解过程中被测物质在电极上发生电化学反应所消耗的电量，由法拉第电解定律来进行定量分析的一种电化学分析法。电解分析法是建立在电解基础上通过称量沉积于电极表面的沉积物质量以测定溶液中被测离子含量的电化学分析法，也称电重量法。

电化学分析技术具有如下几个的特点。

（1）灵敏度高，适合痕量组分的分析，如离子选择性电极的检出限可达 10^{-7} mol/L，有的方法可达 10^{-12} mol/L。

（2）试样用量少、处理简单，能够实现多种元素快速同时分析，如极谱法。

（3）仪器简单，调试和操作也简单，易于小型化、智能化，现常见用于工业生产流程中的实时监控。

（4）一般测定值是活度而不是分析浓度，所以广泛应用于生理、医学检验中。

（5）选择性一般较差，只有离子选择性电极、修饰电极、极谱法及控制阴极电势电解法选择性相对较高。

第一节　电化学分析法概述

一、基本概念和术语

（一）化学电池

化学电池是化学能和电能相互转换的装置，通常由两组电极、至少一种电解质液和外电路三部分组成，是电化学研究的基础，按化学能和电能转换方式可分为原电池和电解池。简单的化学电池是由两组金属-电解质溶液体系构成，每一组金属-电解质溶液体系称为一个电极。电化学反应可认为就是发生在两组电极和电解质溶液界面间的氧化还原反应。

1. 氧化还原反应与电化学反应 有电子得失的反应称为氧化还原反应。氧化还原反应中得电子的物质是氧化剂，具有氧化其他物质的能力，本身被还原；失电子的物质是还原剂，具有还原其他物质的能力，本身被氧化。发生氧化反应的部分称为氧化半反应；发生还原反应的部分，则称为还原半反应。任何一个氧化还原反应都是由氧化半反应和还原半反应组成。例如，在 Zn 与 $CuSO_4$ 溶液的氧化还原反应中，Zn 比 Cu 活泼，将 Cu^{2+} 还原成 Cu，其氧化还原总反应和两个半反应分别为：

氧化还原总反应 $\qquad Zn+CuSO_4 \longrightarrow ZnSO_4+Cu$

氧化半反应 $\qquad Zn \longrightarrow Zn^{2+}+2e$

还原半反应 $\qquad Cu^{2+}+2e \longrightarrow Cu$

如图 11-1 所示，反应中，Zn 和 Cu^{2+} 间发生了电子转移，Zn 失去电子被氧化，是还原剂；Cu^{2+} 得到电子被还原，是氧化剂。由于反应中锌片和 $CuSO_4$ 溶液直接接触，所以电子直接从锌片转移给 Cu^{2+}，而得不到电流，反应释放出来的化学能转变为热能。

$$Zn+CuSO_4 \longrightarrow ZnSO_4+Cu \qquad \Delta_r H_m^{\ominus} = -211.46kJ/mol$$

由同种元素的氧化态和还原态构成一个半反应，组成一个得、失电子的氧化还原电对，通常电对符号表示为：氧化态/还原态，如 Zn^{2+}/Zn，Cu^{2+}/Cu，H^+/H_2。

可以认为，电化学反应是因氧化半反应与还原半反应相分离，而使电子由失电子区域定向移动到得电子区域的一类氧化还原反应。于是在这一移动路线上（电极或电解质溶液界面间）就有了电流（或传递电荷的离子流），形成了将化学能转换为电能的原电池，见图 11-2。如上所述，每一个被分离的半反应均可看成原电池的一极（电极）。不论是原电池还是电解池，通常将发生氧化反应、失电子的电极称为阳极，发生还原反应、得电子的电极称为阴极。

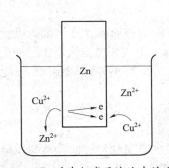

图 11-1 Zn 片在铜离子溶液中的反应

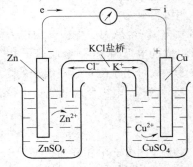

图 11-2 锌铜原电池

2. 原电池 如图 11-2 所示的原电池是把金属锌插进 $ZnSO_4$ 溶液中，金属铜插进 $CuSO_4$ 溶液中，用盐桥连通两电极的电解质液，再用外电路接通整个原电池。由于 Zn 比 Cu 活泼，Zn 更易形成 Zn^{2+} 溶进电解质液，失去的电子则通过外电路流向 Cu；Cu 得到电子后，会将电解质液中的 Cu^{2+} 还原成 Cu 沉积到 Cu 电极上。随着反应的进行，逐渐增多的 Zn^{2+} 会使电解质液净正电荷增加，减慢、停止 Zn 上电子的转移；同理，Cu^{2+} 受逐渐相对增加的 SO_4^{2-} 的影响，而停止被还原。盐桥能避免两组电解质液很快混合，还能让盐桥凝胶中的 K^+、Cl^- 分别流向两组电解质液，抵消增加的净正（负）电荷，使 Zn 上的电子能持续向 Cu 转移，让反应继续进行。综上所述，该电池的符号可表示为：

$$(-)Zn\,|\,ZnSO_4(a_1)\,\|\,CuSO_4(a_2)\,|\,Cu(+)$$

以单竖直线表示金属和电解质液的固液相界面，以双竖直线表示盐桥，a 表示活度（如果电极反应中有气体物则应标出其分压）。通常将阳极写在左边，阴极写在右边。

因此，氧化电极半反应 $Zn \longrightarrow Zn^{2+}+2e^-$ 阳极（负极）

还原电极半反应 $Cu^{2+}+2e^- \longrightarrow Cu$ 阴极（正极）

根据电极与电解质的接触方式，化学电池分为液接电池和非液接电池。液接电池的两电极同在一种电解质液中，非液接电池的两电极分别处于不同电解质溶液中，电解质液间用烧结玻璃隔开或用盐桥连接，如图 11-2。当两种不同种类或不同浓度的电解质液直接接触时，由于浓度梯度或离子扩散使离子在相接面产生迁移，因为离子间的迁移速率不同而产生电位差称为液接电位。液接电位会影响电池电动势的测量，实际工作中常在两电解质液间设置盐桥来减小液接电位。故，锌铜原电池的电动势按下式表示：

$$E = \varphi_c - \varphi_a + \varphi_{液接} = \varphi_右 - \varphi_左 + \varphi_{液接} \tag{11-1}$$

φ_c、φ_a 分别表示电池阴极和阳极的电位，$\varphi_右$、$\varphi_左$ 是分指位于电池符号中左右两端电极的电位，若使用盐桥则 $\varphi_{液接}$ 可忽略不计。由此可知，当 E 大于 0 时，电极反应能自发进行，对外提供电能，是原电池；当 E 小于 0 时，电极反应不能自发进行，须加一个大于该电池电动势的外加电压才能进行电极反应，属于电解池。

（二）电极电位

电极电位包含标准电极电位 $\varphi^\ominus$ 和条件电极电位 φ'。在实际工作中常采用 φ' 来替代 $\varphi^\ominus$。详解见第二篇第九章第一节三。

二、电极分类

（一）按结构分类

电极种类繁多，从结构上可把电极分为两大类。

1. 金属基电极   金属基电极是以金属为基体的电极，基于电子转移的一类电极，按结构和作用可再分为：

（1）金属-金属离子电极   由能发生氧化还原反应的金属插入含有该金属离子的溶液中，所组成的电极叫金属-金属离子电极，简称金属电极。其电极电位决定于溶液中金属离子的浓度，故可用于测定金属离子的含量。例如，将银丝插入 Ag^+ 溶液中组成 Ag 电极，其表示为 $Ag\,|\,Ag^+$，电极反应和电极电位为：

$$Ag^+ + e \Longrightarrow Ag$$

$$\varphi = \varphi' + 0.0592\lg c_{Ag^+}$$

此类电极因有一个相界面也称第一类电极。较活泼的金属如钾、钠、钙等在溶液中容易被腐蚀；硬金属如镍、铁、钨等电势不稳定，不宜直接用作这类电极。

（2）金属-金属难溶盐电极   是在金属电极上覆盖一层该金属的难溶盐并将该电极浸入含有该难溶盐阴离子的溶液中。其电极电位随溶液中阴离子浓度的变化而变化。例如，将表面涂有 AgCl 的银丝插入到 Cl^- 溶液中，组成银-氯化银电极，其表示为 $Ag\,|\,AgCl\,|\,Cl^-$，电极反应和电极电位为：

$$AgCl + e \Longrightarrow Ag + Cl^-$$

$$\varphi = \varphi' + 0.0592\lg \frac{1}{c_{Cl^-}}$$

此类电极对阴离子产生响应，因有两个界面，故又称第二类电极。常见的电极还有甘汞电极、汞-硫酸亚汞等电极。

（3）**惰性金属电极** 由惰性金属（铂或金）插入含有某氧化态和还原态电对的溶液中组成。铂和金等贵金属的化学性质较稳定，不参与化学反应，但其晶格间的自由电子可与溶液进行交换，使其成为溶液中氧化态和还原态取得电子或释放电子的场所，仅在电极反应过程中起一种传递电子的作用。其电极电位决定于溶液中氧化态和还原态浓度的比值。例如，将铂丝插入含有 Fe^{3+}、Fe^{2+} 溶液中组成电对，其表示为 $Pt|Fe^{3+}|Fe^{2+}$，其电极反应和电极电位为：

$$Fe^{3+}+e \Longrightarrow Fe^{2+}$$

$$\varphi = \varphi' + 0.0592 \lg \frac{c_{Fe^{3+}}}{c_{Fe^{2+}}}$$

此类电极因无界面，故又称为零类电极，或称氧化还原电极。如氢电极、氧电极和卤素电极均属此类电极。

2. 离子选择性电极 离子选择性电极也称膜电极。它是 20 世纪 60 年代发展起来的一类新型电化学传感器，是一种利用高选择性的电极膜对溶液中的特定待测离子产生选择性的响应，而测量特定待测离子活度的电极。这类电极的电极电位的形成是基于离子的扩散和交换，而无电子的转移。研究也证实，膜电极的电极电位与溶液中某一特定离子活度的关系符合 Nernst 方程。

（二）按用途分类

各种电极从用途上可分为指示电极、参比电极、工作电极和辅助电极。指示电极（indicator electrode）是指电极电势随溶液中待测离子活度改变而改变的电极，一些金属电极（如惰性电极）以及发展起来的各种离子选择性电极（如 pH 玻璃电极）是常用的指示电极。用来发生所需要的电化学反应或产生待测浓度的响应激发信号，用于测定过程中本体浓度会发生变化的体系的电极，称为工作电极。参比电极（reference electrode）是指在一定条件下（如离子活度、溶液温度、总离子强度和溶液组分等）具有恒定电位值的电极，氢电极、甘汞电极、银-氯化银电极常用作参比电极。但在必要时，任何电极既可作指示电极也可作参比电极。要搭成一个完整的电解电池还需要一个辅助电极。辅助电极完成工作电极上所产生反应的逆反应。通常，可用铂盘作为辅助电极。

拓展阅读
指示电极和工作电极的异同

两者都会因待测液浓度的变化而出现信号变化，最主要的区别是在测定过程中待测溶液本体浓度是否发生变化。因此，在电位分析法中的离子选择电极、极谱分析法中的低汞电极都称为指示电极。在电解分析法和库仑分析法的铂电极上，因电极反应改变了待测溶液的浓度，即称为工作电极。

三、参比电极

国际纯粹与应用化学联合会（IUPAC）规定，在氢离子活度为 1mol/L、通入的氢气压力为 101325Pa 时，标准氢电极（SHE）的电极电位任何温度下均为零。通常在无附加说明时，其他电极的电极电位值就是相对于标准氢电极的电极电位确定的，故标准氢电极作为确定其他电极电位的基本参比电极，常称为基准电极或一级参比电极。因此电极电位仅仅是一个相对值，绝对电极电位无法测量。但由于标准氢电极制作麻烦，操作条件难以控制，使用不便，因此，在实际中很少用它作为参比电极，而常用的参比电极是甘汞电极、银-氯化银电极等。由于这两种电极的电位值是与标准氢电极作比较而得出的相对值，故又称为二级参比电极。以下重点介绍这两种参比电极。

（一）甘汞电极

甘汞电极是由金属汞、甘汞（Hg_2Cl_2）和 KCl 溶液组成的电极，属于金属-金属难溶盐电极。甘汞电极的半电池表示为：

$$Hg \mid Hg_2Cl_2(s) \mid KCl(c)$$

电极反应为：

$$Hg_2Cl_2 + 2e \Longleftrightarrow 2Hg + 2Cl^-$$

25℃（298.15K）时，其电极电位表示为：

$$\varphi = \varphi' + 0.0592 \lg \frac{1}{c_{Cl^-}}$$

由此可见，甘汞电极电位的变化随氯离子浓度的变化，当氯离子浓度不变时，则甘汞电极的电位就固定不变。在 25℃时，三种不同浓度的 KCl 溶液的甘汞电极的电位分别为：

KCl 溶液浓度	0.1mol/L	1mol/L	饱和
电极电位（V）	0.3365	0.2828	0.2438

甘汞电极的构造如图 11-3 所示。

在电位分析法中常用的参比电极是饱和甘汞电极（saturated calomel electrode，SCE），其电位稳定，构造简单，保存和使用都很方便。但它也有缺陷，例如使用温度较低时受温度影响较大；温度改变时，电极电位平衡时间较长。

（二）银-氯化银电极

银-氯化银电极也属于金属-金属难溶盐电极，是由银丝镀上一薄层 AgCl，浸入到一定浓度的 KCl 溶液中所构成，如图 11-4 所示。

银-氯化银电极表示为：

$$Ag \mid AgCl(s) \mid KCl(c)$$

银-氯化银电极的电极反应为：

$$AgCl + e \Longleftrightarrow Ag + Cl^-$$

25℃（298.15K）时，其电极电位表示为：

$$\varphi = \varphi' + 0.0592 \lg \frac{1}{c_{Cl^-}}$$

同甘汞电极一样，电极电位的变化也随氯离子浓度的变化而变化，当氯离子浓度一定时，则电极电位就为一固定值，即可作为参比电极。在 25℃时，三种不同浓度的 KCl 溶液的银-氯化银电极电位分别为：

KCl 溶液浓度：	0.1mol/L	1mol/L	饱和
电极电位（V）	0.2880	0.2223	0.1990

银-氯化银电极适用的温度范围较宽，较少与其他离子反应，特别是在非水测量环境中，性能比饱和甘汞电极更优越。由于银-氯化银电极结构简单，可以制成很小的体积，因此，常作为离子选择性电极的内参比电极。

从甘汞电极和银-氯化银电极的电极电位计算公式可知，甘汞电极和银-氯化银电极虽然通常是作为参比电极，但它们的电极电位的变化也随氯离子浓度的变化而变化，所以又可以作为测定 Cl^- 的指示电极。因此，某种电极作参比电极还是指示电极，并不是固定不变的，应根据具体情况给予分析。

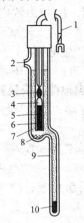

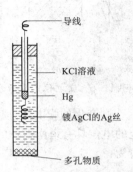

图 11-3　甘汞电极

图 11-4　银-氯化银电极

1. 导线　2. 侧管+橡皮塞　3. 汞　4. 甘汞糊　5. 石棉或纸浆
6. 玻璃管　7. KCl+缓冲液　8. KCl 晶体　9. 电极玻壳　10. 素烧瓷片

讨论：参比电极什么条件下可以成为指示电极？

四、指示电极

常见的指示电极有金属电极和离子选择性电极。离子选择电极中的敏感膜是其重要组成部分。敏感膜是一种能分开两种电解质液，并对某种物质产生选择性响应的薄膜。本章重点介绍离子选择性电极中的 pH 玻璃电极。

（一）pH 玻璃电极

1. pH 玻璃电极的构造　pH 玻璃电极是最早使用的非晶体固定基体电极，其构造如图 11-5 所示。其主要部分是电极下端的一种特殊的玻璃球形薄膜（敏感膜），膜的厚度约为 0.1mm，膜内盛有一定浓度的 KCl 的 pH 缓冲溶液（pH = 1），作为内参比液，溶液中插入一支银-氯化银电极作为内参比电极。由于玻璃电极的内阻很高（50~100MΩ），因此导线和电极的引出端都需高度绝缘，并装有屏蔽隔离罩以防漏电和静电干扰。

pH 玻璃电极的玻璃膜成分一般为 Na_2O（22%）、CaO（6%）、SiO_2（72%）。该玻璃电极对 H^+ 有选择性的响应，即称为 pH 玻璃电极。若改变玻璃膜的组成，就成为对其他离子产生选择性响应的玻璃电极。因此，除有 pH 玻璃电极外，还有可测定 Na^+、K^+、Ag^+ 和 Ca^{2+} 等离子浓度的玻璃电极，其结构与 pH 玻璃电极相似。

2. pH 玻璃电极对 H^+ 响应的原理　当玻璃电极的玻璃球形薄膜内、外表面与酸性或中性溶液接触时，表面上 Na_2SiO_3 晶体骨架中的 Na^+ 与水中的 H^+ 发生完全交换，在膜表面形成很薄的水化凝胶层，厚度为 10^{-4}~10^{-5}mm，其反应式如下：

$$Na^+ G^- + H^+ \rightleftharpoons Na^+ + H^+ G^-$$

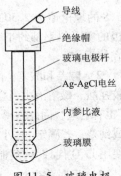

图 11-5　玻璃电极

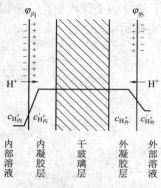

图 11-6 膜电位产生示意图

在玻璃膜中间部分（厚度约 10^{-1} mm），其点位上的 Na^+ 几乎没有与 H^+ 发生交换，称干玻璃层。当一支浸泡好的玻璃电极浸入待测溶液后，由于溶液中的 H^+ 浓度与凝胶层中的 H^+ 浓度不同，H^+ 将由浓度高的一方向浓度低的一方扩散。扩散达到平衡后，溶液和水化凝胶层间的相界面形成了双电层，即产生电位差，分别产生了内、外相界面电位 $\varphi_{内}$、$\varphi_{外}$。由于膜内外的 H^+ 浓度不同，则 $\varphi_{内}$ 和 $\varphi_{外}$ 不相等，由于这层球膜很薄，于是就能产生跨越了玻璃球膜的电位差，称为玻璃电极的膜电位 $\varphi_{膜}$，如图 11-6 所示。

道南电位（donnan）认为，膜两边的溶液浓度若为 $c_2 > c_1$，则产生的膜电位计算公式应为 $\varphi_{膜} = \varphi_1 - \varphi_2$。在离子选择性电极中，膜与溶液两相界面上的电位具有道南电位的性质。由于膜内为 pH ≈ 1 的缓冲液，故一般 $c_{内} > c_{外}$，因此，膜电位为：

$$\varphi_{膜} = \varphi_{外} - \varphi_{内} \tag{11-2}$$

因 $\varphi_{内}$、$\varphi_{外}$ 的大小与所接触溶液中的 H^+ 浓度大小有关，玻璃膜内盛装的是固定 pH 的缓冲溶液，即 $c_{H_内^+}$ 为一固定值，故膜电位又可表示为：

$$\varphi_{膜} = K + 0.0592 \lg c_{H_外^+} \tag{11-3}$$

式中 K 为膜电位的常数，与膜的物理性能和内参比液的 $c_{H_内^+}$ 有关。整个玻璃电极的电位应等于膜电位与内参比电极电位之和，即：

$$\varphi_{GE} = \varphi_{Ag-AgCl} + \varphi_{膜} \tag{11-4}$$

式（11-4）中 $\varphi_{Ag-AgCl}$ 为银-氯化银内参比电极电位，是常数，因此，在 25℃ 时玻璃电极电位与溶液的 H^+ 浓度或 pH 的关系为：

$$\varphi_{GE} = K' + 0.0592 \lg c_{H_外^+} = K' - 0.0592 pH_外 \tag{11-5}$$

$K' = K + \varphi_{Ag-AgCl}$，称为玻璃电极常数。公式（11-5）说明，玻璃电极的电位与待测溶液的 H^+ 浓度和 pH 的关系是符合能斯特方程式。因此，此式是 pH 玻璃电极测定溶液 pH 的定量测定理论依据。

3. pH 玻璃电极的性能

（1）电极斜率　当溶液中的 pH 改变一个单位时，引起玻璃电极电位的变化值称为电极斜率，用 S 表示。即：

$$S = -\frac{\Delta \varphi}{\Delta pH}$$

S 的理论值为 $2.303RT/F$，称为能斯特斜率。由于玻璃电极长期使用会老化，因此玻璃电极的实际斜率都约小于其理论值。在 25℃ 时，玻璃电极的实际斜率若低于 52mV/pH 时就不宜使用。

（2）碱差和酸差　pH 玻璃电极的 φ-pH 关系曲线只有在一定的 pH 范围内呈线性关系。在较强酸、碱溶液中，会偏离线性关系。普通 pH 玻璃电极在 pH 大于 10 的溶液中测定时，对 Na^+ 也有响应，因此测得 H^+ 浓度高于真实值，使 pH 读数低于真实值，产生负误差，也称为碱差或钠差；若测定 pH 小于 1 的酸性溶液时，pH 读数大于真实值，则产生正误差，即称酸差。若使用 Li_2O 代替 Na_2O 制成的玻璃电极，在 pH 为 13.5 内的溶液中测定，也不会产生碱差。

（3）不对称电位　从理论上讲，当玻璃球膜内、外两侧溶液的 H^+ 浓度相等时，$\varphi_{膜}$ 应为零。但实际上并不为零，仍有 $1\sim30mV$ 的电位差存在，此电位差称为不对称电位。它主要是由于玻璃膜内、外两表面的结构和性能不完全一致所造成。因此，为了让测量准确，在使用前须将 pH 玻璃电极放入水或弱酸溶液中充分浸泡（一般浸泡24小时左右），可以使不对称电位值降至最低，并趋于恒定。浸泡也利于玻璃膜表面形成水化凝胶层并充分活化，使电极能对 H^+ 产生响应。

（4）由于 pH 玻璃电极对 H^+ 的选择性系数 K_H^{pot}，其他干扰离子普遍很小，因此电极对 H^+ 的选择性好，响应快，适用范围广，不受氧化剂、还原剂、有色、浑浊或胶态溶液的影响。

（5）电极的内阻　玻璃电极的内阻很大，所以，必须使用高阻抗的测量仪器测定。

（6）温度　一般玻璃电极可在 $0\sim80$℃ 范围内使用，最佳温度为 $5\sim45$℃ 范围内使用，在因为温度过低过高，测量误差较大，电极的寿命也下降。此外，在测定标准溶液和待测溶液的 pH 时，温度必须相同。

（7）不能用于含 F^- 的溶液；玻璃球膜太薄，易破损。

拓展阅读

复合 pH 电极

将指示电极和参比电极组装在一起就构成了复合电极。目前使用的复合 pH 电极，通常是由玻璃电极与银-氯化银电极或玻璃电极与甘汞电极组合而成。其结构示意图如图 11-7 所示。

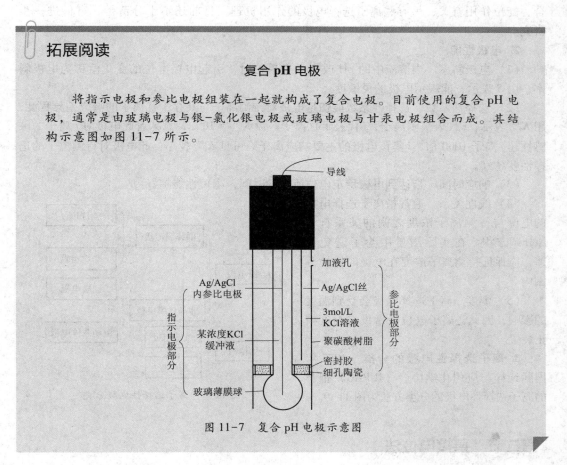

图 11-7　复合 pH 电极示意图

（二）其他离子选择性电极

1. 离子选择性电极基本结构与电极电位　离子选择性电极是一种对溶液中待测离子有选择性响应能力的电极。受电极敏感膜的特性影响，其构造会有变化，但一般都包括电极膜（敏感膜）、电极管、内充溶液和参比电极四个部分组成。如图 11-8 所示。

当膜表面与待测液接触时，膜对内、外溶液中某些离子有选择性的响应，通过离子

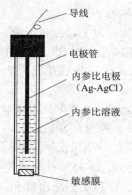

导线

电极管

内参比电极
（Ag-AgCl）

内参比溶液

敏感膜

图 11-8　离子选择性电极
基本构造示意图

交换或扩散作用在膜两侧建立电位差。因为内参比溶液浓度是一恒定值，所以离子选择性电极的电位与待测离子的浓度之间满足能斯特方程式。因此，测定原电池的电动势，便可求得待测离子的浓度。

对阳离子 M^{n+} 有响应的电极，其电极电位为：

$$\varphi = K' + \frac{0.0592}{n}\lg c_{M^{n+}} \qquad (11-6)$$

对阴离子 R^{n-} 有响应的电极，其电极电位为：

$$\varphi = K' - \frac{0.0592}{n}\lg c_{R^{n-}} \qquad (11-7)$$

应当指出离子选择性电极的膜电位不仅仅是通过简单的离子交换或扩散作用建立的，膜电位的建立还与离子的缔合、配位作用有关；另有些离子选择电极的作用机理，目前还不十分清楚，有待进一步研究。

2. 电极性能

（1）电极斜率　当溶液中的 pH 改变一个单位时，引起电极电位的变化值称为电极斜率，用 S 表示，能表示电极的灵敏度。

（2）选择性系数　选择性系数能衡量电极对待测离子与共存干扰离子的响应差异程度，用 $K_{i,j}^{pot}$ 表示，i 代表被测离子，j 代表干扰离子。设 $K_{i,j}^{pot} = 10^{-3}$，意味着此电极对 i 离子的敏感性超 j 离子 1000 倍，i 是该电极的主要响应离子。可见 $K_{i,j}^{pot}$ 越小，此电极对待测离子的选择性就越好。

（3）响应时间　指达到电极稳定电位所需的时间，越短性能越好。

（4）线性关系　通常指离子选择电极的电位与待测离子浓度之间的关系符合 Nernst 方程。在实际测量中为了避免误差，应保证待测离子浓度在电极的线性范围内。

（5）温度　离子选择电极会受到温度的影响，因此，离子电位计常设有温度校正装置。

3. 离子选择性电极的分类　1975 年国际纯粹与应用化学协会（IUPAC）推荐的离子选择性电极的分类方法为图 11-9。

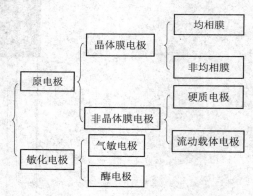

图 11-9　离子选择性电极分类

第二节　直接电位法

电位分析法是用一支指示电极和一支参比电极与待测液组成化学电池，在零电流条件下测量电池的电动势，进行定量分析的方法，见图 11-10。可以认为指示电极和参比电极上分别发生了一个氧化、还原半反应，只有插入同一溶液体系中用导线连接在一起，才能得到一个完整的氧化还原反应体系，才能构成一个完整的化学电池，才能测到该溶液体系中指示电极和参比电极间的电势差，即化学电池的电动势。电位分析法常见有直接电位法和电位滴定法。直接电位法是通过测定电池电动势，根据电池电动势与待测组分浓度之间的 Nernst 函数关系，而直接求待测组分浓度的电位法。常用于测定溶液的 pH 和其他离子浓度，本章重点介绍溶液的 pH 测定。

电位法测定溶液 pH，常用 pH 玻璃电极作指示电极，饱和甘汞电极作参比电极，将两个电极插入待测溶液中组成原电池。由于饱和甘汞电极的电位为 0.2438V，而 pH 玻璃电极根据公式（11-5）计算将会小于 0.1999V，所以饱和甘汞电极的电位高于 pH 玻璃电极，两者构成的原电池符号即表示为：

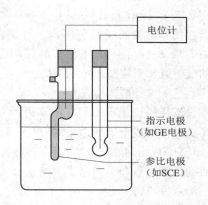

图 11-10　直接电位法的化学电池构造图

（-）Ag, AgCl | 内参比液 | 玻璃球膜 | 待测液 ‖ KCl（饱和）| Hg_2Cl_2, Hg（+）

25℃时，该电池的电动势 E 为：

$$E = \varphi_{SCE} - \varphi_{GE} \tag{11-8}$$

将公式（11-5）代入公式（11-8），得

$$E = 0.2438 - (K' + 0.0592\lg c_{H_{\text{液}}^+}) = 0.2438 - (K' - 0.0592pH)$$

合并常数 0.2438 和 K' 为 K''，得：

$$E = K'' - 0.0592\lg c_{H_{\text{液}}^+} = K'' + 0.0592pH \tag{11-9}$$

由图 11-9 可知，电池电动势 E 即某溶液体系中指示电极和参比电极间的电势差，可由电位计上读到的电池电动势 E 直接测出 pH，故由公式 11-9 即可求出该溶液体系的 pH：

$$pH = \frac{E - K''}{0.0592} \tag{11-10}$$

由公式（11-9）可知，该常数 K'' 包括饱和甘汞电极的电位、玻璃电极的性质常数 K'。实际工作中，玻璃电极的 K' 值常随不同的玻璃电极和组成不同的溶液而发生变化，甚至随电极使用时间的长短而发生微小变动，且每一支玻璃电极的不对称电位也不相同；又由于液接电位、不对称电位的存在，以及活度因子难于计算，故在直接电位法中 K'' 难以确定，因此一般不采用 Nernst 方程式公式（11-10）直接计算 pH 或待测离子浓度，而采用以下几种方法。

（一）两次测量法

先测量已知 pH_s 的标准缓冲溶液的电池电动势为 E_s，然后再测量未知 pH_x 的待测液的电池电动势为 E_x。在 25℃时，电池电动势与 pH 之间的关系，可按公式（11-9）得：$E_x = K'' + 0.0592pH_x$，$E_s = K'' + 0.0592pH_s$，得两式求解，将两式相减并整理，得：

$$pH_x = pH_s - \frac{E_s - E_x}{0.0592} \tag{11-11}$$

由公式（11-11）可知，用两次测量法测定溶液 pH 时，只要使用同一对玻璃电极和饱和甘汞电极，在相同的条件下，无须知道公式（11-10）中的"常数"和玻璃电极的不对称电位。因此，两次测量法可以消除玻璃电极的不对称电位和公式（11-10）中难测"常数"的不确定因素所产生的误差。值得注意的是，由于饱和甘汞电极在标准缓冲溶液和待测溶液中产生的液接电位不相同，由此会引起测定误差。若标准缓冲溶液和待测溶液的 pH 极为接近（$\Delta pH < 3$），则因液接电位不同而引起的误差可忽略。所以，测量时选用的标准缓冲溶液与样品溶液的 pH 应尽量接近。

（二）标准曲线法

在指示电极的线性范围内，分别测定浓度从小到大的标准系列溶液的电动势，并作 $E-\lg C_i$ 或 $E-pC_i$ 的标准曲线，然后在相同条件下测量待测液的电池电动势（E_x），最后在标准曲线上查出对应待测液的 $\lg C_x$。

（三）标准加入法

设试样溶液体积为 V_x，电动势为 E_x，求浓度 C_x。先测定由试样溶液（C_x，V_x）和指示与参比电极组成电池的电动势 E_1；再向该试液中加入浓度为 C_s（$C_s > 100C_x$），体积为 V_s（$V_s < V_x/100$）的标准溶液，混合后测得电动势为 E_s。由于 V_x 远大于 V_s，可认为 V_s 与 V_x 混合前后的活度系数和游离离子的摩尔分数能保持恒定，暂不考虑。由公式（11-6）、（11-7）和已知条件可得

$$E_x = K'' \mp \frac{0.0592}{n}\lg C_x \text{ 和 } E_s = K'' \mp \frac{0.0592}{n}\lg \frac{C_x V_x + C_s V_s}{V_x + V_s}$$，两次测量条件一致，故 K'' 相

等，整理得到：$C_x = \frac{C_s V_s}{V_s + V_x}\left(10^{\pm\left(\frac{(E_s - E_x)\cdot n}{0.0592}\right)} - \frac{V_x}{V_x + V_s}\right)^{-1}$

当待测离子为阳离子时公式中±取"+"、为阴离子取时"−"。

本法仅需要一种标准溶液，操作简单快速。在有大量配位剂存在的体系中，此法尤为有效。对于某些成分复杂的试样，用本法能得较高的准确度，要优于标准曲线法。此外还有样品加入法和格兰作图法等类似的处理方法。

（四）pH 计

用 pH 计测定溶液的 pH，无需对待测液作预处理，测定后不破坏、污染溶液，因此应用极为广泛。在药物分析中广泛应用于注射剂、大输液、滴眼液等制剂及原料药物的酸碱度的检查。

pH 计除可测定溶液的 pH 外，也可测定电池电动势（mV）。因此，它还可与各种离子选择性电极配合使用，直接测量电池电动势，在医学检验中大量用于体液中各种离子或气体的含量测定。

《中国药典》规定 pH 计的电极系统在测量前必须进行二次校正。先进行仪器的温度校正，再确定样品大致 pH，然后选用两种不同 pH 的标准缓冲液对仪器进行定位和实际斜率的校正，最后测定样品 pH。样品的 pH 应落在此两种的标准缓冲液的 pH 之间，两种的标准缓冲液的 pH 之差不宜大于 3。

第三节　电位滴定法

一、方法原理及特点

电位滴定法（potentiometric titration）是根据测定滴定过程中电池电动势的突变来确定滴定终点的方法。进行电位滴定时，在待测溶液中插入一只指示电极和一只参比电极组成原电池。随着滴定液的加入，滴定液与待测溶液发生化学反应，使待测离子的浓度不断地降低，而指示电极的电位也随待测离子浓度降低而发生变化。在化学计量点附近，当滴定液的加入，溶液中待测离子浓度发生急剧变化，而使指示电极的电位发生突变，引起电池电动势发生突变。因此，通过测量电池电动势的变化，则可确定化学计量点。电位滴定法与滴定分析法的主要区别是指示化学计量点方法不一样，前者是通过电池电动势的突变来

指示，而后者是通过指示剂的颜色转变来指示。进行电位滴定的装置如图 11-11 所示。

电位滴定法与指示剂滴定法相比较具有客观可靠，准确度高，易于自动化，不受溶液有色、浑浊的限制等优点，是一种重要的滴定分析法。对于没有合适指示剂确定滴定终点的滴定反应，电位滴定法就更为有利。可认为，只要能为待测离子找到合适的指示电极，电位滴定法就可用于任何类型的滴定反应。随着离子选择性电极的迅速发展，电位滴定法的应用范围也越来越广泛。

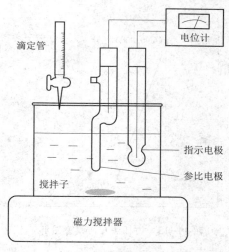

图 11-11　电位滴定装置示意图

二、确定滴定终点的方法

进行电位滴定时，记录滴定液的加入体积（V）和电位计上的电动势（E）。在化学计量点附近，因电动势变化加剧，应减小滴定液每次的加入体积至 $0.02 \sim 0.10$ml，这样可使滴定终点的确定更为准确。

计算如下：$\dfrac{\Delta E}{\Delta V} = \dfrac{E_2 - E_1}{V_2 - V_1}$，$\dfrac{\Delta^2 E}{\Delta V^2} = \dfrac{\Delta\left(\dfrac{\Delta E}{\Delta V}\right)}{\Delta V} = \dfrac{\left(\dfrac{\Delta E}{\Delta V}\right)_2 - \left(\dfrac{\Delta E}{\Delta V}\right)_1}{V'_2 - V'_1}$

其中：$V'_1 = \dfrac{V_1 + V_2}{2}$，$V'_2 = \dfrac{V_2 + V_3}{2}$

（一）图解法确定化学计量点

用图解法确定化学计量点的方法主要有三种。

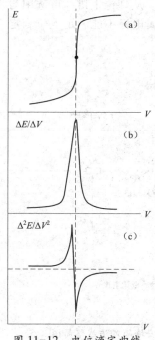

图 11-12　电位滴定曲线

1. E-V 曲线法　以滴定液体积 V 为横坐标，电位计读数值（电池电动势）为纵坐标作图，得到一条 E-V 曲线，如图 11-12（a）所示。此曲线中斜率最大处（突越点）所对应的体积即为化学计量点。此法应用方便，适用于滴定突跃内电动势变化明显的滴定曲线，否则应采取以下方法确定化学计量点。

2. $\dfrac{\Delta E}{\Delta V}$-$\bar{V}$ 曲线法　以 $\dfrac{\Delta E}{\Delta V}$ 为纵坐标，平均体积 $\bar{V}$（前、后两体积的平均值）为横坐标作图，得到一条凸峰形曲线。如图 11-12（b）所示。该曲线可看作 E-V 曲线的一阶导数曲线，所以本法又称为一阶导数法。凸峰状曲线的最高点（极大值）所对应的体积即为化学计量点的体积。

3. $\dfrac{\Delta^2 E}{\Delta V^2}$-$V$ 曲线法　用 $\dfrac{\Delta^2 E}{\Delta V^2}$ 对滴定液体积 V 作图，得到一条具有极大值和极小值的曲线，如图 11-12（c）所示。该曲线可看作 E-V 曲线的近似二阶导数曲线，所以该法又称为二阶导数法。曲线上 $\dfrac{\Delta^2 E}{\Delta V^2}$ 为零时所对应的体积，即为化学计量点的体积。

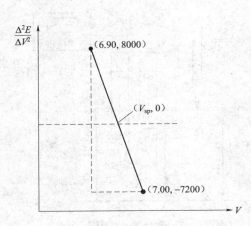

图 11-13 内插法几何模型图解

4. 内插法 由图 11-13 可知，确定了 $\frac{\Delta^2 E}{\Delta V^2} = 0$ 时两旁最近的两组数据，即可算出化学计量点的体积，这种方法称为内插法。

例 11-1，加入滴定液体积为 6.90ml 时，其 $\frac{\Delta^2 E}{\Delta V^2} = 8000$；加入 7.00ml 滴定剂时，$\frac{\Delta^2 E}{\Delta V^2} = -7200$。

设化学计量点（$\frac{\Delta^2 E}{\Delta V^2} = 0$）时，加入滴定液的体积为 V_{sp}，计算：

$$\frac{7.00 - 6.90}{-7200 - 8000} = \frac{V_{sp} - 6.90}{0 - 8000}$$

解得：$V_{sp} = 6.9526ml = 6.95ml$

三、电位滴定法指示电极的选择

电位滴定法适合于各类型滴定分析法。所不同的是，要根据不同的滴定反应类型，选择合适的指示电极。

1. 酸碱滴定 通常选用玻璃电极为指示电极，饱和甘汞电极为参比电极。在非水溶液酸碱滴定法中，为了避免由甘汞电极漏出的水溶液干扰非水滴定，可采用饱和的氯化钾-无水乙醇溶液代替电极中氯化钾饱和水溶液。

2. 氧化还原滴定 在水中的氧化还原滴定中，可采用铂电极作为指示电极，饱和甘汞电极作为参比电极。

3. 沉淀滴定 可采用银-玻璃电极系统，以及银-硝酸钾盐桥-饱和甘汞电极系统，进行滴定分析。

4. 配位滴定 对于不同的配位反应，可采用不同的指示电极。从理论上讲，可选用与待测离子相应的离子选择性电极作为指示电极，但实际上很多金属电极不能满足电位滴定的要求，因此，目前可用的电极不多。

第四节 永停滴定法

永停滴定法（dead-stop titration，亦称双指示电极电流滴定法）是用两支相同的惰性金属（如铂）为指示电极（面积为 $0.1 \sim 1cm^2$），在两个电极间外加一个小电压（常为 $10 \sim 200mV$），以保证指示电极上的反应不改变溶液的组成。通过观察滴定过程中电池系统的电流变化来确定滴定终点，见图 11-14。

一、可逆电对和不可逆电对

1. 可逆电对 在一定条件下氧化态获得电子变为还原态；在相同条件下，还

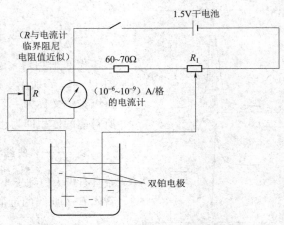

图 11-14 双电极安培滴定法线路简图

原态也能失去电子变为氧化态，这样的电对称为可逆电对，如 I_2/I^-。在溶剂（如无水吡啶）中插入 2 支铂电极，电极间外加一小电压，体系并无电流。当逐滴加入 I_2 与 I^- 的混合液时，阳极发生氧化反应 $2I^- \longrightarrow I_2 + 2e$，阴极发生还原反应 $I_2 + 2e \longrightarrow 2I^-$，在 2 支铂电极上，此氧化还原反应持续分别进行，同时出现电解作用，使体系出现持续电流。一定条件下，电流大小受溶液中 I_2 与 I^- 两者的浓度大小共同决定，若只有高浓度的 I_2 或 I^-，体系中电流也接近 0。

2. 不可逆电对　在相同条件下，电对的还原态与氧化态不能从外部得失电子实现相互转变，这样的电对称为可逆电对，如 $S_4O_6^{2-}/S_2O_3^{2-}$。在该电对的溶液中插入 2 支铂电极，电极间外加一小电压，在阳极上 $S_2O_3^{2-}$ 能发生氧化反应成 $S_4O_6^{2-}$，而阴极上 $S_4O_6^{2-}$ 不能发生还原反应成 $S_2O_3^{2-}$，不能产生持续电解作用，体系无电流。

二、滴定类型及终点判断

1. 滴定剂为可逆电对，待测物为不可逆电对　以 I_2 滴定液滴定 $Na_2S_2O_3$ 溶液为例，反应总方程式为：

$$I_2 + 2S_2O_3^{2-} \rightarrow 2I^- + S_4O_6^{2-}$$

开启永停滴定仪，终点前，溶液中只有 I^- 和不可逆电对 $S_4O_6^{2-}/S_2O_3^{2-}$，电极间无电流。终点后，$S_2O_3^{2-}$ 完全反应完，I_2 稍有剩余，溶液中立刻形成了可逆电对 I_2/I^-，在 2 支铂电极上发生电解作用，使体系有电流出现，从而指示终点到达。此类滴定以电流增大不再回零的拐点处为化学计量点，其滴定过程中电流随滴定液加入体积的变化曲线见图 11-15（a）。

2. 滴定剂为不可逆电对，待测物为可逆电对　以 $Na_2S_2O_3$ 滴定液滴定 I_2 溶液为例。开启永停滴定仪，滴定前，溶液中只有 I_2，体系无明显电流。随着滴定开始，I_2 被还原成 I^-，溶液中立刻形成了可逆电对 I_2/I^-，在 2 支铂电极上发生电解作用，使体系有电流出现，当 $[I^-] < [I_2]$ 时，电解电流受 $[I^-]$ 决定，随 $[I^-]$ 增大而增大；当反应进行到一半，$[I^-] = [I_2]$ 时，此时体系电解电流达到最大值；当 $[I^-] > [I_2]$ 时，电解电流受 $[I_2]$ 决定，随 $[I_2]$ 减小而减小。终点后，I_2 完全反应完，溶液中只有 I^- 和不可逆电对 $S_4O_6^{2-}/S_2O_3^{2-}$，电解作用停止，电流停在 0 附近并保持不动，从而指示终点到达。此类滴定以电流回零至不再变化的拐点处为化学计量点，永停滴定法以此得名，也称为死停滴定法。其滴定过程中电流随滴定液加入体积的变化曲线见图 11-15（b）。

3. 滴定剂和被测物均为可逆电对　以 $Ce(SO_4)_2$ 滴定液滴定 $FeSO_4$ 溶液为例，反应总方程式为：

$$Ce^{4+} + Fe^{2+} \Longleftrightarrow Ce^{3+} + Fe^{3+}$$

开启永停滴定仪，滴定前，体系有微弱电流。终点前，情况与第二种类型相同。终点时，溶液中只有 Ce^{3+} 和 Fe^{3+}，不能构成可逆电对，电解作用停止，但因大量金属离子存在而有微弱电流，电流停在 0 附近。终点后，$Ce(SO_4)_2$ 稍有剩余，溶液中立刻形成了可逆电对 Ce^{4+}/Ce^{3+}，电流又开始增大远离零点。其滴定过程中电流随滴定液加入体积的变化曲线见图 11-15（c）。

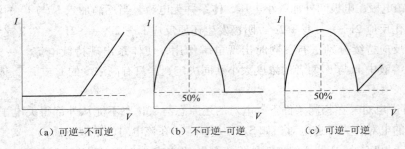

　　（a）可逆–不可逆　　　　　（b）不可逆–可逆　　　　　（c）可逆–可逆

图 11-15　不同类型电对滴定电流变化曲线图

三、实例分析

（一）亚硝酸钠滴定法

　　用亚硝酸钠滴定液滴定芳伯胺类药物时发生了重氮化反应。亚硝酸钠滴定液在反应中形成的 HNO_2 及其分解产物 NO 为可逆电对，而芳伯胺类药物与其重氮化产物为不可逆电对。因此，亚硝酸钠滴定法常采用永停滴定仪来指示滴定终点。

　　亚硝酸钠滴定液反应中，$NaNO_2$ 在酸性条件下形成的 HNO_2 与含芳伯胺基类的药物发生重氮化反应。HNO_2 及其分解产物 NO 为可逆电对，HNO_2/NO 能在双铂电极上发生电解反应，反应式如下：

阳极　　$NO + H_2O \rightleftharpoons HNO_2 + H^+ + e$

阴极　　$HNO_2 + H^+ + e \rightleftharpoons NO + H_2O$

（二）卡尔费休水分测定法

　　本法根据碘和二氧化硫能与水定量反应的原理来测定水分的。其基本反应为：

$$I_2 + SO_2 + H_2O \longrightarrow 2HI + SO_3$$

　　为了使反应能完全进行，需要用无水吡啶定量吸收 HI 和 SO_3，并用无水甲醇溶液进一步生成稳定的甲基硫酸氢吡啶，则总反应为：

$$I_2 + SO_2 + H_2O + CH_3OH + 3C_5H_5N \longrightarrow 2C_5H_5N \cdot HI + C_5H_5N \cdot HSO_4CH_3$$

　　其中，I_2/I^- 为可逆电对，而溶液中其他电对均为不可逆电对。一旦滴定剂中 I_2 剩余，就能和已生成的 I^- 构成可逆电对，体系立刻就有电流出现，因此，卡尔费休水分测定法也可以用永停滴定仪来指示滴定终点。

　📊 **重点小结**

　　本章主要介绍了电化学分析中电位法和永停滴定法的基本术语和概念，重点介绍了电化学分析的基本概念，指示电极和参比电极，直接电位法的工作原理、仪器的电极构成、基本操作及含量测定的方法，电位滴定法与永停滴定法确定滴定终点的方法。

目标检测

一、选择题

（一）最佳选择题

1. 在下列电极中可作为基准参比电极的是
   A. SHE
   B. SCE
   C. 玻璃电极
   D. 金属电极
   E. 惰性电极

2. 下列电极属于离子选择性电极的是
   A. 铅电极
   B. 银-氯化银电极
   C. 玻璃电极
   D. 氢电极
   E. 锌电极

3. 甘汞电极的电极电位与下列哪些因素有关
   A. $[Cl^-]$
   B. $[H^+]$
   C. P_{H_2}（氢气分压）
   D. P_{Cl_2}（氯气分压）
   E. $[AgCl]$

4. 用电位法测定溶液的 pH 应选择的方法是
   A. 永停滴定法
   B. 电位滴定法
   C. 直接电位法
   D. 电导法
   E. 电解法

5. 玻璃电极的膜电位的形成是基于
   A. 玻璃膜上的 H^+ 得到电子而形成的
   B. 玻璃膜上的 H_2 失去电子而形成的
   C. 玻璃膜上的 Na^+ 得到电子而形成的
   D. 溶液中的 H^+ 与玻璃膜上的 Na^+ 进行交换和膜上的 H^+ 与溶液中的 H^+ 之间的扩散而形成的
   E. 由玻璃膜的不对称电位而形成的

6. 电位法测定溶液的 pH 常选用的指示电极是
   A. 氢电极
   B. 锑电极
   C. 玻璃电极
   D. 银-氯化银电极
   E. 甘汞电极

7. 玻璃电极在使用前应预先在纯化水中浸泡
   A. 2 小时
   B. 12 小时
   C. 24 小时
   D. 48 小时
   E. 42 小时

8. 当 pH 计上所显示的 pH 与 pH=6.86 标准缓冲溶液不相符合时，可通过调节下列哪种部件使之相符
   A. 温度补偿器
   B. 定位调节器
   C. 零点调节器
   D. pH-mV 转换器
   E. 量程选择开关

9. 两支厂家、型号均完全相同的玻璃电极，它们之间可能不相同的指标是
   A. pH 使用范围不同
   B. 使用的温度不同
   C. 保存的方法不同
   D. 使用的方法不同
   E. 不对称电位不同

10. 电位法测定溶液的 pH 常选用的电极
    A. 氢电极-甘汞电极
    B. 锑电极-甘汞电极
    C. 玻璃电极-饱和甘汞电极
    D. 银氯化银电极-氢电极
    E. 饱和甘汞电极-银氯化银电极

11. 用直接电位法测定溶液的 pH，为了消除液接电位对测定的影响，要求标准溶液的 pH 与

待测溶液的 pH 之差为

A. 1   B. <3   C. >3

D. 4   E. >4

12. 消除玻璃电极的不对称电位常采用的方法是

    A. 用水浸泡玻璃电极   B. 用热水浸泡玻璃电极

    C. 用酸浸泡玻璃电极   D. 用碱浸泡玻璃电极

    E. 用两次测量法测定

13. 已知一支玻璃电极的选择性系数 $K_{H^+}/K_{Na^+} = 10^{-11}$，其值的意义为

    A. 玻璃电极对 H^+ 的响应比对 Na^+ 的响应高 11 倍

    B. 玻璃电极对 H^+ 的响应比对 Na^+ 的响应低 11 倍

    C. 玻璃电极对 Na^+ 的响应比对 H^+ 的响应高 11 倍

    D. 玻璃电极对 H^+ 的响应比对 Na^+ 的响应高 10^{11} 倍

    E. 玻璃电极对 H^+ 的响应比对 Na^+ 的响应低 10^{11} 倍

14. 已知待测水样的 pH 大约为 8 左右，仪器校正用标准缓冲液最好选

    A. pH4.01 和 pH6.86   B. pH1.68 和 pH6.86

    C. pH6.86 和 pH9.18   D. pH4.01 和 pH9.18

    E. pH6.86 和 pH12.45

15. 在电位的测定中盐桥的主要作用是

    A. 减小液体的液接电位   B. 增加液体的液接电位

    C. 减小液体的不对称电位   D. 增加液体的不对称电位

    E. 消除不对称电位

16. 对于电位滴定法，下面哪种说法是错误的

    A. 在酸碱滴定中，常用 pH 玻璃电极为指示电极，饱和甘汞电极为参比电极

    B. 弱酸弱碱以及多元酸（碱）不能用电位滴定法测定

    C. 电位滴定法具有灵敏度高，准确度高，应用范围广等特点

    D. 在酸碱滴定中，应用电位法指示滴定终点比用指示剂法指示终点的灵敏度高得多

    E. 电位滴定法中内插法是基于二阶导数法

（二）配伍选择题

[17~21] A. 曲线斜率最大处

             B. 曲线峰值处

             C. 曲线上 $\Delta^2 E/\Delta V^2$ 为零时所对应的体积

             D. 电流从 0 增大的拐点处

             E. 电流从大变至 0 的拐点处

17. $E-V$ 曲线法确定滴定终点时消耗体积的方法是

18. $\Delta^2 E/\Delta V^2 - V$ 曲线法确定滴定终点时消耗体积的方法是

19. 可逆电对滴定不可逆电对确定滴定终点时消耗体积的方法是

20. 不可逆电对滴定可逆电对确定滴定终点时消耗体积的方法是

21. 一阶导数曲线法确定滴定终点时消耗体积的方法是

（三）共用题干单选题

    用下面电池测量溶液的 pH 玻璃电极｜H^+（x mol/L）‖SCE 在 25℃时，测得 pH = 4.01 的标准缓冲溶液的电池电动式为 0.209V，测得待测溶液的电池电动式为 0.312V，计算待测

溶液的 pH。

22. 玻璃电极在本题中的作用是
    A. 参比电极　　　　　　　B. 指示电极　　　　　　　C. 定位电极
    D. 斜率电极　　　　　　　E. 复合电极

23. 电池符号中"‖"
    A. 一个相界面　　　　　　B. 盐桥　　　　　　　　　C. 两个相界面
    D. 导线　　　　　　　　　E. 电位计

24. 本题中标准缓冲溶液选择的原则是
    A. pH = 4.00　　　　　　　　　　　　　B. 与样品的 pH 尽量接近
    C. 与样品的 pH 之差大于 3　　　　　　 D. 能消除溶液中 H^+ 波动的影响
    E. 电极电位为 0.209V

25. 本题中测定溶液 pH 的方法为
    A. 永停滴定法　　　　　　B. 电位滴定法　　　　　　C. 两次测量法
    D. 玻璃电极法　　　　　　E. SCE 法

（四）X 型题（多选题）

26. 下列电极可作为参比电极的是
    A. 甘汞电极　　　　　　　B. 银-氯化银电极　　　　　C. 铂电极
    D. 玻璃电极　　　　　　　E. 氯电极

27. 玻璃电极在使用前，需在去离子水中浸泡 24 小时以上，目的是
    A. 消除不对称电位　　　　B. 消除液接电位　　　　　C. 使不对称电位趋于稳定值
    D. 减小不对称电位　　　　E. 形成水化凝胶层，活化电极

二、判断题

28. 甘汞电极只能充当参比电极

29. 玻璃电极的不对称电位可以通过用纯化水浸泡而消除

30. pH 玻璃电极的电位随溶液的 pH 的增大而增大

31. 电极的电位值越高表明其电对中氧化态物质的氧化性越弱

三、填空题

32. 在原电池中电极电位高的作为_____极，发生_____反应。

33. 写出电极电位的能斯特方程_____。

34. 写出 $Pb + Cu^{2+} = Pb^{2+} + Cu$ 原电池的符号_____。

35. 在实验条件下，要使反应 $Ox_1 + Red_2 = Ox_2 + Red_1$ 正向进行，其电对 1 和电对 2 应满足的
    条件是_____。

36. 参比电极是指_____。

37. 在铜锌原电池中最强的氧化剂是_____，最强的还原剂是_____。

实训十三　葡萄糖注射液和生理盐水的 pH 测定

一、实训目的

1. 熟练掌握 pH 计测定溶液的 pH 的方法。

2. 学会正确地校准、检验和使用 pH 计。

3. 学会两次测定法测定溶液的 pH。

二、实训原理

用直接电位法测定溶液 pH，常以玻璃电极为指示电极，饱和甘汞电极为参比电极，浸入待测溶液中组成原电池。其原电池表示符号为：

$$(-) \; GE \, | \, 待测溶液 \, \| \, SCE \; (+)$$

在具体测定时常用两次测量法，即用已知 pH 的标准缓冲溶液来校正 pH 计的真实电极斜率，然后再测定待测溶液的 pH。

三、仪器与试剂

pHS-3C 型 pH 计、250ml 小烧杯 3 个、100ml 小烧杯 4 个、邻苯二甲酸氢钾、磷酸氢二钠、磷酸二氢钾、硼砂、万分之一分析天平、葡萄糖注射液、生理盐水、纯化水、pH 试纸、滤纸片。

四、实训步骤

1. 标准 pH 缓冲溶液的配制

（1）邻苯二甲酸盐标准缓冲液（pH=4.01）　精密称取在 115℃±5℃ 干燥 2~3 小时的邻苯二甲酸氢钾 10.21g，加水使溶解并定量稀释至 1000ml。

（2）磷酸盐标准缓冲液（pH=6.86）　精密称取在 115℃±5℃ 干燥 2~3 小时的无水磷酸氢二钠 3.55g 与磷酸二氢钾 3.40g，加水使溶解并定量稀释至 1000ml。

（3）硼砂标准缓冲液（pH=9.18）　精密称取硼砂 3.81g（注意避免风化），加水使溶解并稀释至 1000ml，置聚乙烯塑料瓶中，密塞，避免空气中二氧化碳进入。

2. pHS-3C 型 pH 计的校准和检验

（1）仪器使用前准备　将浸泡好的复合 pH 电极夹在电极夹上，接上导线，用纯化水清洗两电极头部分，用滤纸吸干电极外壁上的水。

（2）仪器预热，测定前打开电源预热 20 分钟左右。

（3）仪器的校准　仪器在使用前需要校准，操作如下：

a. 将仪器功能选择旋钮置 pH 档。

b. 将复合 pH 电极插入 pH 接近 7 的标准缓冲溶液中（如 pH=6.86）。

c. 调节温度补偿旋钮，使所指示的温度与标准缓冲溶液的温度相同。

d. 将斜率调节器按顺时针旋转到底（100%）。

e. 将清洗过的电极插入到 pH=6.86 的标准缓冲溶液中，轻摇装有缓冲溶液的烧杯，电极反应达到平衡。

f. 调节"定位"旋钮，使仪器上显示的数字与标准缓冲溶液的 pH 相同（如 pH=6.86）。

g. 用 pH 试纸测试样品大致 pH，如样品成酸性，则选择 pH=4.01 的标准缓冲液，如样品成碱性，则选择 pH=9.18 的标准缓冲液。

h. 取出电极，用水清洗后，再插入另一标准缓冲溶液中（pH=9.18 或 pH=4.01），调节"斜率"旋钮进行校准，使仪器上显示的数字与标准缓冲溶液的 pH 相同。

3. 生理盐水的 pH 测定　将标准电极从缓冲溶液中取出，用纯化水清洗后，再用生理盐水清洗一次，然后插入生理盐水中，轻摇烧杯电极反应平衡后，读取生理盐水的 pH。

4. 葡萄糖注射液的 pH 测定　首先对 pHS-3C 型 pH 计进行校准，再用葡萄糖注射液清洗电极一次，然后插入葡萄糖注射液中，轻摇烧杯电极反应平衡后，读取葡萄糖注射液的 pH。

5. 结束工作 测量完毕，取出电极，清洗干净。用滤纸吸干复合 pH 电极外壁上的水，塞上橡皮塞后放回电极盒中，切断电源。若还要进行检验，则将复合 pH 电极泡在纯化水中。

6. 数据记录和结果处理

（1）生理盐水的 pH

测定份数	第 1 次	第 2 次	第 3 次
生理盐水的 pH			
平均值（pH）			

（2）葡萄糖注射液的 pH

测定份数	第 1 次	第 2 次	第 3 次
葡萄糖注射液的 pH			
平均值（pH）			

五、实训思考

1. pH 计测量样品含量采用的两次测量法的原理和操作方法，为什么？

2. 不同 pH 的标准缓冲溶液能否随意选择？

（谭　韬）

第十二章

分光光度法（上）

学习目标

知识要求 1. **掌握** 电磁辐射波长、波数、频率之间的相互关系；光的吸收定律物理意义、影响因素和有关计算；吸光系数的意义；紫外-可见吸收光谱产生的原因；紫外-可见分光光度法定性、定量及纯度检查的原理和方法。

2. **熟悉** 电磁波谱的分区；透光率与吸光度概念；偏离朗伯-比尔定律的因素和分析条件的选择；吸收光谱的绘制及应用；紫外-可见分光光度计的工作原理、基本部件及作用；紫外-可见光谱和红外光谱的一些基本概念和术语；红外分光光度法基本原理及应用。

3. **了解** 光谱分析法的分类及有关概念；物质对光的选择性吸收；红外光谱仪工作原理及其主要部件；红外光谱与分子结构的关系。

技能要求 1. 熟练掌握分光光度法对样品进行定量、定性分析的方法，能够按照紫外-可见分光光度计说明书或操作规程完成仪器的操作、维护与保养工作。

2. 学会运用紫外-可见分光光谱法和红外光谱法原理对化合物进行定性、定量分析的方法。

案例导入

案例： 青霉素钠又称青霉素 G 钠，是临床治疗中常用的抗生素类药物。青霉素钠在生产过程中可能引入过敏性杂质，如果不进行检查控制，在治疗使用时，若未对患者做过敏试验，就有可能导致患者过敏性休克，甚至造成心衰死亡。因此，在生产青霉素钠过程中，必须对其中杂质做限量和纯度检查。

《中国药典》2015 年版二部规定，用紫外-可见分光光度法测定青霉素钠中杂质限量。该方法具有准确、灵敏、操作简单方便等优点。

讨论： 1. 案例中用什么方法检测青霉素钠药物中的杂质？什么是分光光度法？有何特点？

2. 紫外-可见分光光度法在药学、食品领域中主要有哪些作用？

分光光度法（spectrophotometry）又称吸光光度法（absorptiometry），是基于物质对光的选择性吸收而建立起来的分析方法。该方法具有灵敏度高、操作简便、快速、仪器设备简单、应用广泛、准确度高等特点，是测定微量及痕量组分的常用方法。分光光度法包括比色法、紫外-可见分光光度法、红外光谱法和原子吸收光谱法等。本章讨论的分光光度法，将主要研究紫外-可见分光光度法和红外分光光度法。

> **第一节　总论**

一、光谱分析基本概念

光学分析法（optical analysis）是根据物质发射电磁辐射以及电磁辐射与物质相互作用为基础而建立起来的一类分析方法。光学分析法可分为光谱分析法和非光谱分析法。

光谱是当物质与辐射能相互作用时，物质内部发生能级跃迁，记录由能级跃迁所产生的辐射能强度与波长变化关系的图谱。利用物质的光谱进行定性、定量和结构分析的方法称光谱分析法（spectroscopic analysis）。光谱法可以分为原子光谱法和分子光谱法。原子光谱是由原子外层或内层电子能级的变化产生的，它的表现形式为线光谱。属于这类分析方法的有原子发射光谱法、原子吸收光谱法、原子荧光光谱法等。分子光谱是由分子中电子能级、振动能级和转动能级的变化产生的，表现形式为带光谱。属于这类分析方法的有紫外-可见分光光度法、红外光谱法、分子荧光光谱法等。光谱分析法广泛用于物质的定性、定量以及结构分析。包括发射光谱法、吸收光谱法和散射光谱法。

非光谱分析法是通过测量电磁辐射与物质相互作用时其折射、散射、衍射和偏振等性质而建立起来的一类分析方法，包括折射法、光散射法、偏振法、干涉法、旋光法等。本章主要讨论光谱分析法。

1. 电磁射辐和电磁波谱　电磁辐射是一种不需要任何物质作为传播媒介就可以巨大的速度通过空间的光子流（量子流），简称为光，又称电磁波。光具有波粒二象性，即波动性和粒子性。

（1）波动性　波动性体现在反射、折射、干涉、衍射以及散射等现象，可以用波长 λ、波数 σ 和频率 ν 来表征。

$$\sigma = \frac{1}{\lambda} = \frac{\nu}{C}$$

（2）粒子性　粒子性体现在吸收、发射、热辐射、光电效应等现象，可用每个光子具有的能量 E 来表征。光子的能量（E）与其频率（ν）、波长（λ）及波数（σ）之间的关系为：

$$E = h\nu = h\frac{C}{\lambda} = hC\sigma \tag{12-1}$$

式中，h 为普朗克（Planck）常数，为 $6.626 \times 10^{-34} \text{J} \cdot \text{s}$；$C$ 为光速 $2.9979 \times 10^{-10} \text{cm/s}$；$\sigma$ 为波数，单位为 cm^{-1}；λ 为波长，单位为 nm；光子能量 E 的单位常用电子伏特（eV）和焦（J）表示。式（12-1）的左端体现了光的粒子性，右端体现了光的波动性，它把光的波粒二象性联系和统一起来。由式（12-1）可知：光子能量与它的频率成正比，或与波长成反比，而与光的强度无关。

将电磁辐射按波长的长短顺序排列起来称为电磁波谱。

一般将波长大于 10nm 小于 1mm 范围的光，称为光学光谱区。此谱区是较广泛使用的谱区。该谱区包括一般使用的波长在 200～400nm 的紫外光谱区及人的视觉能感应的波长在 400～760nm 的可见光谱区。

波长比可见光更长的谱区为红外谱区。波长 760～2500nm 的光被称为近红外光，波长

$2.5 \sim 25\mu m$ 的谱区称为中红外区。分子的中红外光谱可以得到分子振动的信息，是用于结构分析的重要谱区。

2. 电磁辐射与物质间的相互作用　电磁辐射与物质相互接触时就会发生相互作用，作用的性质随光的波长（能量）及物质的性质而异。常见的电磁辐射与物质相互作用有：

（1）吸收　是原子、分子或离子吸收光子的能量（等于基态和激发态能量之差），从基态跃迁至激发态的过程。

（2）发射　是物质从激发态跃迁回至基态，并以光的形式释放出能量的过程。

（3）散射（瑞利散射）　光通过介质时会发生散射。散射中多数是光子与介质分子之间发生弹性碰撞所致，碰撞时没有能量变换，光频率不变，但光子的运动方向改变。

（4）拉曼散射　光子与介质分子之间发生了非弹性碰撞，碰撞时光子不仅改变了运动方向，而且还有能量的交换，光频率发生变化。

（5）折射和反射　光从介质Ⅰ照射到介质Ⅱ的界面时，一部分光在界面上改变方向返回介质Ⅰ，称为光的反射，另一部分光则改变方向，以一定的折射角度进入介质Ⅱ，此现象称为光的折射。

（6）干涉和衍射　在一定条件下光波会相互作用，当其叠加时，将产生一个其强度视各波的相位而定的加强或减弱的合成波，称为干涉。光波绕过障碍物或通过狭缝时，以约 $180°$ 的角度向外辐射，波前进的方向发生弯曲，此现象称为衍射。

拓展阅读

世界第一台光谱分析仪

"光谱（spectrum）"一词最早由牛顿 1672 年的论文"关于光和颜色的新理论"里首次提出。1859 年德国海德堡大学的化学家本生（Bunsen）和物理学家基尔霍夫（KiKhhoff）为了研究金属的光谱，开始共同探索通过辨别焰色进行化学分析的方法。他们把一架直筒望远镜和三棱镜连在一起，设法让光线通过狭缝进入三棱镜分光，这就是世界第一台光谱分析仪。"光谱仪"安装好后，他们系统地分析各种物质，本生在接物镜一边灼烧各种化学物质，基尔霍夫在接目镜一边进行观察、鉴别和记录，发现用这种方法可以准确地鉴别出各种物质的成分。从而奠定了一种新的化学分析方法——光谱分析法的基础，他们被公认为光谱分析法的奠基人。

二、光谱分析特点

光谱分析法可根据物质的光谱来鉴别物质及确定它的化学组成和相对含量。光谱分析法具有以下特点。

（1）操作简便，分析速度快　很多光谱分析无须对样品进行处理即可直接分析，如 X 射线荧光光谱法可直接分析固体、液体样品。原子发射光谱可同时对多种元素分析，省去复杂的分离操作等。

（2）不需纯标准样品即可进行定性分析　如原子发射光谱、红外光谱等只要根据已知谱图，即可进行定性分析。这是光谱分析的突出优点。

（3）选择性好，可同时测定多种元素或化合物。

（4）灵敏度高，可进行痕量分析　目前光谱分析法对常见元素或化合物的相对灵敏度可达到百万分之一，绝对灵敏度可达 10^{-8}。

（5）局限性 光谱法定量分析建立在相对比较的基础上，必须有一套标准样品作为基准，而且要求标准样品的组成和结构状态应与被分析的样品基本一致，使该种方法给实际应用具有一定的局限性。

> 讨论：颜色是如何产生的？

第二节 分光光度法原理

一、物质对光的选择性吸收

（一）物质的颜色与光的关系

如果我们将不同颜色的各种溶液放置在黑暗处，则什么颜色也看不到。由此可知，溶液呈现的颜色与光有着密切的关系，即物质呈现何种颜色，是与光的组成和物质本身的结构有关。人的视觉所能感觉到的光称为可见光，其波长范围在 400～760nm。如果让一束白光通过棱镜，便可分解为红、橙、黄、绿、青、蓝、紫七种颜色的光，这种现象称为光的色散。每种颜色的光具有一定的波长范围，理论上将具有同一波长的光称为单色光，包含不同波长的光称为复合光。白光是复合光，它不仅可由上述七种颜色的光混合而成，如果把其中两种特定颜色的单色光按一定的强度比例混合，也可以得到白光。这两种特定颜色的单色光就叫做互补色光。如图 12-1 中处于对角线关系的两种特定颜色光互为互补色光，如绿色光和紫色光互补，红色光和青色光互补等。

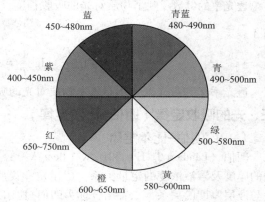

图 12-1　互补色光示意图

物质的颜色就是因为物质对不同波长的光具有选择性吸收作用而产生的。当一束白光作用于某一物质时，若物质选择性地吸收了某些波长的光，而让其余波段的光都透过，物质则呈吸收光的互补色光。例如，当一束白光通过 $KMnO_4$ 溶液时，$KMnO_4$ 溶液选择性地吸收了绿色光（500～580nm），而显现紫色。

（二）物质对光的选择性吸收

物质对光的吸收是物质与光能相互作用的一种形式。吸光物质具有吸光作用的质点是物质的分子或离子，当光照射到某物质后，该物质的分子就有可能吸收光子的能量而发生能级跃迁，这种现象叫做光的吸收。由分子结构理论知道，分子轨道能量具有量子化的特征，一个分子有一系列能级，包括许多电子能级、分子振动能级和分子转动能级。当物质分子对光的吸收符合普朗克条件：入射光能量与物质分子能级间的能量差 ΔE 相等时，这时与此能量相应的那种波长的光被吸收。即

$$\Delta E = E_1 - E_0 = h\nu = \frac{hc}{\lambda} \tag{12-2}$$

式中，ΔE 为吸光分子两个能级间的能量差；λ 或 ν 称为吸收光的波长或频率；h 为普朗克常数。

连续光谱中某些光子的能量被物质吸收后，就形成了分子吸收光谱。由于不同物质的分子结构（能级差 ΔE）不同，产生的分子吸收光谱也不同，即对光的选择性吸收也就不同，所以物质对光具有选择吸收性。选择吸收的性质反映了分子内部结构的差异。

二、透光率和吸光度

当一束强度为 I_0 的平行单色光通过一均匀、非散射的吸收介质时，由于吸光物质分子与光子作用，一部分光子被吸收，一部分光子透过介质。如图 12-2 所示，即

$$I_0 = I_a + I_t$$

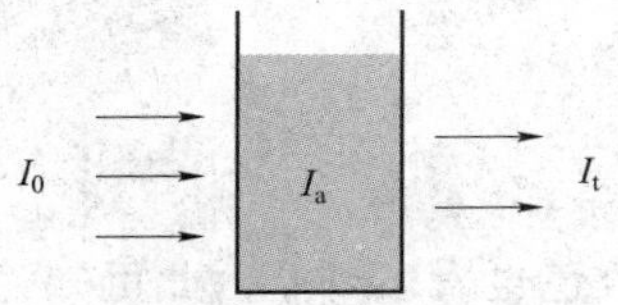

式中，I_0 为入射光强度，I_a 为溶液吸收光的强度，I_t 为透过光的强度。

透过光的强度 I_t 与入射光强度 I_0 之比称为透射比或透光率（transmittance），用 T 表示。

图 12-2　光通过溶液示意图

$$T = \frac{I_t}{I_o} \tag{12-3}$$

从式（12-3）可看出，溶液的透光率越大，表示溶液对光的吸收越少；反之，透光率越小，表示溶液对光的吸收越多。透光率通常用百分率表示。

透光率的倒数反映了物质对光的吸收程度，取它的对数 $\lg \frac{1}{T}$ 称为吸光度（absorbance），用 A 表示。

$$A = \lg \frac{I_0}{I_t} = \lg \frac{1}{T} = -\lg T, \quad T = 10^{-A} \tag{12-4}$$

透光率 T 和吸光度 A 都是表示物质对光的吸收程度的一种量度。

三、光的吸收定律（朗伯-比尔定律）

（一）朗伯-比尔定律

朗伯（Lambert J. H）和比尔（Beer A）分别于 1760 和 1852 年研究了光的吸收与溶液层的厚度及溶液浓度的定量关系。比尔定律说明吸光度与浓度的关系，朗伯定律说明吸光度与液层厚度的关系，二者结合称为朗伯-比尔定律，也称光的吸收定律。

当一束强度为 I_0 的平行单色光垂直照射到厚度为 L 的液层、浓度为 C 的溶液时，由于溶液中分子或离子对光的吸收，通过溶液后光的强度减弱为 I_t，则：

$$A = \lg \frac{I_0}{I_t} = \lg \frac{1}{T} = KCL \tag{12-5}$$

式中，A 为吸光度；L 为吸光介质的厚度，亦称光程，实际测量中为光通过吸收池待测溶液的厚度，单位为 cm；C 为吸光物质的浓度，单位为 mol/L 或质量浓度 g/100ml；K 为比例常数（ε 或 $E_{1cm}^{1\%}$）。

式（12-5）是光的吸收定律（朗伯-比尔定律）的数学表达式。其物理意义：当一束平行单色光垂直通过均匀、无散射现象的溶液时，溶液的吸光度 A 与吸光物质的浓度 C 及液层厚度 L 的乘积成正比。这是分光光度法进行定量分析的依据。

朗伯-比尔定律不仅适用于有色溶液，也适用于无色溶液、气体和固体的非散射均匀体系；不仅适用于可见光区的单色光，也适用于紫外和红外光区的单色光。

> **讨论：**朗伯-比尔定律适用的条件是什么？

吸光度具有加和性。当体系（溶液）中含有多种吸光物质对某特定波长的单色光均有吸收，且各组分吸光质点间彼此不发生作用时，体系（溶液）对该波长单色光的总吸光度等于各组分的吸光度之和。即

$$A_{总} = A_a + A_b + A_c + \cdots$$

式中，$A_{总}$ 为总吸光度；A_a、A_b、A_c、……为体系中各种吸光物质 a、b、c、……的吸光度。根据这一规律，可以进行多组分物质的测定及某些化学反应平衡常数的测定。

（二）吸光系数

在朗伯-比尔定律 $A = KCL$ 中，比例常数 K 也称为吸光系数（absorption coefficient）。根据浓度 C 单位不同，K 值含义也不尽相同。常有摩尔吸光系数 ε 和百分吸光系数 $E_{1cm}^{1\%}$ 之分。

1. 摩尔吸光系数　L 的单位通常以 cm 表示，当 C 的单位为 mol/L 时，此时的吸光系数为摩尔吸光系数，用 ε 表示，ε 单位为 L/（mol·cm）。此时朗伯-比尔定律为 $A = \varepsilon CL$。摩尔吸光系数 ε 是吸光物质在特定波长下的特征常数，其物理意义为一定波长的单色光通过浓度为 1mol/L，液层厚度为 1cm 的吸光物质的吸光度。

朗伯-比尔定律只适用于浓度小于 0.01mol/L 的稀溶液。所以在分析实践中，不能直接取浓度为 1mol/L 的有色溶液来测定 ε 值，而是在适当的低浓度时测定该有色溶液的吸光度，通过计算求得 ε 值。摩尔吸光系数 ε 与吸光物质的性质、入射光波长、溶剂等因素有关。摩尔吸光系数 ε，反映吸光物质对光的吸收能力，也反映用分光光度法测定该吸光物质的灵敏度，是选择显色反应的重要依据。ε 值愈大，表示吸光质点对某波长的光吸收能力愈强，分光光度法测定的灵敏度就愈高。

例 12-1　铁（Ⅱ）质量浓度为 5.0×10^{-4}g/L 的溶液与邻菲罗啉反应，生成橙红色配合物，该配合物在波长为 508nm、比色皿厚度为 2cm 时，测得 $A = 0.19$。计算邻菲罗啉亚铁的 ε。

解：已知铁的摩尔质量为 55.85g/mol，根据朗伯-比尔定律得

$$C = \frac{5.0 \times 10^{-4}\text{g/L}}{55.85\text{g/mol}} = 8.95 \times 10^{-6}(\text{mol/L})$$

$$\varepsilon = \frac{A}{CL} = \frac{0.19}{8.95 \times 10^{-6} \times 2} = 1.1 \times 10^4 \left[\text{L/(mol·cm)}\right]$$

2. 百分吸光系数　百分吸光系数也称比吸光系数，它是指在波长一定时，溶液浓度为 1%（g/100ml），液层厚度为 1cm 时的吸光度，用 $E_{1cm}^{1\%}$ 表示，单位为 ml/（g·cm）。$E_{1cm}^{1\%}$ 越大，灵敏度越高。此时式（12-5）改为：

$$A = E_{1cm}^{1\%} CL$$

摩尔吸光系数 ε 与百分吸光系数 $E_{1cm}^{1\%}$ 的关系为：

$$\varepsilon = E_{1cm}^{1\%} \frac{M}{10} \tag{12-6}$$

式中，M 为被测物质的摩尔质量（g/mol）。ε 与 $E_{1cm}^{1\%}$ 均为吸光物质的特征参数。样品质量检测实际工作中常用百分吸光系数。

3. 桑德尔灵敏度　桑德尔（Sandell）灵敏度是用来表征吸光光度分析的灵敏度，用 S 来表示。S 是指当仪器的检测极限 $A = 0.001$ 时，单位截面积光程内所能检测出来的吸光物

质的最低质量，其单位为 $\mu g \cdot cm^2$，S 与 ε 及吸光物质摩尔质量 M 的关系为

$$S = \frac{M}{\varepsilon} \qquad (12-7)$$

显然，摩尔吸光系数越大，S 越小，测定灵敏度越高。

四、影响光吸收定律的因素

根据光的吸收定律，以吸光度 A 对浓度 C 作图时，应得到一条通过坐标原点的直线，称为校正曲线，即标准曲线。但在实际测量中，常常遇到偏离线性关系的现象，即曲线向下或向上发生弯曲，产生负偏离或正偏离，这种情况称为偏离朗伯-比尔定律。如图 12-3 所示。若在曲线弯曲部分进行定量分析，将会引起较大误差。

偏离光吸收定律的原因主要是仪器或被测溶液的实际条件与光的吸收定律所要求的理想条件不一致。偏离朗伯-比耳定律的因素很多，但基本上可以分为物理方面的因素和化学方面的因素两大类。现分别进行讨论。

（一）物理因素

1. 单色光不纯所引起的偏离 朗伯-比尔定律只适用于单色光。在光度分析仪器中，使用的是连续光源，用单色器分光，用狭缝控制光谱带的密度，因而投射到吸收溶液的入射光，常常是一个有限宽度的光谱带，不是真正的单色光，也就是得到的入射光实际上是具有某一波段的复合光。由于非单色光使吸收光谱的分辨率下降，因而导致了对朗伯-比尔定律的偏离。

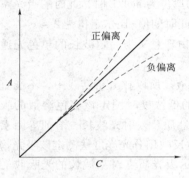

图 12-3 标准曲线对朗伯-
比尔定律的偏离

为了克服非单色光引起的偏离，应使用比较好的单色器；将入射光波长选择在被测物的最大吸收波长处。

2. 介质不均匀引起的偏离 光的吸收定律要求吸光物质溶液是均匀的、非散射的。如果被测溶液不均匀，是胶体溶液、乳浊液或悬浮液时，当入射光通过溶液后，除一部分被试液吸收外，另一部分因反射、散射现象而损失，使透射比减少，实测吸光度大于理论值，标准曲线发生正偏离。

3. 入射光不平行引起的偏离 朗伯-比尔定律适用条件是入射光平行并且与吸收池的入射面垂直。如果入射光不平行并且与吸收池的入射面不垂直将导致其平均光程大于吸收池的厚度 L，使实际测得的吸光度大于理论值。

（二）化学因素

光的吸收定律是建立在吸光物质质点之间没有相互作用的前提下，即只适用于较稀的溶液。当溶液浓度较高（如 $>0.01mol/L$）时，吸光物质的分子或离子间的平均距离减小，从而改变物质对光的吸收能力，即改变物质的摩尔吸收系数而使吸光度与浓度之间的线性关系被破坏，导致光吸收定律偏离。另外，溶液中的吸光物质常因离解、缔合、配位以及与溶剂的作用等而发生偏离朗伯-比尔定律的现象。

五、吸收光谱

如果测量某物质对不同波长单色光的吸收程度，以入射光波长 λ（nm）为横坐标，以该物质对应波长光的吸光度 A 为纵坐标作图，得到光吸收程度随波长变化的关系曲线，这就是光谱吸收曲线，也称为吸收光谱（absorption spectrum）。吸光度值最大处称为最大吸收峰，它所对应的波长称为最大吸收波长，用 λ_{max} 表示。在 λ_{max} 处测得的摩尔吸光系数为

ε_{max}。ε_{max} 能直观地反映用吸光光度法测定该吸光物质的灵敏度。吸收光谱描述了该物质对不同波长光的吸收能力。图 12 - 4 是 $KMnO_4$ 溶液的吸收曲线。可见，在可见光范围内，$KMnO_4$ 溶液对波长 525nm 附近的绿色光有最大吸收，此处的波长称为最大吸收波长。不同浓度的同一物质，吸收曲线形状相似，最大吸收波长相同，但吸光度值不同。由图 12-4 可知，在一定波长处 $KMnO_4$ 溶液的吸光度随浓度的增高而增大。在一定条件下，一定浓度范围的稀溶液的吸光度与浓度成正比例，符合比尔定律，这是分光光度法定量分析的依据。

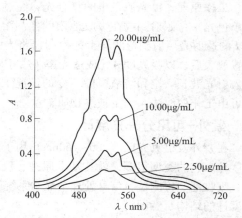

图 12-4 不同浓度的 $KMnO_4$ 溶液的吸收曲线

此外，不同物质的吸收曲线形状和最大吸收波长不同，说明物质对不同波长光的吸收与物质结构有关，这是分光光度法对物质进行定性分析的依据。

吸收曲线的一个重要作用是可以依据它选择定量分析的测定波长。通常选择最大吸收波长 λ_{max} 作为测定波长。在最大吸收波长 λ_{max} 处，测定的灵敏度最高，而非单色光所引起的对光吸收定律偏离也最小，测定的准确度最高。因此，吸收曲线是分光光度法中选择测定波长的重要依据。

> **讨论：** 在其他条件不变时，对于同一种待测物质浓度不同时，得到的吸收曲线有什么变化（形状、吸收值、最大吸收波长）？

第三节 分光光度仪器的构造

一、分光光度计的工作原理和测定样品含量的原理

光谱分析仪器中常用的为分光光度计，包括紫外分光光度计、可见分光光度计、紫外-可见分光光度计、红外分光光度计、原子吸收分光光度计、荧光分光光度计等。分光光度计（spectrophotometer）是用于测量和记录被测物质在特定波长或一定范围波长光的吸收度，并进行定性和定量分析的仪器。各类光度计尽管构造各不相同，但基本结构都相同，由光源（light source）、单色器（monochromator）、吸收池（cell）、检测器（detector）和信号处理及显示器（display）五部分组成。如图 12-5 所示。

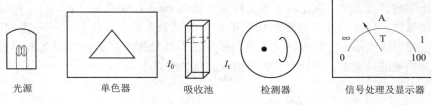

光源　　　　单色器　　　　吸收池　　　检测器　　　　信号处理及显示器

图 12-5 分光光度计基本构造示意图

工作原理 由光源发出的复合光，经过单色器转变为一定波长的单色光，当强度为 I_0 的单色光平行照射到放在吸收池中的样品溶液时，一部分光被吸收，光强发生变化，强度为 I_t 的透射光照射到检测器上，检测器将光强度变化转换为电信号变化，并经记录及读出装置放大后，以吸光度 A（或透光率 T）等显示或打印出来，完成测定。根据光吸收定律，在入射光波长一定和溶液厚度不变的情况下，溶液的吸光度与待测物质的浓度成正比，由此可由工作曲线法，确定被测物质含量。

二、紫外-可见分光光度计

在紫外及可见光区（200~760nm）用于测定溶液吸光度的分析仪器称为紫外-可见分光光度计。它的类型很多，就其基本原理、仪器结构与分光光度计相似，由辐射光源、单色器、吸收池、检测器、信号处理及显示系统五部分组成。图12-6是双光束紫外-可见分光光度计的结构示意图。

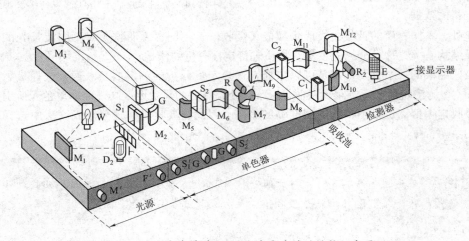

图 12-6　双光束紫外-可见分光光度计的结构示意图

（一）仪器的基本构造与作用

1. 辐射光源 辐射光源的作用是提供激发能，使待测分子产生吸收。对光源的基本要求是能够在所需波长范围内提供足够强而稳定的连续光谱，且有较长使用寿命。

常用的光源有热辐射光源和气体放电光源。热辐射光源用于可见光区和近红外光区，如钨灯和卤钨灯，使用的波长范围在 320~2500nm。气体放电光源用于近紫外光区，如氢灯和氘灯，可在 185~375nm 范围内产生连续光源。

2. 单色器 单色器的作用是使光源发出的连续光变成所需波长的单色光。通常由入射狭缝、准直镜、色散元件、聚焦透镜和出射狭缝构成，如图12-7所示，其核心部分是色散元件。入射狭缝用于限制杂散光进入单色器，准直镜将入射光束变为平行光束后进入色散元件。色散元件将复合光分解成单色光，然后通过聚焦透镜将平行光聚焦于出射狭缝。出射狭缝用于限制谱带宽度。常用的色散元件是光栅（raster）和棱镜（prism）。狭缝是单色器中的重要部件。狭缝的宽度直接影响到单色光的谱带宽度，宽度过大单色光的纯度差，宽度过小，光强度太小，降低检测灵敏度。故单色器的性能直接影响入射光的单色性，从而也影响到测量的灵敏度、选择性及校准曲线的线性关系等。

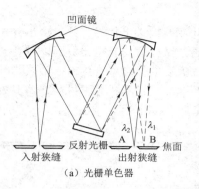
（a）光栅单色器

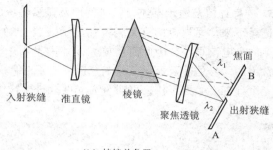
（b）棱镜单色器

图 12-7　光栅和棱镜单色器构成图

拓展阅读

单色器

棱镜　棱镜有石英和玻璃两种材料，它们的色散原理是依据不同的波长光通过棱镜时有不同的折射率，而将混合光中所包含的各个波长光从长波到短波依次分散成为一个连续光谱。棱镜分光得到的光谱按波长排列是疏密不均的，光距与各条波长是非线性的。

光栅　光栅是一种在高度抛光的表面上刻有许多等宽度、等距离的平行条痕狭缝的色散元件，它是利用光的衍射与干涉作用制成的。它可用于紫外、可见和近红外光谱区域。来自光源的混合光束经凹面镜反射至光栅，经光栅分光后形成依角度大小分布的连续单色光，通过旋转光栅角度使特定波长的单色光经另一凹面镜聚集到出射狭缝。光栅在整个波长区域中具有良好的、均匀一致色散率，且有色散波长范围宽、分辨率高、成本低、便于保存和易于制备等优点，是目前使用最多的色散元件。

3. 吸收池　吸收池又称比色皿，是用来盛放被测试样的。按制作材料可分为石英吸收池和玻璃吸收池。前者适用于紫外-可见光区，后者只适用于可见光区。吸收池厚度在 0.1~10cm 之间，常用的吸收池厚度为 1cm，根据被测试样的浓度和吸收情况来选择合适的吸收池。在每次分析测定中，吸收池应挑选配对使用，否则将使测试结果失去意义。

为了减少入射光的发射损失和造成光程差，仪器测量在放置吸收池时，应使其透光面垂直于光束方向并注意其方向性标示。使用吸收池时，应先用溶剂洗涤吸收池，然后再用被测试样溶液润洗 3 次，注入溶液的高度为吸收池的 2/3~4/5 处即可。拿取吸收池时，应拿吸收池毛玻璃的两面，不要触摸透光面。吸收池外沾有液体时，应小心地用擦镜纸擦净，保证其透光面上没有斑痕。避免测定含强酸或强碱的溶液。每次使用完毕的吸收池，一般先用相应溶剂或自来水冲洗，再用蒸馏水冲洗 3 次，倒置于干净的滤纸上晾干，然后存放于吸收池盒中。注意：不可使用碱性洗液，也不能用硬布、毛刷刷洗。

4. 检测器　检测器又称光电转换器，它的功能是将透过吸收池的光信号转变成可测量的电信号。要求灵敏度高、响应时间短。常用的有光电池、光电管或光电倍增管，后者较前者更灵敏，它具有响应速度快、放大倍数高、频率响应范围广、噪声水平低、稳定性好等优点，特别适用于检测较弱的辐射信号。近年来还使用光导摄像管或光电二极管阵列作检测器，具有快速扫描功能。

5. 信号处理及显示系统 信号处理及显示系统的作用是放大电信号，并以适当方式显示或记录下来。通常包括放大装置和显示装置。由于透过试样后的光很弱，所以射到光电管产生的光电流很小，因此需要放大才能测量出来，放大后的信号可直接输入记录式电位计。常用的信号处理及显示系统有检流计、数字显示仪、微型计算机等。目前，大多数的分光光度计配有微处理机，可对分光光度计进行操作控制和数据处理。

拓展阅读

二极管阵列检测器

二极管阵列检测器（photo-diode array，PDA）是以光电二极管阵列作为检测元件。光电二极管是目前最主要、最常用的光学多通道检测技术的光电检测元件。它可构成多通道并行工作，同时检测由光栅分光，再入射到阵列式接受器上的全部波长的信号，然后，采用电子学和计算机技术对二极管阵列快速扫描采集数据，由于扫描速度非常快，可得到时间、光强度和波长的三维光谱图。与普通 UV-Vis 检测器区别是，普通 UV-Vis 检测器是先用单色器分光，仅让特定波长的光进入吸收池。而二极管阵列 UV-Vis 检测器是先让所有波长的光都通过吸收池，然后通过一系列分光技术，使所有波长的光在接受器上被检测。

（二）仪器的类型

紫外-可见分光光度计，可分为单光束分光光度计、双光束分光光度计和双波长分光光度计。

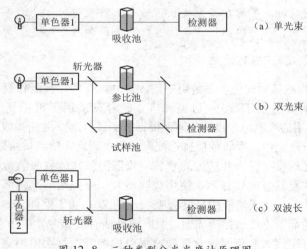

图 12-8 三种类型分光光度计原理图

1. 单光束分光光度计 经单色器分光后的一束平行单色光，轮流通过参比溶液和试样溶液，以进行吸光度的测定。这种简易型分光光度计结构简单，操作方便，易于维修，适用于测定特定波长的吸收，进行定量分析。其原理如图 12-8(a)。

2. 双光束紫外-可见分光光度计 双光束仪器中，从光源发出的光经单色器分光后，再经旋转斩光器分成两束，交替通过参比池和试样池，测得的是透过试样溶液和参比溶液的光信号强度之比。双光束仪器克服了单光束仪器由于光源不稳引起的误差，并且可以对全波段进行扫描。其原理如图 12-8(b)。

3. 双波长紫外-可见分光光度计 该仪器既可用作双波长分光光度计，又可用作双光束仪器。其原理如图 12-8(c)。由同一光源发出的光被分成两束，分别经过两个单色器，得到两个不同波长的单色光 λ_1 和 λ_2，由斩光器并束，使其在同一光路交替通过同一吸收池，由光电倍增管检测信号，得到的信号是两波长处吸光度之差 ΔA。双波长仪器的主要特点：

（1）不需参比液，克服了电源不稳而产生的误差，灵敏度高、选择性高。

（2）对浑浊试样进行测定时，可消除背景吸收。

（3）适当选择波长，简化混合组分同时测定过程。

（4）可测定导数光谱（derivative spectrum）。

（三） 分光光度计的维护和保养

分光光度计是精密光学仪器，正确的安装、使用、维护和保养对保持仪器良好的性能和保证测试的准确度有重要作用。

1. 对仪器工作环境的要求 分光光度计应安装在周围不应有强磁场、稳固的工作台上，室内温度宜保持在 16~28℃，相对湿度宜控制在 45%~65%。室内应无腐蚀性气体，避免阳光直射。

2. 仪器的维护和保养

（1）仪器工作电源一般为（220±10%）V，最好配备电源稳压器。

（2）为了延长光源使用寿命，在不使用时不要开光源灯；如果光源灯亮度明显减弱或不稳定，应及时更换；更换时不要用手直接接触窗口或灯泡，以免影响光效率。

（3）单色器是仪器的核心部分，装在密封盒内，不能拆开；为防止色散元件受潮发霉，必须经常更换单色器盒干燥剂。

（4）经常开机，如果仪器长时间不用，最好每周开机 1~2 小时，可以去潮湿，防止光学元件和电子元件受潮，以保证仪器能正常运转。

（5）必须正确使用吸收池，保护吸收池光学面。

（6）光电转换元件不能长时间曝光，应避免强光照射或受潮积尘。

第四节 分光光度法分析条件的选择

一、仪器条件的选择

对分光光度计来说，透光率或吸光度读数准确度是仪器精度的主要指标之一，也是衡量测定结果准确度的重要因素。选择分析条件的依据是光度测量的相对误差达到最小。为了得到准确的测定结果，应用分光光度计分析测定时须选择适当的测量条件。

1. 测定波长的选择 由于有色物质对光有选择性吸收，为了使测定结果有较高的灵敏度和准确度，应选择被测物质的最大吸收波长的光作为入射光。选用这种波长的光进行分析，能够减少或消除由于非单色光引起的对朗伯-比尔定律的偏离。但如果在最大吸收波长处有其他吸光物质干扰测定时，可不选择最大吸收波长。可选用灵敏度稍低，但能避免干扰的非最大吸收处的波长，但应注意尽量选择摩尔吸光系数值变化不太大区域内的波长。故选择入射光波长的原则是"吸收最大、干扰最小"。

2. 吸光度范围的选择　在分光光度法中，仪器误差主要是透光率测量误差。为了减少仪器测量误差，一般应控制标准溶液和被测试液的吸光度 A 在 $0.2 \sim 0.8$ 范围内，或透射比 T 在 $15\% \sim 70\%$ 之间。这样才能保证测定结果的相对误差较小（小于 2%）。在实际测定中，可通过控制溶液浓度或选择光程合适的吸收池来控制吸光度范围。图 12-9 为测量 A 的相对误差 E_r 与 T 的关系曲线。从图中可见，透射比很小或很大时，测量误差都较大。分光光度法的测量误差与仪器的透光率误差的关系是：

$$\frac{\mathrm{d}c}{c} = \frac{0.434\mathrm{d}T}{T\lg T}$$

当透光率 T 为 36.8%，即吸光度 A 为 0.434 时，测量的相对误差最小。

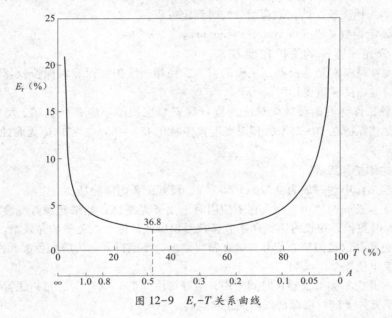

图 12-9　E_r-T 关系曲线

二、参比溶液的选择

参比溶液是用来调节仪器工作的零点，即参比溶液应包括除待测成分以外的全部背景成分，以消除由于样品池壁及溶剂等背景成分对作用光的反射和吸收带来的误差，扣除干扰的影响。若参比溶液选择的不合适，则对测量读数的准确度影响较大。参比溶液的选择原则。

1. 溶剂参比　若仅待测组分与显色剂反应产物在测定波长处有吸收，其他所加试剂均无吸收，用纯溶剂（水）作参比溶液，可消除溶剂、吸收池等因素的影响。

2. 试剂参比　如试剂、显色剂有吸收而试液无吸收时，按显色反应相同条件，以不加试液的试剂、显色剂作为参比溶液，就是与样品溶液进行平行操作。测试时多数情况都是采用试剂溶液作参比。这种参比溶液可消除试剂中能产生吸收的组分的影响。

3. 试样参比　如果试样溶液在测定波长有吸收，而试剂和显色剂均无吸收时，应采用不加显色剂的样品溶液作参比液，这种参比溶液适用于试样中有较多的共存组分、加入的显色剂量不大、显色剂在测定波长处无吸收的情况。

4. 褪色参比　试液和显色剂均有吸收时，可将一份试液加入适当掩蔽剂，将被测组分掩蔽起来，使之不再与显色剂作用，而显色剂及其他试剂均按试液测定方法加入，以此作为参比溶液。这样还可以消除一些共存组分的干扰。

三、显色反应条件的选择

（一）显色反应

在分光光度法中，待测物质本身有较深颜色，可直接测定。若待测物质是无色或很浅的颜色，则需选择适当的试剂与被测物质反应生成有色化合物，再进行测定。这种将待测组分转化成有色化合物的反应，称为显色反应，所用的试剂称为显色剂。

显色反应的进行是有条件的，只有控制适宜的反应条件才能使显色反应按预期进行。被测组分究竟应该用哪种显色反应，应根据所需标准加以选择。

1. 显色反应的选择 显色反应按类型来分，主要有氧化还原反应和配位反应两大类，而配位反应是最主要的。吸光光度法对于显色反应一般应满足以下要求。

（1）选择性好，干扰少或易消除。

（2）灵敏度要足够高，有色物质的 ε 应大于 10^4。灵敏度高的显色反应有利于微量组分的测定。

（3）生成的有色化合物组成要恒定，符合一定的化学式，化学性质要稳定。

（4）对比度要大。即若显色剂有颜色，则有色化合物与显色剂之间的色差要大，要求两者的吸收峰波长之差 $\Delta\lambda$ 大于 60nm。

（5）显色反应的条件要易于控制。

2. 显色剂 在分光光度法中应用较多的是有机显色剂。有机显色剂及其产物的颜色与它们的分子结构有密切关系。而它们的结构中含有生色团和助色团则是它们有色的基本原因。

常用的有机显色剂有邻二氮菲、双硫腙、偶氮胂Ⅲ、丁二酮肟、铬天青 S 等。

（二）显色反应条件的选择

影响显色反应的主要因素有显色剂用量、溶液酸度、显色温度、显色时间、干扰物质的消除等。因此，选择显色反应时，应做条件测试实验，使在选定的条件下溶液的吸光度达到最大且稳定。

1. 显色剂用量

$$M（被测组分）+R（显色剂） \rightleftharpoons MR（有色配合物）$$

反应在一定程度上是可逆的。为了减少反应的可逆性，保证显色反应进行完全，使待测离子 M 全部转化为有色配合物 MR，需加入过量的显色剂 R。但加入太多会引起副反应，影响测定结果的准确度。通常根据实验来确定显色剂的用量，具体做法是：保持待测离子 M 的浓度和其他条件不变，配制一系列不同浓度显色剂 R 的溶液 C_R，分别测定其吸光度 A。通过作 A-C_R 曲线，寻找出适宜 C_R 范围。

2. 溶液酸度 溶液酸度对显色反应的影响很大。它会影响显色剂平衡浓度、颜色、被测金属离子的存在状态以及配合物的组成。例如，邻二氮菲与 Fe^{2+} 反应，如果溶液酸度太高，将发生质子化副反应，降低至反应完全度；而酸度太低，Fe^{2+} 又会水解甚至沉淀。所以，测定时必须通过实验作 A-pH 曲线，确定适宜的酸度范围。

3. 显色反应时间 显色反应速度有差异，有的显色反应瞬时完成，且形成的吸光物质在较长的时间内保持稳定；有的显色反应虽能很快完成，但形成的吸光物质不稳定；而有的显色反应较慢，溶液颜色需经一段时间后才稳定。因此，必须经实验作吸光度随时间的 A-t 变化曲线，根据实验结果选择合适的反应时间。

4. 显色温度 多数显色反应速度很快，在室温下即可进行。只有少数显色反应速度较慢，需加热以促使其迅速完成。但温度太高可能使某些显色剂分解。故适宜的温度也通过实验由吸光度-温度关系曲线图来确定。

5. 干扰物质及其消除方法　试样中存在干扰物质会影响被测组分的测定。例如，干扰物质本身有颜色或与显色剂反应，在吸光度测量时也有吸收，造成干扰引起正误差。干扰物质与被测组分反应或与显色剂反应，使显色反应不完全，也会造成干扰。干扰物质在测量条件下从溶液中析出，使溶液变浑浊，无法准确测定溶液的吸光度。

为了消除干扰物质的影响，可采取几种方法。

（1）控制显色溶液的酸度。

（2）加入掩蔽剂。

（3）利用氧化还原反应，改变干扰离子价态。

（4）利用校正系数。

（5）选择合适的参比溶液。

（6）选择适当的波长。

（7）增加显色剂用量来消除干扰。

第五节　紫外-可见吸收光谱法的应用

紫外-可见吸收光谱分析法在化工、食品、制药、医学及环境监测等科学中应用广泛。不仅可用于有机化合物的定性分析和结构分析，而且可以进行定量分析及杂质检查等，在药学领域中主要用于有机化合物的分析和药物杂质限量检测等。

一、定性分析

（一）定性鉴别

在有机化合物的定性鉴别及结构分析方面，由于有机化合物紫外吸收光谱吸收带较宽，并缺少精细细节，反映的是分子结构中生色团和助色团的特征，不能完全反映整个分子结构，即紫外光谱可提供一些官能团及共轭体系的信息，所以仅凭紫外光谱数据尚不能完全确定物质的分子结构，还必须与其他方法配合使用，故使该法的应用存在一定的局限性。但是紫外-可见吸收光谱对于判别有机化合物中生色团和助色团的种类、位置及其数目，区别饱和与不饱和有机化合物，尤其是鉴定共轭体系，推测与鉴定未知物骨架结构等有一定优势。

化合物紫外-可见吸收光谱的形状、吸收峰数目、强度、位置等，是定性分析的主要依据，而最大吸收波长 λ_{max} 及相应的 ε_{max} 是定性分析的最主要参数。

对于有机化合物的定性分析，通常采用比较法，即将测定的未知试样的紫外吸收光谱图同标准物质的光谱图进行比较，当浓度和溶剂等条件相同时，若两者图谱相同（包括吸收曲线形状、吸收峰数目、λ_{max} 及 ε_{max} 等），则两者可能是同一化合物。例如合成维生素 A_2 的鉴定：将天然维生素 A_2 和合成维生素 A_2 分别作紫外吸收光谱图，如果二者吸收光谱图相同，就可证明合成维生素 A_2 是成功的，如图 12-15。若无标准物，可将未知试样的紫外吸收光谱图同标准（对照）试样的光谱图或有关电子光谱

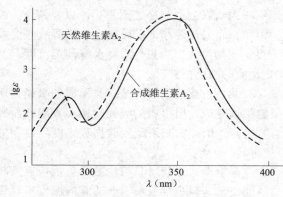

图 12-15　维生素 A_2 紫外吸收光谱

数据资料进行对照，若两者吸收光谱的形状、吸收峰数目、λ_{max} 及 ε_{max} 等相同，则可初步确定在它们的分子结构中，存在相同的生色团（如羰基、苯环和共轭双键体系等）。常见光谱图 "The sadtler standard spectra ultraviolet" 共收集 46000 张化合物的标准紫外吸收谱图。

（二）结构分析

从紫外-可见吸收光谱可知未知有机物中可能含有的生色团、助色团和共轭程度，并据此进行结构分析。

1. 有机官能团的推断　可根据有机化合物的紫外-可见吸收光谱，通过以下规律推测化合物所含的官能团。

（1）若化合物在 210~250nm 范围有强吸收带 $[\varepsilon \geq 10^{-4}L/(mol \cdot cm)]$，这是 K 吸收带的特征，则该化合物可能是含有共轭双键的化合物。

（2）如在 260~350nm 有强吸收峰（ε 较大），则表明该化合物可能有 3~5 个共轭双键。

（3）若化合物在 250~300nm 有弱吸收 $[\varepsilon = 10~100L/(mol \cdot cm)$，R 带$]$，且增加溶剂极性会蓝移，说明可能有羰基存在。在 250~300nm 有中强度吸收（$\varepsilon = 1000~10000$），伴有振动精细结构，表示分子结构有苯基存在等。

（4）如果一个化合物在 200~800nm 范围内没有吸收谱带（峰），表明该化合物不存在双键或环状共轭体系，没有醛基、酮基，可能是饱和有机化合物，如直链烷烃或环烷烃以及脂肪族饱和胺、醇、醚和烷基氟或烷基氯等。

（5）若化合物有许多吸收峰，甚至延伸到可见光区，则可能为一长链共轭化合物或多环芳烃。

在实际应用中，紫外-可见吸收光谱通常应与其他化学、红外光谱法、质谱法和核磁共振波谱等分析方法进行对照和验证，最后作出该化合物定性鉴定的正确结论。

2. 有机异构体的推断　有机物结构的测定，目前主要利用红外光谱、核磁共振、质谱等手段综合完成，而紫外吸收光谱也能为一些结构的测定提供有价值的数据。对于某些有 π 键或共轭双键的异构体，仍可用紫外吸收光谱图进行区分。

（1）互变异构体的判别　某些有机化合物在溶液中可能有两种以上的互变异构体处于动态平衡中，这种异构体的互变过程常伴随有双键的移动及共轭体系的变化，因此也产生吸收光谱的变化。最常见的是某些含氧化合物的酮式与烯醇式异构体之间的互变。例如乙酰乙酸乙酯就是酮式和烯醇式两种互变异构体：

$$CH_3 - \overset{\overset{O}{\|}}{C} - CH_2 - \overset{\overset{O}{\|}}{C} - OC_2H_5 \Longrightarrow CH_3 - \overset{\overset{OH}{|}}{C} = CH - \overset{\overset{O}{\|}}{C} - OC_2H_5$$

　　　　　　　　酮式　　　　　　　　　　　　　　　　　烯醇式

由结构式可知，酮式没有共轭双键，在 204nm 处有弱吸收；而烯醇式有共轭双键，在 245nm 处有强吸收 $[\varepsilon = 18000L/(mol \cdot cm)]$。因此根据紫外-可见吸收光谱，可以判断某些化合物的互变异构现象。一般在极性溶剂中以酮式为主，非极性溶剂中以烯醇式为主。

（2）顺反异构体的判断　由于顺反异构体的 λ_{max} 和 ε_{max} 明显不同，一般来说，顺式异构体的最大吸收波长比反式异构体短且 ε_{max} 小，因此可用紫外-可见吸收光谱判断顺式或反式构型。例如，在顺式肉桂酸和反式肉桂酸中，顺式空间位阻效应大，苯环与侧链双键共平面性差，不易产生共轭；反式空间位阻效应小，双键与苯环在同一平面上，共轭效应强。因此，反式的最大吸收波长 $\lambda_{max} = 295nm$ $[\varepsilon_{max} = 27000L/(mol \cdot cm)]$，而顺式的最大吸收波长 $\lambda_{max} = 280nm$ $[\varepsilon_{max} = 13500L/(mol \cdot cm)]$。

$$\lambda_{max}=280nm \quad \varepsilon_{max}=13500 \qquad \lambda_{max}=295nm \quad \varepsilon_{max}=27000$$

顺式   反式

二、定量分析

紫外-可见分光光度法用于定量分析的依据是朗伯-比尔定律，即在一定波长处被测定物质的吸光度与它的浓度呈线性关系。因此，通过测定溶液对一定波长入射光的吸光度，即可求出该物质在溶液中的浓度和含量。紫外-可见分光光度法不仅用于测定微量组分。而且还可用于常量组分和多组分混合物的测定。

（一）单组分定量分析

单组分是指样品溶液中只含有一种组分，或者在多组分试液中待测组分的吸收峰与其他共存物质的吸收峰无重叠。其定量方法包括标准曲线（校准曲线）法、标准对照法和吸收系数法，其中最常用的是标准曲线法。这些定量方法不仅适用于紫外-可见分光光度法，对也适用于其他一些仪器分析方法。

1. 标准曲线法　标准曲线法又称工作曲线法。测定时，先配制一系列浓度不同的标准溶液（5~10 个），在相同条件下（合适波长）分别测定每个标准溶液的吸光度。然后以吸

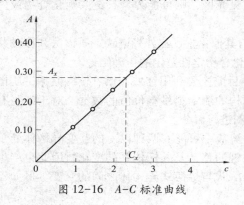

图 12-16　A-C 标准曲线

光度 A 为纵坐标，标准溶液浓度 C 为横坐标，绘制 A-C 标准曲线，如符合光吸收定律，将得到一条通过原点的直线。然后在相同条件下测定试样溶液的吸光度，再根据试样溶液所测得的吸光度，从标准曲线上查出对应的试样溶液浓度或含量，再计算为原样品的含量百分比或标示量含量百分比。图 12-16 为 A-C 标准曲线。标准曲线法是分光光度分析中最常用的方法，标准曲线法又称为校准（正）曲线法。该法在标准曲线线性关系良好且通过原点时才适用。

2. 标准对照法　标准对照法又称标准比较法或标准对比法。在相同实验条件下，配制试样溶液和标准溶液，在选定波长处，分别测量吸光度。根据光吸收定律：

$$A_{样品}=KC_{样品}L \ , \ A_{对照}=KC_{对照}L$$

因是同种物质、同台仪器、相同厚度吸收池，在同一波长处测定，故 K 和 L 值相同。因此

$$\frac{A_{样品}}{A_{对照}}=\frac{C_{样品}}{C_{对照}} \ 得 \ C_{样品}=\frac{A_{样品}}{A_{对照}}C_{对照} \qquad (12-7)$$

将计算出的 $C_{样品}$ 转化为原样品的含量百分比即可，具体转化如下：

$$原样品含量百分比=\frac{C_{样品} \times V \times D}{m_{样品}} \times 100\%=\frac{\dfrac{C_{对照}A_{样品}}{A_{对照}} \times V \times D}{m_{样品}}100\% \qquad (12-8)$$

式（12-8）中，V 为第一次溶解或稀释样品的容量瓶的容积；D 为第一次溶解或稀释溶液以后的溶液的稀释倍数；$m_{样品}$ 为样品的质量。标准对照法在应用吸光光度法进行定量

分析中经常采用。该法简便，但有一定的误差。为了减少误差，标准对照法配制的标准溶液浓度应与试样溶液的浓度相接近；每次分析时都应有标准溶液在相同条件下同时进行测定。

例 12-2　精密量取 $KMnO_4$ 试样溶液 5.00ml，加水稀释到 50.0ml。另配制 $KMnO_4$ 标准溶液的质量浓度为 20.0μg/ml。在 525nm 波长处，用 1cm 厚的吸收池，测得试样溶液和标准溶液的吸光度分别为 0.216 和 0.240。求原试样溶液中 $KMnO_4$ 的浓度。

解：根据式（12-7）和式（12-8）得：

$$C_{原样品} = \frac{0.216 \times 20.0}{0.240} \times \frac{50.0}{5.00} = 180(\mu g/ml)$$

（3）吸收系数法　根据光的吸收定律 $A = E_{1cm}^{1\%} CL$ 或 $A = \varepsilon CL$，如果已知吸收池的厚度 L 和吸收系数 ε 或 $E_{1cm}^{1\%}$，就可以根据测得的吸光度 A 算出溶液的浓度或含量。因为该法不需要标准样品，故可称为绝对法。

$$C = \frac{A}{\varepsilon L} \quad 或 \quad C = \frac{A}{E_{1cm}^{1\%} L}$$

样品中某一组分百分含量 $= \dfrac{\dfrac{A}{E_{1cm}^{1\%} L} \times \dfrac{1}{100} \times V \times D}{m_{样品}} \times 100\%$，其中 V 和 D 同标准对照法。

例 12-3　维生素 B_{12} 水溶液，在 $\lambda_{max} = 361nm$ 处的 $E_{1cm}^{1\%}$ 值为 207，盛于 1cm 吸收池中，测得溶液的吸光度 A 为 0.518，求溶液的浓度。

解：根据光的吸收定律，溶液的浓度为：

$$C = \frac{A}{E_{1cm}^{1\%} L} = \frac{0.518}{207 \times 1.0} = 2.50 \times 10^{-3}(g/100ml)$$

根据比吸光系数和将待测溶液的吸光度来求待测物质的含量。

例 12-4　维生素 B_{12} 试样 20mg 用水配成 1000ml 溶液，盛于 1cm 吸收池中，在 $\lambda_{max} = 361nm$ 处，测得溶液的吸光度 A 为 0.407。在 $\lambda_{max} = 361nm$ 处的 $E_{1cm}^{1\%}$ 值为 207，求试样中维生素 B_{12} 的含量。

解：试样 $m_{样品} = 20 \times 10^{-3}g$，$V = 1000ml$

$$
\begin{aligned}
试样中维生素 B_{12} 百分含量 &= \frac{\dfrac{A}{E_{1cm}^{1\%} L} \times \dfrac{1}{100} \times V \times D}{m_{样品}} \times 100\% \\
&= \frac{\dfrac{0.407}{207 \times 1} \times \dfrac{1}{100} \times 1000}{20 \times 10^{-3}} \times 100\% = 98.31\%
\end{aligned}
$$

（二）多组分定量分析

根据吸光度具有加和性特点，利用紫外-可见吸收光谱法在同一试样中可以同时测定两个或两个以上组分。当溶液中有两种或多种组分共存时，可根据各组分吸收光谱相互重叠的程度，采取不同测定方法。这里只讨论两组分的定量分析。

1. 紫外-可见吸收光谱法测定双组分混合物　假设要测定试样中两个组分 A、B，如果分别绘制 A、B 两纯物质的吸收光谱，有三种情况，如图 12-17 所示。

图 12-17（a）情况表明两组分互不干扰，可用测定单组分的方法，在 λ_1、λ_2 处分别测定 A、B 两组分的浓度。

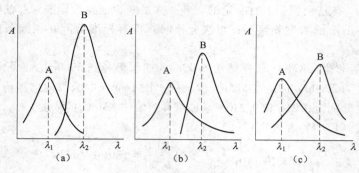

图 12-17 双组分吸收光谱

图 12-17(b) 情况表明 A 组分对 B 组分的测定有干扰，而 B 组分对 A 组分的测定无干扰，则可以在 λ_1 处单独测定 A 组分，求得 A 组分的浓度 C_A。然后在 λ_2 处测定混合物的吸光度 $A_{\lambda_2}^{A+B}$ 及 A、B 纯物质的 $\varepsilon_{\lambda_2}^A$ 和 $\varepsilon_{\lambda_2}^B$ 值。根据吸光度的加和性，可得方程

$$A_{\lambda_2}^{A+B} = A_{\lambda_2}^A + A_{\lambda_2}^B = \varepsilon_{\lambda_2}^A LC_A + \varepsilon_{\lambda_2}^B LC_B$$

设吸收池厚度 L 为 1cm，解方程得

$$C_B = \frac{A_{\lambda_2}^{A+B} - \varepsilon_{\lambda_2}^A C_A}{\varepsilon_{\lambda_2}^B} \ (L = 1.0\text{cm}) \tag{12-9}$$

图 12-17(c) 情况表明两组分彼此互相干扰，两组分在最大吸收波长处互相有吸收。这时可根据测定目的要求和光谱重叠情况，采取以下方法。

（1）解线性方程法　对于图 12-17(c) 情况两组分混合物，在 A 和 B 的最大吸收波长 λ_1、λ_2 处分别测定混合物的吸光度 $A_{\lambda_1}^{A+B}$ 及 $A_{\lambda_2}^{A+B}$，而且同时测定 A、B 纯物质的 $\varepsilon_{\lambda_1}^A$、$\varepsilon_{\lambda_1}^B$、$\varepsilon_{\lambda_2}^A$ 及 $\varepsilon_{\lambda_2}^B$。根据吸光度的加和性，可得方程组

$$A_{\lambda_1}^{A+B} = \varepsilon_{\lambda_1}^A LC_A + \varepsilon_{\lambda_1}^B LC_B \tag{12-10}$$

$$A_{\lambda_2}^{A+B} = \varepsilon_{\lambda_2}^A LC_A + \varepsilon_{\lambda_2}^B LC_B \tag{12-11}$$

设吸收池厚度 L 为 1cm，解（12-9）、（12-10）线性方程组得

$$C_A = \frac{A_{\lambda_1}^{A+B} \varepsilon_{\lambda_2}^B - A_{\lambda_2}^{A+B} \varepsilon_{\lambda_1}^B}{\varepsilon_{\lambda_2}^B \varepsilon_{\lambda_1}^A - \varepsilon_{\lambda_1}^A \varepsilon_{\lambda_2}^B} \tag{12-12}$$

$$C_B = \frac{A_{\lambda_2}^{A+B} \varepsilon_{\lambda_1}^A - A_{\lambda_1}^{A+B} \varepsilon_{\lambda_2}^A}{\varepsilon_{\lambda_2}^B \varepsilon_{\lambda_1}^A - \varepsilon_{\lambda_1}^B \varepsilon_{\lambda_2}^A} \tag{12-13}$$

式（12-12）（12-13）中浓度 C 的单位依据所用的吸光系数而定，如用比吸光系数 $E_{1\text{cm}}^{1\%}$，则 C 为百分浓度。

（2）等吸收双波长消去法（双波长分光光度法）　对试样中两组分的吸收光谱重叠较为严重对，除用解联立方程的方法测定外。还可以用双波长法测定。双波长分光光度计检测的是试样溶液对两波长光 λ_1、λ_2 吸收后的吸光度差。

如果试样中含有 A、B 两组分，若要测定 B 组分，A 组分有干扰。为了能消除 A 组分的干扰，首先选择待测组分 B 的最大吸收波长 λ_1 为测量波长，然后用作图法选择参比波长 λ_2。如图 12-18 所示，在 λ_1 处作横坐标的垂直线，交于组分 A 吸收曲线一点 P，再从这点作一条平行横坐标的直线，交于组分 A 吸收曲线另一点 Q，该点所对应的波长成为参比波长 λ_2。

组分 A 在 λ_1 和 λ_2 处是等吸收点，$A_{\lambda_1}^A = A_{\lambda_2}^A$。

由吸光度的加和性可知，混合试样在 λ_1 和 λ_2 处的吸光度可表示为

$$A_{\lambda_1}^{A+B} = A_{\lambda_1}^{A} + A_{\lambda_1}^{B}, \ A_{\lambda_2}^{A+B} = A_{\lambda_2}^{A} + A_{\lambda_2}^{B}$$

由于双波长分光光度计的输出信号为 ΔA：

$$\Delta A = A_{\lambda_1}^{A+B} - A_{\lambda_2}^{A+B} = A_{\lambda_1}^{A} + A_{\lambda_1}^{B} - A_{\lambda_2}^{A} - A_{\lambda_2}^{B} = A_{\lambda_1}^{B} - A_{\lambda_2}^{B}$$

$$\Delta A = (\varepsilon_{\lambda_1}^{B} - \varepsilon_{\lambda_2}^{B})LC_B \qquad (12-14)$$

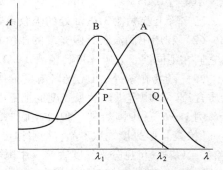

图 12-18 等吸收双波长消去法示意图

由此可知，仪器输出的信号 ΔA 与干扰组分 A 无关，只正比于待测组分 B 浓度，即消除了 A 对 B 的干扰。

采用等吸收点法测定，在波长选择时有两个原则：①干扰组分在这两个波长处应具有相同的吸光度，即吸光度之差只与一个组分的浓度有关，而与另一个组分无关。②待测组分在这两个波长处的吸光度差值应足够大，以保证测定有较高的灵敏度。

三、纯度检查

采用紫外-可见吸收光谱技术，利用化合物主成分和杂质的紫外-可见吸收的差异，可进行化合物的纯度（杂质）检查。

1. 杂质检查 若某一化合物在紫外-可见光区没有明显吸收峰，而其中的杂质有较强的吸收峰，可通过试样的紫外-可见吸收光谱图，检出该化合物中是否含有杂质。例如，检测甲醇中是否含有杂质苯，可根据苯在 $\lambda_{max} = 256nm$ 处有 B 吸收带，而甲醇在此波长处无吸收来确定。

如果某化合物在紫外-可见光区有较强吸收，还可用摩尔吸光系数 ε 来检查其纯度。用所测化合物的吸光系数除以该化合物的纯物质的吸光系数，即得该化合物的纯度。例如，菲的三氯甲烷溶液在 296nm 处有强吸收，菲 ε 值为 12600，$\lg\varepsilon = 4.10$。若用某种方法精制的菲，用紫外-可见分光光度计测得 $\lg\varepsilon$ 值比标准菲低 10%，这说明精制品的菲含量只有 90%，其余很可能是蒽等杂质。

2. 杂质限量检查 药物中的杂质常需制定一个允许其存在的限度。一般有以下几种方式表示。

（1）利用杂质与药物在紫外-可见光区的吸收差异，选用适当波长可以进行待测物的纯度检查。在药物无吸收而杂质有最大吸收波长处测定吸光度，规定测得的吸光度不得超过某一限值。如肾上腺素为苯乙胺类药物，其紫外-可见吸收光谱显示为孤立苯环的吸收特征，在大于 300nm 处没有吸收峰，而其氧化形式肾上腺酮结构中存在共轭体系，因此在 310nm 处有最大吸收，如图 12-19 所示。因此可据此检查肾上腺素中存在的肾上腺酮。

例 12-5 《中国药典》2015 年版二部对肾上腺素检查肾上腺酮规定：

【检查】酮体 取本品，加盐酸溶液（9→2000）制成每 1ml 中含 2.0mg 的溶液，照紫外-可见分光光度法（《中国药典》2015 年版四部通则 0401），在 310nm 的波长处测定，吸

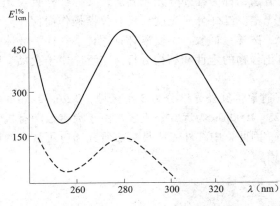

图 12-19 肾上腺素（虚线）与肾上腺酮的吸收光谱

光度不得过 0.05。

己知肾上腺酮在 310nm 处的吸收系数为 453，故限量为 0.06%。

（2）利用不同波长处吸光度的比值来控制杂质含量。如药物和杂质的光谱有重叠，利用它们在不同波长处吸光度比值（$A_{\lambda 1}/A_{\lambda 2}$）差异来检查杂质。

（3）药物在紫外-可见光区有明显吸收，而杂质吸收很弱，可以根据吸光度大小限制杂质含量。如规定供试品吸光度的上下限幅度，可在一定程度上控制产品纯度。

例 12-6 《中国药典》2015 年版二部对青霉素钠的杂质限量规定如下：

【检查】吸光度 取本品，精密称定，加水溶解并定量稀释制成每 1ml 中约含 1.80mg 的溶液，照紫外-可见分光光度法（《中国药典》2015 年版四部通则 0401），在 280nm 与 325nm 波长处测定，吸光度均不得大于 0.10；在 264nm 波长处有最大吸收，吸光度应为 0.80~0.88。

在 264nm 处规定吸光度值是控制青霉素钠的含量；在 280nm 与 325nm 处规定吸光度值是控制降解产物杂质限量。

四、紫外-可见分光光度法在中药制剂分析中的应用

例 12-7 灯盏细辛注射液中总咖啡酸酯的含量测定（《中国药典》2015 版一部。）

【含量测定】总咖啡酸酯 对照品溶液的制备取 1,3-O-二咖啡酰奎宁酸对照品约 10mg，精密称定，置 10ml 容量瓶中，加 0.01mol/L 碳酸氢钠溶液 2ml，超声波处理（功率 120W，频率 40kHz）3 分钟，放冷，加水至刻度，摇匀；精密量取 1ml，置 100ml 容量瓶中，加水至刻度，摇匀，即得（每 1ml 含 1,3-O-二咖啡酰奎宁酸 10μg）。

供试品溶液的制备 精密量取本品 1ml，置 200ml 容量瓶中，加水稀释至刻度，摇匀，即得。

测定法 分别取对照品溶液与供试品溶液，照紫外-可见分光光度法，在 305nm 波长处测定吸光度，计算，即得。本品每 1ml 含总咖啡酸酯以 1,3-O-二咖啡酰奎宁酸（$C_{25}H_{24}O_{12}$）计，应为 2.0~3.0mg。

第六节 红外分光光度法简介

红外吸收光谱简称红外光谱（infrared spectra，IR），是指化合物吸收红外光的能量而发生振动和转动能级跃迁所产生的吸收光谱，因而也称为分子振动-转动吸收光谱。利用红外光谱进行定性、定量及分子结构分析的方法，称为红外分光光度法，又称红外吸收光谱法。红外光谱与紫外光谱都属于分子吸收光谱。红外分光光度法具有仪器操作简便，分析速度快；具有高度的特征性；试样用量少，试样可回收、不受破坏；固体、气体、液体试样均可测定等特点，因此它主要用于有机化合物的定性和结构分析，广泛应用于食品、医药、化工、材料及环境等领域。

红外光谱波长范围为 0.76~1000μm。通常将红外光谱分为 3 个区域：0.76~2.5μm 为近红外光区，2.5~25μm 为中红外光区，25~1000μm 为远红外光区。由于大多数的有机物和无机物的基频吸收带都出现在中红外区，因此，中红外光区是目前研究和应用最多的区域，通常所说的红外光谱就是指中红外光谱。

一、红外吸收光谱基本原理

（一）红外光谱产生的条件

红外光谱是分子吸收红外光区电磁辐射时导致振动-转动能级跃迁而产生。分子吸收红

外光形成红外光谱必须同时满足以下两个条件。

（1）照射分子的红外辐射光的频率与分子振动-转动频率相匹配。即红外光辐射的能量应恰好能满足振动能级跃迁所需要的能量。

（2）分子振动过程中必须伴有瞬时偶极矩的变化（$\Delta\mu\neq0$）。即振动过程中必须是能引起分子偶极矩变化的分子才能产生红外吸收光谱。因此当一定频率的红外光照射分子时，如果分子中某个基团的振动频率与其一致，同时分子在振动中伴随有瞬时偶极矩变化，这时物质的分子就产生红外吸收。

凡能产生红外吸收的振动，称为红外活性振动，否则就是红外非活性振动。

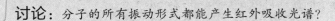

讨论： 分子的所有振动形式都能产生红外吸收光谱?

（二）红外吸收光谱的表示方法

红外吸收光谱一般用吸收峰的位置和峰的强度加以表征，即用 T-λ 曲线或 T-σ（波数）曲线表示。纵坐标表示红外吸收的强弱，用百分透光率（$T\%$）表示（这点与紫外-可见光谱不同），吸收峰向下，向上为谷。横坐标常用波长 λ（单位为 μm）、或波数 σ（单位为 cm^{-1}）来表示吸收谱带的位置。波长与波数 σ 之间的关系为：σ（cm^{-1}）$= 10^4/\lambda$（μm）。

（三）分子振动形式

1. 振动形式 研究分子的振动形式有助于了解光谱中吸收峰的起源、数目及变化规律。

（1）双原子分子振动 双原子分子是简单分子，只有伸缩振动一种振动形式，即沿键轴方向的伸缩振动。如果把它近似地看作沿键轴方向的简谐振动，根据经典力学-胡克（Hooke）定律可导出红外光的波数 σ 为：

$$\sigma = \frac{1}{2\pi c}\sqrt{\frac{k}{\mu}} = 1303\sqrt{\frac{k}{\mu}} \tag{12-15}$$

式中，c 为光速；k 是化学键力常数，是两原子在平衡位置伸长单位长度时的恢复力，单位为 N/cm。单键、双键和叁键的力常数分别近似为 $4\sim6$、$8\sim12$N/cm 和 $12\sim18$N/cm。μ 为成键两个原子 A 和 B 的折合相对原子质量。

$$\mu = \frac{M_A \times M_B}{M_A + M_B}$$

从式（12-15）可以看出，分子振动频率大小取决于化学键力常数和成键两个原子的折合质量。不同的化合物由于分子结构不同，化学键的力常数 k 和折合质量 μ 各不相同，故不同的化合物形成具有自身特征的红外吸收光谱，此为红外吸收光谱用于定性鉴别和结构分析的基础。

（2）多原子分子振动 多原子分子基本振动形式可分为伸缩振动和弯曲振动两大类。

①伸缩振动 伸缩振动是指原子沿键轴方向伸缩，使键长发生变化而键角不变的振动，用符号 ν 表示。伸缩振动可分为两种振动形式：对称伸缩振动（ν_s 或 ν^s）：振动时各个键同时伸长或缩短。不对称伸缩振动（ν_{as} 或 ν^{as}）：振动时有的键伸长，有的键缩短。

②弯曲振动 弯曲振动是指使基团键角发生周期性变化而键长不变的振动，又称变形振动，用符号 δ 表示。弯曲振动可分为面内弯曲振动（β）和面外弯曲振动（γ）。同一基团的弯曲振动的频率相对较低，而且受分子结构影响极大。

面内弯曲振动指振动在几个原子所构成的平面内进行。面内弯曲振动又可分为两种：一是剪式振动（δ），在振动过程中键角的变化类似于剪刀的开或闭的振动；二是面内摇摆振动（ρ），振动时基团作为一个整体在键角平面内左右摇摆。

面外弯曲振动指垂直于分子所在平面的弯曲振动。面外弯曲振动可分为两种：一是面外摇摆（ω），两个原子同时向面上和面下的振动。二是扭曲振动（τ），一个原子向面上，另一个原子向面下的振动。

2. 振动自由度与峰数 振动自由度是分子基本振动的数目，即分子的独立振动数。研究分子的振动自由度，有助于了解化合物红外吸收光谱吸收峰的数目。

红外光谱中吸收峰的个数取决于分子的自由度数 f，而分子的自由度数等于该分子中各原子在三维空间中 x、y、z 三个坐标的总和 $3n$ 即平面自由度+转动自由度+振动自由度。理论证明：

$$线性分子的振动自由度 f = 3n - 3 - 2 = 3n - 5$$
$$非线性分子的振动自由度 f = 3n - 3 - 3 = 3n - 6$$

式中 n 为分子中的原子个数。

例如，水分子是非线性分子，其振动自由度 $f = 3 \times 3 - 6 = 3$。CO_2 是线性分子，其振动自由度 $f = 3 \times 3 - 5 = 4$。

红外吸收光谱的吸收峰数，从理论上来说，每个振动自由度相当于一个红外吸收峰。但实际上，红外光谱上出现的吸收峰数目常少于振动自由度数目，其原因主要有两个方面。

（1）简并 频率相同的振动产生的吸收峰重叠称为简并。简并是基本振动吸收峰少于振动自由度数的首要原因。

（2）红外非活性振动 没有偶极矩变化的振动不产生红外吸收。红外非活性振动是基本振动吸收峰少于振动自由度的另一个原因。

3. 红外吸收峰的位置 吸收峰的位置简称峰位，即红外光谱中吸收峰的峰值对应的波长或波数。根据式（12-15）和红外光谱的测量数据，可以测量出各种类型的化学键力常数 k；反之，若已知 k 值根据式（12-15）则可估算出各种基团频率吸收带的波数。基频峰的位置除由化学键两端原子的质量、化学键力常数决定外，还与内部因素（结构因素）和外部因素有关。

4. 红外吸收光谱中常用术语

（1）基频峰与泛频峰 分子吸收一定频率的红外光，若振动能级由基态（$n=0$）跃迁到第一振动激发态（$n=1$）时，所产生的吸收峰称为基频峰。基频峰是红外吸收光谱中最主要的一类吸收峰。

振动能级由基态跃迁到第一激发态（$n=1$）以外的激发态而产生的红外吸收峰称为倍频峰。两个或多个基频峰之和或差所成的吸收峰称为合频峰。倍频峰和合频峰统称为泛频峰。泛频峰的存在使得红外光谱上吸收峰增加。

（2）特征峰、基团频率和相关峰 在有机化合物分子中，组成分子的各种基团（官能团）都有自己特定的红外吸收区域。通常把能用于鉴定原子基团存在且具有较高强度的吸收峰，称为特征吸收峰，简称为特征峰，其对应的频率称为特征频率，也称为该基团的基团频率。基团的特征峰可用于鉴定官能团。

相关吸收峰是由于某个官能团的存在而产生的一组相互依存又能相互佐证的特征峰简称相关峰。用一组相关峰来确定一个基团的存在，是红外光谱解析的一条重要原则。

二、红外分光光度计

红外分光光度计包括色散型和傅里叶变换型红外光度计两大类。色散型红外分光光度计扫描速度慢，灵敏度和分辨率较低。傅里叶变换红外光谱仪（Fourier transform infrared spectrometer，FTIR），它没有色散元件，而是由迈克尔逊（Mickelson）将干涉仪红外辐射转变为干涉图。这种仪器消除了狭缝对光能的限制，具有很高的分辨率和扫描速度，光谱范围宽，且灵敏度极高，特别适用于弱红外光谱的测定。成为目前主导仪器类型，是许多国家药典绘制药品红外吸收光谱的指定仪器。本节主要介绍傅里叶变换红外光谱仪的基本构造。

（一）基本组成

傅里叶变换红外光谱仪主要由光源、迈克尔逊干涉仪、吸收池、检测器、记录显示系统等组成，其核心部分是干涉仪和计算机。

1. 光源　红外光源是能够提供稳定、能量强的具有连续波长的红外光。一般用能斯特灯、硅碳棒或涂有稀土金属化合物的镍铬旋状灯丝。

2. 迈克尔逊干涉仪　傅里叶变换红外光谱仪的核心部分，作用是将复合光变为干涉光。它由固定反射镜（定镜）、可移动反射镜（动镜）及与两反射镜成45°角的半透明光束分裂器（简称分束器）组成。

3. 检测器　由于傅里叶变换红外光谱仪全程扫描小于1秒，一般检测器的响应时间不能满足要求。因此傅里叶变换红外光谱仪多采用热检测器氘代硫酸三甘钛（DTGS）或光检测器汞镉碲（MCT）检测器，这些检测器的响应时间约为1微秒。

4. 吸收池　吸收池分为气体池与液体池两种。玻璃、石英等材料对红外光几乎全部吸收，故红外吸收池常使用NaCl、KBr等可透过红外光的材料制成。NaCl、KBr等材料制成的窗片容易吸湿，使吸收池窗口模糊，所以红外光谱仪要在恒湿环境下工作。不同的试样状态（气、液）使用相应的吸收池，固体试样不用吸收池，一般采用压片机压片后直接测定。

5. 记录显示系统　傅里叶变换红外光谱仪用计算机优化处理检测结果，并自动显示光谱图。

（二）工作原理

光源发出的红外辐射，首先经过迈克尔逊干涉仪转变为干涉光，再让干涉光照射样品，由于样品能吸收特征波数的红外光，经检测器得到含样品信息的干涉图，由计算机采集干涉图，并经过傅里叶变换数学处理，就得到透射率随频率（或波数）变化样品的红外光谱图。傅里叶红外光谱仪的工作原理示意图，如图12-20所示。

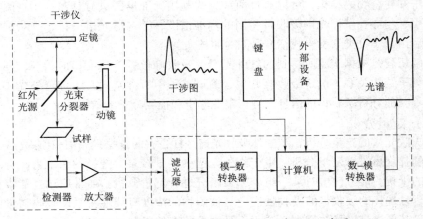

图12-20　傅里叶变换型红外光谱仪工作原理示意图

拓展阅读

红外光谱法对试样的要求

对于气态、液态及固态试样均可测定其红外光谱，但以固态样品最为方便。一般要求试样：（1）试样应该是单一组分的纯物质，纯度应大于98%；（2）试样中不含有游离水；（3）试样的浓度和测试厚度应适当，以使光谱图中的大多数吸收峰的透光率在10%~80%范围内。

固体试样制样方法有压片法、糊剂法及薄膜法。

压片法是固体制样应用最广泛的方法：取1~2mg的供试品，加入约200mg干燥溴化钾晶体（粉末），置于玛瑙研钵中，在红外灯照射下充分研磨混匀，放入压片机中边抽气边加压，使试样与KBr混合物压成一个厚约1mm的透明供试品片。用目视检查应均匀，无明显颗粒。光谱纯KBr在红外光区无特征吸收，因此，将含试样的KBr片放在仪器光路中，即可测得试样的红外光谱。对于液体试样一般采用液膜法和液体吸收池法制备。气体试样一般使用气体池进行测定。

三、红外分光光度法的应用

红外吸收光谱法广泛用于化合物的定性鉴别、结构分析和定量分析。

（一）定性分析

根据化合物红外谱图中特征吸收峰的位置、数目、相对强度、形状等参数来推断样品中存在哪些基团，从而确定其分子结构，是红外吸收光谱定性分析的依据。

1. 已知物的鉴定 将试样的红外光谱图与标准物质的红外光谱图进行对照即可鉴别。在制样方法、测试条件都相同的条件下，如果两张谱图各吸收峰的位置和形状完全相同，峰的相对强度一样，就可以认为样品是该种标准物；如果两张谱图各吸收峰的位置和形状等不一致，则说明两者不为同一化合物，或样品有杂质。目前最常用、简便的比较方法是利用计算机进行谱图检索，采用相似度来判别。

药物的鉴别使用的红外光谱主要是《中国药典》现行版配套使用的药品红外光谱集。

2. 未知物结构分析 应用红外光谱法测定未知化合物的结构是目前最常用的方法之一。测定未知化合物的结构，可以通过两种方式利用标准谱图进行查对：①查阅标准谱图的谱带索引，与寻找试样光谱吸收带相同的标准谱图；②进行光谱解析，判断试样的可能结构，然后由化学分类索引查找标准谱图对照核实。

谱图解析就是根据实验所得到的红外光谱上吸收峰位置、强度和形状等，利用基团振动频率和分子结构关系，确定吸收峰归属，确认分子中所含基团，结合紫外光谱、核磁共振、质谱等其他分析所获得的信息，进行定性鉴定和推测分子的结构。

（二）定量分析

红外吸收光谱的定量分析，和紫外吸收光谱一样，它的依据是朗伯-比尔定律。根据测定吸收峰的强度可进行定量分析。由于红外光谱的谱带较多，选择的余地大，有利于排除共存物质的干扰，能方便地对某一组分和多组分进行定量分析。通常应选择能表征被测物质的特征，且选择的吸收带的吸收强度应与被测物的浓度有线性关系，吸收谱带明细而尖锐，两侧无其他谱带干扰的谱带。该法不受样品状态的限制，能定量测定气体、液体和固体样品。红外定量分析方法与紫外定量分析方法基本相同，主要有标准曲线法和内标法。

但红外光谱技术灵敏度较低，尚不适用于微量组分的测定。使得红外光谱法在定量分析方面，远不如紫外-可见光谱法。

重点小结

分光光度法是以物质对光的选择性吸收为基础的分析方法。本章主要介绍光的吸收定律（朗伯-比尔定律），这是分光光度法定量分析的基础。重点阐述分光光度法的基本原理和紫外-可见分光光度计、傅里叶变换红外分光光度计的结构及其工作原理；学习了利用标准曲线对试样组分进行定量分析的方法，这是仪器定量分析最常用的方法之一。讲述了利用紫外-可见分光光谱及红外光谱对化合物进行定性分析的方法。

红外光谱是由于化合物分子振动时吸收特定波长的红外光产生的。根据化合物红外谱图中特征吸收峰的位置、数目、相对强度、形状等参数来推断样品中存在哪些基团，从而确定其分子结构，是红外吸收光谱定性分析的依据。

目标检测

一、选择题

（一）最佳选择题

1. 可见光区波长范围是

    A. 200~400nm   B. 400~760nm   C. 760~1000nm

    D. 100~200nm   E. 10~200nm

2. 红外光谱属于

    A. 分子吸收光谱   B. 电子光谱   C. 磁共振谱

    D. 原子吸收光谱   E. 液相色谱

（二）配伍选择题

[3~7] A. 光谱分析   B. 红外分光光度法   C. 分光光度法

       D. 吸收   E. 发射

3. 基于物质对光的选择性吸收而建立起来的分析方法是

4. 测定物质与电磁辐射相互作用时所产生的发射、吸收、散射等波长与强度的变化关系为基础的分析方法是

5. 利用红外光谱进行定性、定量及分子结构分析的方法是

6. 物质从激发态跃迁回至基态，并以光的形式释放出能量的过程是

7. 原子、分子或离子吸收光子的能量（等于基态和激发态能量之差），从基态跃迁至激发态的过程是

（三）共用题干单选题

[8~9]《中国药典》2015 年版二部对青霉素钠的检查规定如下：

【检查】**吸光度** 取本品，精密称定，加水溶解并定量稀释制成每 1ml 中约含 1.80mg 的溶液，照紫外-可见分光光度法（《中国药典》2015 年版二部通则 0401），在 280nm 与 325nm 波长处测定，吸光度均不得大于 0.10；在 264nm 波长处有最大吸收，吸光度应为 0.80~0.88。

8. 在 264nm 处规定吸光度值是

    A. 最大吸收波长   B. 控制青霉素钠的含量   C. 控制青霉素钠中杂质限量

    D. 控制吸光度   E. 确定共轭体系

9. 在 280nm 与 325nm 处规定吸光度值是

    A. 确定最大吸收波长   B. 控制青霉素钠的含量   C. 控制青霉素钠中杂质限量

    D. 确定共轭体系   E. 确定最大吸收系数

（四）X 型题（多选题）

10. 影响光吸收定律的因素主要有（   ）

    A. 非单色光   B. 介质不均匀   C. 入射光不平行

    D. 溶液本身化学反应引起的偏离   E. 溶液浓度

二、填空题

11. 符合朗伯-比尔定律的有色物质浓度增加后，最大吸收波长 λ_{max} _____，吸光度 A _____，摩尔吸光系数 ε _____。

12. 在分光光度法中，工作曲线是_____和_____之间的关系曲线。当溶液符合比尔定律时，此关系曲线应为_____。

13. 红外光谱是由分子的_____跃迁而产生，波数在_____ cm^{-1} 范围内的波段称为中红外光区，其中，特征区是指_____ cm^{-1} 范围内的波段，指纹区是指_____ cm^{-1} 范围内的波段。

三、判断题

14. 不同浓度的高锰酸钾溶液，它们的最大吸收波长也不同。

15. 物质呈现不同的颜色，仅与物质对光的吸收有关。

16. 在进行紫外分光光度测定时，可以用手捏吸收池的任何面。

17. 只有偶极矩变化的振动过程，才能吸收红外光而产生具有红外活性振动的能级跃迁。

四、综合题

18. 称取 0.3511g $FeSO_4 \cdot (NH_4)_2SO_4 \cdot 6H_2O$ 溶于水，加入 1:4 的 H_2SO_4 20ml，定容至 500ml。取 V ml 铁标准溶液置于 50ml 容量瓶中，用邻二氮菲显色后加水稀释至刻度，分别测得吸光度如下表，用表中数据绘制工作曲线。

铁标准溶液 V（ml）	0.20	0.40	0.60	0.80	1.0
吸光度 A	0.085	0.165	0.248	0.318	0.398

吸取 5.00ml 试液，稀释至 250ml，再吸取此稀释液 2.00ml 置于 50ml 容量瓶中，与绘制工作曲线相同条件下显色后，测得吸光度 $A = 0.281$。求试液中铁含量（mg/ml）。

实训十四　邻二氮菲分光光度法测定水中微量铁

一、实训目的

1. 学会吸收曲线及标准曲线的绘制，掌握分光光度法的基本原理。

2. 掌握用邻二氮菲分光光度法测定微量铁的方法。

3. 学会 722S 型分光光度计的正确使用。

二、实训原理

根据朗伯-比尔定律：$A = KCL$，当入射光波长 λ 及光程 L 一定时，在一定浓度范围内，有色物质的吸光度 A 与该物质的浓度 C 成正比。只要绘出以吸光度 A 为纵坐标，浓度 C 为横坐标的标准曲线，测出试液的吸光度，即可以由标准曲线查得对应的浓度值，求出组分的含量。

邻二氮菲是测定微量铁较好的显色剂。在 pH 为 2~9 溶液中，邻二氮菲与 Fe^{2+} 生成稳定的橙红色配合物，显色反应如下

$$3C_{12}H_8N_2 + Fe^{2+} = [Fe(C_{12}H_8N_2)_3]^{2+}$$

此配合物 $\lg K_稳 = 21.3$，摩尔吸光系数 ε_{510} 为 $1.1 \times 10^4 L/(mol \cdot cm)$。在显色前，首先用盐酸羟胺将 Fe^{3+} 还原成 Fe^{2+}。其反应如下

$$2Fe^{3+} + 2NH_2OH \cdot HCl = 2Fe^{2+} + N_2\uparrow + 2H_2O + 4H^+ + 2Cl^-$$

测定时若酸度高，反应进行较慢；酸度太低，则铁离子易水解。本实验采用 HAc-NaAc 缓冲溶液控制溶液 pH = 5.0，使显色反应进行完全。

三、仪器与试剂

722S 型分光光度计、pHS-3C 酸度计、电子天平（0.1mg）；容量瓶（棕色，50ml、100ml、500ml、1000ml）；吸量管（2ml、5ml、10ml），洗耳球，擦镜纸等。

硫酸铁铵、盐酸、盐酸羟胺、醋酸钠、醋酸、邻二氮菲，以上试剂均为分析纯。

四、实训步骤

1. 溶液制备

（1）100μg/ml 铁标准溶液配制　准确称取 0.8634g $NH_4Fe(SO_4)_2 \cdot 12H_2O$，置于烧杯中，加入 20ml 6mol/L HCl 溶液和少量纯化水，溶解后，定量转移至 1000ml 棕色容量瓶中，加纯化水稀释至刻度，摇匀，得 100μg/ml 贮备液。

（2）10μg/ml 铁标准溶液配制　用移液管移取上述 100μg/ml 铁标准溶液 10.00ml，置于 100ml 棕色容量瓶中，加入 2.0ml 6mol/L HCl 溶液，用纯化水稀释至刻度，摇匀。

（3）盐酸羟胺溶液（10%）　新鲜配制。

（4）邻二氮菲溶液（0.15%）　新鲜配制。

（5）HAc-NaAc 缓冲溶液（pH = 5.0）　称取 136g 醋酸钠，加入 60ml 冰醋酸，加水使之溶解，加纯化水稀释至 500ml。

（6）HCl　6mol/L。

（7）待测水样　饮用水。

2. 操作内容

（1）邻二氮菲-Fe^{2+} 吸收曲线的绘制　用吸量管移取铁标准溶液（10μg/ml）6.00ml，于 50ml 容量瓶中，加 1ml 10% 盐酸羟胺溶液、2ml 0.15% 邻二氮菲溶液和 5ml HAc-NaAc 缓冲溶液，加纯化水稀释至刻度，充分摇匀，放置 10 分钟。选用 1cm 比色皿，以试剂空白（即在 0.0ml 铁标准溶液中加入相同试剂）为参比溶液，在波长 440~540nm 之间，每隔 10nm 测量一次吸光度（在最大吸收波长处，每隔 2nm 或 5nm）。以所测得吸光度 A 为纵坐标，以相应波长 λ 为横坐标，绘制 A 与 λ 的吸收曲线，确定最大吸收波长 λ_{max}。

（2）标准曲线（工作曲线）的绘制　用吸量管分别移取铁标准溶液（10μg/ml）0.00、2.00、4.00、6.00、8.00、10.00ml 分别置于 6 个 50ml 容量瓶中，分别依次加 1ml 10% 盐酸羟胺溶液，稍摇动，加 2.0ml 0.15% 邻二氮菲溶液及 5ml HAc-NaAc 缓冲溶液，加纯化水稀释至刻度，充分摇匀，放置 10 分钟。用 1cm 比色皿，以试剂空白（即在 0.0ml 铁标准溶液中加入相同试剂）为参比溶液，选择 λ_{max} 为测定波长，测量各溶液的吸光度。

（3）试样中铁含量的测定　取含铁水样 25ml，共取 3 份，分别置于 3 个 50ml 容量瓶中，按上述方法显色，在最大吸收波长（λ_{max}）处测其吸光度。此步操作和条件应与系列标准溶液显色、测定完全相同，并且同时进行。

3. 数据处理

（1）吸收曲线　不同吸收波长处铁标准显色溶液的吸光度，如表 12-5 所示。

表 12-5　不同吸收波长处铁标准显色溶液的吸光度

波长（nm）	460	470	480	490	500	505	510	515	520	530	540
吸光度（A）											

（2）标准曲线

铁标准溶液体积（ml）	0.0	2.0	4.0	6.0	8.0	10.0
总铁量（μg）						
吸光度（A）						

（3）水样中铁的含量测定

水样（25ml）			
吸光度（A）			

（4）绘图与计算

①绘制 A-λ 曲线，找出 λ_{max}。

②绘制标准曲线　以浓度为横坐标，吸光度值 A 为纵坐标绘制标准曲线。找出回归方程和 R^2。

③根据水样的吸光度，计算水样中铁的含量　从标准曲线上查得水样中总铁微克数，并以每 1ml 水样中含铁微克数表示。

$$水样的含铁量（\mu g/ml） = \frac{总铁量（\mu g）}{V（水样毫升数）}$$

五、实训思考

1. Fe 离子标准溶液在显色前加盐酸羟胺的目的是什么？如测定一般铁盐的总铁量，是否需要加盐酸羟胺？

2. 本实验吸取各溶液时，哪些应用移液管，哪些可用量筒，为什么？

实训十五　高锰酸钾吸收曲线、标准曲线的绘制和样品含量测定

一、实训目的

1. 学习紫外-可见光谱分析方法的基本原理。
2. 熟悉紫外-可见分光光度计的定量测量操作方法。
3. 掌握紫外-可见光谱定性图谱的数据处理方法。

二、实训原理

高锰酸钾溶液对不同波长的光线有不同的吸收程度。

（1）选择合适的波长间隔绘制 $KMnO_4$ 的吸收曲线并找出最大吸收波长 λ_{max}。

（2）从吸收光谱选定的 λ_{max} 为测定波长用标准曲线法测定样品溶液的含量。

三、仪器与试剂

722S 型分光光度计，pHS-3C 酸度计，电子天平（0.1mg）；容量瓶（棕色，50ml、100ml、500ml、1000ml）；吸量管（2ml、5ml、10ml），烧杯（100ml）洗耳球，擦镜纸。$KMnO_4$（分析纯）；纯化水。

待测样品：取 $KMnO_4$ 0.1000g 于 250ml 容量瓶中，加纯化水稀释至刻度。

四、实训步骤

1. 标准溶液的制备　准确称取基准物 $KMnO_4$ 0.2500g，在小烧杯中溶解后全部转入 1000ml 容量瓶中，用纯化水稀释到刻度，摇匀，每毫升含 $KMnO_4$ 为 0.25mg。

2. 吸收曲线的绘制　精密吸取上述 $KMnO_4$ 标准溶液 10ml 于 50ml 容量瓶中，加纯化水至刻度，摇匀。以纯化水为空白，依次选择 460、470、480、490、500、510、520、525、530、535、540、545、550、560、580、600nm 波长为测定点，依法测出的各点的吸光度 A。以测定波长 λ 为横坐标，以相应测出的吸光度 A_i 为纵坐标，绘制吸收曲线；从吸收曲线处找出最大吸收波长 λ_{max}。

3. 标准曲线的绘制　取 6 支 25ml 容量瓶，分别加入 0.00、1.00、2.00、3.00、4.00、5.00ml $KMnO_4$ 标准溶液，用纯化水定容，摇匀。以纯化水为空白，在最大吸收波长处，依次测定各溶液的吸光度 A，然后以浓度 C_s（mg/ml）为横坐标，相应的吸光度 A_s 为纵坐标，绘制标准曲线。得出回归方程和相关系数 R^2。

4. 样品的测定　取待测样品 2ml，共取 3 份，分别置于 25ml 容量瓶中，用纯化水稀释到刻度，摇匀，作为供试液。按上法操作，测出相应的吸光度 A。

依据测得的供试液 A 值，从 $KMnO_4$ 标准曲线上即可查到或计算得其浓度，再乘以试样稀释倍数，计算出样品中含量（以 mg/ml 表示），取平均值即得，并计算相对平均偏差。

5. 数据处理

（1）吸收曲线　不同吸收波长下 $KMnO_4$ 溶液的吸光度，见表 12-6。

表 12-6　不同吸收波长处 $KMnO_4$ 的吸光度

波长 （nm）	460	470	480	490	500	510	520	525	530	535	540	545	550	560	580	600
吸光度 （A）																

（2）标准曲线

标准溶液体积（ml）	0.0	1.0	2.0	3.0	4.0	5.0
质量浓度 $C_{标准}$（mg/ml）						
吸光度（A）						

（3）供试液的含量测定

供试液	
吸光度（A）	

（4）绘图与计算

①绘制 $A-\lambda$ 曲线，找出 λ_{max}。

②绘制标准曲线 以浓度为横坐标，吸光度值 A 为纵坐标绘制标准曲线。找出回归方程和 R^2。

③根据 $KMnO_4$ 测得供试液的吸光度，计算含量 从标准曲线上可查得供试液 $C_{样品}$。

$$C_{原样品}（KMnO_4）（mg/ml）= C_{样品} \times 稀释倍数$$

$KMnO_4$ 样品含量均值（mg/ml）：

相对平均偏差 $\overline{Rd}$：

五、实训思考

什么是吸收曲线？什么是标准工作曲线？两者的作用？有何区别？

实训十六 紫外-可见分光光度法测定复方制剂含量

一、实训目的

1. 掌握用紫外-可见分光光度法定量测定双组分混合物的原理和方法。

2. 学习双波长分光光度法的方法和技巧。

3. 熟悉紫外-可见分光光度计的使用。

二、实训原理

溶液中要测定相互干扰 a、b 两种物质的含量，在一定条件下可通过等吸收双波长法消除干扰，测定含量。若要消除 a 组分的干扰测定 b 组分，可在 a 组分的吸收光谱上选择两个吸光度相等的波长 λ_1 和 λ_2，其中 λ_2 为测定波长，λ_1 为参比波长，测量并计算混合物在两波长处吸光度的差值，该差值与待测物的浓度成正比，而与干扰物的浓度无关。

$$A_{\lambda_1 混} = A_{\lambda_1}^a + A_{\lambda_1}^b$$

$$A_{\lambda_2 混} = A_{\lambda_2}^a + A_{\lambda_2}^b$$

$$\Delta A = A_{\lambda_2 混} - A_{\lambda_1 混} = (A_{\lambda_2}^a + A_{\lambda_2}^b) - (A_{\lambda_1}^a + A_{\lambda_1}^b)$$

干扰物 a 在所选波长 λ_1 和 λ_2 处吸光度相等，$A_{\lambda_2}^a = A_{\lambda_1}^a$

即

$$\Delta A = A_{\lambda_2}^b - A_{\lambda_1}^b = (\varepsilon_2^b - \varepsilon_1^b) C_b L$$

复方磺胺甲噁唑片中含有磺胺甲噁唑（SMZ 0.4g）和甲氧苄啶（TMP 0.08g），两者都有紫外吸收，但紫外吸收峰重叠，互相干扰。采用等吸收双波长法可消除干扰，不经分离可分别测定两者的含量。

在 0.4% 氢氧化钠溶液中 SMZ 在 257nm 处有最大吸收，TMP 在该波长处的吸收较小．并在 304nm 附近有一等吸收点，如图 12-21 所示。SMZ 在这两波长处的吸光度差异较大，故选定 257nm 为 SMZ 的测量波长 λ_2，在 304nm 附近选择一参比波长 λ_1，测得样品在 λ_2 和 λ_1 处的吸光度差值 ΔA，ΔA 与 SMZ 的浓度成正比，与 TMP 的浓度无关。

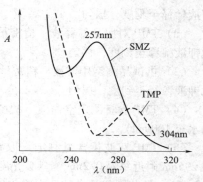

图 12-21　SMZ 的吸收光谱

同理，在盐酸-氯化钾溶液中，TMP 在 239nm 处吸光度较大，SMZ 在该波处吸光度较小并且在 295nm 附近有一等吸收点，故选定 239nm 为 TMP 的测量波长 λ_2，在 295nm 附近选择一参比波长 λ_1，测得样品在 λ_2 和 λ_1 处的吸光度差值 ΔA，ΔA 与 TMP 的浓度成正比，与 SMZ 的浓度无关。

三、仪器与试剂

紫外-可见分光光度计、1cm 石英比色皿、电子天平、100ml 容量瓶、量筒（5ml 和 10ml）、滤纸、漏斗等。

SMZ 对照品、TMP 对照品、复方 SMZ 片、氢氧化钠溶液（0.4%）、盐酸溶液（9→1000）、氯化钾、乙醇，以上试剂均为分析纯。

四、实训步骤

1. 对照品溶液制备

（1）SMZ 对照品溶液　精密称取干燥至恒重的 SMZ 对照品 50mg 于 100ml 容量瓶中，加乙醇稀释至到刻度，摇匀，即得。

（2）TMP 对照品溶液　精密称取干燥至恒重的 TMP 对照品 10mg 于 100ml 容量瓶中，加乙醇溶解并稀释至到刻度，摇匀，即得。

2. 供试品溶液制备　取复方 SMZ 片 10 片，精密称定，研细，精密称取适量（约相当于 SMZ 50mg、TMP 10mg），取三份，分别置于 100ml 容量瓶中，加乙醇适量，振摇 15 分钟，溶解并稀释至刻度，摇匀，过滤，取续滤液备用。

3. SMZ 含量测定液

（1）SMZ 对照品稀释液　精密量取 SMZ 溶液 2ml，置于 100ml 容量瓶中，加 0.4% 氢氧化钠液稀释至刻度，摇匀。

（2）TMP 对照品稀释液　精密量取 TMP 溶液 2ml，置于 100ml 容量瓶中，加 0.4% 氢氧化钠液稀释至刻度，摇匀。

（3）供试品测定用溶液　精密量取供试品溶液 2ml，置于 100ml 容量瓶中，加 0.4% 氢氧化钠液稀释至刻度，摇匀。

（4）SMZ 含量测定空白液　0.4% 氢氧化钠溶液。

（5）SMZ 双波长含量测定　取 TMP 对照品稀释液，测量 $\lambda_1 = 257$nm 处的吸光度 A_{λ_2}。在 304nm 附近每隔 0.5nm 测量吸光度 A_{λ_1}，寻找 $A_{\lambda_2} = A_{\lambda_1}$ 时的等吸收点波长 λ_1（参比波长）。在 λ_2 和 λ_1 处分别测量供试品溶液和 SMZ 对照品稀释液的吸光度，计算各自在 λ_2 和 λ_1 两波长处的吸光度值差 $\Delta A_{样品}$ 和 $\Delta A_{SMZ对照}$。

4. TMP 含量测定液

（1）SMZ 对照品稀释液　精密量取 SMZ 溶液 5ml，置于 100ml 容量瓶中，加盐酸-氯化钾液稀释至刻度，摇匀。

（2）TMP 对照品稀释液　精密量取 TMP 溶液 5ml，置于 100ml 容量瓶中，加盐酸-氯化钾液稀释至刻度，摇匀。

（3）供试品测定用溶液　精密量取供试品溶液 5ml，置于 100ml 容量瓶中，加盐酸-氯化钾液稀释至到度，摇匀。

（4）TMP 含量测定空白液　盐酸-氯化钾液（盐酸（0.1mol/L）75ml 与氯化钾 6.9g，加水至 1000ml）。

（5）TMP 双波长含量测定　取 SMZ 对照品稀释液，测量 $\lambda_2 = 239nm$ 处的吸光度 A_{λ_2}。在 295nm 附近每隔 0.2nm 测量吸光度 A_{λ_1}，寻找 $A_{\lambda_2} = A_{\lambda_1}$ 时的等吸收点波长 λ_1（参比波长）。在 λ_2 和 λ_1 处分别测量供试品溶液和 TMP 对照品稀释液的吸光度，计算各自在 λ_2 和 λ_1 两波长处的吸光度值差 $\Delta A_{样品}$ 和 $\Delta A_{TMP对照}$ 对。

五、数据处理

每片复方 SMZ 中 SMZ 和 TMP 的含量（g/片）按下式计算：

$$被测组分每片含量 = \frac{\dfrac{\Delta A_{样品}}{\Delta A_{对照}} \times C_{对照} \times D \times V \times \overline{m}}{m_{样品}}$$

式中，$\Delta A_{样品}$ 为样品溶液在 λ_2 和 λ_1 两波长处的吸光度之差；$\Delta A_{对照}$ 为对照品溶液在 λ_2 和 λ_1 两波长处的吸光度之差；$C_{对照}$ 为对照品溶液的浓度（g/ml）；D 为样品供试液的稀释倍数；$m_{样品}$ 为复方磺胺甲噁唑片粉末质量（g），$\overline{m}$ 为平均片重，V 为粉末溶解定容的第一次容量瓶体积。

六、实训思考

双波长分光光度法是如何消除干扰的？如何选择适当的测量波长和参比波长？

实训十七　布洛芬的红外吸收光谱鉴别

一、实训目的

1. 掌握溴化钾压片法制备固体试样的方法。
2. 学会傅里叶变换红外光谱仪的使用方法。
3. 掌握化合物定性鉴定的方法，初步学会对红外吸收光谱图解析。

二、实训原理

不同的样品有相对应的红外光谱图。不同的样品状态（固体、液体、气体等）需要采用相应的制样方法才能得出真实、准确的红外光谱图。制样方法的选择和制样技术的好坏直接影响谱带的形状、峰值、数目和强度。

对于布洛芬固体粉末样品采用压片法制样。其一般方法是：将样品和分散介质粉末研细混匀，用压片机压成透明的薄片后测定。固体的分散介质在使用前要充分研细，颗粒直径最好小于 $2\mu m$（因为中红外区的波长是从 $2.5\mu m$ 开始的）。

将原料药布洛芬用溴化钾压片后进行红外光谱测定，测得的试样谱图与《中国药典》上的标准谱图（光谱集 943 图）对照，若两张谱图吸收峰位置和形状完全相同，峰强度一致，则可认为两者是同一化合物。如果两张谱图不一样，或峰位不一致，则说明两者不是同一化合物，或试样有杂质。

三、仪器与试剂

傅里叶变换红外光谱仪、红外光灯、玛瑙研钵、压片机、制样模具和试样架、不锈钢药勺、布洛芬（原料药）、KBr（光谱纯）、95%乙醇（AR）等。

四、实训步骤

1. 固体样品的制备（压片）

（1）用无水乙醇清洗玛瑙研钵，用擦镜纸擦干后，再用红外灯烘干。

（2）试样制备　称取 1~2mg 布洛芬供试品，置于玛瑙研钵中，加入干燥的光谱纯溴化钾 200mg，在红外光照射下混合，充分研磨均匀，使其粒度在 $2\mu m$（通过 250 目筛孔）以下。取少量上述混合试样装入压片机的模具中，连接真空泵，置于油压机上，先抽气 5 分钟除去混合物中空气与湿气，再边抽气边加压，加压至 800~1000MPa，保持 2~5 分钟。除去真空机，取下压片磨具，即得表面光洁、无裂缝均匀透明薄片。用同法压制空白溴化钾片。

（3）用无水乙醇清洗玛瑙研钵，用擦镜纸擦干后，放入干燥器中备用。

2. 红外光谱仪的使用　参考相关仪器的说明书或操作规程。

五、数据处理

1. 采用常规图谱处理功能，对所测图谱进行基线校正及适当的平滑处理，标出主要吸收峰的波数值，储存数据并打印图谱。

2. 利用软件进行图谱检索，并将样品图谱与标准图谱对照。

3. 根据《中国药典》现行版要求鉴别样品是否符合规定：对比所绘制的红外光谱与《药品红外光谱集》的 943 图，查看峰型、主要峰位、峰数、峰强等是否相同，得出结论。

六、实训思考

用压片法制样时，为什么要求将固体试样研磨至粒径 $2\mu m$ 左右？研磨时，不在红外灯下操作，谱团上会出现什么情况？

（许一平）

第十三章

分光光度法（下）

学习目标

知识要求　1. **掌握**　原子吸收光谱的产生；原子吸收分光光度法定量分析依据及应用。

2. **熟悉**　荧光分析原理、仪器及分析方法；核磁共振波谱原理、仪器及分析方法；质谱原理、仪器、质谱图和主要离子类型。

3. **了解**　原子发射光谱原理、仪器及分析方法。

技能要求　1. 理解原子吸收分光光度法、荧光分析法、核磁共振波谱、质谱法的原理及分析方法，掌握原子吸收分光光度仪、荧光分光光度仪、核磁共振波谱仪、质谱仪的使用。

2. 选择合适的分光光度法及仪器，并能熟练操作，对样品的含量进行测定。

3. 灵活运用仪器分析常用定量方法，正确的处理数据并得到结果。

第一节　总论

案例导入

案例：原子吸收光谱法在医药领域主要用于生物体内微量金属元素的测定，药品中重金属限度检查和金属元素制剂中金属元素的含量测定。

利用原子吸收光谱法测定怀药中 Cu、Zn、Fe 等微量元素，不经任何化学处理，将其充分粉碎、研磨、过筛、加热溶解，形成较稳定均匀的悬浮液后直接进样。结果表明，该法快速、方便、有效、省时、结果准确。

讨论：1. 什么是原子吸收光谱？有何特点？

2. 原子吸收光谱法基本原理是什么？

3. 原子吸收光谱在药物分析和食品检测中有哪些应用？

原子吸收光谱法（atomic absorption spectrophptometry，AAS）是根据蒸气中待测元素的基态原子对特征辐射的吸收来测定试样中该元素含量的方法。该方法在 20 世纪 60 年代以后得到迅速发展，是光谱分析领域中一个非常重要的组成部分，目前已成为测定药物及食品中微量元素的首选定量方法。

一、原子吸收分光光度法的特点

原子吸收分光光度法具有以下优点：①准确度高。火焰原子吸收法的相对误差<1%，石墨炉原子吸收法的相对误差约为 3%~5%。②灵敏度高。火焰原子吸收法的灵敏度可达到

10^{-9} g/ml；非火焰原子吸收法的灵敏度可达到 $10^{-10} \sim 10^{-13}$ g/ml。③选择性好，抗干扰能力强。因为分析不同元素时可选择不同的空心阴极灯作辐射源。④适用范围广。目前原子吸收分光光度法可以测定七十多种元素。

但是原子吸收分光光度法也有自身的缺陷。①工作曲线的线性范围窄，一般仅为一个数量级。②使用不便，通常每测一种元素需要使用与之对应的一个空心阴极灯，一次只能测一个元素。③对难溶元素和非金属元素的测定以及同时测定多种元素还有一定的困难。

二、原子吸收分光光度法的仪器构造和维护

（一）原子吸收分光光度仪

原子吸收分光光度仪与普通紫外-可见分光光度计结构基本相同，只是用空心阴极灯锐线光源代替了连续光源，用原子化器代替了吸收池。原子吸收分光光度仪主要由锐线光源、原子化器、单色器、检测系统和显示系统五部分组成，如图 13-1 所示。

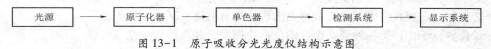

图 13-1　原子吸收分光光度仪结构示意图

1. 光源　光源的功能是发射待测元素基态原子所吸收的特征谱线。对光源的基本要求是：锐线光源、辐射强度大、稳定性好、背景吸收少。目前常用的光源主要有以下几种。

（1）空心阴极灯　它是一种低压气体放电管，包含一个高熔点金属钨棒的阳极和一个小体积、圆筒状的阴极（由待测元素的金属或者合金化合物组成）。阳极和阴极被密封在带有石英窗的玻璃管内，内充低压惰性气体（如氖、氩等）。此种空心阴极灯中元素在阴极中可多次激发和溅射，激发频率高，谱线强度大，发生强度与灯电流有关，灯电流越大，发射强度越大。在正常的工作条件下，空心阴极灯是一种实用的锐线光源，其发射光谱主要是阴极元素的光谱，因此用不同的待测元素作阴极材料，可制成各种待测元素的空心阴极灯。缺点是测一种元素换一个灯，使用不便。

此外，还有多元素空心阴极灯，但其发射强度弱，灵敏度小，干扰大。

（2）无极放电灯　在高频电场作用下能够激发出待测元素的特征谱线。灯内没有电极且低压放电，由此得名。目前已有一些元素有商品化无极放电灯，如铯、锌、磷等。

2. 原子化器　原子化器的功能是提供能量，使待测样品干燥、蒸发并将试样中待测元素转变为基态原子。原子化过程大致表示如下：

$$M（激发态原子）$$
$$\updownarrow$$
$$MX（试样） \longleftrightarrow MX（气态） \longleftarrow M（基态原子） \longleftarrow X（气态）$$
$$\updownarrow$$
$$M（离子）+e（电子）$$

原子化效率的高低直接影响测定的灵敏度，原子化效率的稳定性则直接决定了测定的精密度。原子化器通常有以下类型。

（1）火焰原子化器　该装置主要包括雾化器、雾化室和燃烧器。

雾化器　使试液雾化。雾化器的效率是影响原子化灵敏度和检出限的主要因素。雾滴越小，火焰中生成的基态原子就越多。因此，要求雾化器喷雾稳定、雾滴微细均匀和雾化效率高。

雾化室　使雾滴更小，并与燃气、助燃气均匀混合形成气溶胶进入燃烧器。雾化室还有助于火焰稳定，降低噪声等。

燃烧器　产生火焰，使进入火焰的样品气溶胶蒸发和原子化。燃烧器喷口一般做成狭缝式，这种形状即可获得原子蒸气较长的吸收光程，又可防止回火，常用的是单缝喷灯。

火焰原子化器操作简单，火焰稳定，重现性好，精密度高，应用范围广。但原子化效率低，通常只能液体进样。

（2）非火焰原子化器　分为石墨炉原子化器和石英管原子化器。两者都采用电加热升温方式，前者温度可达 2500~3000K，后者温度不超过 1300K。这里主要介绍石墨炉原子化器。

石墨炉原子化器是利用电能加热盛放试样的石墨容器，使之达到高温，以实现试样蒸发和原子化。优点是原子化效率高，可得到比火焰大数百倍的原子化蒸气；绝对灵敏度可达 10^{-9} ~ 10^{-13}g，比火焰原子化法提高几个数量级；液体和固体都可直接进样，试样用量少。缺点是精密度差，相对偏差约为 4%~12%（加样量少时）。石墨炉原子化过程一般需要经四步达到升温的目的。

①干燥：在低温（溶剂沸点）下蒸发掉试样中溶剂。

②灰化：在较高温度下除去低沸点无机物及有机物，减少基体干扰。

③高温原子化：使各种形式存在的分析物挥发，并离解为中性原子。

④净化：升至更高温度，除去石墨管中残留分析物，以减少和避免记忆效应。

3.　单色器　单色器的功能是将待测元素的共振吸收线与邻近干扰线分离。原子吸收的分析线和光源发射的谱线都比较简单，因此对单色器的分辨率要求不高。为了防止来自原子化器的所有辐射不加选择地都进入检测器，所以单色器通常都配置在原子化器的后面。

4.　检测系统　主要由检测器、放大器、对数变换器、指示仪表等组成，用来将光信号进行光电转换，常用光电倍增管，工作波长在 190~900nm。

5.　显示系统　包含记录器、数字直读装置、电子计算机程序控制等设备。

（二）原子吸收分光光度仪类型

目前常根据仪器外光路结构形式进行分类。原子吸收分光光度仪可分为单道单光束型、双道双光束型和同时测定多种元素的多波道型。

1.　单道单光束原子吸收分光光度仪　只有一个空心阴极灯，外光路只有一束光，一个单色器和检测器。优点是结构简单、价廉，共振线在传播途中辐射能损失较少，单色器能获得较大亮度，故有较高灵敏度。缺点是易受光源强度变化的影响，灯预热时间长，分析速度慢。

2.　双道双光束原子吸收分光光度仪　由光源发射的共振线被切光器分解成两束光，一束测量光通过原子化器，一束光作为参比不通过原子化器，两束光交替进入单色器，然后进行检测。优点是可消除强度变化及检测器灵敏度变动的影响，但价格较贵。

3.　双波道或多波道原子吸收分光光度仪　该设备是使用两种或多种空心阴极灯，使光辐射同时通过原子蒸气而被吸收，然后再分别引到不同分光和检测系统，测定各元素的吸光度值。此类仪器准确度高，采用内标法，并可同时测定两种以上元素，但装置复杂，仪器价格昂贵。

（三）原子吸收分光光度仪仪器维护

（1）开机前，检查各插头是否接触良好，调好狭缝位置，将仪器面板的所有旋钮回零再通电。开机时应先开低压，后开高压，关机则相反。

（2）空心阴极灯需要一定预热时间。灯电流由低到高慢慢升到规定值，防止突然升高，造成阴极溅射。有些低熔点元素灯（如 Sn、Pb 等），使用时要防止振动，工作后轻轻取下，阴极向上放置，待冷却后再移动装盒。闲置不用的空心阴极灯，定期在额定电流下点燃 30 分钟。

（3）喷雾器的毛细管用铂-铱合金制成，不要喷雾高浓度的含氟样液。工作中要防止毛细管折弯或堵塞。

（4）日常分析完毕，应在不灭火的情况下喷雾蒸馏水，对喷雾器、雾化室和燃烧器进行清洗，喷过高浓度酸、碱后，要用水彻底冲洗雾化室，防止腐蚀。吸喷有机溶液后，先喷有机溶剂和丙酮各 5 分钟，再喷 1% 硝酸和蒸馏水各 5 分钟。燃烧器中如有盐类结晶，火焰呈锯齿形，可用滤纸或硬纸片轻轻刮去，必要时卸下燃烧器，用体积比 1：1 的乙醇-丙酮清洗，再用毛刷醮水刷干净。如有溶珠，可用金相砂纸轻轻打磨，严禁用酸浸泡。

（5）单色器中的光学元件严禁用手触摸和擅自调节。可用少量气体吹走表面灰尘，不能用擦镜纸擦拭。防止光栅受潮发霉，要经常更换暗盒内的干燥剂。光电倍增管室需检修时，一定要在关掉负高压的情况下，才能揭开屏蔽罩，防止强光直射。

（6）点火时，先开助燃气，后开燃气；关闭时，先关燃气，后关助燃气。

（7）使用石墨炉时，样品注入的位置要保持一致，减少误差。工作时，冷却水的压力与惰性气流的流速应稳定。一定要在通有惰性气体的条件下接通电源，否则会烧毁石墨管。

三、原子吸收分光光度法测定样品的基本原理

（一）原子吸收光谱的产生

原子在正常状态时，核外电子按一定规律处于离核较近的原子轨道上，这时能量最低、最稳定，称为基态。当原子受外界能量（如热能、光能）作用时，其最外层电子吸收一定的能量而被激发到能量更高的能级上，称为激发态。当提供给基态原子的能量 E 恰好等于该基态和某一较高能级之间的能级差 ΔE 时，基态原子的最外层电子将吸收能量由基态跃迁到激发态，产生原子吸收光谱（图 13-2）。

原子由基态跃迁到最低激发态所产生的吸收谱线称为共振吸收线，简称共振线。由于各种元素的原子结构和外层电子排布不同，不同元素的原子从激发至第一

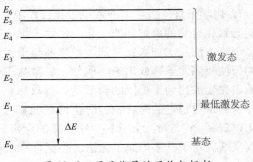

图 13-2　原子能量的吸收与辐射

激发态时，吸收的能量不同，因此各种元素的共振线不同，各有其特征性，这种共振线称为特征谱线。从基态激发至第一激发态的跃迁最容易发生，因此对大多数元素来说，共振线是元素所有谱线中最灵敏的谱线，常用作分析线。例如钾、钠、铅、锂、钙元素的特征谱线分别为 766.5、589.0、283.3、670.7、422.7nm。原子吸收线一般位于光谱的紫外光区和可见光区。

（二）原子吸收光谱法的定量基础

1. 吸收线轮廓及变宽　原子吸收所产生的是线状光谱。实际上，由于外界条件及本身的影响，光谱吸收线并非是一条严格的几何线（单色），而是具有一定宽度和轮廓的谱线。影响谱线宽度的主要因素有：

（1）自然宽度　即无外界条件影响下，谱线固有的宽度。不同谱线有不同的自然宽度。激发态原子的寿命越短，吸收线的自然宽度越宽。多数情况下，自然宽度约为 10^{-5}nm，可忽略不计。

（2）多普勒变宽　由原子无规则热运动所产生的变化，故又称为热变宽。其宽度约为

10^{-3}nm，是谱线变宽的主要因素。测定的温度越高，待测元素的相对原子质量越小，其热运动越剧烈，宽度越大。

（3）劳伦兹变宽　即待测元素的原子与其他外来粒子（分子、原子、离子、电子）相互作用（如碰撞）引起的谱线变宽。劳伦兹变宽可引起谱线频率移动和不对称性变化。这会使空心阴极灯发射的发射线与基态原子的吸收线产生错位，影响原子吸收分析的灵敏度。

2. 原子吸收值与原子浓度的关系　基态原子蒸气对该元素的共振线吸收遵循光吸收定律。1955年澳大利亚物理学家瓦乐西（Walsh）从理论上证明了，在温度不太高和稳定条件下，特征谱线处的吸收系数与单位体积原子蒸气中处于基态的原子数目成正比。在通常的温度（2000~3000K）下，原子蒸气中处于激发态的原子数目很少，仅占基态原子数的万分之几，可忽略不计，蒸气中的原子总数可近似认为是蒸气中处于基态的原子总数，所以特征谱线处的吸收系数与单位体积蒸气中总的原子数成正比。又由于在一定条件下蒸气中原子的总浓度和待测样品中该元素的浓度成正比，所以待测样品中待测元素的浓度与其在特征谱线处的吸光度成正比，即有：

$$A = KC \qquad (13-1)$$

式中，K 为比例常数；C 为待测元素的浓度；A 为吸光度。这就是原子吸收光谱法定量分析的基础。

（三）干扰及其消除方法

原子吸收分光光度法的干扰较小，但在某些情况下干扰问题仍然不容忽视。干扰主要来自化学干扰、物理干扰、电离干扰、光谱干扰和背景干扰等。

1. 化学干扰　指在溶液或原子化过程中待测元素与共存组分之间发生化学反应而影响待测元素化合物的离解和原子化。化学干扰是原子吸收分析的主要干扰来源。

消除方法：①加入释放剂。释放剂与干扰组分生成比待测元素更稳定或更难挥发的化合物，使待测元素释放出来。例如，磷酸盐干扰钙的测定，当加入镧或锶盐时，镧或锶与磷酸根先生成比钙更稳定的磷酸盐，释放出钙。②加入保护剂。保护剂可与待测元素生成易分解的或更稳定的配合物，防止待测元素与干扰组分生成难解离的化合物。例如，加入EDTA-2Na，它与待测元素钙、镁形成配合物，从而抑制磷酸根对钙、镁的干扰。③加入基体改良剂。对于石墨炉原子化法，在试样中加入基体改良剂，使其在干燥或灰化阶段与试样发生化学变化，其结果可以增加基体的挥发性或改变待测元素的挥发性，以消除干扰。④使用高温火焰或提高石墨炉原子化温度，可使难解离的化合物分解。

2. 物理干扰　指样品在转移、蒸发和原子化过程中，其物理性质变化引起吸光度下降的现象。如黏度、表面张力或溶液密度等的变化，影响试样雾化和气溶胶到达火焰传送等引起原子吸收强度的变化。物理干扰是非选择性干扰，对样品中各元素的影响基本相似。

消除方法：配制与待测样品组成相似的标准溶液；采用标准加入法；加入基体改良剂。若试样溶液浓度高，还可采用稀释法。

3. 电离干扰　指在高温条件下，由于原子的电离而引起的干扰。

消除方法：加入过量消电离剂。消电离剂是比待测元素电离电位低的元素，相同条件下消电离剂首先电离，抑制待测元素电离。例如，测钙时可加入过量KCl溶液消除电离干扰。钙的电离电位为6.1eV，钾的电离电位为4.3eV。由于钾电离产生大量电子，使钙离子得到电子而生成原子。

4. 光谱干扰　指原子光谱对分析线的干扰。有以下两种情况。

（1）吸收线重叠　共存元素吸收线与待测元素分析线接近时，两谱线重叠或部分重叠，会使分析结果偏高。例如，测定 Fe 271.903nm 时，Pt 271.904nm 有重叠干扰。消除方法：

另选波长（如选用 Fe 248.33nm 为分析线可消除 Pt 的干扰）或用化学方法分离干扰元素。

（2）光谱通带内存在非吸收线　非吸收线可能是待测元素的其他共振线与非共振线，也可能是光源中杂质的谱线。一般通过减小狭缝宽度与灯电流或另选谱线消除非吸收线干扰。

5. 背景干扰　分子吸收与光散射是形成光谱背景的主要因素。分子吸收是指在原子化过程中生成的分子对辐射的吸收。如 NaCl、KCl、H_2SO_4 等盐或酸的分子对分析线吸收。在波长小于 250nm 时，硫酸和磷酸等分子有很强的吸收，而硝酸和盐酸的吸收则较小，因此，原子吸收分光光度法中常用硝酸或盐酸或者二者的混合液预处理样品；光散射是指原子化过程中产生的固体颗粒使光发生散射，使透过光减弱，吸收值增加。波长越短，浓度越大，影响越大。

消除方法：校正背景，主要有邻近非共振线校正、连续光源背景校正、塞曼（Zeeman）效应法等。

第二节　原子吸收分光光度法操作前的准备

一、原子吸收分光光度仪构件检查

原子吸收分光光度仪在使用前需进行构件检查，即对仪器的性能进行检定。检定仪器应选用波长大于 250nm，辐射强度大，发光稳定，对于火焰状态反应迟钝的元素灯作为光源，最好的是铜灯，镁、镍等元素灯也可以。

1. 对光调整

（1）光源对光　接通电源，开启交流稳定器，点燃某元素灯，调单色器波长至该元素最灵敏线位置，使仪表有信号输出。移动灯的位置，使接收器得到最大光强，用一张白纸挡光检查，阴极光斑应聚集成像在燃烧器里缝隙中央或稍靠近单色器一方。

（2）燃烧器对光　燃烧器缝隙位于光轴之下并平行于光轴，可通过改变燃烧器前后、转角或水平位置来实现。先调节表头指针满刻度，用对光棒或火柴杆插在燃烧器缝隙中央，此时表头指针应从最大刻度回到零，既透光度从 100% 至 0%。然后把光棒或火柴杆垂直放置在缝隙两端，表头指示的透光度应降至 20% 至 30%。也可点燃火焰，喷雾该元素的标准溶液，调节燃烧器的位置到出现最大吸光度为止。

2. 喷雾器调整　调整喷雾器的关键在于喷雾器的毛细管和节流嘴的相对位置和同心度。毛细管口和节流嘴同心度越高，雾滴越细，雾化效率越高。一般可以通过观察喷雾状况来判断调整的效果。拆开喷雾器，拿一张滤纸，将雾喷到滤纸上，滤纸稍湿则恰到好处。

3. 样品提取量的调节　样品提取量是指每分钟吸取溶液的体积，以 ml/min 表示。样品提取量与吸光度不成线性关系，在 4~6ml/min 有最佳吸收灵敏度，大于 6ml/min 灵敏度反而下降。通过改变喷雾气流速度和毛细管的内径和长度，能调节样品提取量。

二、样品溶液的准备

运用原子吸收分光光度法测量的元素含量通常都很低，特别是生物样品中的微量元素，如取样或样品预处理不当，往往会引起很大误差，造成测量结果不准确。因此，对样品溶液的准备有具体的要求。

（一）试剂与贮备液要求

取样要有代表性，要防止污染。主要污染来源是水、容器、试剂和大气，要避免待测元素的损失和错加。对用来配制待测元素标准溶液的试液，如溶解样品的酸碱、光谱缓冲剂、电离抑制剂、萃取溶剂、配制标准溶液的基体等，必须具有高纯度（如优级纯），且不能含有待测元素。用来配制对照品溶液的试剂也不能含有待测元素，但其基体组成应尽可能与被测试样接近。

由于待测元素在标准溶液中含量较小，用量也少，分析纯的待测元素试剂就能满足实际测试要求。作为标准溶液的贮备液，浓度应较大（如>100μg/L），以免反复多次配制。无机贮备液宜放在聚乙烯容器中，并维持一定酸度；有机贮备液在贮存过程中应避免与塑料、胶塞等直接接触。当样品溶液中总含盐分量大于0.1%时，在标准溶液中也应加入等量的同一盐分。

（二）样品预处理

对于未知样品，在测定时必须做预处理。无机固体样品要用合适的溶剂和方法溶解，尽可能完全地将待测元素转入溶液中，并控制溶液中总盐量在合适的范围内；无机样品溶液浓度过高，可用蒸馏水稀释到合适浓度。有机固体样品要先用干法（如氧瓶燃烧法、炽灼）或湿法消化有机物，再将消化后的残留物溶解在合适的试剂中，有机样品溶液可用甲基异丁酮或石油醚稀释至近水的黏度。如果采用石墨炉原子化器，则可直接分析固体样本，采用程序升温，分别控制样品干燥、灰化和原子化过程，使易挥发或易热解的基体在原子化前除去。

三、测定记录要点

（一）测量条件记录

1. 分析线 通常选择元素的共振线作为分析线，因为共振线一般也是最灵敏的吸收线。但并非在任何情况下都是选共振线作为吸收线。例如，Hg、As、Se等的共振线位于远紫外区，火焰组分对其有明显吸收，故用火焰法测定这些元素时不宜选择共振线作为吸收线。而对于微量元素的测定，就必须选用最强的共振线。最适宜的分析线由实验决定，实验方法是：首先扫描空心阴极灯的发射光谱，了解可用的谱线，然后喷入试液，观察这些谱线的吸收情况，应选择不受干扰而且吸收值合适的谱线作为分析线。

2. 空心阴极灯的工作电流 空心阴极灯的辐射强度与工作电流有关。灯电流过低，放电不稳定，光谱输出强度低；灯电流过大，谱线变宽，灵敏度下降，灯寿命也会缩短。一般说来，在保证放电稳定和足够光强的条件下，尽量使用较低的工作电流。通常用最大电流的40%~60%为宜。在实际工作中，通过绘制吸光度-灯电流曲线选择最佳灯电流。

3. 狭缝宽度 单色器中狭缝宽度影响光谱通过的带宽和检测器接受的光强度。在原子吸收分光光度法中，谱线重叠干扰的概率较小，测量时可以使用较宽的狭缝，增强光度，提高信噪比，改善检测限。合适的狭缝宽度也可由实验来确定，实验方法是：将试液喷入火焰中，调节狭缝宽度，并观察相应的吸光度变化，吸光度大且平稳时的最大狭缝宽度即为最适合的狭缝宽度。对于多谱线的元素（如过渡金属、稀土金属），宜选较小狭缝，以减少干扰，改善线性范围。

4. 原子化条件

（1）火焰原子化条件 在火焰原子化法中，火焰的选择和调节是保证原子化效率的关键之一。分析线在200nm以下的短波区元素如硒、磷等，由于烃类火焰有明显吸收，不宜使用乙炔火焰，宜用氢火焰。易电离的碱金属和碱土金属元素，不宜采用高温火焰；反之，对于易形成难电离氧化物的元素如硼、铝等，则应采用高温火焰，最好使用富燃火焰。火焰的氧化还原能力明显影响原子化效率和基态原子在火焰中的空间分布，因此调节燃气和助燃气的流量以及燃烧器高度，使来自光源的光通过基态原子浓度最大的火焰区，从而获得最高的灵敏度。

（2）石墨炉原子化条件　在石墨炉原子化法中，要选择合适的干燥、灰化、原子化和净化温度与持续时间。干燥是一个低温除去溶剂的过程，应在稍低于溶剂沸点的温度下进行，以防止试样飞溅。热解、灰化是为了破坏和蒸发除去试样基体，在保证待测元素没有明显损失的前提下，将试样加热至尽可能的高温。原子化温度应选择达到最大吸收信号时的最低温度。净化是消除高温残渣，温度应尽可能的高。各阶段加热的时间和温度，依样品的不同而不同，可通过实验来确定。

5. 进样量　火焰原子化法：喷雾进样量过小，吸收信号弱，不便测量；喷雾进样量过大，残留物记忆效应大。在保持燃气和助燃气配比、总气体流量一定的条件下，测定吸光度随喷雾进样量的变化，最大吸光度时的喷雾量就是合适的进样量。

石墨炉原子化法：在石墨炉原子化器中，进样量多少取决于石墨管内容积的大小，一般固体进样量为 $0.1 \sim 10mg$，液态进样量为 $1 \sim 50\mu l$。

（二）定量分析方法

原子吸收分光光度法常用的定量分析方法有标准曲线法、标准加入法和内标法。

1. 标准曲线法　这是最常用的分析方法。在仪器推荐的浓度线性范围内，配制一组含有不同浓度被测元素的标准溶液和空白溶液，在与样品测定完全相同的条件下，先将空白溶液和标准溶液按照浓度由低到高的顺序测定吸光度；以浓度为横坐标，吸光度为纵坐标作标准曲线，建立 $A–C$ 线性方程和相关系数 R。用同法配制在标准曲线浓度范围内的待测溶液，测定其吸光度，从标准曲线上找出其对应的浓度即可。

为了保证测定结果的准确性和重现性，标准溶液组成应和被测样品的组成尽可能接近，必要时可加入基体的改进剂和干扰抑制剂；大量测定样品时，每隔一段时间应用标准溶液对标准曲线进行检查和检验；样品溶液的吸光度应在 $0.13 \sim 0.6$ 之间及标准曲线范围内。

2. 标准加入法　当被测样品的基体干扰较大、配制与被测样品组成一致的标准溶液又困难时，可采用标准加入法。具体做法：取至少四份相同体积的被测样品溶液，一份不加入被测元素标准溶液，另外几份加入不同体积被测元素标准溶液，全部稀释至相同体积，使加入的标准溶液浓度为 0、C、$2C$、$4C\cdots$，然后分别测定它们的吸光度。以加入的标准溶液浓度与其对应的吸光度值绘制标准曲线，再将该曲线外推至与浓度轴相交。交点至坐标原点的距离 C_x 即被测元素稀释后的浓度。这个方法也称为作图外推法，如图 13–3 所示。

标准加入法应该进行试剂空白的扣除，而且必须在使用试剂空白的标准加入法中进行扣除，而不能用标准曲线法的试剂空白来扣除。标准加入法的特点是可以消除基体效应的干扰，但不能消除背景干扰。因此，使用标准加入法时，要考虑消除背景干扰的问题。

3. 内标法　在系列标准试样和未知试样中加入一定量试样中不存在的元素（内标元素），然后测得分析线和内标线的强度比，以吸光度比值对标准试样中待测元素浓度绘制标准曲线，再根据未加内标元素的试样与加入内标元素的试样吸光度比值，即可在标准曲线上求得

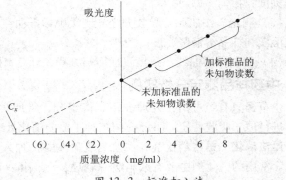

图 13–3　标准加入法

试样中待测元素浓度。注意内标元素应与待测元素有相近的物理化学性质。内标法可消除在原子化过程中由于实验条件（如燃气及助燃气流量、基体组成、表面张力等）变化而引起的误差。此外，内标法只适用于双通道型原子吸收分光光度仪。

第三节　原子吸收分光光度法样品测定实例分析

原子吸收光谱法主要用于金属元素的测定。其在医药、食品领域主要用于生物体内微量金属元素的测定、药品中重金属限度检查和金属元素制剂中金属元素的含量测定。例如，头发中钙、铅、汞和血液中锌、镁等元素的含量测定；西洋参、丹参、白芍等中药材中汞、铅、镉、铜、砷的限度检查；复方乳酸钠、葡萄糖氯化钠注射液中氯化钠、氯化钾注射液含量测定；明胶胶囊壳中铬的检查等。

一、化学原料样品测定分析实例

实例 13-1　维生素 B_{12} 的含量测定

精密称取维生素 B_{12}（$C_{63}H_{90}CoN_{14}O_{14}P$）干燥品约 20mg，置于 25ml 容量瓶中，用 0.9% 氯化钠注射液溶解并稀释至刻度，摇匀，喷入空气-乙炔火焰，利用氘灯背景校正，在 240.7nm 波长处测量钴原子的吸收，用标准曲线法测定计算并维生素 B_{12} 样品中钴的含量，换算成维生素 B_{12} 的含量。

二、化学制剂样品测定分析实例

实例 13-2　口服补液盐 II 总钠含量测定

口服补液盐 II 中有氯化钠、氯化钾、葡萄糖、枸橼酸钠四种电解质，是一种电解质补充药。加入氯化锶释放剂，有利于枸橼酸钠中钠的释放和测量。可用标准曲线法则测定钠元素的量，其测定方法如下：

（1）配制钠标准溶液　精密称取经 105℃ 干燥至恒重的分析纯氯化钠 0.1002g，置于 100ml 容量瓶中，用蒸馏水溶解并稀释至刻度线，摇匀；精密量取 3.00ml，置于 100ml 容量瓶中，用蒸馏水稀释至刻度，摇匀。再精密量取 3.00、4.00、5.00ml，分别置于 3 个 100ml 容量瓶中，各加入 2% 氯化锶溶液 5ml，用蒸馏水稀释至刻度，摇匀，即得。

（2）配制样品溶液　精密称取口服补液盐 II 3.712g，置于 100ml 容量瓶中，用蒸馏水溶解并稀释至刻度，摇匀；精密量取 2.00ml，置于 250ml 容量瓶中，用蒸馏水稀释至刻度，摇匀。再精密量取 2.00ml，置于 250ml 容量瓶中，加入 2% 氯化锶溶液 12.5ml，用蒸馏水稀释至刻度，摇匀，即得。

（3）测定　按照原子吸收分光光度法中标准曲线法操作，在 589.0nm 波长处分别测定标准溶液和样品溶液吸光度。

（4）绘制标准曲线，找出线性回归方程，计算口服补液盐 II 总钠含量。

三、中药样品测定分析实例

中草药只有经过消化处理去掉有机组分，将所含有的微量元素转化为无机化合物后，才可进行原子吸收测定。下面介绍三种主要的消化处理办法。

湿法消化　是将消化剂（主要是氧化性酸）加入样品中来达到破坏、分解有机组分的目的。常用的消化剂主要有浓硝酸-高氯酸、浓硝酸-H_2O_2、浓硝酸-浓硫酸、浓硝酸-高氯酸-H_2O_2 等混合酸，一般需放置 12 小时以上。

  干法消化 是利用高温将有机物破坏，然后以适当的溶剂溶解灰化后的残渣，再进行原子吸收测定。一般作用温度为 450~550℃，时间 1~3 小时。

  高压消化 是在样品中加入少量的消化液，置于密闭压力消解罐中高压消化。一般加热温度为 80~130℃，时间 1~2 小时。

  实例 13-3 杜仲中铅、砷、汞含量的测定，方法如下。

  （1）测砷、汞的样品消化 精密称取杜仲药材样品 0.5g，加入浓硝酸-浓硫酸（5∶1，V/V）5ml，加盖，放置过夜，加热，保持微沸，难消化样品补加浓硝酸-水（1∶1，V/V）2ml，消化至溶液澄清，小心蒸发至近干，用去离子水定容至 25ml，混匀，即为该药材中砷、汞元素测定用样品溶液（必要时再稀释测定），同时做空白。

  （2）测铅的样品消化 精密称取杜仲药材样品 0.2g，加入浓硝酸-高氯酸（17∶3，V/V）3ml，加盖，放置过夜，加热保持微沸，难消化样品补加浓硝酸-水（1∶1，V/V）2ml，消化至溶液澄清，小心蒸发至近干，用离子水定容至 10ml，混匀，即为该药材中铅元素测定用样品溶液。

  （3）按照表 13-1 的测量条件，根据标准曲线法分别计算样品中三种元素的含量。

表 13-1 Pb、As、Hg 测定的仪器条件

元素	方法	工作波长（nm）	狭缝宽度（nm）	灯电流（mA）
Pb	石墨炉原子吸收法	283.3	1.3	7.5
As	氢化物原子吸收法	193.7	3.0	3
Hg	冷原子吸收法	253.7	1.0	5

第四节 其他光谱分析和质谱法简介

案例导入

案例：淀粉是重要的食品原料，也是药品、保健品、常用的辅料，其卫生安全直接关系到人类健康。铅、汞、镉、砷是淀粉中主要的有毒有害元素。电感耦合等离子体原子发射光谱法（inductively coupled plasma-atomic emission spectrometric，ICP-AES）测定淀粉中的铅、汞、镉、砷含量，方法快速、准确。原子发射光谱法在测定有毒有害元素中是首屈一指的方法，且目前使用 ICP 光源能测定 70 多种元素。

讨论：什么是原子发射光谱法？其基本原理如何？与原子吸收光谱法有何区别？

一、原子发射光谱

  原子发射光谱法（atomic emission spectrometry，AES）是试样中不同元素的原子或离子在光、热或电激发下，从基态跃迁到激发态，当从较高激发态返回到较低激发态或基态时，产生发射光谱，依据特征谱线及其强度进行定性、定量分析的方法。AES 具有灵敏、快速、和选择性好等优点，应用广泛。

  （一）**基本原理**

  1. 原子发射光谱的产生 原子光谱是原子外层电子在不同能级间跃迁的结果。在量子力学中，可用主量子数 n、角量子数 l、磁量子数 m 和自旋量子数 ms 等 4 个量子数来描述每个电子的运动状态。n 决定电子的能量和离核的远近，其取值为 1，2，3，$\cdots$，n；l 决定电子角动量大小和电子轨道的形状，其取值为 0，1，2，3，$\cdots$，$n-1$，与其相应的符号为 s，p，d，f，$\cdots$；m 决定电子绕核运动的角动量沿磁场方向的分量，其取值为 0，±1，±2，±3，$\cdots\pm l$；ms 决定电子的自旋方向，其取值为 $ms = \pm 1/2$。

对于含有多个价电子的原子来说，价电子可用 n（主量子数）、L（总角量子数）、S（总自旋量子数）和 J（总内量子数）来描述。

L 为总角量子数，其数值为外层价电子角量子数 l 的矢量和。两个价电子耦合所得的总角量子数 L 与单个价电子的角量子数 l_1、l_2 有如下关系：

$$L = (l_1+l_2), (l_1+l_2-1), (l_1+l_2-2), \cdots, |l_1-l_2| \qquad (13-2)$$

L 的取值为 0，1，2，3，$\cdots$，共 $(2L+1)$ 个值，相应的符号为 S，P，D，F，$\cdots$。

S 为总自旋量子数，其数值为单个价电子自旋量子数 ms 的矢量和。S 的取值为 0，$\pm1/2$，±1，$\pm3/2$，±2，$\cdots$，共 $(2S+1)$ 个值。

J 为内量子数，是由于轨道运动与自旋运动的相互作用而得出，它是原子中各个价电子组合得到的 L 与 S 的矢量和，即 $J = L+S$，其取值为：

$$J = L+S, L+S-1, L+S-2, |L-S| \qquad (13-3)$$

当 $L \geqslant S$，J 取值由 $J = L+S$ 到 $L-S$，可有 $(2S+1)$ 个值；当 $L \leqslant S$，J 取值由 $J = S+L$ 到 $S-L$，可有 $(2L+1)$ 个值。

光谱学中用光谱项来表示原子中电子所处的各种能级状态，用符号 $n^{2S+1}L_J$ 表示。例如，钠原子基态电子的结构是 $(1s)^2 (2s)^2 (2p)^6 (3s)^1$，对闭合壳层 $L = 0$，$S = 0$，因此钠原子态由 $(3s)^1$ 电子决定。$L = 0$，$S = 1/2$，光谱项为 3^2S。J 只有一个取向，$J = 1/2$，故只有一个光谱支项 $3^2S_{1/2}$。钠原子第一激发态的电子是 $(3p)^1$，$L = 1$，$S = 1/2$，$2S+1 = 2$，$J = 1/2$、$3/2$，故有两个光谱支项，$3^2P_{1/2}$ 和 $3^2S_{3/2}$。

由于 L 与 S 相互作用，每一个光谱项有 $2S+1$ 个不同 J 值，即 $2S+1$ 个光谱支项。对 3^1P，J 只有一个取值，$J = 1$，只有光谱支项 3^1P_1，是单重态；对 3^3P，J 有三个取值，$J = 2$、1、0，故有三个光谱支项 3^3P_2、3^3P_1 与 3^3P_0，是三重态。这三个光谱支项的能量稍有不同，由此可见，$(2S+1)$ 是代表光谱项中光谱支项的数目，称为光谱项的多重性。

原子的能量状态可以用光谱项表示。将原子中所有可能存在状态的光谱项，即能级和能级跃迁用图解的形式表示出来，称为能级图，如图 13-4 所示。能级图中，纵坐标表示能量 E，单位 eV（也可以是波数 σ，单位 cm^{-1}）；横坐标表示实际存在的光谱项。能量的高低用一系列水平线段表示，基态的能量最低，$E = 0$，发射谱线相关能级用斜线相连。

根据量子力学原理，原子内并非所有两个光谱项之间都能发生跃迁，只有符合以下规则的两个光谱项之间才能发生跃迁。

①主量子数的变化，$\Delta n = 0$ 或者任何正整数。

②总角量子数的变化，$\Delta L = \pm 1$，即跃迁只允许在 S 与 P、P 与 S 或 D、D 与 P 或 F 之间发生。

③总自旋量子数的变化，$\Delta S = 0$，即单重态只能跃迁到单重态，三重态只能跃迁到三重态。

④内量子数的变化，$\Delta J = 0$、± 1，但当 $J = 0$ 时，$\Delta J = 0$ 的跃迁是不允许的。

不同元素的原子能级结构不同，因此其能级跃迁产生的光谱具有特征性。根据谱线的特征可以确定某元素的存在，这是原子发射光谱定性分析的依据。

原子由激发态直接跃迁至基态时所辐射的谱线，称为共振线。由第一激发态直接跃迁至基态的谱线称为第一共振线，一般也是元素的最灵敏线。

原子外层电子受激发，发生能级跃迁所产生的谱线称为原子线。离子核外电子由激发态跃迁回基态所发射的谱线，称为离子线。原子线和离子线都是元素的特征谱线。

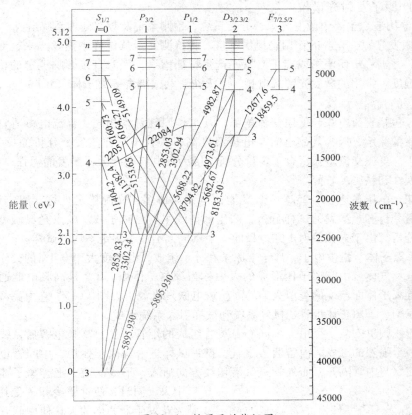

图 13-4　钠原子的能级图

2. 原子发射光谱分析依据　在激发光源的作用下，原子外层电子在 i、j 两个能级之间跃迁，并发射特征谱线，其谱线强度 I_{ij} 可表示为

$$I_{ij} = N_i A_{ij} h\nu_{ij} \tag{13-4}$$

式中 N_i 为较高激发态原子的密度（m^{-3}），A_{ij} 为 i、j 两能级间的跃迁概率，ν_{ij} 为发射谱线的频率。

当体系在一定温度下达平衡时，原子在不同状态的分布也达平衡，分配在各激发态和基态的原子密度应遵守玻尔兹曼（Boltzmann）分布规律。各状态原子数目由温度 T 和激发能 E 决定。

$$N_i = N_0 \frac{g_i}{g_0} e^{-\frac{E}{kT}} \tag{13-5}$$

式中 N_i、N_0 分别为处于 i 能态和基态原子密度；g_i、g_0 分别为 i 能态和基态的统计权重，谱线强度与统计权重成正比；k 为玻尔兹曼常数（1.38×10^{-23} J/K）。

将 I_{ij} 公式代入 N_i 公式，可得

$$I_{ij} = \frac{g_i}{g_0} A_{ij} h\nu_{ij} N_0 e^{-\frac{E}{kT}} \tag{13-6}$$

从公式可看出，谱线强度与激发能、温度、处于基态的粒子数、跃迁概率等有关系。I_{ij} 与基态原子 N_0 成正比，即 I_{ij} 与待测物的浓度 c 成正比，这就是原子发射光谱定量分析的依据（该结论对原子线与离子线均适用）。

（二）原子发射光谱仪

1. 仪器构造　主要由激发光源、分光系统、检测系统及数据处理系统组成。

（1）激发光源　光源的作用是提供能量，将待测元素从试样中蒸发出来，变成气态原子或离子，并进一步使原子或离子激发，产生特征谱线。光源直接影响测定的检出限、精密度和准确度。常用的激发光源有电弧、电火花、电感耦合等离子体（ICP）等。目前 ICP 是应用最广的光源。

电弧　包括直流电弧和低压交流电弧，其工作原理基本相同。直流电弧适宜定性分析和痕量杂质的测定，因为其放电时，电极温度高，有利于试样蒸发，分析的灵敏度很高，背景比较小。低压交流电弧适合于定量分析，因为其电流密度大，激发能力强，稳定性好，测定的重现性和精密度较好。

电火花　电压高达 $10 \sim 25\text{kV}$，激发能比电弧大得多，光源稳定性好，测定重现性好，适合于定量分析和难激发的试样分析，产生的谱线主要是离子线。缺点是灵敏度较差，不宜做痕量分析。由于火花仅射击在电极的一个点上，不适于测定不均匀试样。

ICP 等离子体　指由电子、离子、原子和分子组成，电离度大于 0.1% 的处于电离平衡状态下的电离气体。由等离子体形成的火炬称为等离子体炬。ICP 是高频电能通过感应线圈耦合到等离子体而产生的类似火焰的高频放电激发光源，如图 13-5。它由高频火花发生器、感应线圈、等离子体炬管、供气系统和试样引入系统组成。

在感应线圈里安装一个由三个同心石英管组成的炬管，接通高频电源后，线圈轴线方向将产生一个强烈的磁场。内管通入氩气，携带试样进入等离子体炬，中间管也通入辅助气的氩气使之与内管隔开，而外管氩气沿切线方向通入，形成涡流，把等离子体稳定在管口中央，同时又使管壁冷却，受到保护。高频火花发生器产生的火花使中间管的氩气部分电离，电离产生的电子和离子在高频磁场和由电磁感应产生的高频电场的共同作用下作加速闭合环状运动，促使氩原子进一步电离，使得电子和离子的密度急剧增大，在管口形成等离子体。强大的感应电流产生高温，使氩气瞬间形成温度高达 10000K 的等离子焰炬。试样溶液被喷成雾状并随工作气体进入内管，穿过等离子体核心区，被解离为原子或离子并被激发，发射特征谱线。

ICP 光源优点　温度高，原子化条件好，有利于难熔物的分解；检测限低，一般在 $10^{-5} \sim 10^{-1} \, \mu\text{g/ml}$；稳定性好，$RSD$ 可达 1%；定量线性范围宽达 $4 \sim 5$ 个数量级；可用于多种元素的同时测定或顺序测定；应用范围广，能测定 70 多种元素。

（2）分光系统　分光系统的作用是将光源中待测试样发射的原子谱线按波长顺序分

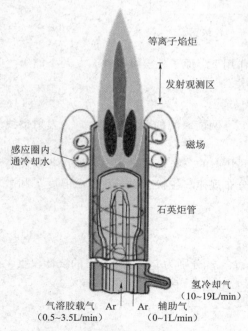

图 13-5　ICP 等离子体炬管示意图

（图中标注）
等离子焰炬
发射观测区
磁场
感应圈内通冷却水
石英炬管
氩冷却气（10～19L/min）
气溶胶载气 Ar（0.5～3.5L/min）　Ar 辅助气（0～1L/min）

开并排列在检测器上或分离出待测元素的特征谱线。主要有以棱镜作为色散元件的分光系统和以光栅作为色散元件的分光系统两种类型。

（3）检测系统　原子发射光谱仪使用的检测器主要有两类：一类是通过摄谱仪以胶片感光方式记录原子发射光谱，再利用感光胶片上原子发射线的波长和黑度进行间接的定性与定量检测；另一类是通过光电转换元件作为检测器，直接对原子发射光谱的波长和亮度进行检测。目前，常用的光电转换元件有光电倍增管检测器（PMT）及电荷耦合式检测器（CCD）。

（4）显示系统　包括记录器、数字直读装置、电子计算机程序控制等设备。

2. 原子发射光谱仪的类型

（1）光栅摄谱仪　该仪器价格便宜，测试费用较低，而且感光板所记录的光谱可长期保存，目前仍然广泛应用。

（2）光电直读光谱仪　该仪器是利用光电转换元件，将谱线的光信号转换为电信号，直接测定出谱线强度。按测量方式可分为多道型直读光谱仪、单道型扫描光谱仪和全谱直读光谱仪。前两种是采用光电倍增管作为检测器，后一种是采用固体检测器。

多道型直读光谱仪　从光源发出的光经透镜聚焦后，在入射狭缝上成像并进入狭缝。进入狭缝的光投射至凹面光栅上并将光进行色散，聚焦在焦面上，通过出射狭缝投射到光电倍增管上进行检测，最后经计算机进行数据处理。该仪器优点：分析速度快、准确度较高，可同时分析含量差别较大的不同元素，适用于固定元素的快速定性、半定量和定量分析。

单道型扫描光谱仪　与多道型光谱仪相比，单道扫描光谱仪波长选择更为灵活方便，分析试样范围更广，适用于较宽的波长范围。

全谱直读光谱仪　光源发出的光通过两个曲面反光镜聚焦于入射狭缝，入射光经抛物面准直镜发射成平行光，照射到中阶梯光栅上使光在 X 方向上色散，再经另一个光栅（Schmidt 光栅）在 Y 方向上进行二次色散，使光谱分析线全部色散于一个平面上，并经反射镜反射进入面阵型 CCD 检测。该 CCD 为紫外型检测器，对可见光区的光谱不敏感，因而在 Schmidt 光栅中央开一个孔洞，部分光线穿过孔洞后经棱镜进行 Y 方向的二次色散，然后经后射镜反射进入另一个 CCD 检测器可对可见光的光谱（400~780nm）进行检测。

（三）分析方法

通常把强度较大的谱线称为灵敏线，元素的灵敏线常为共振线，一般来说第一共振线是最灵敏线。一般选择 3~5 条某元素的灵敏线就可以确定该元素的存在。谱线的强度与元素的含量有关，浓度减少，谱线数目随之减少。由于浓度降低而最后消失的谱线，称为最后线。最后线一般也是最灵敏线。分析线通常是指鉴定元素时所有的最后线或特征谱线组。

1. 定性分析　定性分析主要根据元素是否存在灵敏线。通常用光谱比较法，它可以分为标准试样比较法和铁光谱比较法。

标准试样比较法是将待测元素的纯物质与试样并列摄谱与同一感光板上，在映谱仪上检查纯物质光谱与试样光谱。若试样光谱中出现和纯物质具有相同特征的谱线，说明试样中存在待测元素。

铁光谱比较法是将试样与铁并列摄谱与同一光谱感光板上，然后将试样光谱与铁光谱的标准谱对照，以铁谱线为波长标尺，逐一检查待测元素的灵敏线，若试样光谱中的元素谱线与铁标准谱图中标明的某一元素谱线出现的波长位置相同，说明试样中存在该元素。铁光谱比较法可同时对多种元素进行定性鉴定。

2. 半定量分析　半定量分析主要是根据谱线的黑度来粗略估计含量。摄谱法是目前光谱半定量分析最重要的手段，它可以迅速给出试样中待测元素的大致含量，常用的方法有谱线黑度比较法和谱线呈现法等。

谱线黑度比较法是将试样与已知不同含量的标准试样在一定条件下摄谱于同一光谱感光板上，然后在映谱仪上用目视法直接比较待测试样与标准试样光谱中分析线的黑度，若黑度相等，则待测试样的元素含量近似于该标准试样中该元素的含量。

谱线呈现法是指当元素含量低时，仅出现少数灵敏线，随着元素含量增加，一些次灵敏线与较弱谱线相继出现，将其编成一张谱线出现与含量的关系表，再根据某一谱线是否出现，来粗略估计试样中该元素的大致含量。

3. 定量分析

（1）定量分析基本关系式　谱线强度 I 与待测元素浓度 C 之间的关系，通常用塞伯-罗马金（Scheibe-Lomakin）经验式来表示，即

$$I = aC^b \text{ 或 } \lg I = \lg a + \lg b \tag{13-7}$$

式中，b 为自吸系数，是一个与元素性质、激发条件、蒸发条件、基体等因素有关的常数。其值与谱线的自吸现象有关。待测元素浓度 C 越大，自吸现象越严重，自吸系数越小，$b<1$；当 C 很小无自吸时，$b=1$。

（2）内标法　内标法是利用分析线与比较线强度之比对元素含量进行定量分析的方法。所采用的比较线称为内标线，提供内标线的元素称为内标元素。内标元素可以是试样基体成分，也可以是外加元素。内标元素与待测元素在化学性质、激发电压、波长和强度等方面必须十分相似。

设待测元素和内标元素含量分别为 C 和 C_0，分析线和内标线强度分别为 I 和 I_0，分析线和内标线的自吸系数分别为 b 和 b_0。根据公式（13-7）可得

$I = a_1C^b$，$I_0 = a_0C^{b_0}$，则其相对强度 R 为

$$R = \frac{I}{I_0} = \frac{a_1C^b}{a_0C^{b_0}} = aC^b \tag{13-8}$$

式中 $a = \dfrac{a_1}{a_0C^{b_0}}$，当内标元素含量和实验条件一定时，$a$ 为定值，对公式（13-8）取对数，有

$$\lg R = \lg \frac{I}{I_0} = \lg a + b\lg C \tag{13-9}$$

这就是内标法定量分析的基本关系式。以 $\lg R$ 对应 $\lg C$ 作图，绘制标准曲线，在相同条件下，测定试样中待测元素的 $\lg R$，从标准曲线上即可求得待测元素的 $\lg C$。

（3）标准加入法　当没有合适的内标元素可用时采取标准加入法。取若干份试液，依次按比例加入含不同量待测元素的标准溶液，稀释到相同体积，则浓度依次为 C_x，C_x+C_0，C_x+2C_0，C_x+3C_0，C_x+4C_0，…，在相同条件下测定相对强度 R_x，R_1，R_2，R_3，R_4，…。以 R 对加入的标准溶液浓度 C 作图，该曲线的反向延长线与 x 轴的交点即为测定溶液待测元素浓度，再换算为原样品中待测元素的浓度或含量即可。

二、荧光分析法

某些物质受到光照射时，除吸收某种波长的光以外，还会发射出相同或较长波长的光，这种现象称为光致发光。光致发光最常见的类型是荧光和磷光。荧光是物质接受光子能量而被激发，从激发态的最低振动能级返回基态时所发射的光。荧光分析法（fluorometry）是根据物质的荧光谱线位置及其强度进行物质鉴定和含量测定的分析方法。荧光分析法的主要优点是灵敏度高，选择性好，其检测限达 10^{-10} g/ml，比紫外-可见分光光度法低 3 个数量

级以上。如果待测物质是分子，称为分子荧光；待测物质是原子，则为原子荧光。一般所说的荧光分析法是指以紫外光或可见光作为激发源，所发射的荧光波长较激发波长要长的分子荧光。荧光分析法广泛应用于食品药品分析、医学检验、环境监测等领域。

（一）基本原理

1. 分子激发态　物质的分子体系中存在着一系列紧密相隔的电子能级，而每个电子能级中又包含一系列的振动能级和转动能级。大多数分子含有偶数个电子，在基态时，这些成对的电子自旋方向相反，填充在能量最低的轨道中。当基态分子中的一个电子吸收光辐射后，被激发跃迁到较高的电子能级且自旋方向不改变。此时分子所处的激发态称为激发单重态。若电子在跃迁过程中还伴随着自旋方向的改变，此时分子所处的激发态称为激发三重态。激发单重态与相应的三重态的区别在于电子自旋方向不同，激发三重态的能量稍低（图13-6）。

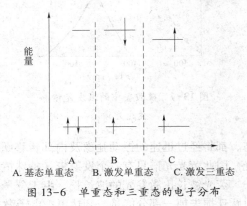

A. 基态单重态　　B. 激发单重态　　C. 激发三重态

图13-6　单重态和三重态的电子分布

2. 分子荧光的产生　基态分子在吸收了紫外光或可见光后，从最低振动能级跃迁至第一电子激发态或更高电子激发态的不同振动-转动能级，变为激发态分子。处于激发态的分子不稳定，通常由以下几种途径释放能量回到基态。

（1）振动弛豫　溶液中，处于激发态各振动能级的分子通过与溶剂分子的碰撞而将部分振动能量传递给溶剂分子，其电子则在 $10^{-11} \sim 10^{-13}$ s 的时间内返回到同一分子激发态的最低振动能级上，这一过程称为振动弛豫。由于能量不能以光能的形式释放，故振动弛豫属于无辐射跃迁。

（2）内转换　激发态分子将部分能量转变为热能，从较高电子能级降至较低的电子能级。由于能量以热能的形式释放，故内转换也属于无辐射跃迁。

（3）荧光发射　处于激发单重态最低振动能级的分子，如以光辐射形式释放能量，回到基态各振动能级，此过程称为荧光发射，此时发出的光称为荧光。

（4）系间窜越　处于激发单重态的分子由于电子自旋方向的改变，跃迁回到同一激发三重态的过程称为系间窜越。系间窜越也是无辐射跃迁。对于大多数物质，系间窜越是禁阻的。若较低单重态振动能级与较高的三重态振动能级重叠或分子中有重原子（如 I、Br 等）存在，系间窜越则较为常见。

（5）磷光发射　经过系间窜越的分子再通过振动弛豫降至激发三重态的最低振动能级，分子在激发三重态的最低振动能级可以存活一段时间，然后以光辐射形式放出能量返回至基态的各个振动能级，这一过程称为磷光发射，此时发出的光称为磷光。由于荧光分子与溶剂分子间相互碰撞等因素的影响，处于激发三重态的分子常常通过无辐射过程失活回到基态，因此在室温下很少呈现磷光，只有通过冷冻或固定化而减少外转换才能检测到磷光，所以磷光法不如荧光分析普遍。

（6）猝灭　猝灭是指处于激发态的分子与溶剂分子或其他溶质分子相互作用，发生能量转移，使荧光或磷光强度减弱甚至消失的现象。

3. 激发光谱与发射光谱　荧光物质分子都具有两个特征光谱，即激发光谱和发射光谱。

（1）激发光谱　将激发荧光的光源用单色器分光，连续改变激发光波长，测定不同激发光波长下物质发射的荧光强度，以荧光强度为纵坐标，以波长为横坐标作图，即可得到激发光谱曲线。激发光谱曲线反映了在固定荧光波长下，不同波长的激发光激发荧光的效率。激发光谱曲线可用于荧光物质的鉴别，并在进行荧光测定时选择合适的激发光波长。

（2）发射光谱　发射光谱又称荧光光谱。选择最强的激发波长作为激发光源，用另一个单色器将物质发射的荧光分光，记录每一波长下荧光强度，作荧光强度与发射波长的关系图，即为荧光光谱曲线。荧光光谱曲线反映了在相同的激发条件下，不同荧光波长处分子的相对发光强度。荧光光谱曲线也可用于荧光物质的鉴别，并在进行荧光测定时选择合适的测量波长（图13-7）。

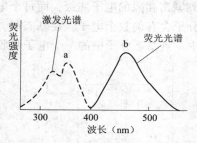

图 13-7　硫酸奎宁的激发光谱和荧光光谱

（3）激发光谱与发射光谱的关系　荧光光谱形状与激发光波长无关。由于荧光发射是激发态的分子由第一激发单重态的最低振动能级跃迁回基态的各振动能级所产生，所以不管激发光的能量多大，能把电子激发到哪种状态，都将经过迅速的振动弛豫及内部转移跃迁至第一激发单重态的最低能级，然后发射荧光。因此荧光光谱只有一个发射带（特殊情况除外），且荧光光谱的形状与激发波长无关。

荧光波长比激发光的波长长。由于分子吸收激发光被激发至较高激发态后，先经无辐射跃迁损失掉一部分能量，到达第一电子激发态的最低振动能级，再由此发出荧光。因此，荧光发射能量比激发光能量低，荧光光谱波长比激发光波长长。

荧光发射光谱与吸收光谱成镜像关系。物质的分子只有对光有吸收，才会被激发，故理论上，荧光化合物的激发光谱形状应与其吸收光谱形状完全相同。实际上由于存在测量仪器的因素或测量环境的某些影响，大多数情况下，激发光谱与吸收光谱两者的形状有所差别。只有在校正仪器因素和环境因素后，两者的形状才会相同。将某种物质的荧光发射光谱与其吸收光谱相比较会发现二者存在"镜像对称"关系。

讨论： 具有哪种结构特征的化合物会有荧光性？

（二）荧光分光光度计

1. 基本结构　荧光分光光度计与紫外-可见分光光度计的构造基本相同。主要由光源、单色器、样品池、检测器组成，如图13-8所示。

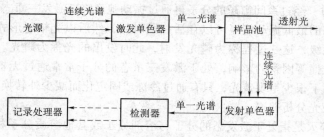

图 13-8　荧光分光光度计结构示意图

荧光分光光度计最常用的激发光源有氙灯、高压汞灯或激光。氙灯在 200~700nm 波长范围内能连续辐射且在 300~400nm 波长范围光谱强度几乎相等，故较常用。高压汞灯产生强的线状光谱而不是连续光谱，不能用于对激发光波长进行扫描的仪器上。激光光源的单色性好，强度大，也是一种极为有用的辐射光源。

激发单色器置于光源和样品池之间，筛选出特定的激发光谱，作为选择激发光波长。发射单色器置于样品池和检测器之间，常采用光栅，筛选出特定的发射光谱，作为选择荧光波长。通常第二个单色器应置于垂直于入射光方向上，这样可以避免透射光的干扰。

样品池通常由石英池（液体试样用）或固体试样架（粉末或片状试样用）组成。测量液体时，光源与检测器呈直角安排；测量固体时，光源与检测器呈锐角安排。

检测器一般采用光电管或光电倍增管，可将光信号放大，并转换为电信号。

2. 仪器的校正

（1）**灵敏度校正** 荧光分光光度计的灵敏度受许多因素影响，如激发光源的光强度、单色器性能、放大系统、测定波长、溶剂的散射、杂质荧光等。即使是同一台仪器在不同的时间操作，测定的结果也不相同。故每次测定时，在选定波长及狭缝宽度的条件下，先用一种稳定的荧光物质（如荧光素），配制成浓度一致的标准溶液进行校正，将每次所测得的荧光强度调节至相同值。如果待测物产生的荧光很稳定，自身也可作为标准溶液。紫外-可见光范围内最常用的是 $1\mu g/ml$ 的硫酸奎宁对照品溶液。

（2）**波长校正** 荧光分光光度计在使用较长时间后，或者在重要部件更换变动时，必须用汞灯的标准谱线对单色器波长刻度重新校正，在测定要求较高的项目中尤为重要。

（3）**光谱校正** 荧光分光光度计测得的激发光谱或荧光光谱往往是表观的，与实际光谱有一定差别。产生这种现象的原因很多，主要是光源的强度随波长改变以及检测器对不同波长光的响应程度不同。尤其当波长处于检测器灵敏度曲线的陡坡时，误差最为显著。因此，在用单光束荧光分光光度计时，先用仪器上附有的校正装置将每一波长的光源强度调整至一致，然后以表观光谱上每一波长的强度除以检测器对每一波长的感应强度进行校正，消除误差。目前生产的荧光分光光度计大多采用双光束光路，故可用参比光束抵消光学误差。

（三）定量分析方法

1. 标准曲线法 取已知量的标准物质与试样使用相同处理后，配制成一系列不同浓度的标准溶液，测定这些溶液的荧光强度 F，以浓度 C 为横坐标，相应的荧光强度为纵坐标绘制 $F\text{-}C$ 曲线，在完全相同条件下测得试样的荧光强度，从标准曲线上查出与试样荧光强度相对应的试样浓度。

2. 比例法 如果已知荧光的标准曲线过零点，在相同条件下线性范围内配制试样溶液和标准品溶液，分别测试样标准溶液和标准品溶液的荧光强度，测得为 F_x 和 F_s，按比例关系计算试样中荧光物质的含量。如果空白溶液的荧光强度不能调到 0 时，必须从 F_x 和 F_s 值中扣除空白溶液的荧光强度 F_0，然后进行计算。

$$\frac{F_s - F_0}{F_x - F_0} = \frac{C_0}{C_x} \tag{13-10}$$

3. 多组分的荧光分析 如果混合物中各组分都有荧光峰，且相距较远、互不干扰，则可分别在不同波长下测定各个组分的荧光强度，直接求出各组分的浓度。

三、质谱法

质谱法（mass spectrometry，MS）是利用多种离子化技术，将物质分子转化为离子，按其质荷比（离子的相对质量和所带单位电荷的数值之比，m/z）的差异分离测定，从而进行物质成分和结构分析的方法。质谱法具以下特点：应用范围广，既可用于无机成分分析，也可用于有机结构分析，还可用于同位素分析；不受试样物态限制，可对气体、液体、固体等进行分析；灵敏度高，试样用量少；分析速度快，易于实现与色谱联用；信息直观，质谱图上的质荷比与离子的质量直接相关，质谱图的解析方便易行。通常用质谱法来鉴定化合物，测定分子中氯、溴的原子数，测定相对分子质量及推测未知物的结构。

拓展阅读

质谱分析技术发展历程

1906 年 J. J. Thomson 发明了第一台质谱仪用于无机化学的同位素研究。20 世纪 40 年代开始用于有机物分析；60 年代出现气相色谱-质谱联用仪，成为有机物分析的重要仪器。随着计算机的应用和电喷雾离子化、快原子轰击离子化、基质辅助激光解析离子化等新的离子化技术出现，80 年代相继出现了液相色谱-质谱联用仪，电感耦合等离子体质谱仪，傅里叶变换质谱仪等，使得质谱分析技术取得重要进展，被广泛应用于化学、化工、环境、地质、能源、刑侦、生命科学等各个领域。

（一）基本原理

将样品置于高真空（$<10^{-3}$Pa）下，在高速电子流或强电场等作用下，样品分子失去外层电子成为分子离子（带正电荷的离子），分子离子的质量等于化合物的摩尔质量。分子离子可继续形成碎片离子，碎片离子可形成新的碎片离子，这样，一种化合物在离子室内可产生若干个质荷比不同的离子。再将分子离子和碎片离子引入到一个 6~8kV 的强电场中加速。此时可认为各种带单位正电荷的离子都有近似相等的动能，且可达数千电子伏特，但是，具有不同质荷比的离子有不同的速度。利用离子质荷比的不同及其速度的差异在质量分析器中将其分离，然后依次通过检测器测量其强度并记录。

由质谱产生机制不难发现，质谱分析的过程可分为四个环节：①将样品引入一定装置并汽化。②汽化后的样品分子进行电离，即离子化。③电离后的离子经电场加速后进入一定装置，按质荷比不同进行分离。④经检测、记录、绘制质谱图。根据质谱图提供的信息，通过质荷比，确定离子的质量，对样品进行定性分析和结构解析；通过每种离子的峰高（相对强度），进行定量分析。

（二）质谱仪

质谱仪主要组成部分有高真空系统、样品导入系统、离子源、质量分析器、离子检测器及记录装置等（图 13-9）。

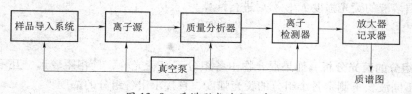

图 13-9　质谱形成过程示意图

1. 高真空系统　质谱仪中离子产生及经过的系统必须处于高真空状态（离子源高真空度应达到 $1.3×10^{-4}~1.3×10^{-5}$Pa，质量分析器中应达 $3×10^{-6}$Pa）。若真空度过低，会造成离子源灯丝氧化损坏，本底增高，副反应变多，从而使图谱复杂化，干扰离子源的调节、加速区的高压放电等问题。一般质谱仪都采用机械泵预抽真空后，再用油扩散泵或涡轮分子泵连续地运行以保持真空。

2. 样品导入系统 样品导入系统的作用是高效重复的将样品引入到离子源中，并且不能造成真空度降低。目前常用的进样系统有三种类型：间歇式进样系统、直接探针进样系统及色谱进样系统。常用质谱仪都配有前两种进样系统，以适应不同状态样品的需要；色谱仪与质谱仪联用时配色谱进样系统。

3. 离子源 其功能是将样品导入系统引入的气态样品分子转化成离子。由于离子化所需要的能量随分子不同差异很大，因此，对于不同的分子应选择不同的电离方法。通常称能给试样较大能量的电离方法为硬电离法，给试样较小能量的电离方法为软电离法，软电离法适用于易破碎或易电离的试样。离子源是质谱仪的心脏，可以将离子源看作是比较高级的反应器其中试样发生一系列特征降解反应，其作用在很短时间（1 微秒）内发生，可以快速获得质谱。

4. 质量分析器 其作用是将离子源产生的并经高压电场加速的样品离子，按质荷比大小顺序分开。应用较广泛的有磁质分析器、四极杆滤质器和飞行时间分析器三种类型。

5. 离子检测器 质谱仪常用的检测器有法拉第杯、电子倍增器及闪烁计数器、照相底片等，常采用隧道电子倍增器管。它能记录各种质荷比的离子流，经检测器检测变成电信号，放大后由计算机采集和处理后，记录为质谱图或用示波器显示，用于后续分析。

6. 记录装置 现代质谱仪配有完善的计算机系统（亦称为工作站），不仅能够快速准确的采集数据和处理数据，而且能够监控质谱仪各部件的工作状态，实现质谱仪的全自动智能操作，并能代替人工进行待测化合物的定性及定量分析。

（三）质谱图和主要离子类型

以离子质荷比为横坐标，离子的相对强度（以含量最多离子的强度为100%，其他离子的强度与之相比所得的相对百分比）为纵坐标得到的二维图，称为质谱图，如图 13-10。

质谱图的主要离子峰有以下几种。

1. 分子离子 分子在电离时失去一个电子（约需 9~13eV 的能量），形成分子离子，一般用 M^+ 表示。

$$M \xrightarrow{-e} M^+$$

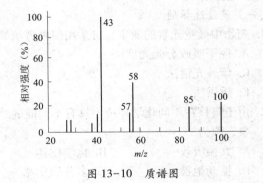

图 13-10 质谱图

相应的质谱峰称为分子离子峰。分子离子峰一般具有以下五个特点：①通常出现在质谱图的最右侧。②分子离子所含的电子数目一定是奇数。③分子离子的质量数服从"氮规则"。即若有机分子中含氮原子的数目是偶数或不含氮原子，则分子离子的质量数是偶数。若分子中含氮原子的数目为奇数，则分子离子的质量数是奇数。④假定的分子离子峰与相邻的质谱峰间的质量数要有意义。如在比该峰小 3~14 个质量数间出现峰，则该峰不是分子离子峰。⑤分子离子峰的主要作用是确定化合物的相对分子质量，利用高分辨率质谱仪给出精确的分子离子峰质量数，是测定有机化合物相对分子质量最快速、可靠的方法之一。

2. 同位素离子 有机化合物一般由 C、H、O、N、S、Cl 及 Br 等元素组成，它们都有同位素。不同元素的同位素因含量的不同，在质谱图中会出现的含有这些同位素的离子峰称为同位素离子峰，常用 M 表示轻质同位峰，(M+1)、(M+2)、…等表示重质同位峰。

3. 碎片离子　由分子离子发生某些化学键断裂所形成的质荷比较小的离子称为碎片离子。由于键断裂的位置不同，同一分子离子可产生不同质荷比的碎片离子。

$$M \xrightarrow{-e} M^+ \xrightarrow{裂解} 初级碎片离子 \xrightarrow{裂解} 次级碎片离子……$$

4. 亚稳离子　离子（m_1^+）脱离离子源后并在到达质量分析器前，由于其内部能量过高或相互碰撞等因素，在飞行过程中可能发生分解而形成低质量的离子（m_2），称为亚稳离子。

$$m_1^+（前体离子）\xrightarrow{在离子源中分解} m_2^+（产物离子）+ 中性碎片$$

$$m_1^+（前体离子）\xrightarrow{在飞行途中分解} m^*（亚稳离子）+ 中性碎片$$

亚稳离子具有峰弱、峰钝、质荷比一般不是整数等特点。

除了上述离子外，分子离子在分解的过程中，还可能产生重排离子、络合离子等。因其产生机制较复杂和解析比较困难，在此不做介绍。

📊 重点小结

　　本章主要介绍了原子吸收分光光度法、原子发射分光光度法、荧光分析法和质谱法的基本原理、仪器及分析方法，重点介绍了原子吸收分光光度法的基本原理、定量分析依据、测定样品的准备以及应用实例。

目标检测

一、选择题

（一）最佳选择题

1. 药物中微量元素的测定，可采用何种方法测定
   A. 原子吸收分光光度法　　　　　　　　　B. 荧光分析法
   C. 紫外光谱法　　　　　　　　　　　　　D. 红外光谱法
   E. 质谱法

2. 由于氢核在不同化学环境中具有不同的屏蔽常数，从而引起外磁场或共振频率移动的现象，称为
   A. 共振吸收　　　　　　B. 化学位移　　　　　　C. 屏蔽效应
   D. 振动弛豫　　　　　　E. 多普勒变宽

3. 原子化器的主要作用是
   A. 将试液中待测元素转化为基态原子
   B. 将试样中待测元素转化为激发态原子
   C. 将试样中待测元素转化为中性分子
   D. 将试样中待测元素转化为分子离子
   E. 将试样中待测元素转化为碎片离子

4. 下列参数与溶液浓度成正比的是
   A. 核磁共振峰个数　　　B. 荧光强度　　　　　　C. 质荷比
   D. 最大激发光波长　　　E. 化学位移

5. 下列跃迁过程不属于无辐射跃迁的是
   A. 振动弛豫　　　　　B. 内转换　　　　　C. 猝灭
   D. 系间窜越　　　　　E. 荧光和磷光

（二）配伍选择题

[6~7] A. 单色器　　　B. 原子化器　　　C. 空心阴极灯
　　　 D. 电离源　　　E. 射频接收器

6. 原子吸收分光光度法仪和荧光分光光度计的共同构造有

7. 核磁共振波谱仪的基本结构有

[8~10] A. 电弧光源　　　B. 电火花光源　　　C. ICP 光源
　　　　D. 空心阴极灯　　E. 氙灯

8. 荧光分析法的光源为

9. 属于原子吸收分光光度计的锐线光源的有

10. 高频电能通过感应线圈耦合到等离子体而产生的类似火焰的高频放电激发光源是

（三）共用题干单选题

[11~12] 精密量取 1~4ml（含奎宁 $C_{20}H_{24}N_2O_2$ 约 10mg）的稀盐酸供试液于 20ml 离心管中，加入 6ml 0.01mol/L 的 Mayer 试剂（HgI_4^{2-}）溶液，摇匀，放置 30 分钟。离心，弃去上层液，用去离子水洗涤沉淀几次，完全除去 Hg^{2+}，洗净的沉淀溶于乙醇，转移至 100ml 容量瓶中，用乙醇定容至刻度，混匀后将乙醇溶液喷入空气-乙炔火焰，在 253.7nm 波长处测量汞的原子吸收，根据标准曲线法计算汞的含量，按 1mg 汞相当于 3.42mg 奎宁计算分析结果。

11. 精密量取 1~4ml 含奎宁的稀盐酸供试液所用量具是
    A. 移液管　　　　　B. 量杯　　　　　C. 量瓶
    D. 烧杯　　　　　　E. 试管

12. 该测量方法为
    A. 原子发射分光光度法　　　　　B. 原子吸收分光光度法
    C. 荧光分析法　　　　　　　　　D. 紫外-可见分光光度法
    E. 红外分光光度法

（四）X 型题（多选题）

13. 原子吸收光谱法的干扰主要有
    A. 物理干扰　　　　　B. 化学干扰　　　　　C. 电离干扰
    D. 光谱干扰　　　　　E. 背景干扰

14. 属于荧光分光光度计部件的是
    A. 质量分析器　　　　B. 试样池　　　　　C. 单色器
    D. 离子源　　　　　　E. 射频发射器

15. 质谱法可以对物质作
    A. 定性鉴别　　　　　B. 相对分子质量测定　　　C. 分离
    D. 结构测定　　　　　E. 测定分子中氯、溴等原子数

二、填空题

16. 原子吸收分光光度法中，由原子无规则热运动所产生的变化称为＿＿＿＿＿＿＿＿＿＿，是谱线变宽的主要因素。＿＿＿＿＿＿＿＿可引起谱线频率移动和不对称性变化，从而影响原

子吸收分析的灵敏度。

17. 测定不同激发光波长下物质发射的荧光强度，以荧光强度为纵坐标，以波长为横坐标作图，可得到_____；选择最强的激发波长作为激发光源，作荧光强度与发射波长的关系图，可得到_____。

18. 核外电子及其他因素对抗外加磁场的现象称为_____。由于屏蔽效应的存在，不同化学环境的氢核具有不同的共振频率（进动频率、吸收频率），这种现象称为_____。

19. 质谱法中，将样品导入系统引入的气态样品分子转化成离子的装置是_____；将离子源产生的并经高压电场加速的样品离子，按质荷比大小顺序分开的装置是_____。

20. 原子发射光谱法中，原子由激发态直接跃迁至基态时所辐射的谱线称为_____；原子外层电子受激发，发生能级跃迁所产生的谱线称为_____。

实训十八　中药样品（灵芝）中重金属及有害元素（铅、镉、砷、汞、铜）检查

一、实训目的

1. 掌握原子吸收分光光度法的基本原理。
2. 了解原子吸收分光光度计的主要结构及操作方法。
3. 学习使用标准曲线法进行定量分析。

二、实训原理

灵芝作为拥有数千年药用历史的中国传统珍惜药材，具备很高的药用价值。市面上灵芝类保健品种类繁多，目前国内的每年销售额约十几亿元人民币。据报道灵芝中含有铅、镉、砷、汞等有害元素，因此测定灵芝中的铅、镉、砷、汞、铜等元素的含量对灵芝的质量控制和合理使用具有重要意义。

原子吸收分光光度法是利用被测元素的基态原子对特征辐射线的吸收程度来确定试样中元素含量的一种分析方法。溶液中重金属离子在高温下变成相应的金属原子蒸气，由空心阴极灯辐射出相应的锐线光源，经过原子蒸气时，特定波长的共振线将被金属原子蒸气强烈吸收，其吸收的强度与金属原子蒸气浓度的关系符合朗伯比尔定律：$A = KCL$，通过测定金属离子标准系列溶液的吸光度，可绘制成标准曲线，再测样品中金属离子的吸光度，从标准曲线上能够求得金属离子含量。

三、仪器与试剂

原子吸收分光光度计（应配备有火焰原子化器、石墨炉原子化器和适宜的氢化物发生装置）；铅、镉、砷、汞、铜等元素的空心阴极灯；分析天平；微波消解仪；电热板。

铅、镉、砷、汞、铜单元素标准溶液；硝酸、高氯酸（高纯试剂）；盐酸、硫酸、磷酸二氢铵、硝酸镁（均为优级纯）；碘化钾、抗坏血酸、盐酸羟胺（均为分析纯）；25%碘化钾溶液、10%抗坏血酸溶液（临用新制）；含1%磷酸二氢铵溶液和0.2%硝酸镁溶液的混合溶液（取磷酸二氢铵1g，硝酸镁0.2g，加水100ml使溶解，即得）；1%硼氢化钠和0.3%氢氧化钠混合溶液（取氢氧化钠3g，加水1000ml使溶解，加入硼氢化钠3g，使溶解，即得。应临用新制）；4%硫酸溶液（取硫酸4ml，加入水中稀释，并加水至100ml，即得）；

5%高锰酸钾溶液（取高锰酸钾 5g，加水溶解并稀释至 100ml，即得）；5%盐酸羟胺溶液（取盐酸羟胺 5g，加水溶解并稀释至 100ml，即得）；2%硝酸溶液（取硝酸 2ml，加水稀释至 100ml，即得）。

四、实训步骤

（一）铅的测定

1. 测定条件 参考条件：空心阴极灯工作电流 9mA，狭缝 0.5nm，波长 283.3nm，干燥温度 110℃，持续 20 秒；灰化温度 800℃，持续 13 秒；原子化温度 1600℃，持续 4~5 秒；清除温度 2200℃，持续 2 秒。

2. 样品溶液的制备 取样品粗粉 0.5g，精密称定，置聚四氟乙烯消解罐内，加硝酸 5ml，混匀，浸泡过夜，盖好内盖，旋紧外套，置适宜的微波消解炉内，进行消解（按仪器规定的消解程序操作）。消解完全后，取消解内罐置电热板上缓缓加热至红棕色蒸气挥尽，并继续缓缓浓缩至 2~3ml，放冷，用水转入 25ml 容量瓶中，并稀释至刻度，摇匀即可。消解后的样品应呈无色或略带浅黄绿色的澄明溶液，部分样品可能残存有少量灰色硅酸盐沉淀，可振摇后离心处理。同法同时制备试剂空白溶液。

3. 铅标准曲线的绘制 精密量取铅单元素标准溶液适量，用 2% 硝酸溶液稀释，制成每 1ml 含铅（Pb） 1μg 的铅标准贮备液，于 0~5℃贮存。

分别精密量取铅标准储备液适量，用 2% 硝酸溶液制成每 1ml 分别含铅 0、5、20、40、60、80ng 的铅标准溶液。分别精密量取 1.00ml，加含 1%磷酸二氢铵和 0.2%硝酸镁的混合溶液 0.5ml，混匀。精密吸取 20μl 注入石墨炉原子化器，测定吸光度，以吸光度为纵坐标，浓度为横坐标，绘制标准曲线。

4. 灵芝中铅含量测定 精密量取空白溶液与样品溶液各 1.00ml，精密加含 1%磷酸二氢铵和 0.2%硝酸镁的溶液 0.5ml，混匀，精密吸取 20μl，注入石墨炉原子化器，参照标准曲线的制备项下的方法测定吸光度，由标准曲线法计算样品中铅（Pb）的含量。

（二）镉的测定

1. 测定条件 参考条件：空心阴极灯工作电流 4mA，狭缝 0.5nm，波长 228.8nm，干燥温度 110℃，持续 20 秒；灰化温度 800℃，持续 13 秒；原子化温度 1300℃，持续 4~5 秒；清除温度 2100℃，持续 2 秒。

2. 样品溶液的制备 同铅。

3. 镉标准曲线的绘制 精密量取镉单元素标准溶液适量，用 2% 硝酸溶液稀释，制成每 1ml 含镉（Cd） 1μg 的镉标准贮备液，于 0~5℃贮存备用。

分别精密量取镉标准贮备液适量，用 2% 硝酸溶液稀释制成每 1ml 分别含镉 0、0.8、2.0、4.0、6.0、8.0ng 的溶液。分别精密吸取 20μl，注入石墨炉原子化器，测定吸光度，以吸光度为纵坐标，浓度为横坐标，绘制标准曲线。

4. 灵芝中镉含量测定 精密吸取空白溶液与样品溶液各 20μl，参照标准曲线的制备项下方法测定吸光度（若样品有干扰，可分别精密量取标准溶液、空白溶液和样品溶液各 1ml，精密加含 1%磷酸二氢铵和 0.2%硝酸镁的溶液 0.5ml，混匀，依法测定）。参照标准曲线的制备项下的方法测定吸光度，由标准曲线法计算样品中镉（Cd）的含量。

（三）砷的测定

1. 测定条件 参考条件：采用适宜的氢化物发生装置，以含 1% 硼氢化钠的 0.3%氢氧化钠的混合溶液（临用前配制）作为还原剂，盐酸溶液（1→100）为载液，氮气为载气，吸收管温度为 800~900℃，检测波长为 193.7nm。反应时间、进样体积（时间）、载气流量等参数，可参照氢化物发生器生产厂家推荐的条件，结合原子吸收分光光度计测定条件加以优化后确定。

2. 样品溶液的制备 同铅。

3. 砷标准曲线的绘制 精密量取砷单元素标准溶液适量，用 2% 硝酸溶液稀释，制成每 1ml 含砷（As）1μg 的砷标准贮备液，于 0～5℃贮存备用。

分别精密量取砷标准贮备液适量，用 2% 硝酸溶液制成每 1ml 分别含砷 0、5、10、20、30、40ng 的溶液。分别精密量取 10ml，置 25ml 量瓶中，加 25% 碘化钾溶液（临用前配制）1ml，摇匀，加 10% 抗坏血酸溶液（临用前配制）1ml，摇匀，用盐酸溶液（20→100）稀释至刻度，摇匀，密塞，置 80℃水浴中加热 3 分钟，取出，放冷。取适量，吸入氢化物发生装置，测定吸光度，以吸光度为纵坐标，浓度为横坐标，绘制标准曲线。

4. 灵芝中砷含量测定 精密吸取空白溶液与样品溶液各 10ml，参照标准曲线的制备项下的方法测定吸光度，由标准曲线法计算样品中砷（As）的含量。

（四）汞的测定

1. 测定条件 参考条件：采用适宜的氢化物发生装置（与砷测定所采用的氢化物发生装置相同，因汞在室温下即可原子化，所以测定汞时吸收管不需加热）。以含 0.5% 硼氢化钠和 0.1% 氢氧化钠的溶液（临用前配制）作为还原剂，盐酸溶液（1→100）为载液，氮气为载气，检测波长为 253.6nm。其他测定参数可根据仪器具体条件加以优化后确定。

2. 样品溶液的制备 消解过程同铅。消解完全后，取消解内罐置电热板上，于 120℃缓缓加热至红棕色蒸气挥尽，并断续浓缩至 2～3ml，放冷，加 20% 硫酸溶液 2ml、5% 高锰酸钾溶液 0.5ml，摇匀，滴加 5% 盐酸羟溶液至紫红色恰消失，转入 10ml 容量瓶中，用水洗涤容器，洗液合并于量瓶中，并稀释至刻度，摇匀，必要时离心，取上清液，即得。同法同时制备试剂空白溶液。

3. 汞标准曲线的绘制 精密量取汞单元素标准溶液适量，用 2% 硝酸溶液稀释，制成每 1ml 含汞（Hg）1μg 的汞标准贮备液，于 0～5℃贮存备用。

分别精密量取汞标准贮备液 0、0.1、0.3、0.5、0.7、0.9ml，置 50ml 容量瓶中，加 20% 硫酸溶液 10ml、5% 高锰酸钾溶液 0.5ml，摇匀，滴加 5% 盐酸羟胺溶液至紫红色恰消失，用水稀释至刻度，摇匀。取适量，吸入氢化物发生装置，测定吸光度，以吸光度为纵坐标，浓度为横坐标，绘制标准曲线。

4. 灵芝中汞含量测定 精密吸取空白溶液与样品溶液适量，参照标准曲线的制备项下的方法测定吸光度，由标准曲线法计算样品中汞（Hg）的含量。

（五）铜的测定

1. 测定条件 参考条件：火焰原子吸收法测定，检测波长为 324.7nm，采用空气-乙炔火焰。燃气流量 0.9L/min，必要时背景校正，空心阴极灯工作电流为 4mA，狭缝为 0.5nm。

2. 样品溶液的制备 同铅。

3. 铜标准曲线的绘制 精密量取铜单元素标准溶液适量，用 2% 硝酸溶液稀释，制成每 1ml 含铜（Cu）10μg 的铜标准贮备液，于 0～5℃贮存备用。

分别精密量取铜标准贮备液适量，用 2% 硝酸溶液制成每 1ml 分别含铜 0、0.05、0.2、0.4、0.6、0.8μg 的溶液。依次喷入火焰，测定吸光度，以吸光度为纵坐标，浓度为横坐标，绘制标准曲线。

4. 灵芝中铜含量测定 精密吸取空白溶液与样品溶液适量，参照标准曲线的制备项下的方法测定吸光度，由标准曲线法计算样品中铜（Cu）的含量。

（六）数据记录与结果处理

1. 铅含量

铅标准溶液浓度（ng/ml）	0	5	20	40	60	80
吸光度						
铅标准曲线方程						
样品测定序号		1		2		3
样品溶液吸光度						
样品中铅浓度（ng/ml）						
平均浓度（ng/ml）						
偏差						
平均偏差						
相对平均偏差						

2. 镉含量

镉标准溶液浓度（ng/ml）	0	0.8	2	4	6	8
吸光度						
镉标准曲线方程						
样品测定序号		1		2		3
样品溶液吸光度						
样品中镉浓度（ng/ml）						
平均浓度（ng/ml）						
偏差						
平均偏差						
相对平均偏差						

3. 砷含量

砷标准溶液浓度（ng/ml）	0	5	10	20	30	40
吸光度						
砷标准曲线方程						
样品测定序号		1		2		3
样品溶液吸光度						
样品中砷浓度（ng/ml）						
平均浓度（ng/ml）						
偏差						
平均偏差						
相对平均偏差						

4. 汞含量

汞标准溶液浓度（ng/ml）	0	2	6	10	14	18
吸光度						
汞标准曲线方程						
样品测定序号		1		2		3
样品溶液吸光度						
样品中汞浓度（ng/ml）						
平均浓度（ng/ml）						
偏差						
平均偏差						
相对平均偏差						

5. 铜含量

铜标准溶液浓度（ng/ml）	0	50	200	400	600	800
吸光度						
铜标准曲线方程						
样品测定序号		1		2		3
样品溶液吸光度						
平均浓度（ng/ml）						
偏差						
平均偏差						
相对平均偏差						

五、实训思考

原子吸收分光光度法与可见光的分光光度法有哪些不同？

实训十九　水中微量锌的测定

一、实训目的

1. 学习原子吸收分光光度法的基本原理。
2. 了解火焰原子吸收分光光度计的基本构造，并掌握其使用方法。
3. 掌握用标准曲线法测定水中微量锌的方法。

二、实训原理

通常情况下，江河、湖、库及地下水中的锌金属元素含量较低，用原子吸收分光光度法直接测定原水样往往不能检出。可采取水样富集浓缩 10 倍处理后，再用原子吸收分光光度法直接测定水样中的微量锌。该方法可以大幅度提高检出限，并且具有较高的精密度和准确度，操作简便，易于掌握，适用于环境监测实验室对江河、湖、水库及地下水中微量锌元素的日常监测。

锌离子溶液雾化成气溶胶后进入火焰，在火焰温度下气溶胶中的锌变成锌原子蒸气，由光源锌空心阴极灯辐射出波长为 213.9nm 的锌特征谱线，被锌原子蒸气吸收。在恒定条件下，吸光度与溶液中锌离子浓度符合比尔定律 $A=KC$。利用吸光度（A）和浓度（C）的关系，用锌标准系列溶液分别测定其吸光度，绘制标准曲线。在同样的条件下测定水样的吸光度，从标准曲线上求得水样中锌的浓度，进而计算自来水中微量锌。

三、仪器与试剂

原子吸收光谱仪、锌空心阴极灯、锌（光谱纯）、硝酸溶液（优级纯）、容量瓶、量筒、实验用水为去离子水。

四、实训步骤

1. 锌标准贮备液的配制　称取锌 1.0000g，用优级硝酸溶解，必要时可以适当加热，直至完全溶解，于 1000ml 容量瓶定容，摇匀备用，得浓度为 1000mg/L 的贮备液。锌标准系列溶液则用该贮备液逐级稀释而成。

2. 操作内容

（1）仪器工作条件　测定锌的最佳工作条件：波长 213.9nm，灯电流 2mA，狭缝宽度 0.4mm，燃烧器高度 6mm，乙炔流量 1.0L/min，空气流量 6.5L/min。

（2）水样处理与富集浓缩　水样正常采集后，立即用 0.45μm 滤膜过滤，滤液加入优级硝酸防腐（pH<2）。一般地面水和地下水中待测金属浓度较低，不能直接测定，需浓缩处理。用移液管准确量取 500ml 已用硝酸防腐并过滤的水样于 1000ml 烧杯中，在电热板上低温加热蒸发至 20ml 左右，冷却后加入 1.00ml 50%优级硝酸，反复用水吹洗杯壁，过滤后转入 50ml 的容量瓶中定容，摇匀待测。按同样的方法制备两份空白试液（吸光度相对偏差不大于 50%）。

（3）绘制标准工作曲线　用 10mg/L 锌标准溶液，在 100ml 容量瓶中配制质量浓度为 0.00、0.20、0.40、0.60、0.80、1.00mg/L 的系列标准溶液。在最佳仪器操作条件下，每次以空白溶液为参比调零，用原子吸收分光光度法直接测定该系列溶液的吸光度。以锌浓度为横坐标，吸光度为纵坐标，绘制标准工作曲线。

（4）富集水样中锌的含量测定　在上述相同条件下，用原子吸收分光光度法测定富集水样的吸光度。根据水样吸光度值，从标准工作曲线方程计算含量。再根据稀释倍数，计算出水样中锌的含量。平行测定 3 次，取平均值，计算相对平均偏差。

3. 数据记录与结果处理

浓度（mg/L）	0.00	0.20	0.40	0.60	0.80	1.00
吸光度						
标准工作曲线方程						
样品测定序号	1		2		3	
富集水样吸光度						
富集水样浓度（mg/L）						
实际水样浓度（mg/L）						
平均浓度（mg/L）						
偏差						
平均偏差						
相对平均偏差						

五、实训思考

1. 如果该实验要求做回收实验，该如何操作？

2. 实验绘得的标准曲线有时会发生向上或向下弯曲现象，造成标准曲线弯曲原因有哪些？

（陈晓姣）

第十四章

经典液相色谱法

学习目标

知识要求　**1. 掌握**　薄层色谱法、薄层扫描法的基本原理和操作方法。
　　　　　　2. 熟悉　色谱法的分类、常见的固定相、流动相的性质特点和分类、色谱法的概念和分离原理。
　　　　　　3. 了解　经典液相色谱的分离机制、操作方法。
技能要求　1. 学会色谱法中固定相、流动相的选择、色谱分离条件的选择。
　　　　　　2. 灵活运用薄层色谱法、薄层扫描法的基本操作方法。

案例导入

案例：1903 年，俄国植物学家茨维特（M. S. Tswett）在研究植物色素时，将碳酸钙吸附剂填充到竖立的玻璃柱中，从柱的顶端加入用石油醚提取的植物色素溶液，而后用石油醚自上而下冲洗，使植物色素溶液自柱中通过。随着石油醚不断地加入，植物色素渐渐向下移动，结果，在柱的不同部位，形成不同颜色、有规则的色带。由于色带与光谱相似，茨维特把它命名为色谱，上述分离方法命名为色谱法。

讨论：1. 为什么在柱的不同部位，形成不同颜色、有规则的色带？
　　　　2. 石油醚换为水有这种现象吗？

　　现代医学、药学、生命科学和环境科学等现代科学技术的发展对分析法学提出了越来越高的要求，要快速、准确地确定多组分的待测对象中各组分的分子结构、含量等多维信息，对复杂的多元体系要进行逐一分离并纯化等。其中分离和纯化效果的好坏是决定分析结果的关键，不同样品需要采取不同的分离纯化的方法和步骤。目前，色谱分析技术是分离纯化物质中最普遍、最重要的方法。

第一节　总论

一、基本概念

　　色谱法又称层析法，是一种物理化学分析方法，是分离混合物各组分或纯化物质的实验手段之一。它利用不同溶质（样品）在两相中具有不同作用力（分配、吸附、离子交换等）的差别，当两相做相对运动时，各溶质（样品）在两相间进行多次分配（即溶质在两相之间反复多次的吸附、脱附或溶解、挥发），从而使各溶质达到完全分离。

　　在色谱法中，常将装有用于分离的填充物的细长管（如玻璃管、不锈钢管）称为色谱柱；将填入玻璃管或不锈钢管内静止不动的起分离作用并保持固定的填充物称为固定相，流经固定相孔隙及表面的溶剂称为流动相。如今，固定相可以是固体，也可以是液体（将液体涂在固态的载体或管壁上）；流动相可以是气体，也可以是液体或超临界流体。

二、色谱的分类

色谱法有多种类型，从不同的角度可以有不同的分类方法。

（1）按流动相的状态分类，分类情况见表 14-1。

表 14-1　色谱分析方法的分类

色谱类型	流动相	主要分析对象
气相色谱法	气体	挥发性、低沸点、或加热不易分解的物质
液相色谱法	液体	可以溶于水或有机溶剂的各种物质
超临界流体色谱法	超临界流体	各种有机化合物
毛细管柱色谱法	缓冲溶液	离子和各种有机化合物

（2）按固定相、流动相两相所处的状态可分为：气-固色谱法、气-液色谱法、液-液色谱法、液-固色谱法。

（3）按固定相的性质和操作方式来划分，色谱法可分为柱色谱、纸色谱和薄层色谱。

（4）按分离过程的分离机理分类，色谱法可分为吸附色谱法、分配色谱法、离子交换色谱法、凝胶色谱法和亲和色谱法。

（5）按照展开程序的不同，可将色谱法分为洗脱法、顶替法和迎头法。

洗脱法也称冲洗法。工作时，首先将样品加到色谱柱头上，然后用气体或液体作流动相进行冲洗。由于各组分在固定相上的吸附或溶解能力不同，组分被冲洗剂带出的先后次序也不同，从而使组分彼此分离。这种方法是色谱法中最常用的一种方法。

顶替法是将样品加到色谱柱头后，在惰性流动相中加入对固定相的吸附或溶解能力比所有试样组分强的物质为顶替剂（或直接用顶替剂作流动相），通过色谱柱，将各组分按吸附或溶解能力的强弱顺序，依次顶替出固定相，吸附或溶解能力最弱的组分最先流出，吸附或溶解能力最强的最后流出。

迎头法是将试样混合物连续通过色谱柱，吸附或溶解能力最弱的组分首先以纯物质的状态流出，其次则以第一组分和吸附或溶解能力较弱的第二组分混合物，以此类推。

拓展阅读

由于色谱分析法分析复杂多组分体系具有高效、快速的特点，使得气相色谱、高效液相色谱技术得到了广泛的应用。在运动员兴奋剂检测、食品激素残留、粮食农药残留等诸多领域中，均可采用色谱分析法进行定性或定量分析，并且能够快速、准确地分析出结果；啤酒生产商用色谱分析技术对啤酒中的各种有机酸、氨基酸等进行定性或定量分析，可以随时监控所生产啤酒的风味和营养。

三、色谱分析法的特点

色谱法集分离、纯化、分析于一体，具有简便、快速、设备简单的优点，是医药、卫生、化工、环境等领域中不可缺少的分析手段。随着科学技术的迅速发展，目前色谱法这一分离分析技术的灵敏度及自动化程度有了极大的提高。

第二节　柱色谱法

柱色谱法又称柱层析法。它是将固定相（色谱填料）装于色谱柱内，流动相为液体，样品随流动相由上而下移动而达到分离组分的色谱法，装置图见图 14-1。本法主要用于分离，有时也起到浓缩富集作用，广泛用于样品的前处理。

柱色谱法按分离原理可分为吸附柱色谱法、分配柱色谱法、离子交换柱色谱法和凝胶色谱法。根据色谱柱的尺寸、结构和制作方法的不同，又可分为填充柱色谱和毛细管柱色谱。

一、液-固吸附柱色谱法

（一）原理

液-固吸附柱色谱是在柱管内填入表面积很大、经过活化的多孔性粉状固体吸附剂为固定相，构成色谱柱，液体为流动相；待分离的混合物溶液流过色谱柱时，用液体流动相冲洗色谱柱，对各组分进行洗脱分离，由于不同化合物吸附能力不同，往下洗脱的速度也不同，于是溶质在柱中自上而下按对吸附剂的亲和力大小分别形成若干"色带"，分开的各组分溶质可以从柱上分别洗出收集；或将色谱柱吸干，然后按色带分割开，再用溶剂将色带中的溶质萃取出来。

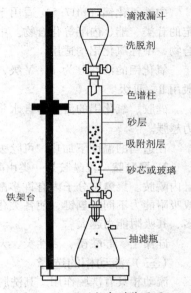

图 14-1　吸附柱色谱装置图

滴液漏斗
洗脱剂
色谱柱
砂层
吸附剂层
砂芯或玻璃
铁架台
抽滤瓶

（二）吸附剂

吸附剂应具有较大的吸附表面和一定的吸附活性、粒度均匀，且有一定的细度，与样品、溶剂和洗脱剂均不发生化学反应。吸附剂的选择是色谱分离中的一项重要工作，常用的吸附剂有硅胶 G、氧化铝、氧化镁、聚酰胺、大孔吸附树脂、活性炭等，目前常用的吸附剂为硅胶。各种吸附剂按极性大小排列顺序为：纸<纤维素<淀粉<糖类<硅酸镁<硫酸钙<硅酸<硅胶<氧化镁<氧化铝<活性炭。

1. 硅胶　硅胶是色谱法中最为常见的吸附剂，它是一种坚硬、无定形链状和网状结构的硅酸聚合物颗粒，分子式为 $SiO_2 \cdot nH_2O$，为一种亲水性的极性吸附剂。它是用硫酸处理硅酸钠的水溶液后生成的凝胶，并将其水洗除去硫酸钠后经干燥得到的，适用于分离酸性或中性物质（有机酸、氨基酸、萜类、甾体等样品）。

硅胶分子中具有多孔性的硅氧环（—Si—O—Si—）交联结构，其骨架表面具有许多硅醇基（—Si—OH），它能吸附极性分子，与化合物形成氢键，从而使硅胶具有吸附能力。

硅胶表面能吸附大量水分，这些水与硅胶表面的羟基结合成水合硅醇基（—Si—OHH$_2$O），会导致硅胶失去活性。这种硅胶表面吸附的水称"自由水"，当表面"自由水"的含量大于 17% 时，其吸附能力极弱。将硅胶加热到 100℃ 左右，这些"自由水"水能可逆地被除去。利用这一原理可以对吸附剂进行活化（去水）和脱活性（加水）处理，以控制吸附剂的活性。一般将硅胶于105~110℃加热0.5~1小时，可达到活化目的。当硅胶加热至500℃时，硅醇基就会不可逆地被破坏，由硅醇结构变为硅氧烷结构，使吸附性能显著下降。

2. 氧化铝 氧化铝的吸附能力强于硅胶。色谱用氧化铝有碱性、酸性、中性三种，以中性氧化铝使用最多。

碱性氧化铝（pH9~10）适用于碳氢化合物、对碱稳定的中性物质、甾类化合物、生物碱的分离等。

酸性氧化铝（pH4~5）适用于分离氨基酸及对酸稳定的中性物质。

中性氧化铝（pH7.5）适用于分离生物碱、甾体、萜类化合物、以及在酸、碱中不稳定的苷类、酯、内酯等化合物。中性氧化铝用途最广，凡是酸性、碱性氧化铝能分离的化合物，中性氧化铝均适用。

氧化铝的活性分为Ⅰ~Ⅴ级，Ⅰ级吸附能力太强，Ⅴ级吸附能力太弱，很少应用，一般用Ⅱ~Ⅲ级。

硅胶、氧化铝的活性与含水量关系：含水量越低，活性级数越小，活性越高，吸附能力越强。

在适当的温度下加热，可除去水分使氧化铝活化，反之加入一定量水分可使其脱活。

3. 聚酰胺 聚酰胺是一类由酰胺聚合而成的高分子化合物，色谱分析法中常用的是聚己内酰胺。聚酰胺分子内有许多酰胺基，酰胺基可与酚类、酸类、硝基化合物、醌类等形成吸附能力不同的氢键，使各类化合物得以分离，一般说来，溶质分子中形成氢键基团越多，其吸附能力越大。

硅藻土、硅酸镁、活性炭、天然纤维素等也可作为吸附剂。

（三） 流动相的选择

流动相具有洗脱作用，其洗脱能力决定于流动相占据吸附剂表面活性中心的能力。对于极性组分而言，强极性的流动相分子，占据极性吸附活性中心的能力强，具有强的洗脱作用。极性弱的流动相占据吸附活性中心的能力弱，洗脱作用弱。通常情况下，被分离试样的性质和吸附剂的的活性均以固定，分离试样能力的关键就取决于流动相的选择，流动相的选择应考虑下面三个方面的因素。

1. 被分离物质的结构、极性与吸附力的关系 被分离物质的结构不同，其极性不同，在吸附剂表面的被吸附力也不同。极性大的物质易被吸附性较强地吸附，需要极性较大的流动相才能洗脱。

常见基团的极性由小到大的顺序是：

烷烃（—CH$_3$，—CH$_2$—）<烯烃（—CH＝CH—）<醚类（—OCH$_3$，—OCH$_2$—）<硝基化合物（—NO$_2$）<酯类（—COOR）<酮类（$>$C＝O）<醛类（—CHO）<硫醇（—SH）<胺类（—NH$_2$）<醇类（—OH）<酚类（Ar—OH）<羧酸类（—COOH）。

2. 吸附剂的活性 分离极性小的物质，一般选择吸附活性大的吸附剂，以免组分流出太快，难以分离。分离极性大的组分，选用吸附活性较小的吸附剂，以免吸附过牢，不易洗脱。

3. 流动相的极性与被分离组分的关系 一般根据相似相溶的原则来选择流动相。因此，当分离极性较大的物质时，应选择极性较大的溶剂作流动相，而分离极性较小的物质时，要选择极性较小的溶剂作流动相。

常用的流动相极性递增的次序是：石油醚<环己烷<四氯化碳<苯<甲苯<乙醚<三氯甲烷<乙酸乙酯<正丁醇<丙酮<乙醇<甲醇<水<醋酸。

总之，在选择色谱分离条件时，必须从被分离物质极性、吸附剂的活性和流动相极性这三方面综合考虑。一般原则是，如果分离极性较大的组分，应选用吸附活性较小的吸附剂和极性较大的流动相；如果分离极性较小的组分，应选用吸附活性较大的吸附剂和极性较小的流动相。选择规律如图 14-2，但这仅仅是一般规律，在实际应用时，具体应用时还需要通过实践来摸索合适的分离条件。为了得到极性适当的流动相，多采用混合溶剂作流动相。

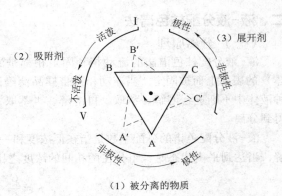

图 14-2　吸附剂的活性、被分离组分的极性、展开剂极性三者之间的关系图

（四）操作方法

柱色谱操作方法分为：装柱、加样、洗脱、收集、鉴定五个步骤。

1. 装柱　根据被分离组分量的多少、性质以及分离要求选择色谱柱管，色谱柱的直径与长度比一般为 1：10～1：20。色谱柱的装填要均匀，不能有裂隙或气泡，以免被分离组分的移动速度不一致，影响分离效果。

装柱方法分为干法装柱和湿法装柱。

干法装柱　将 80～120 目（相当于药筛五～七号）活化后的吸附剂，经漏斗均匀地成一细流慢慢装入柱中，边装边轻轻敲打色谱柱，使柱填得均匀，有适当的紧密度，装完后在吸附剂顶端加少许脱脂棉。然后沿管壁慢慢滴加洗脱剂，使吸附剂湿润。然后加入溶剂，使吸附剂全部润湿。此法简便，缺点是易产生气泡。

湿法装柱　将洗脱剂与一定量的吸附剂调成糊状，慢慢倒入柱中，将柱下的活塞打开，使过剩洗脱剂慢慢流出，并从顶端再加入一定量的洗脱剂，使其保持一定液面，待吸附剂渐渐沉于柱底，在柱顶上加少许脱脂棉。

湿法装柱效果较好，经常使用。

吸附剂用量，一般为被分离物质的量的 30～50 倍。如果被分离组分性质相接近，吸附剂用量要更大些，甚至达到 100 倍。

2. 加样　样品为液体，可直接加样；样品为固体，可选择合适溶剂溶解为液体再加样。加样时，要沿管壁慢慢加入至柱顶部，勿使样品搅动吸附剂表面。打开柱子下端活塞，样品会慢慢进入吸附剂中，待样品刚全部进入吸附剂中，再用少量洗脱剂冲洗原来盛样品溶液的容器 2～3 次，一并轻轻加入色谱柱内。关闭活塞，此时样品集中在柱顶端一小范围的区带。

3. 洗脱　在柱顶用一滴液漏斗，不断加入洗脱剂，使洗脱剂永远保持有适当的量。调节下面开关大小，使流动相流速适当。如果流速过快，组分在柱中吸附-溶解来不及达到平衡，影响分离效果；流速太慢则会延长整个操作时间。

4. 收集样品各组分　各组分如果均有不同颜色，则在柱上分离情况可直接观察出来；直接收集各种不同颜色的组分；一般采用多份收集，每份收集量要小。然后对每份收集液进行定性检查，根据检查结果，合并组分相同的收集液，蒸去洗脱剂，留待作进一步的结构分析或定量分析。

二、液-液分配柱色谱法

（一）分离原理

液-液分配柱色谱法的流动相和固定相都是液体，固定相的液体必需吸着在载体（担体）的表面上而被固定。当流动相携带样品流经固定相时，样品的各组分在互不相溶的两种液体中不断进行溶解、萃取，再溶解、再萃取，各组分因分配系数不同，经多次萃取后得到分离。

液-液分配色谱的分配系数是指在低浓度和一定温度下，各组分在互不相溶的两相中溶解，当达到平衡状态时，组分在两相间的浓度之比。以 K 表示：

$$K = \frac{C_s}{C_m}$$

被分离样品中各组分的分配系数不同，分配系数小的组分，洗脱时移动速率快，先从柱中流出。分配系数大的组分，洗脱时移动速率慢，后从柱中流出。各组分间的分配系数相差越大，越容易分离。当各组分的分配系数相差不大时，可通过增加柱长来达到较好的分离效果。

（二）载体

载体又称担体，在分配色谱中起负载固定相的作用。载体本身是惰性的，不具吸附作用，具有较大的表面积，能吸着大量的固定相液体。在分配色谱中常用的载体有吸水硅胶、多孔硅藻土、纤维素微孔聚乙烯小球以及烷基化硅胶（如 ODS）等。

（三）流动相与固定相

根据流动相和固定相的极性强弱，分配色谱分又分为正相色谱和反相色谱。流动相的极性比固定相的极性弱时，称为正相色谱，反之，称为反相色谱。

固定相：正相分配色谱的是水、酸或低级醇等强极性溶剂，反相分配色谱中，为石蜡油等非极性或弱极性液体。

流动相：正相分配色谱中常用的石油醚、醇类、酮类、酯类、卤代烃类及苯或它们的混合物。反相色谱中常用的流动相有：水、稀醇等。

选择流动相的一般方法为：根据色谱方法、组分性质以及固定相的极性，选用对各组分溶解度较大的单一溶剂作流动相，如分离效果不理想，改用混合溶剂作流动相，以改善分离效果。

（四）操作方法

1. 装柱　装柱的要求与吸附柱色谱基本相同，不同之处是装柱前先将固定相液体与载体充分混合。

2. 洗脱　洗脱剂先必须用固定液饱和，否则当洗脱剂不断流过固定相时会把担体上固定液逐步溶解，使分离失败。

洗脱剂的收集与处理和吸附柱色谱相同。

三、离子交换柱色谱法

离子交换色谱法是以离子交换树脂为固定相，以水、酸或碱作为流动相，由流动相携带被分离的离子型化合物在离子交换树脂上进行离子交换，而达到分离和提纯的色谱方法。

离子交换色谱一般采用柱色谱（也可采用薄层色谱）。该方法的操作与柱色谱法相似，当待分离组分的离子随流动相通过离子交换柱时，由于各种离子对交换树脂的竞争交换能力不同，因而在柱内的移行速率不同。交换能力弱的离子在柱中移动速率快，保留时间短，先流出色谱柱；交换能力强的离子在柱中移动速率慢，保留时间长，后流出色谱柱。

四、凝胶柱色谱法

（一）分离原理

凝胶色谱法是按分子尺寸的差异进行分离的一种液相色谱方法，也称分子排阻色谱法。凝胶色谱的固定相多为凝胶。凝胶是一种由有机分子制成的分子筛，其表面惰性，含有许多不同大小孔穴或立体网状结构。凝胶的孔穴大小与被分离组分大小相当，对不同大小的组分分子则可分别渗到凝胶孔内的不同深度。尺寸大的组分分子可以渗入到凝胶的大孔内，但进不了小孔，甚至于完全被排斥先流出色谱柱。尺寸小的组分分子，大孔小孔都可以渗进去，最后流出。因此，大的组分分子在色谱柱中停留时间较短，很快被洗出；小的组分分子在色谱柱中停留时间较长。经过一定时间后，各组分按分子大小得到分离。凝胶色谱分离过程如图 14-3 所示。

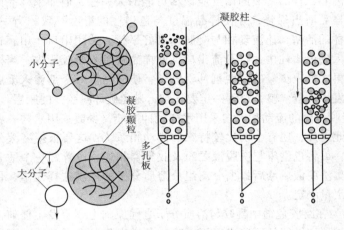

图 14-3 凝胶色谱分离过程

（二）固定相

常用固定相有无机凝胶和有机凝胶两大类。无机凝胶又称硬质凝胶，是具有一定孔径范围的多孔性凝胶，如多孔硅胶、多孔玻璃珠等，此类凝胶化学惰性、稳定性及机械强度均好，耐高温，使用寿命长，但装柱时易碎，不易装紧，柱分离效能较低。有机凝胶又称半硬质凝胶，如苯乙烯二乙烯苯交联共聚物凝胶，能耐较高压力，适用于有机溶剂作流动相，有一定可压缩性，可填得紧密，柱分离效能较高，但在有机溶剂中有轻度膨胀。新型凝胶色谱填料，克服了传统软填料的一些弱点，粒度细，机械强度高，分离速度快，效果好，特别是无机填料表面键合亲水性单分子层或多层覆盖的单糖或多糖型等填料（如交联葡聚糖凝胶）广泛用于生物大分子的分离。

（三）流动相

流动相必须与凝胶本身非常相似，能溶解样品，浸润凝胶，且具有较低的黏度，有利于大分子的扩散。常用的流动相有四氢呋喃、甲苯、二甲基甲酰胺、三氯甲烷和水等。以水溶液为流动相的凝胶色谱适用于水溶性样品的分析，以有机溶剂为流动相的凝胶色谱适用于非水溶性样品。

（四）凝胶柱色谱操作技术

1. 溶胀 商品凝胶是干燥的颗粒，通常以 $40\sim63\mu m$ 的使用最多。凝胶使用前需要在洗脱液中充分溶胀一至数天，如在沸水浴中将湿凝胶逐渐升温到近沸，则溶胀时间可以缩短到 $1\sim2$ 小时。凝胶的溶胀一定要完全，否则会导致色谱柱的不均匀。热溶胀法还可以杀死凝胶中产生的细菌、脱掉凝胶中的气泡。

2. 装柱 由于凝胶的分离是靠筛分作用，所以凝胶的填充要非常均匀，否则必须重填。凝胶在装柱前，可用水浮选法去除凝胶中的单体、粉末及杂质，并可用真空泵抽气排出凝胶中的气泡。最好购买商品中的玻璃或有机玻璃的凝胶空柱，在柱的两端皆有平整的筛网或筛板。将空柱垂直固定，加入少量流动相以排除柱中底端的气泡，在加入一些流动相于柱中约 1/4 的高度。柱顶部连接一个漏斗，颈直径约为柱颈的一半，然后在搅拌下、缓慢、均匀地、连续地加入已经脱气的凝胶悬浮液，同时打开色谱柱的出口，维持适当的流速，凝胶颗粒将逐层水平地、均匀地沉积，直到所需高度位置。最后拆除漏斗，用较小的滤纸片轻轻盖住凝胶床的表面，再用大量洗脱剂将凝胶床洗涤一段时间。

3. 加样 凝胶柱装好后，一定要对柱用流动相进行很好的平衡处理，才能加样。样品必要时要过滤或离心，样品溶液的浓度应该尽可能的大一些，但如果样品的溶解度与温度有关时，必须将样品适当稀释，并使样品温度与色谱柱的温度一致。当一切都准备好后，这时可打开色谱柱的活塞，让流动相与凝胶床刚好平行，关闭出口。用滴管吸取样品溶液沿柱壁轻轻地加入到色谱柱中，打开流出口，使样品液渗入凝胶床内。当样品液面恰与凝胶床表面平时，再次加入少量的洗脱剂冲洗管壁，使样品恰好全部渗入凝胶床，又不致使凝胶床面干燥而发生裂缝。整个过程一定要仔细，避免破坏凝胶柱的床层。

4. 洗脱 凝胶色谱的流动相大多采用水或缓冲溶液，少数采用水与一些极性有机溶剂的混合溶液，除此之外，还有个别比较特殊的流动相系统，这要根据溶液分子的性质来决定。加完样品后，可将色谱床与洗脱液贮瓶及收集器相连，设置好一个适宜的流速，就可以定量地分布收集洗脱液。然后根据分离组分溶质分子的性质选择光学、化学或生物学等方法进行定性和定量测定。

5. 再生 因为在凝胶色谱中凝胶与溶质分子之间原则上不会发生任何作用，因此在一次分离后用流动相稍加平衡就可以进行下一次的色谱操作。在通常情况下，一根凝胶柱可使用半年之久。但在实际应用中常有一定的污染物污染凝胶。对已沉积于凝胶床表面的不溶物可把表层凝胶挖去，再适当增补一些新的溶胀胶，并进行重新平衡处理。如果整个柱有微量污染，可用 0.5mol/L NaCl 溶液洗脱。凝胶柱若经多次使用后，其色泽改变，流速降低，表面有污渍等就要对凝胶进行再生处理。凝胶的再生是指用恰当的方法除去凝胶中的污染物，使其恢复其原来的性质。交联葡聚糖凝胶用温热的 0.5mol/L 氢氧化钠和的氯化钠的混合液浸泡，用水冲洗到中性；聚丙烯酰胺和琼脂糖凝胶由于遇酸碱不稳定，则常用盐溶液浸泡，然后用水冲洗到中性。

第三节 平面色谱法

一、薄层色谱法

（一）薄层色谱法概述

薄层色谱法（thin layer chromatography，TLC）是将固定相糊剂均匀地涂铺在光洁的玻璃板、塑料板或金属板表面上，形成一定厚度薄层，被分离的样品溶液点加在薄层板下沿的位置，再把下沿向下放入盛有流动相（深度约 5mm）的密闭缸中，进行色谱展开，实现混合组分分离的方法。铺好固定相的板称为薄层板，简称薄板。被展开的组分斑点即色谱谱带，通过适当技术对色谱谱带进行处理可得到定性和定量的检测结果。

薄层色谱法具有操作技术比较简单，操作方法容易，分析速度快，高分辨能力，结果直观，不需昂贵仪器设备就可以分离较复杂混合物等特点。

（二）薄层板

TLC 分离的选择性主要取决于固定相的化学组成及其表面的化学性质。可通过改变涂层材料的化学组成或对材料表面进行化学改性来实现改变薄层色谱分离的选择性。薄层板上主要有以下物质。

1. 载体　对 TLC 载体的基本要求为：机械强度好、化学惰性好（对溶剂、显色剂等）、耐一定温度、表面平整、厚度均匀。

2. 固定相　薄层色谱法的吸附剂颗粒要求更细，颗粒大小要均匀，如不均匀则制成的薄板不均匀，影响分离效果。硅胶、氧化铝、硅藻土、聚酰胺等都可作薄层色谱的固定相，常用的是氧化铝和硅胶。

薄层色谱常用的硅胶有硅胶 H、硅胶 G、硅胶 HF_{254} 和硅胶 GF_{254} 等。硅胶 H 不含黏合剂，铺成硬板时需要加入黏合剂；硅胶 HF_{254} 不含黏合剂而含有一种荧光剂，在 254nm 紫外光下呈现强烈的黄绿色荧光背景；硅胶 GF_{254} 含煅石膏和荧光剂。用含荧光剂的吸附剂制成的荧光薄层板可用于本身不发光且不易显色的物质的研究。

氧化铝和硅胶类似，有氧化铝 G、氧化铝 H 和氧化铝 HF_{254} 等。

3. 黏合剂　在制备薄层板时，一般需在吸附剂中加入适量黏合剂，其目的是使吸附剂颗粒之间相互黏附并使吸附剂薄层紧密的附着在载板上。常用的黏合剂有羧甲基纤维素钠（CMC-Na）和煅石膏（G）等。CMC-Na 常配成 0.5% ~ 1% 的溶液使用。

4. 荧光指示剂　荧光指示剂是便于在薄层色谱图上对一些基本化合物斑点（无颜色斑点、无特征紫外吸收斑点）定位的试剂。加入荧光指示剂后，可以使这些化合物斑点在激发光波照射下显出清晰的荧光，便于检测。

（三）薄层板的涂铺

涂板方法可以分为涂布法、倾注法、喷洒法及浸渍法四类，其中涂布法是应用最广泛的涂板方法，多采用湿法匀浆，要求薄层均匀、平整、无气泡、不易造成凹坑和龟裂。制备的硅胶板应在 105 ~ 110℃活化 1 小时，冷却后保存于干燥器中备用。制好的板应表面平整、厚薄一致，没有气泡和裂纹。

（四）展开剂的选择

薄层色谱中展开剂的选择原则和柱色谱中洗脱剂的选择原则相似。展开后，如被测组分的 R_f 值太大，则应降低展开剂的极性；如被测组分的 R_f 值太小，则应适当增大展开剂极性。在薄层分离中一般各斑点的 R_f 值要求在 0.2 ~ 0.8 之间，不同组分的 R_f 值之间应相差 0.05 以上。

（五）点样

距玻璃板一端 1.5 ~ 2cm 处用铅笔轻轻划一条线，做为起始线，在线上画一"×"号表示点样位置。用内径为 0.5mm 的平头毛细管或微量注射器点样。滴加样品的量要均匀，原点面积要小，其直径一般不超过 2 ~ 3mm，点与点之间距离为 2cm，若样品溶液浓度太稀，可反复点几次，每次点样后用红外灯或电吹风迅速干燥，以缩短点样时间，点样后立即将薄层板放入层析缸内展开。

点样是 TLC 分离和精确定量的关键。不同种类的样品常需选用不同的溶剂，一般采用易挥发的非极性或弱极性溶剂配样，最适合点样的样品质量浓度应为 1 ~ 5μg/μl。TLC 定量分析时，样品量的适宜范围为最小检出量的几倍至几十倍。点样步骤一般占 TLC 全部分析时间的三分之一左右，所以使点样仪器化、自动化，既快又准，获得好的重复性，是 TLC 工作者所期盼的。

（六）展开

TLC 展开就是流动相沿薄层（固定相）运动，以实现样品混合组分分离的过程。展开必须在密闭容器内进行，并根据所用薄层板的大小、形状、性质选用不同的层析缸和展开方式。

（七）薄层色谱定性定量方法

将展开后色谱板取出，干燥后喷以显色剂，或在紫外灯下显色。记下原点至主斑点中心及展开剂前沿的距离（图 14-4），计算比移值（R_f）：

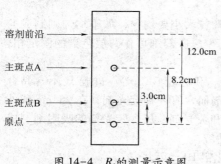

图 14-4 R_f 的测量示意图

$$R_f = \frac{样品中某组分离开原点的距离}{展开剂前沿距原点中心的距离}$$

根据上图对 R_f 实例分析如下：

$$R_{fA} = \frac{A\ 组分点样点到其斑点的距离}{展开剂前沿距原点中心的距离} = \frac{8.2}{12.0} = 0.68$$

$$R_{fB} = \frac{B\ 组分点样点到其斑点的距离}{展开剂前沿距原点中心的距离} = \frac{3.0}{12.0} = 0.25$$

1. 定性分析 薄层色谱法定性分析的依据是：在固定的色谱条件下，相同物质的 R_f 值相同或十分相近。当薄层板上斑点位置确定以后，便可测算出组分的 R_f 值。将该 R_f 值与文献记载的 R_f 值相比较来进行各组分定性鉴定。常用的定性方法是已知物对照法。即将样品与对照品在同一薄层板上点样、展开，测算 R_f 值，比较样品组分与对照品的 R_f 值。如果两者为同一物质，其 R_f 值应相同或十分相近。进一步确定，常用几种不同的展开剂展开，若得出组分的 R_f 值与对照品 R_f 仍相同或十分相近，可确定是同一物质。

因影响 R_f 值的因素较多，所以，最好采用相对比移值 R_s 进行定性鉴别，R_s 表达式为：

$$R_s = \frac{原点到样品斑点中心的距离}{原点到对照品斑点中心的距离}$$

2. 定量分析

（1）间接定量法 间接定量法就是将 TLC 已分离的物质斑点洗脱下来，再选用分光光度法、HPLC 法、GC 法或质谱法等其他方法对该洗脱液进行定量分析。

（2）直接定量法

a. 斑点面积测量法 以半透明纸扫 TLC 图上的斑点界限，然后测量其面积。将斑点面积同平行操作的标准样品面积相比较进行定量。

b. 目测法 将被测样品和标准系列溶液点在同一薄层板上，展开后用适当方法显色，可以得到系列斑点，将被测样品的斑点面积大小和颜色与标准系列的斑点相比较，可推测出样品的含量范围。这种定量法非常适用于对常规大量样品的重复分析。

薄层扫描仪定量是用薄层扫描仪直接测定斑点含量，现已成为薄层色谱定量的主要方法。本方法是用一定波长、一定强度的光束照射到薄层板被分离组分的色斑上，用仪器进行扫描后，求出色斑中组分的含量。

二、纸色谱法

（一）纸色谱的原理

纸色谱法是以滤纸作为载体的色谱法，按分离原理属于分配色谱法。其分离原理与液-液分配柱色谱相同。滤纸纤维上吸附的水（或水溶液）为固定相；流动相是不与水混溶的有机溶剂。但在实际应用中，也常选用与水相混溶的溶剂作流动相。

纸色谱法的固定相除水以外，滤纸也可吸附其他物质做固定相，如甲酰胺、各种缓冲液。以水为固定相的纸色谱可用于分离极性物质。对于非极性物质，可采用固定相是极性很小（如石蜡油、硅油）的有机溶剂，用水或极性有机溶剂作为展开剂。

（二）影响 R_f 值的因素

R_f 可作为定性分析的参数，但是在实际分析时，影响 R_f 值的因素很多，如展开时的温度、展开剂的组成、展开剂蒸气的饱和程度以及滤纸的性能等。要提高 R_f 值的重现性，必须严格控制色谱条件。为减小系统误差，可用相对比移值 R_s 代替 R_f 值。

（三）实验方法

1. 色谱滤纸的选择　对色谱滤纸的一般要求：①纸质均匀、边缘整齐，平整无折痕，②纸质的松紧适宜。过于紧密展开速率太慢，过于疏松易使斑点扩散。③滤纸应有一定的机械强度，④纸质要纯、杂质含量少，并无明显的荧光斑点。⑤对滤纸型号的选择要依据分离对象、分析目的以及展开剂的性质来考虑。如当几种组分的 R_f 值相差很小时，宜采用慢速滤纸；当几种组分的 R_f 值相差较大时，则可采用中速或快速滤纸；定性鉴别选用薄滤纸，定量、制备选用厚滤纸。

2. 展开剂的选择　展开剂的选择主要依据待分离样品组分在两相中的溶解度以及展开剂的极性来考虑。在流动相中溶解度较大的物质移动速率快，具有较大的比移值。对于极性化合物，增加展开剂中非极性溶剂的比例，可以减小比移值。

被测组分用某展开剂展开后，R_f 值应在 $0.05 \sim 0.85$ 之间，分离两个以上组分时，其 R_f 值相差至少要大于 0.05。最好不用高沸点溶剂做展开剂，便于滤纸干燥。在纸色谱中常用的展开剂是用水饱和的正丁醇、正戊醇、酚等。展开剂预先要用水饱和，否则展开过程中会把固定相中的水夺去。

（四）操作方法

1. 点样　同薄层板色谱基本相似。

2. 展开方式　纸色谱法的展开方式有上行法、下行法、双向展开法、多次展开法和径向展开法等。其中最常用的是上行法展开，它是让展开剂借助于纤维毛细管效应向上扩展，此法适用于分离 R_f 值相差较大的样品。下行法是借助于重力使溶剂由纤维毛细管向下移动，适用于 R_f 值较小的组分。双向展开和多次展开法适于分离成分复杂的混合物。径向展开是采用圆形滤纸进行分离。值得注意的是：即使是同一物质，如展开方式不同，其 R_f 值也不一样。

第四节　应用实例

一、柱色谱法的应用实例

柱色谱法操作简便，分离被检成分和杂质时不会发生乳化现象，主要用于药品的分离纯化，经柱色谱收集的洗脱液可制备供试品溶液用于定性定量分析。

实例一　黄芪含量测定中样品溶液的制备

1. 基本原理　黄芪主要成分有皂苷类、多糖类和黄酮类，其中黄芪甲苷是黄芪的重要生理活性成分，常作为黄芪药材定性与定量的标准成分。《中国药典》2015 年版一部采用黄芪甲苷和毛蕊异黄酮葡萄糖苷作为黄芪药材的含量测定指标。黄芪甲苷属于四环三萜类皂苷，具有皂苷的通性。极性较大，可溶于水，易溶于热水、稀醇、热甲醇和热乙醇中，几乎不溶或难溶于乙醚、苯等极性小的有机溶剂。黄芪皂苷类化合物的分离多先采用醇类（如甲醇）作溶剂，通过索氏提取、回流提取，然后以正丁醇萃取，萃取液再经过 D101 型大孔吸附树脂柱，以水及不同浓度的乙醇溶液作梯度洗脱，大孔吸附树脂选择地吸附纯化黄芪皂苷。

大孔吸附树脂是一类不含交换基团且有大孔结构的高分子吸附树脂，具有良好的大孔网状结构和较大的比表面积，目前广泛用于黄芪皂苷等多糖苷类成分的提取分离。

2. 制备方法 取黄芪中粉约 4g，精密称定，置索氏提取器中，加甲醇 40ml，冷浸过夜，再加甲醇适量，加热回流 4 小时，提取液回收溶剂并浓缩至干，残渣加水 10ml，微热使溶解，用水饱和的正丁醇振摇提取 4 次，每次 40ml，合并正丁醇液，用氨试液充分洗涤 2 次，每次 40ml，弃去氨液，正丁醇液蒸干，残渣加水 5ml 使溶解，放冷，通过 D101 型大孔吸附树脂柱（内径 1.5cm，柱高 12cm），以水 50ml 洗脱，弃去水液，再用 40% 乙醇 30ml 洗脱，弃去洗脱液，继用 70% 乙醇 80ml 洗脱，收集洗脱液，蒸干，残渣加甲醇溶解，转移至 5ml 容量瓶中，加甲醇至刻度，摇匀，即得样品溶液。

二、薄层色谱法的应用实例

薄层色谱法具有仪器简单、操作方便、专属性强、展开剂灵活多变、分离能力较强、色谱图直观并易于辨认等特点。薄层色谱法广泛应用于合成药物和天然药物的分离与鉴定，在药品质量控制中，薄层色谱法主要用于药物的鉴别和特殊杂质检查，特别是中药药材、制剂的鉴别和有关物质检查。

实例二 六味地黄丸中牡丹皮的鉴别

1. 基本原理 薄层色谱鉴别药品真伪的方法是将样品溶液与对照品溶液在同一块薄层板上点样、展开与检视，要求样品溶液所显示主斑点的颜色（或荧光）与同位置（R_f）应与对照品溶液的主斑点一致，而且主斑点的大小与颜色的深浅也应大致相同。六味地黄丸由熟地黄、山药、酒萸肉、茯苓、泽泻和牡丹皮六味药组成，其中牡丹皮主要成分为酚类及酚苷类、单萜及单萜苷类等。《中国药典》2015 年版一部采用丹皮酚作为该制剂的鉴别指标。六味地黄丸小蜜丸或大蜜丸或水丸、水蜜丸加硅藻土研匀，目的在于吸附蜂蜜分散样品。样品中的丹皮酚易升华挥发，易溶于乙醚、丙酮、乙酸乙酯等弱极性溶剂中，故用乙醚从牡丹皮中提取且需缓缓加热，低温回流。根据薄层色谱分离组分、吸附剂和展开剂的选择原则，选用环己烷-乙酸乙酯（3∶1，V/V）作为展开剂。丹皮酚本身无颜色但分子结构中含有酚羟基，可在酸性条件下与三氯化铁发生显色反应，呈现蓝褐色斑点，以此判断牡丹皮是否存在。丹皮酚斑点大小及颜色深浅受样品中丹皮酚含量、显色剂的用量和加热显色程度等因素的影响，故在点样时，点样量需稍大，原点点加成条带状，鉴别效果会更明显。在展开过程中温度对丹皮酚 R_f 值会有影响，但由于色谱较简单，不影响结果判断。加热显色可使用电吹风加热。

2. 鉴别方法 取六味地黄水丸 4.5g、水蜜丸 6g，研细；或取小蜜丸或大蜜丸 9g，剪碎，加硅藻土 4g，研匀。加乙醚 40ml，回流 1 小时，滤过，滤液挥去乙醚，残渣加丙酮 1ml 使溶解，作为样品溶液。另取丹皮酚对照品，加丙酮制成每 1ml 含 1mg 的溶液，作为对照品溶液。吸取上述两种溶液各 10μl，分别点于同一块硅胶 G 薄层板上，以环己烷-乙酸乙酯（3∶1）为展开剂，展开，取出，晾干，喷以盐酸酸性 5% 三氯化铁-乙醇溶液，加热至斑点显色清晰。

3. 鉴别结果 样品色谱与对照品色谱相应的位置上，显相同颜色的斑点。如图 14-5

所示，六味地黄丸中含有牡丹皮成分。

实例三 甲苯咪唑中有关物质检查

1. 基本原理 化学原料药中杂质限度检查时，如杂质结构明晰且有对照品，一般采用对照品限度比较法；如杂质没有对照品或结构不明晰，常用主成分自身对照法，即将样品溶液按杂质限量稀释至一定浓度的溶液作为对照溶液，取样品溶液和对照溶液分别点于同一薄层板上展开，样品溶液色谱中除主斑点外的其他斑点与自身稀释对照溶液所显示的主斑点比较，不得更深。甲苯咪唑（图 14-6）在制备过程中产生还原反应生成物 3,4-二氨基二苯甲酮与副反应产物 α-氨基-1H-苯并咪唑-5-苯甲酮及 α-羟基-1H-苯并咪唑-5-苯甲酮。甲

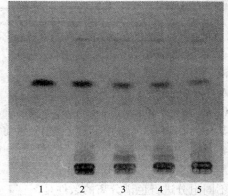

温度：26℃　相对温度：47%

图 14-5　六味地黄丸薄层色谱图
（1. 丹皮酚；2~5. 六味地黄丸）

苯咪唑和上述杂质易溶于甲酸、甲醇，三氯甲烷中微溶，故选择三氯甲烷-甲醇-甲酸（90：5：5，V/V）为展开剂，使主成分甲苯咪唑和杂质在硅胶薄层板上都有很好的分离度。上述这些物质都有一定紫外吸收，在 254nm 紫外光照射下，在硅胶 GF_{254} 薄层板上显清晰暗斑。通过根据自身对照溶液的主成分斑点检视有无，确证检测灵敏度和色谱系统适用性要求。

图 14-6　甲苯咪唑结构图

2. 检查方法 取甲苯咪唑 50mg，置 10ml 容量瓶中，加甲酸 2ml 溶解后，用丙酮稀释至刻度，摇匀，作为样品溶液；精密量取适量，用丙酮分别定量稀释制成每 1ml 中含 25μg 和 12.5μg 的溶液，作为对照溶液（1）和（2）。吸取上述三种溶液各 10μl，分别点于同一硅胶 GF_{254} 薄层板上，以三氯甲烷-甲醇-甲酸（90：5：5）为展开剂，展开后，晾干，置紫外光灯（254mn）下检视。

3. 检查结果与结论 对照溶液（2）应显一个明显斑点，色谱系统适用性试验符合检测灵敏度要求；样品溶液如显现杂质斑点，其颜色与对照溶液（1）的主斑点的颜色比较，不得更深，杂质限度符合规定。

📊 **重点小结**

本章主要介绍了经典液相色谱中常见的基本术语和基本操作，重点介绍了吸附柱色谱法、分配柱色谱法、离子交换柱色谱法的基本原理、色谱分离方法、操作步骤。着重介绍了 TLC、薄层扫描法和 PC 的原理、操作过程，及各个过程操作的注意事项，为理论与实际操作的结合奠定基础，并结合实际应用，通过三例药品液相色谱检测案例说明液相色谱的操作过程。

目标检测

一、选择题

（一）最佳选择题

1. 液-固色谱法属于
   A. 吸附色谱
   B. 分配色谱
   C. 离子交换色谱
   D. 分子排阻色谱

2. 某样品在薄层色谱中，原点到溶剂前沿的距离为 6.3cm，原点到斑点中心的距离为 4.2cm，其 R_f 值为
   A. 0.67
   B. 0.54
   C. 0.80
   D. 0.15

3. 不同组分进行色谱分离的条件是
   A. 胶作固定相
   B. 极性溶剂作流动相
   C. 具有不同的分配系数
   D. 具有不同的容量因子

4. 液-固吸附柱色谱法的分离机制是利用吸附剂对不同组分的哪种能力差异而实现分离
   A. 吸附
   B. 分配
   C. 交换
   D. 渗透

5. 色谱用的氧化铝在使用前常需进行"活化"，活化是指进行哪项处理
   A. 加活性炭
   B. 加水
   C. 脱水
   D. 加压

6. 以 ODS 为固定相、甲醇-水为流动相进行 HPLC 分离
   A. 相对分子质量大的组分先流出
   B. 沸点高的组分先流出
   C. 极性强的组分先流出
   D. 极性弱的组分先流出

7. 选择分离色谱类型时，最优先考虑的因素是
   A. 分离物质性质
   B. 吸附剂种类
   C. 流动相的组成
   D. 以上都是

8. 大孔吸附树脂是下列哪种色谱方法的固定相
   A. 液-固吸附柱色谱法
   B. 液-液分配柱色谱法
   C. 离子交换柱色谱法
   D. 分子排阻柱色谱法

9. 目前，对于中药制剂下列哪个选项是鉴别的首选方法
   A. 气相色谱法
   B. 紫外分光光度法
   C. 液相色谱法
   D. 薄层色谱法

10. 薄层色谱法最常用的吸附剂是
    A. 高分子多孔小球
    B. 硅胶
    C. ODS
    D. 硅藻土

11. 硅胶薄层板的活化条件是
    A. 80℃烘 30 分钟
    B. 110℃烘 30 分钟
    C. 500℃烘 30 分钟
    D. 600℃烘 30 分钟

12. 薄层色谱在展开过程中极性较弱和沸点较低的溶剂，在薄层板边缘容易引起边缘效应，消除办法为
    A. 展开前应用展开剂预饱和
    B. 展开过程中展开槽的盖子是打开的
    C. 增加展开槽中展开剂的量
    D. 薄层板在展开剂中浸泡一段时间

13. 纸色谱是属于

A. 吸附色谱　　　　B. 分配色谱　　　　C. 离子交换色谱　　　　D. 液-固色谱

14. 用硅胶 G 的薄层色谱分离混合物中偶氮苯时，以环己烷-乙酸乙酯（9：1，*V/V*）为展开剂，经 2 小时展开测得偶氮苯斑点中心离原点的距离为 9.5cm，原点与溶剂前沿距离为 24.5cm，则在此色谱体系中偶氮苯的比移值 R_f 为

A. 0.56　　　　B. 0.39　　　　C. 0.45　　　　D. 0.25

15. 在吸附色谱中，分离极性大的物质应选用

A. 活性大的吸附剂和极性小的洗脱剂

B. 活性大的吸附剂和极性大的洗脱剂

C. 活性小的吸附剂和极性大的洗脱剂

D. 活性小的吸附剂和极性小的洗脱剂

（二）配伍选择题

[16~18] A. 色谱柱　　B. 流动相　　　　C. 固定相　　　　D. 分散相

16. 将填入玻璃管或不锈钢管内静止不动的一相（固体或液体）称为

17. 自上而下运动的一相（一般是气体或液体）称为

18. 装有固定相的管子（玻璃管或不锈钢管）称为

[19~22] A. 液相色谱法　　　　　　　B. 气相色谱法

　　　　　C. 纸色谱法　　　　　　　　D. 薄层色谱法

19. 检测低沸点、或加热不易分解的物质应使用

20. 检测溶于水或有机溶剂的各种物质可以使用

21. 检测氨基酸类物质可以使用

22. 鉴别药物组分可以使用

[23~25] A. 硅胶 G　　B. 氧化铝　　　　C. 氧化镁　　　　D. 聚酰胺

23. 常用的具有中性、酸性、碱性的固体吸附剂

24. 常用的具有微酸性的固体吸附剂

25. 由酰胺聚合而成的高分子化合物的吸附剂是

（三）共用题干单选题

26. 使用 TLC 法鉴别物质，某化合物 A 在薄层板上从样品原点迁移 7.6cm，样品原点至溶剂前沿 16.2cm。化合物 A 的 R_f 值是

A. 0.12　　　　B. 0.47　　　　C. 2.13　　　　D. 8.6

27. 在上述相同的薄层板上，展开系统相同，样品原点到溶剂前沿是 14.3cm，则此时化合物 A 应在薄层板的何处

A. 4.7　　　　B. 5.7　　　　C. 6.6　　　　D. 7.7

（四）X 型题（多选题）

28. 下列能用于固定相中吸附剂的物质是

A. 硅胶　　　　　　　　　　B. 氧化铝

C. 聚酰胺　　　　　　　　　D. 羧甲基纤维素钠

29. 色谱峰高（或面积）不可用于

A. 定性分析　　　　　　　　B. 判定被分离物相对分子质量

C. 定量分析　　　　　　　　D. 判定被分离物组成

30. 薄层色谱法中所用硅胶 GF_{254}，其中 F_{254} 代表

A. 这种硅胶通过了 F_{254} 检验

B. 含吸收 254nm 紫外光的物质

C. 硅胶中配有在紫外光 254nm 波长照射下产生荧光的物质

D. 这种硅胶制备的薄层板在 254nm 紫外光照射下有黄绿色荧光背景

31. 下列不能用于定性分析的参数是
   A. 色谱峰高或峰面积　　　　　　　　B. 色谱峰宽
   C. 色谱峰保留时间　　　　　　　　　D. 色谱峰保留体积

32. 按照展开程序的不同，可将色谱法分为
   A. 洗脱法　　　　B. 顶替法　　　　C. 迎头法　　　　D. 亲和法

33. 柱色谱法按分离原理可分为
   A. 吸附柱色谱法　　　　　　　　　B. 分配柱色谱法
   C. 离子交换柱色谱法　　　　　　　D. 凝胶色谱法

34. 吸附剂的选择是色谱分离中的一项重要工作，常用的吸附剂有
   A. 硅胶 G　　　　B. 氧化铝　　　　C. 氧化镁　　　　D. 聚酰胺

35. 薄层板的涂铺时，涂板方法可以分有
   A. 涂布法　　　　B. 倾注法　　　　C. 喷洒法　　　　D. 浸渍法

36. TLC 是可以将固定相吸附剂均匀地涂铺在
   A. 玻璃板　　　　B. 塑料板　　　　C. 金属板　　　　D. 木板

37. 在制备薄层板时，一般需在吸附剂中加入适量粘合剂，常用的粘合剂有
   A. 氧化镁　　　　B. 羧甲基纤维素钠　　C. 煅石膏　　　　D. 碳酸钠

二、综合题

38. 请指出色谱法有哪些类型？简述色谱分析的分离原理。

39. 化学键合相与一般固定相比较，具有哪些优点？

40. 已知某化合物在硅胶薄层板 A 上，以苯-甲醇（1∶3）为展开剂，其 R_f 为 0.50，在硅胶薄层板 B 上，用上述相同的展开剂展开，该化合物的 R_f 值降为 0.40，问 A、B 两种硅胶板，哪一种板的活性大些？

实训二十　二甲基黄与罗丹明 B 的薄层色谱的鉴别

一、实训目的

1. 掌握硅胶 CMC-Na 硬板的制备方法。

2. 学会薄层色谱的操作。

二、实训原理

薄层吸附色谱是将吸附剂均匀地涂在玻璃板上作为固定相，经干燥活化后点上样品，以具有适当极性的有机溶剂作为展开剂。当展开剂沿薄层展开时，混合样品中易被固定相吸附的组分移动较慢，而较难被固定相吸附的组分移动较快。经过一定时间的展开后，不同组分彼此分开，形成互相分离的斑点。

本实验采用硅胶吸附剂涂于玻璃板上作固定相，以 95% 乙醇溶剂为展开剂分离二甲基黄、罗丹明 B 以及两者的混合物。

三、仪器与试剂

1. 仪器　玻璃片、毛细管、层析缸。

2. 药品 二甲基黄溶液、罗丹明 B 溶液、二甲基黄溶液与罗丹明 B 的混合物、硅胶、0.5%羟甲基纤维素钠。

3. 展开剂 95%的乙醇溶液。

四、实训步骤

1. 薄层板的提前制备——铺层 实验采用倾注法：称取 5g 硅胶于研钵中，并加入 8ml 的 CMC-Na，调成糊状，再加入 4ml CMC-Na，调成糊状。将调好的糊状物倒在玻璃板上，用手摇晃，使糊状物均匀地分布于整块薄板上。

2. 点样 取已活化的薄层板，用铅笔在距离薄板一端约 1cm 处的两边缘各做标记点，两点在一直线上，然后用毛细管分别点上二甲基黄、罗丹明 B 和二甲基黄溶液与罗丹明 B 混合液在此虚拟直线的四分之一中心点。三点相隔相同距离，外缘两点不能太靠近薄层板外缘。

3. 展开 将已用吹风机吹干的薄层板放入内装有乙醇的层析缸中，盖好缸盖，进行展开。当展开剂行至薄层板前行端头，距离板长五分之四处停止展开时，取出薄层板。用铅笔画出溶剂前沿标识。

本实验所用样品本身有颜色，故无需显色即可计算 R_f 的值。

4. R_f值的计算 混合液中易被固定相吸附的物质是罗丹明 B，难被固定相吸附的物质是二甲基黄。量出样品原点到各色斑点中心的距离和样品原点到各溶剂前沿的距离，计算出 R_f 的值。

五、实训思考

1. 展开时，点样部分为什么不能浸入展开剂中？
2. 影响 R_f 值的因素有哪些？
3. 比移值和相对比移值的定义分别是什么？
4. 影响点样的关键因素是什么？
5. 二甲基黄和罗丹明 B 哪个极性大？

实训二十一 氨基酸的纸色谱分析

一、实训目的

1. 掌握纸色谱的操作方法。
2. 了解纸色谱的基本原理。

二、实训原理

色谱又可称层析，是一种分离混合物的物理方法。其分离原理是混合物中各组分在两相之间溶解能力、吸附能力或其他亲和作用的差别，使其在两相中分配系数不同，当两相做相对运动时，组分在两相间进行连续多次分配，使各组分达到彼此分离。其中一相是不动的称为固定相，另一相是携带混合物流过此固定相的流体称为流动相。

当流动相所含混合物经过固定相时，由于各组分在性质和结构上有差异，与固定相发生作用的大小、强弱也有差异，换言之，在相同流动相下，不同组分在固定相中的滞留时间有长有短，从而按先后不同的次序从固定相中流出。这种借助在两相间分配差异而使混合物中各组分分离的技术方法，称为色谱法。

纸色谱是以滤纸为载体，固定相是滤纸纤维上吸附的水分；流动相（通常称为展开剂）

一般是指与水相混溶的有机溶剂，样品在固定相水与流动相展开剂之间连续抽提，依靠溶质在两相间的分配系数不同而达到分离的目的。

氨基酸是无色的化合物，可与茚三酮反应产生颜色，因此，溶剂自滤纸挥发后，喷上茚三酮溶液后加热，可形成色斑而确定其位置。

三、仪器与试剂

1. 仪器 色谱纸、层析缸、10ml 量筒（杯）、剪刀、尺子、毛细管（微量进样器）、喷雾器、铅笔、红外灯、分液漏斗、电吹风。

2. 药品 0.5%丙氨酸、0.5%亮氨酸以及它们的混合液（1∶1）。

3. 展开剂和显色剂 将 20ml 饱和的正丁醇和 5ml 醋酸以体积比 4∶1 在分液漏斗中进行混合。0.1%水合茚三酮-正丁醇溶液。

四、实训步骤

1. 点样 取 16cm×6cm 的中速色谱滤纸在距离底边 2cm 处用铅笔划起始线，在起点线上分别点上 0.5%丙氨酸、0.5%亮氨酸以及它们的混合液（1∶1）。点样直径控制在 2~4mm（样点间距 1cm），然后将其晾干或在红外灯下烘干。

2. 展开 向层析缸中加 25ml 展开剂，盖上盖子约 5 分钟（使缸内展开剂蒸气饱和），将点样后的滤纸悬挂在缸内，使纸底边浸入展开剂约 0.3~0.5cm，待溶剂前沿展开到合适部位（约 8~10cm），取出，划出前沿线。

3. 显色 将展开完毕的滤纸，用电吹风吹干，使展开剂挥发。然后，喷上 0.5%的茚三酮溶液，再用电吹风热风吹干，即出现氨基酸的色斑。

4. R_f 值的计算 分别计算丙氨酸、亮氨酸及未知溶液中各成分的 R_f 值。通常用相对比移值 R_f 表示物质相对距离。R_f 值的大小与物质结构、展开剂系统、滤纸种类、温度、pH、时间等有关。在同样条件下，R_f 值只与各物质的分配系数有关。因此，用 R_f 值来进行比较，就可以初步鉴定出混合样品中的不同物质。

五、实训思考

1. 纸色谱法所依据的原理是什么？
2. 纸色谱中，为什么样品点样处不能浸泡在展开剂中？
3. 测定 R_f 值的意义是什么？
4. R_f 值常受哪些因素的影响？

（周建庆）

第十五章

气相色谱法

学习目标

知识要求　**1. 掌握**　气相色谱法定性依据；定量分析原理及方法；定性分析与定量
分析的应用。

　　　　　2. 熟悉　气相色谱法的特点及分类；气相色谱仪的基本组成及流程；气
相色谱法的基本理论；气相色谱分离条件的选择。

　　　　　3. 了解　常用的检测器。

技能要求　1. 学会气相色谱法中固定相、流动相的选择，学会气相色谱分离条件的
选择。

　　　　　2. 学会气相色谱法的基本操作方法和含量测定的具体计算。

案例导入

案例： 2015 年 10 月 1 日，新修订的《食品安全法》正式实施，这部史上最严的食品法
对食品的生产、贮存和经营等都做了详细的规定。随着人们的生活水平的不断提高，
食品安全备受政府和百姓的关注。人们熟知的蔬菜、茶叶等农产品中的农药残留、油
炸食品中的丙烯酰胺、猪肉中的瘦肉精与三甲胺、白酒中的甲醇和杂醇油含量超标，
特别是近期在奶粉和鸡蛋中检出的三聚氰胺等严重危害人民生命安全的问题，暴露了
我国食品安全领域存在的隐患，人们愈来愈认识到食品安全问题对人类生存的影响，
在加强食品生产源头控制管理的同时，如何提高食品安全监控能力和防范能力也成为
工作的重点，而在整个食品安全监控过程中，食品安全检测至关重要。

　　在食品安全检测方法中，气相色谱技术由于技术成熟、选择性高、分析效能高、
方便快捷等特点和优势，被广泛应用于食品和酿酒发酵工业。因大多数食品中对人体
有毒有害物质的组分复杂且是易挥发的有机化合物，所以，气相色谱技术在食品安全
检测中有着非常广泛的应用前景。

讨论： 1. 气相色谱技术适用于哪种物质检测？

　　　　2. 气相色谱法的检测原理是什么？

第一节　总论

　　气相色谱法（gas chromatography，GC）是以气体为流动相的柱色谱分离分析方法，主
要用于分离分析易挥发的物质。自 1955 年第一套气相色谱仪问世，气相色谱技术得到迅速
发展，目前已经成为极其重要的分离分析方法之一，广泛应用于化工、生物化学、医药卫

生、环境监测和食品分析等领域。近年来，随着电子计算机技术的应用，为气相色谱法开辟了更加广阔的应用前景。

一、气相色谱法的特点和分类

（一）特点

气相色谱法是一种高分辨效能、高选择性、样品用量少、灵敏度高、分析速度快、应用广泛的分离分析方法。它具有以下主要特点。

1. 分离效能高　一般填充柱的理论塔板数可达数千，毛细管柱可达一百多万，可以使一些分配系数很接近的难以分离的物质获得满意的分离效果。例如用空心毛细管柱，一次可从汽油中检测 168 个碳氢化合物的色谱峰。

2. 高灵敏度　由于检测器的灵敏度极高，气相色谱法可以检测含量低至 $10^{-11} \sim 10^{-13}$ g 的物质，适合于痕量分析，如检测药品中残留有机溶剂、中药、农副产品、食品、水质中的农药残留量、运动员体液中的兴奋剂等。

3. 高选择性　通过选择合适的固定相，气相色谱法可分离同位素、对映体等性质极为相似的组分。

4. 简单、快速　气相色谱法分析操作简单，分析快速，通常一个试样的分析在几分钟到几十分钟之内完成，最快在几秒钟就可完成。而且色谱操作及数据处理都实现了自动化。

5. 应用广泛　气相色谱法可以分析气体试样，也可以分析易挥发或转化为易挥发的液体和固体。只要沸点在 500℃ 以下，热稳定性好，相对分子质量在 400 以下的物质，原则上都可直接采用气相色谱法分析。

（二）分类

（1）按分离机制 GC 可分为吸附色谱、分配色谱。

（2）按固定相状态 GC 可分为气-固色谱、气-液色谱。一般来说，气-固色谱属于吸附色谱；气-液色谱属于分配色谱，是最常用的气相色谱法。

（3）按色谱柱 GC 可分为填充色谱柱法、毛细管柱色谱法。

二、气相色谱仪的仪器构造和流出曲线分析

（一）GC 仪器构造

GC 的基本结构相似，一般由五部分组成，如图 15-1 所示。

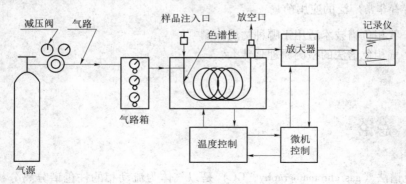

图 15-1　气相色谱仪示意图

载气系统：包括气源、气体净化、气体流速控制装置。

进样系统：包括进样器、汽化室和控温装置，以保证试样气化。

分离系统：包括色谱柱和柱温箱，是色谱仪的心脏部分。

检测系统：包括检测器、控温装置。

记录系统：包括放大器、记录仪或数据处理装置。

（二）流出曲线分析

1. 色谱流出曲线　由检测器输出的信号强度对时间作图所绘制的曲线（图15-2），又称色谱图。

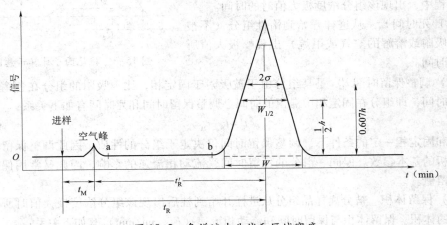

图 15-2　色谱流出曲线和区域宽度

2. 基线　在操作条件下，仅有流动相通过检测系统时产生的信号曲线。稳定的基线是一条平行于时间轴的直线，如图15-2中ab线段。基线反应仪器（主要是检测器）的噪音随时间的变化。

3. 色谱峰　流出曲线上的突起部分，即组分流经检测器所产生的信号。理论上说色谱峰是左右对称的正态分布曲线，但很多情况下色谱峰是不对称的，出现拖尾峰和前延峰。在气相色谱中，组分的分离不完全和溶质在固定相中的空隙中扩散，是出现不对称峰的主要原因。

4. 峰高（h）和峰面积（A）　峰高是色谱最高点至基线的垂直距离。峰面积（A）是组分的流出曲线与基线所包围的面积。峰高或峰面积的大小和每个组分在被测试样中的含量有关，是色谱法进行定量分析的主要依据。

5. 色谱峰区域宽度　衡量柱效的重要参数之一，区域宽度越小柱效越高。区域宽度有三种表示方法。

（1）标准差 σ　即 0.607 倍峰高处色谱宽度的一半。

（2）半峰宽 $W_{1/2}$　即峰高一半处的峰宽。半峰宽与标准差的关系为：

$$W_{1/2} = 2.355\sigma \tag{15-1}$$

（3）峰宽 W　又称色谱峰带宽，是通过色谱峰两侧拐点做切线在基线上所截得的距离。它与标准差 σ 的关系是：$W = 4\sigma = 1.699W_{1/2}$。峰宽越窄，色谱分离效果越好。

6. 拖尾因子 T　衡量色谱峰的对称与否，又称不对称因子，见图15-3。用下式计算对称因子：

$$T = \frac{W_{0.05h}}{2d_1} \tag{15-2}$$

式中，$W_{0.05h}$ 为5%峰高处的峰宽。对称因子 T 在 0.95~1.05 之间为对称峰；$T<0.95$ 为前延峰；$T>1.05$ 为拖尾峰。d_1 为峰顶点至峰前沿之间的距离。

7. 保留值 当仪器操作条件不变时，任一组分的峰值总在色谱图的固定位置出现，即有一定的保留值。在一定的条件下保留值具有特征性，是色谱法定性的基本依据。可以用保留时间和保留体积表示。

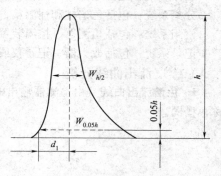

图 15-3　拖尾因子计算示意图

（1）**保留时间 t_R** 被分离组分从进样到流出色谱柱过程中，出现该组分浓度极大值时的时间。

（2）**死时间 t_M** 从进样开始到惰性组分（不被固定相吸附或溶解的空气或甲烷）出现峰极大值所需要的时间。

（3）**调整保留时间 t_R'** 是某组分由于被吸附于固定相，比不吸附的组分在色谱柱中多停留的时间，即组分在固定相中滞留的时间。调整保留时间和死时间有如下关系：

$$t_R' = t_R - t_M \tag{15-3}$$

在温度和固定相一定的条件下，调整保留时间仅决定于组分的性质，因此调整保留时间是定性分析的基本参数。但同一组分的保留时间受流动相流速的影响，因此又常用保留体积表示保留值。

（4）**保留体积** 被分离样品组分从进样开始到柱后出现该组分浓度极大值时所需要的流动相的体积。保留体积与保留时间和流动相流速（F_C，ml/min）有如下关系：

$$V_R = t_R \times F_C \tag{15-4}$$

流动相流速大，保留时间短，但两者的乘积不变，因此 V_R 与流动相流速无关。

（5）**死体积** 是色谱柱中不被固定相占据的体积总和。如果忽略各种柱外死体积，则死体积为柱内固定相颗粒间隙的容积，即柱内流动相体积。而死时间相当于流动相充满死体积所用的时间。死体积与死时间和流动相流速的关系如下：

$$V_M = t_M \times F_C \tag{15-5}$$

（6）**调整保留体积** 是由保留体积扣除死体积后的体积。

$$V_R' = V_R - V_M = t_R' \times F_C \tag{15-6}$$

V_R' 与流动相流速无关，是常用的色谱定性参数之一。

8. 选择因子（α） 两组分调整保留值之比：

$$\alpha = \frac{t_{R_2}'}{t_{R_1}'} = \frac{V_{R_2}'}{V_{R_1}'} \tag{15-7}$$

9. 分离度 R 又称分辨率，是指相邻两组分色谱峰的保留时间之差与两组分色谱峰峰宽之和的一半的比值。

$$R = \frac{t_{R_2} - t_{R_1}}{\dfrac{W_2 + W_1}{2}} = \frac{2(t_{R_2} - t_{R_1})}{W_2 + W_1} \tag{15-8}$$

R 用于衡量色谱柱分离效果，是色谱分离参数之一。《中国药典》2015 版规定：做定量分析时，为了获得较好的精密度和准确度，要求分离度 $R \geq 1.5$。从色谱流出曲线中，可得许多重要信息。

（1）由色谱峰的个数可判断试样中所含组分的个数。

（2）根据色谱峰的保留值，可进行定性分析。

（3）根据峰面积或者峰高，可进行定量分析。

（4）色谱峰的保留值和区域宽度，是评价色谱柱分离效能的依据。

（5）色谱峰两峰间的距离是评价固定相（或流动相）选择是否合适的依据。

三、气相色谱法的基本原理

由式（15-8）可知，若两组分的保留时间差异越大，色谱峰越窄，R 越大，分离效果越好。在气相色谱中，保留时间与分配系数有关，而分配系数与固定相极性、柱温有关，即与色谱热力学过程相关。另一方面，峰宽与色谱的动力学过程有关。因此，气相色谱理论主要包括热力学理论和动力学理论。热力学理论是从相平衡观点来研究分离过程，以塔板理论为代表。动力学理论从动力学观点来研究各种动力学因素对峰展宽的影响，以速率理论为代表。

（一）塔板理论

塔板理论是由马丁和辛格最早提出的。它把色谱柱看作一个分馏塔，假设由许多的塔板组成。在每一个塔板内组分分子在固定相和流动相之间分配并达到平衡。经过多次的分配平衡后，分配系数小（挥发性大）的组分先到达塔顶，先流出色谱柱。

塔板理论有如下基本假设：①在一个塔板高度 H 内，组分可以在两相中瞬间达到分配平衡。②分配系数在各塔板内是常数。③流动相是脉冲式地进入色谱柱，且每次只进入一个塔板体积。④忽略试样在柱内的纵向扩散。

（二）速率理论

塔板理论成功的解释了色谱流出曲线的形状、色谱分离原理以及色谱柱的柱效评价，但是它的某些假设与实际色谱过程不符，忽略了流动相的纵向扩散，无法解释实验条件的变化对色谱峰流出曲线峰展宽的影响，特别是不能解释流速对柱效的影响。

荷兰学者范蒂姆特提出了色谱过程动力学理论——速率理论。该理论认为，单个组分分子在色谱柱内固定相和流动相间是随机的、无规律的，在柱中随流动相前进的速率也是不均一的。但无限多个随机运动的组分粒子流经色谱柱所用的时间应该呈正态分布，这与偶然误差造成的无限多次测定的结果呈正态分布相类似。

速率理论提出了范第姆特方程式：

$$H = A + \frac{B}{u} + Cu \tag{15-9}$$

式中，H 为塔板高度，A、B、C 为常数，它们分别表示涡流扩散项、纵向扩散系数和传质阻力扩散系数，u 为载气线速度，单位 cm/s。当线速度一定时，只有当 A、B、C 都较小时，H 才能有较小值，柱效更高。反之，色谱峰变宽，柱效能降低。

第二节　气相色谱的固定相和流动相

色谱柱是 GC 的关键部件，色谱柱的选择直接影响了组分是否能完全分离。色谱柱内由固定相填充，根据固定相的不同可分为气-液色谱柱和气-固色谱柱。组分经汽化后，由流动相带入色谱柱内。不同组分在固定相和流动相中的分配系数不同，流出色谱柱的时间不同，从而得以分离。

一、气-液色谱的固定相

气-液色谱的固定相是由固定液和载体组成。载体是一种惰性固体颗粒，用作支持物。固定液是涂渍在载体上的高沸点物质。

（一）固定液

1. 对固定液的要求 ①一般是一些高沸点液体，在操作温度下是液体，蒸气压低，不易流失，黏度小；②热稳定性好，在高柱温下不分解，不与试样组分发生反应；③对试样中各组分有足够的溶解能力。

2. 固定液种类 固定液的种类现有 700 多种，为便于使用时选择合适的固定液，可按化学结构类型和极性进行分类。

3. 固定液的选择 固定液的极性直接影响组分与固定液分子间的作用力类型和大小，因此对于给定的待测组分，固定液的极性是选择固定液的重要依据。一般采用"相似性原则"。

由于固定液种类繁多，选择范围大，灵活性强，选择的工作量大，20 世纪 70 年代就有人对固定液进行了优选，以下几种固定液（表 15-1）可以对 90% 以上的样品提供较满意的分离，称之为优选固定液。

表 15-1　优选固定液

名称	型号	相对极性	最高使用温度（℃）	溶剂	分析对象
甲基硅油或甲基硅橡胶	SE-30 OV-101	+1	350 200	三氯甲烷、丙酮	各种高沸点化合物
苯基（10%）甲基聚硅氧烷	OV-3	+1	350	丙酮、苯	各种高沸点化合物、对芳香族和极性化合物保留值增大 OV-17+QF-1 可分析含氯农药
苯基（25%）甲基聚硅氧烷	OV-7	+2	300	丙酮、苯	
苯基（50%）甲基聚硅氧烷	OV-17	+2	250	丙酮、苯	
三氟丙基（50%）甲基聚硅氧烷	QF-1 OV-210	+3	200	三氯甲烷二氯甲烷	含卤化合物、金属螯合物、镏类
β-氰乙基（25%）甲基聚硅氧烷	XE-60	+3	275	三氯甲烷二氯甲烷	苯酚、酚醚、芳胺、生物碱、镏类
聚乙二醇	PEG-20M	+4	225	丙酮、三氯甲烷	选择性保留分离含 O、N 化合物和 O、N 杂环化合物
聚丁二酸二乙二醇酯	DEGS	+4	220	丙酮、三氯甲烷	分离饱和及不饱和脂肪酸酯，苯二甲酸酯异构体
1,2,3-三(2-氰乙氧基)丙烷	TCEP	+5	175	三氯甲烷、甲醇	选择性保留低级含 O 化合物，伯仲胺，不饱和烃，环烷烃等

（二）载体

一般载体是一种化学惰性、多孔性的固体颗粒。特殊载体如玻璃微球，是比表面积大的化学惰性物质，并非多孔。固定液分布在载体表面，形成一层薄而均匀的液膜。

气-液色谱要求载体具有如下特性：①具有化学惰性或化学性质均匀，无表面吸附作用；②载体粒度均匀，便于填充，减小涡流扩散，提高柱效；③孔径适度，孔穴均匀，比表面大，有一定的机械强度和浸润性；④热稳定性好，无催化活性。

气-液色谱使用的载体大致可分为硅藻土和非硅藻土两类。硅藻土载体是目前气相色谱中常用的一种载体，它是由天然硅藻土煅烧而得，分为红色载体和白色载体。非硅藻土载体有玻璃珠载体、氟载体、高分子多孔微球等，这类载体常用于特殊分析。

二、气-固色谱的固定相

气-固色谱的固定相可分为吸附剂、分子筛、高分子多孔微球及化学键合相等。吸附剂主要有强极性硅胶、中等极性氧化铝、非极性活性炭。分子筛常用 4A、5A 及 13X。4、5、13 表示平均孔径，A、X 表示类型。吸附剂与分子筛多用于惰性气体和 H_2、O_2、N_2、CO 等一般性气体及低相对分子质量化合物的分离分析。高分子多孔微球是一种人工合成的新型固定相，具有粒度均匀、机械强度高、热稳定性好、柱寿命长和分离效果好等特点，常用于药物分析。化学键合相是新型气相色谱固定相，具有分配和吸附两种作用，化学键合相的热稳定性和化学稳定性大大提高，而且键合的固定液往往以单分子层存在，液相传质阻力小、柱效高，适用于快速分析，但价格昂贵。

三、气相色谱的流动相

气相色谱的流动相称为载气，常用 N_2、H_2、He、Ar 等气体。载气功能仅是携带试样、洗脱组分，不与组分分子相互作用。载气的选择和纯化主要取决于使用何种检测器。例如，使用热导检测器（thermal conductivity detector，TCD），选用 H_2、He 做载气，提高灵敏度；使用氢焰离子化检测器（flame ionization director，FID）则选用 N_2 做载气。所选载气要利于提高柱效能和分析速度。

第三节 检测器和分离条件

一、检测器

检测器是气相色谱仪的重要组成部分，它是将流出色谱柱的载气中的被分离的组分的浓度（或量）的变化转换为电信号（电压或电流）变化的装置。其中最常用的有热导检测器（thermal conductivity detector，TCD）、氢焰离子化检测器（flame ionization director，FID）、电子捕获检测器（election capture detector，ECD）、火焰光度检测器（flame photometric detector，FPD）及热离子化检测器（thermionic ionization director，TID）等。目前普及型的仪器大都配 TCD 和 FID 这两种检测器。

（一）检测器的性能指标

检测器的性能指标主要指灵敏度、检测限、噪声、线性范围和响应时间等。

1. 灵敏度 又称响应值或应答值，常用两种方法表示，浓度型检测器常用 Sc，质量型检测器常用 Sm。Sc 为 1ml 载气携带 1mg 的某组分通过检测器时产生的电压，单位为 mV·ml/mg。Sm 为每秒钟有 1g 的某组分被载气携带通过检测器所产生的电压，单位为 mV·s/g。

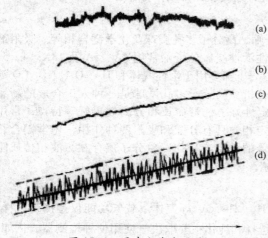

图 15-4 噪声和基线漂移

2. 噪声和漂移 无样品通过检测器时，由于仪器本身和工作条件等的偶然因素引起的基线起伏为噪声（N），单位用 mV 表示。测量噪声时，可让仪器在最灵敏档走基线约 1 小时，基线上下起伏的最大峰值即为 N（图 15-4），一般为 ±（0.01~0.05）mV。实验条件稳定时，基线是一条波动极小的直线，基线随时间定向的缓慢变化称为漂移（M），单位用 mV/h 表示。漂移应予以消除或控制，一般情况下，基线漂移应小于 0.05mV/h。

3. 检测限 也称为敏感度，某组分的峰高恰为噪声的 2 倍（有时是 3 倍）时，单位时间内载气引入检测器中该组分的质量（g/s）或单位体积载气中所含组分的量（mg/ml）称为检测限。低于此限时组分峰将被噪声所淹没，而检测不出来。检测限越低，检测器性能越好。

（二）热导检测器（TCD）

热导检测器（TCD）是利用被检测组分与载气之间导热能力不同而响应的浓度型检测器，具有结构简单、不破坏样品、通用性强等优点，但灵敏度较低。

热导检测器由池体和热敏元件组成。池体用铜块或不锈钢块制成，热敏元件常用钨丝或铼钨丝制成，它的电阻随温度的变化而变化。将两个材质、电阻完全相同的热敏元件，装入一个双腔池体中即构成双臂热导池，如图 15-5 所示。

其中一臂接在色谱柱前只通载气，作为参考臂；另一臂接在色谱柱后，让组分和载气通过，作为测量臂。两臂的电阻分别是 R_1 和 R_2，将 R_1 和 R_2 与两个阻值相等的固定电阻 R_3、R_4 组成惠斯顿电桥，如图 15-6 所示。

给热导池通电，钨丝升温，所产生的热量被载体带走，并以热导方式传给池体。如果热导池只有载气通过，载气从两个热敏元件带走的热量相同，两个热敏元件的温度变化是相同的，其电阻值变化也相同，电桥处于平衡状态。如果样品混在载气中通过测量池，由于被测组分和载气导热系数不同，两边带走的热量不相等，热敏元件的温度和阻值也就不同，从而使得电桥失去平衡，记录器上就有信号产生。被测物质与载气的热导系数相差愈大，灵敏度也就愈高。

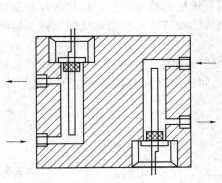

图 15-5　双臂热导池示意图

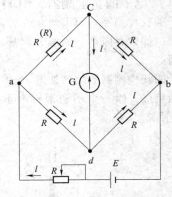

图 15-6　惠斯顿电桥

（三）氢焰离子化检测器（FID）

氢焰离子化检测器（FID）简称氢焰检测器，是典型的破坏性、质量型检测器，如图 15-7 所示。是以 H_2 和空气燃烧生成的火焰为能源，当有机化合物进入以 H_2 和空气燃烧的火焰，在高温下产生化学电离，形成的离子流成为与进入火焰的有机化合物量成正比的电信号，因此可以根据信号的大小对有机物进行定量分析。

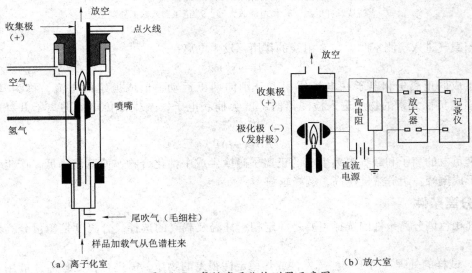

图 15-7　氢焰离子化检测器示意图

FID 由于结构简单、性能优异、稳定可靠、操作方便，所以经过 40 多年的发展，今天的 FID 结构仍无实质性的变化。具有灵敏度高、线性范围宽、死体积小、响应快等特点，但不能检测惰性气体、空气、水、CO、CO_2、CS_2、NO、SO_2、H_2S。其主要缺点是需要三种气源及其流速控制系统，尤其是对防爆有严格的要求。

FID 是由离子化室、火焰喷嘴、发射极（负极）和收集极（正极）组成（图 15-7）。

在收集极和发射极之间加有 150~300V 的极化电压, 形成一外加电场。收集极捕集的离子流经放大器的高阻产生信号、放大后送至数据采集系统; 燃烧气、辅助气和色谱柱由底座引入; 燃烧尾气及水蒸气由外罩上方小孔逸出。氢焰检测器对大多数有机化合物有很高的灵敏度, 适宜痕量有机物的分析。

（四）电子捕获检测器（ECD）

电子捕获检测器（ECD）是一种高选择性、高灵敏度的检测器, 它只对含强电负性元素的物质, 如含有卤素、硝基、羰基、氰基等的化合物响应, 元素的电负性越强, 检测灵敏度越高。

电子捕获检测器的结构如图 15-8 所示。在检测器的池体内, 装有一个圆筒状的 β 射线放射源做负极, 以一个不锈钢棒为正极, 在两极之间施加直流电或脉冲电压。可用 ^{3}H 或 ^{63}Ni 为放射源。

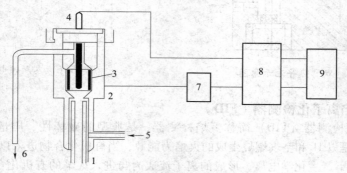

图 15-8 电子捕获检测器示意图

1. 色谱柱 2. 阴极 3. 放射源 4. 阳极 5. 吹扫气 6. 气体出口
7. 直流或脉冲电源 8. 微电流放大器 9. 记录器或数据处理系统

当载气进入检测室时, 在 β 射线的作用下发生电离:

$$N_2 \rightarrow N_2^+ + e$$

生成的正离子和电子在电场作用下分别向两极运动, 形成恒定的电流, 称为基流。当含强电负性元素的物质进入检测器时, 就会捕获电子, 产生带负电荷的离子并释放出能量:

$$AB + e \rightarrow AB^-$$

带负电的离子和载气电离生成的正离子碰撞生成中性化合物, 使基流降低, 产生负信号, 形成倒峰。组分浓度越高, 倒峰越强。

二、分离条件

气相色谱分离条件的选择主要是固定相、柱温及载气的选择。分离度是衡量分离效果的指标。

1. 试样的处理 对于一些挥发性或热稳定性很差的物质, 需进行预处理后才能用气相色谱法来进行分离分析。根据色谱分析的目的、试样的组成和含量、试样的理化性质确定合适的处理方法, 通常用分解法与衍生化法。分解法适用于高分子药物及中药材的鉴定, 而衍生化法则是将不稳定的被测物转化为较稳定的衍生物, 如酰化物、硅烷化物和酯类, 适用于高级脂肪酸、糖类、氨基酸、维生素等。

2. 载气条件 载气种类的选择首先要考虑使用何种检测器。比如使用 TCD, 选用氢或氦做载气, 能提高灵敏度; 若使用 FID 则应选用氮气。然后再考虑选用载气要有利于提高柱效能和分析速度。例如选用摩尔质量大的载气（如 N_2）可以提高柱效。

在实际工作中，常选择载气流速稍高于最佳流速。当载气流速较小时，纵向扩散是色谱峰扩张的主要因素，可采用相对分子质量较大的载气（如 N_2、Ar），来减小纵向扩散。当载气流速较大时，传质阻力为控制要素，此时则宜采用相对分子质量较小的载气（如 H_2、He）。

3. 色谱柱的选择　色谱柱的选择主要是固定相、柱长和柱径。选择固定相一般是利用"相似相溶"原则，即按被分离组分或官能团与固定液极性相似的原则来选择。分析高沸点化合物，可选择高温固定相。

在塔板高度不变的情况下，分离度随塔板数增加而增加，增加柱长对分离有利。但柱长过长，峰变宽，柱压增加，分析时间变长。因此，在达到一定分离度的条件下应尽可能使用短柱，一般填充柱柱长为 $1\sim5m$。色谱柱的内径增加会使柱效下降，一般柱内径常用 $2\sim4mm$。

4. 柱温的选择　柱温直接影响分离效果和分析速度。选择柱温的原则：为使难分离物质得到良好的分离效果，尽量采取较低的柱温，但应以保留时间适宜、色谱峰不拖尾为度。

对于宽沸程的多组分混合物，可采用程序升温法，即在分析过程中按一定速度提高柱温。在程序开始时，柱温较低，低沸点的组分得到分离，中等沸点的组分移动很慢，高沸点的组分还停留于柱口附近；随着温度上升，组分由低沸点到高沸点依次分离出来。

5. 其他条件的选择

（1）汽化室温度　根据试样的沸点、稳定性和进样量选择汽化温度。一般可等于或稍高于试样的沸点，以保证试样迅速完全汽化。汽化室温度应高于柱温 $30\sim50℃$。对于易分解组分应尽可能采用较低的温度，防止分解。对于高沸点组分，可低于其沸点。

（2）检测室温度　为了使色谱柱的流出物不在检测器中冷凝而造成污染，一般检测室温度高于柱温 $20\sim50℃$。

（3）进样时间和进样量　进样速度必须很快，一般在 1 秒以内。若进样时间过长，则试样起始宽度大，峰形变宽甚至变形。液体试样进样量不超过 $10\mu l$，以 $0.1\sim2\mu l$ 为宜，气体试样不超过 $10ml$，以 $0.5\sim3ml$ 为宜。最大允许进样量应控制在使半峰宽基本不变，而峰高与进样量成线性关系。进样量太多，使柱超载时峰宽变大，峰形异常。

三、系统适用性试验

系统适用性试验，也叫系统适应性试验（system suitable test），简称 SST。SST 主要是考察分析方法对于一个硬件系统的适用能力。因为分析方法的建立时，是在少量的分析系统上建立的，为了证明分析方法的广泛适用性，SST 被采用来证实分析方法的适应性。另外，即使一个系统，随着时间的发展，系统本身也会发生变化，也需要考察分析方法和分析系统的适应性。

《中国药典》2015 版规定，气相色谱的 SST 中，固定相种类、流动相组成、检测器类型不得改变，其余可适当改变以达到色谱系统适用性试验要求：

1. 理论塔板数　不得低于各品种项下规定的最小理论塔板数。

2. 分离度　除另有规定外，分离度应大于 1.5。

3. 重复性　取各品种项下对照品连续进样 5 次，除另有规定外，其峰面积测量值的相对标准偏差不大于 2.0%。

4. 拖尾因子　除另有规定外，拖尾因子应在 $0.95\sim1.05$ 之间。

SST 开始主要在色谱分析方法上适用，随着技术发展，在更多类型的分析方法上开始推广使用。系统适用性试验是针对该品种该系统，均可参照药典附录进行试验。

第四节　定性定量分析

一、定性分析方法

气相色谱法是一种高效、快速的分离分析技术，它可以在很短时间内分离几十种甚至上百种组分的混合物，这是其他方法无法比拟的。但是，由于色谱法定性分析主要依据是保留值，所以需要标准样品。而且单用色谱法对每个组分进行鉴定，往往不能令人满意。近年来，气相色谱与质谱、光谱等联用，既充分利用色谱的高效分离能力，又利用了质谱、光谱的高鉴别能力，加上运用计算机对数据的快速处理和检索，为未知物的定性分析开辟了一个广阔的前景。

1. 保留值定性法

（1）已知物对照定性　在完全相同的色谱分析条件下，同一物质应具有相同的保留值。因此，可将试样与对照品（纯组分）在相同的色谱分析条件下进行分析，根据各自的保留值进行比较定性。如图 15-9 所示。

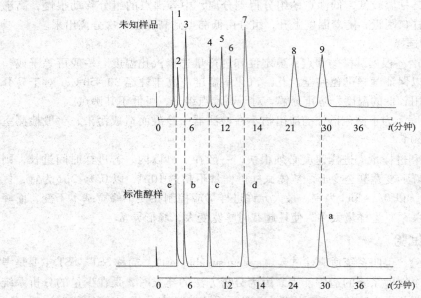

图 15-9　用已知纯物质与未知样品对照比较进行定性分析
1~9. 未知物的色谱峰　a. 甲醇峰　b. 乙醇峰　c. 正丙醇峰　d. 正丁醇峰　e. 正戊醇峰

（2）相对保留值定性　在无对照品或已知物的条件下，对于一些组分比较简单的已知范围的混合物可用此法定性。相对保留值表示任一组分（i）与标准物（s）的调整保留值的比值，用 $r_{i,s}$ 表示：

$$r_{i,s} = \frac{t'_{R_i}}{t'_{R_s}} = \frac{V'_{R_i}}{V'_{R_s}} = \frac{K_i}{K_s} \tag{15-10}$$

可根据气相色谱手册及文献中收载的各种物质的相对保留值，在与色谱手册固定的试验条件和所用的标准物质进行试验，然后对色谱进行比较定性。

2. 保留指数　保留指数（I_X）是以正构烷烃为标准，规定其保留指数为分子中碳原子个数乘以 100（如正己烷的保留指数为 600）。其他物质的保留指数（I_X）是通过选定两个相邻的正构烷烃，其分别具有 Z 和 $Z+1$ 个碳原子。保留指数的定义式为：

$$I_X = 100\left(\frac{\lg t'_{R(X)} - \lg t'_{R(Z)}}{\lg t'_{R(Z+1)} - \lg t'_{R(Z)}}\right) + Z \qquad (15-11)$$

3. 官能团分类定性　试样各组分经色谱柱分离后，依次分别加入官能团分析试剂，观察是否反应，如显色或产生沉淀，据此判断该组分具有什么官能团、属于哪类化合物。

4. 与其他分析仪器联用定性　将色谱和其他分析仪器联用可获得丰富的结构信息。目前比较成熟的联用仪器有气相色谱-质谱联用（GC-MS）、气相色谱-傅里叶红外光谱联用（GC-FTIR）等。

拓展阅读

顶空进样色谱法

　　当试样中有固体不溶物或者对色谱柱伤害较大的物质，一般选择顶空进样。顶空进样又分为溶液顶空和固体顶空。前者就是将样品溶解于适当溶剂中，置顶空瓶中保温一定时间，使残留溶剂在两相中达到气液平衡，定量取气体进样测定。固体顶空就是直接将固体样品置顶空瓶中，置一定温度下保温一定时间，使残留溶剂在两相中达到气固平衡，定量取气体进样测定。例如测定阿洛西林钠盐中的残留溶剂。阿洛西林属第三代广谱半合成脲基类青霉素，对革兰阳性球菌、革兰阴性杆菌（包括铜绿假单胞菌）及厌氧菌有效，能强烈的对抗绿脓杆菌。现主要用于敏感的革兰阴性菌及阳性菌所致的各种感染。该原料药由于生产工艺的不同，可能存在二氯甲烷、乙醇、丙酮、异丙醇和乙酸乙酯溶剂残留。

二、定量分析方法

　　定量分析的依据是实验条件恒定时，组分的量与峰面积或峰高成正比，为此，必须准确测量峰面积或峰高。

1. 定量校正因子　气相色谱定量分析是基于被测物质的量与其峰面积的正比关系。由于同一检测器对不同物质具有不同的响应值，即使是相同质量的不同组分得到的峰面积也是不相同的，所以不能用峰面积直接计算物质的含量。为了使检测器产生的响应信号能真实地反映出物质的含量，所以要对响应值进行校正，而引入定量校正因子。

　　定量校正因子分为绝对校正因子和相对校正因子。绝对校正因子是指单位峰面积所代表的组分的量。即

$$f'_i = \frac{m_i}{A_i} \qquad (15-12)$$

2. 峰面积的测量

（1）峰高乘以半峰宽法　此法适用于对称色谱峰，计算公式为：

$$A = 1.065hW_{1/2}$$

式中，h 为峰高，$W_{1/2}$ 为半峰宽，1.065 为常数，在相对计算时，1.065 可约去。

（2）峰高乘以平均峰宽法　此法适用于不对称色谱峰，计算公式为：

$$A = 1.065h \frac{W_{0.15} + W_{0.85}}{2} \qquad (15-13)$$

式中，$W_{0.15}$、$W_{0.85}$分别为 $0.15h$ 和 $0.85h$ 处的峰宽。

（3）其他方法　除上述方法以外，还可采用剪纸称重或自动积分仪来测量峰面积。

3. 定量计算方法

（1）归一化法　当试样中所有组分都能流出色谱柱，且在色谱图上都显示色谱峰时，用归一化法计算组分含量。所谓归一化法是以样品中被测组分经校正过的峰面积（或峰高）占样品中各组分经校正过的峰面积（或峰高）之和的比例来表示样品中各组分的含量的定量方法。

$$C_i = \frac{f_i A_i}{\sum\limits_{}^{n} f_i A_i} \times 100\% \qquad (15-14)$$

式中，C_i、A_i分别是试样溶液中被测组分的浓度及峰面积。

归一化法简便、准确，进样量的多少与测定结果无关，操作条件的变化对结果影响也较小，但如果试样中的组分不能全部出峰，则不能采用这种方法。

（2）内标法　若试样中所有组分不能全部出峰；或只要求测定试样中某个或某几个组分的情况时，可以考虑采用内标法定量。所谓内标法就是将一定量选定的标准物（称内标物 S）加入到一定量试样中，混合均匀后，在一定操作条件下注入色谱仪，出峰后分别测量组分 i 和内标物 S 的峰面积（或峰高），按下式计算组分 i 的含量。

$$C_i = \frac{f_i A_i}{f_s A_s} \times \frac{m_s}{m_{样品}} \times 100\% \qquad (15-15)$$

式中，$m_{样品}$代表试样的质量；m_s代表加入内标物的质量；f_i、A_i分别代表被测组分的相对质量校正因子和峰面积；f_s、A_s分别是代表加入内标物的相对质量校正因子和峰面积。

内标法的关键是选择合适的内标物，对于内标物的要求是：

① 应是试样中不存在的纯物质；

② 内标物的性质应与待测组分性质相近，以使内标物的色谱峰与待测组分色谱峰靠近并与之完全分离；

③ 内标物与样品应完全互溶，但不能发生化学反应；

④ 内标物加入量应接近待测组分含量。

内标法的优点是准确度高，对进样量及操作条件要求不严格，使用没有限制。内标法缺点是每次测定都要用分析天平准确称取内标物和样品，所以较费时。

（3）外标法　取待测组分的纯物质配成一系列不同浓度的待测组分的标准溶液，与试溶液在同一色谱条件下定量进样，出峰后依次测量各标准溶液及试样中待测组分的峰面积（或峰高），绘制峰面积（或峰高）对组分浓度的标准曲线，从标准曲线中查出并计算待测组分含量。

也可直接测定，按下式计算：

$$m_i = \frac{A_i}{A_s} m_s$$

$$原样品某组分百分含量 = \frac{m_i DV}{m_{样品}} \times 100\% \qquad (15-16)$$

式中，m_i、A_i分别代表试样溶液中被测组分的浓度及峰面积；m_s、A_s分别代表标准溶液的浓度和峰面积；D 为稀释倍数；V 为固体样品溶解定容时容量瓶体积；$m_{样品}$为原样品取用量。

外标法操作简单，不需要校正因子，计算方便，其他组分是否出峰都无影响，但要求分析组分与其他组分完全分离，试验条件稳定，标准品的纯度高。

（4）内标对比法　内标对比法又称为内标校正因子法。此法是以样品中已有的组分为标准，加入内标物，同法以对照品加入内标物，比较两信号的变化，再计算被测组分的含量。其方法如下：在一定的色谱条件下，先注入原样品稀释的样品内标液得色谱图，然后注入被测组分纯物质（样品及标样均应准确称量）的对照品内标液得色谱图，按下式计算：

$$C_{样品} = \frac{A_{对照,内标}}{A_{样品,内标}} \times \frac{A_{样品}}{A_{对照}} \times C_{对照} \qquad (15-17)$$

再将 $C_{样品}$ 换算为原样品的百分含量。操作中样品及标样均应准确称量，样品液和对照液中内标物量或浓度相同。它不需要另外的标准物，要求两次进样的色谱操作条件相同。

拓展阅读

如果没有合适的内标物或各组分峰之间没有适当位置插入内标峰时，可用标准加入法定量。标准加入法又称为叠加法或内加法，是一种相对测量法。样品溶液色谱图，样品溶液定量加入其对照品后溶液的色谱图，由于峰面积具有加和性，根据两色谱图可计算原样品的百分含量。

如何操作设计并计算呢？

三、气相色谱法的应用

气相色谱法广泛应用与石油、化工、医药、环境保护和食品分析等领域。在药学领域常用于药物的含量测定、杂质检查及微量水分和有机溶剂残留的测定、中药挥发性成分测定以及体内药物代谢分析等方面。

例 15-1　复方制剂分析（4 种中药胶膏剂中樟脑、薄荷脑、冰片和水杨酸甲酯含量的气相色谱法测定）

用气相色谱法同时测定伤湿止痛膏、安阳精制膏、风湿跌打膏和风湿止痛膏中樟脑、薄荷脑、冰片和水杨酸甲酯的方法灵敏、准确、重现性好、耐用性强。

（1）色谱条件和系统适用性试验　玻璃柱（3mm×3m），固定相为聚乙二醇（PEG）-20M（10%），FID 检测器。载气 N_2 压力 60kPa，流速 58ml/min，H_2 压力 70kPa，空气压力 15kPa，柱温 130℃，进样器/检测器温度 170℃。

（2）试样测定及结果　以萘为内标物，采用内标物预先加入法，用挥发油测定器蒸馏制备供试液。4 种制剂试样中的樟脑、薄荷脑、冰片和水杨酸甲酯的加样回收率都大于 95.54%（$RSD ≤ 2.8%$）。

在治疗药物监测和药代动力学研究中都需要测定血液、尿液、或其他组织中的药物浓度，这些试样中往往药物浓度低，干扰较多。气相色谱法具有灵敏度高、分离能力强的优点，因此也适用于体内药物分析。

重点小结

气相色谱法可按照不同的标准分类，其中气-液色谱是最常用的方法，也是本章学习的重点。气相色谱仪的基本构造相同，最重要的部分是分离系统，包括色谱柱和柱温箱。因此，色谱柱和柱温的选择就成了分离的重要问题。

试样在色谱柱中进行分离，不同的组分流出色谱柱时会产生不同的电信号，电信号转换成色谱流出曲线，包括基线、色谱峰、色谱峰区宽度、保留值、分离度等信息，从而得出定性或定量的判断。

色谱理论主要包括两大理论：塔板理论和速率理论。分别从热力学和动力学两方面对色谱流出曲线的形状、位置以及外界因素对色谱峰区宽度的影响做了理论解释。

做气相色谱分析之前，分离条件的确定是关键。包括试样的预处理、固定相、载气、流动相的选择，色谱柱的选择以及柱温的选择等。分离度是衡量分离效果的指标。

在用气相色谱做定性定量测定时，必须要以相关法定质量标准为理论准则，但方法选择上可以依据实际情况选择。例如，定性分析方法包括保留值定性法、官能团分类定性或者与其他仪器联用；定量方法有外标法、内标法以及内标对比法等。依据实际情况的不同，可选择不同的方法。

目标检测

一、单选题

1. 色谱法中下列说法正确的是
   A. 分配系数 K 越大，组分在柱中滞留的时间越长
   B. 分离极性大的物质应选活性大的吸附剂
   C. 混合试样中各组分的 K 值都很小，则分离容易
   D. 吸附剂含水量越高则活性提高

2. 色谱峰高（或面积）可用于
   A. 定性分析
   B. 确定相对分子质量
   C. 定量分析
   D. 确定被分离物组成

3. 属于质量型检测器的是
   A. 氢焰离子化检测器
   B. 热导检测器
   C. 电子捕获检测器
   D. 三种都是

4. 不同组分进行色谱分离的条件是
   A. 硅胶作固定相
   B. 极性溶剂做流动相
   C. 具有不同的分配系数
   D. 具有相同的容量因子

5. 下列可做定性分析的参数是
   A. 色谱峰高或峰面积
   B. 色谱峰宽
   C. 色谱峰保留时间
   D. 死体积

6. 测定有机溶剂中微量的水，宜选用何种检测器
   A. TCD   B. FID   C. ECD   D. FPD

7. 从野鸡肉的萃取液中分析痕量的含氯农药，宜选用何种检测器
   A. TCD   B. FID   C. ECD   D. FPD

8. 利用某色谱柱，测得某组分的 $t_R = 1.50\text{min}$，$W_{1/2} = 0.1\text{cm}$，则该色谱柱的塔板理论数是
    A. 1.2×10^3 B. 1.0×10^3 C. 1.2×10^4 D. 1.0×10^4

9. 气相色谱定量分析时，当试样中各组分不能全部出峰或在多种组分中只需定量其中某几个组分时，可选用
    A. 归一化法   B. 标准曲线法   C. 比较法   D. 内标法

10. 气相色谱分析影响组分之间分离程度的最大因素是
    A. 进样量   B. 柱温   C. 载体粒度   D. 汽化室温度

二、填空题

11. 组成气相色谱仪器的六大系统中，关键部位是_____、_____。

12. 色谱分析中使用归一化法定量的前提是_____。

13. 色谱系统适用性实验主要是考察分析方法对硬件系统的适用能力。主要测量的参数包括以下几方面：_____、_____、_____和_____。

14. 《中国药典》2015 年版规定，除另有规定外，色谱系统性实验中分离度 R 应大于_____。

15. 在气相色谱中，常采用程序升温分析_____样品。

三、判断题

16. 在 GC 中 2 个组分分离的基础是它们具有不同的热导系数。

17. 柱温提高，保留时间缩短，但相对保留值不变。

18. 内标法定量时对进样量没有严格要求，但要求选择合适的内标物。

19. 分离非极性样品时，一般选择极性固定液，以增强在色谱柱中的保留。

20. 在 GC 图上出现 4 个色谱峰，因此可以肯定样品由 4 种组分组成。

21. 采用归一化法定量的前提是试样中所有组分都出峰。

22. 组分在气相色谱中分离的程度取决于组分之间沸点差异。

四、综合题

23. 保留时间相同的组分是否一定是相同的物质？

24. 简述分离度和理论塔板数的关系。

25. 在气相色谱中，如何选择固定液？

实训二十二　维生素 E 的含量测定

一、实训目的

1. 掌握气相色谱法测定药物含量的原理和方法。

2. 掌握内标法的原理及气相色谱法在药物分析中的应用。

3. 熟悉维生素 E 含量测定的操作条件。

二、实训材料

1. 仪器　气相色谱仪、HP-5 石英毛细管色谱柱（30.0m×320μm）、火焰离子化检测器（FID）、氢气钢瓶、微量注射器。

2. 试剂 正己烷、维生素 E 软胶囊。

三、实训原理

维生素 E 原料及制剂各国药典多采用气相色谱法，该法具有高度选择性，可分离维生素 E 及其同分异构体，选择性的测定维生素 E。维生素 E 的沸点虽高达 350℃，但不需要衍生化法处理可直接用气相色谱法测定含量。现行版《中国药典》收载的维生素 E 及其制剂（注射液、片剂、软胶囊、粉）均采用气相色谱法测定含量。

校正因子：
$$f=\frac{\dfrac{A_{对照品中的内标物}}{C_{对照品中的内标物}}}{\dfrac{A_{对照品}}{C_{对照品}}} \quad 或 \quad f=\frac{\dfrac{C_{对照品中的内标物}}{A_{对照品中的内标物}}}{\dfrac{C_{对照品}}{A_{对照品}}}$$

含量计算：
$$C_{供试品}=f\times\left(\frac{C_{样品中的内标物}}{A_{样品中的内标物}}\right)\times A_{供试品}$$

$$标示量百分含量=\frac{C_{供试品}\times D\times V\times 平均装量}{m_{样品}\times S_{标示量}}\times100\%$$

式中，$C_{供试品}$ 为供试品溶液测定时组分的浓度（mg/ml）；D 为供试品的稀释倍数；V 为供试品固体定容时容量瓶体积（ml）；$m_{样品}$ 为样品质量（mg）。

本实验采用的是气相色谱法含量测定中的内标法。内标法是一种准确而应用广泛的定量分析方法，操作条件和进样量不必严格控制，限制条件较少。当样品中的所有组分不能全部流出色谱柱，某些组分在检测器上无信号或只需测定样品中的某几个组分时，可采用内标法。

四、实训步骤

1. GC-102M 气相色谱仪操作规程

（1）对仪器系统进行检漏，检测无漏后可打开氮气瓶总阀调节压力为 0.2MPa，把氮载气压力调节到 0.1MPa 左右。

（2）依次打开气相色谱仪、显示器、计算机电源开关。

（3）调节总流量为适当值（根据刻度的流量表测得）。

（4）调节分流阀使分流流量为实验所需的流量（用皂膜流量计在气路系统面板上实际测量），柱流量即为总流量减去分流量。

（5）打开空气、氢气开关阀，调节空气、氢气流量为适当值。

（6）根据实验需要设置柱温，进样口温度和 FID 检测器温度。

（7）打开计算机与工作站。

（8）FID 检测器温度达到 150℃ 以上，按下"点火键"，自动点火。（注意：判断火有没有点着，可以用金属物放到收集筒看看有没有水蒸气产生。如果有说明火已经点着了，如果没有可以再点一下）

（9）设置 FID 检测器灵敏度和输出信号衰减。

（10）待所设参数达到设置时，即可进样分析。

（11）实验完毕后，先关闭氢气与空气，用氮气将色谱柱吹净后关机。

2. 测定的色谱条件与系统适用性试验 以硅酮（OV-17）为固定相，涂布浓度为 2%；或以 HP-1 毛细管柱（100% 二甲基聚硅氧烷）为分析柱；柱温为 265℃。理论塔板数按维生素 E 峰计算应不低于 500（填充柱）或 5000（毛细管柱），维生素 E 峰与内标物质峰的分离度应符合要求。

3. 校正因子测定 取正三十二烷适量，加正己烷溶解并稀释成每 1ml 中含 1.0mg 的溶液，作为内标溶液。另取维生素 E 对照品约 20mg，精密称定，置棕色具塞锥形瓶中，精密加内标溶液 10ml，密塞，振摇使溶解；取 1~3μl 注入气相色谱法，计算校正因子。

4. 测定法 取装量差异项下的内容物，混合均匀，取适量（约相当于维生素 E 20mg），精密称定，置棕色具塞锥形瓶中，精密加内标溶液 10ml，密塞。振摇使其溶解，作为供试品溶液，取 1~3μl 注入气相色谱仪，测定计算，即得。

5. 标准溶液的配制 精密称取维生素 E 对照品 20mg，量取正三十二烷内标物 10ml，至 100ml 容量瓶中，加水稀释至刻度，摇匀，得标准溶液。

6. 供试液的制备 精密称取维生素 E 胶丸 20mg，加入内标物 10ml，至 100ml 容量瓶中，加水稀释至刻度，摇匀，得供试品溶液。

7. 测定 待基线平直后，分别取供试液、标准溶液各 1~3μl，连续注入气相色谱仪 3 次，记录峰面积值，再计算含量。

8. 数据记录与处理

实训序号	供试液			对照液（g/ml）		
	I	II	III	I	II	III
维生素 E 峰面积						
正三十二烷峰面积						
校正因子						
校正因子平均值						
标示量百分含量						
标示量百分含量平均值						
标示量百分含量修约值						
相对标准偏差（RSD）						

五、实训思考

1. 气相色谱测定维生素 E 含量时为什么使用内标法？
2. 试述气相色谱法的特点及分析适用范围。
3. 从结构出发分析，维生素 E 含量测定的其他方法有哪些？各有什么特点？

实训二十三　医用酒精中乙醇的含量测定

一、实训目的

1. 熟悉气相色谱仪的基本结构和工作原理。
2. 熟悉采用内标对比法的原理及气相色谱法在药物分析中的应用。
3. 掌握用内标对比法测定医用酒精中乙醇含量的方法。

二、实训材料

1. 仪器 气相色谱仪。

2. 试剂 医用酒精、无水甲醇（色谱纯）、正丙醇（色谱纯）。

三、实训原理

乙醇具有挥发性，本实验采用气相色谱法测定在 20℃时消毒用乙醇的含量。因医用酒精中所有的组分并非都能全部出峰，故采用内标法定量。

内标法即准确量取一定量的含乙醇的试样，并准确加入一定量的内标物正丙醇，混匀后进样；同法用无水乙醇制备对照液。根据内标法求出待测组分的含量。

四、实训步骤

第一法 毛细管柱法

1. 测定的色谱条件和系统适用性试验 以 6% 氰丙基苯基-94% 二甲基聚硅氧烷为固定液，起始温度为 40℃，维持 2 分钟，以每分钟 10℃ 的速率升温至 65℃，再以每分钟 25℃ 的速率升温至 200℃，维持 10 分钟；进样口温度为 200℃；检测器（FID）温度为 220℃。采用顶空分流进样，分流比为 1∶1；顶空瓶平衡温度为 85℃，平衡时间为 20 分钟，理论塔板数按乙醇峰计算应不低于 10000，乙醇峰与正丙醇峰的分离度应大于 2.0。

2. 校正因子测定 精密量取恒温至 20℃ 的无水乙醇 5ml，平行两份；置 100ml 容量瓶中，精密加入恒温至 20℃ 的正丙醇（内标物）5ml，用水稀释至刻度，摇匀，精密量取该溶液 1ml，置 100ml 容量瓶中，用水稀释至刻度，摇匀（必要时可进一步稀释），作为对照溶液。精密量取 3ml，置 10ml 顶空进样瓶中，密封，顶空进样，每份对照品溶液进样 3 次，测定峰面积，计算平均校正因子，所得校正因子的 RSD 不得大于 2.0%。

3. 测定法 精密量取恒温至 20℃ 的供试品适量（相当于乙醇约 5ml），置 100ml 容量瓶中，精密加入恒温至 20℃ 的正丙醇（内标物）5ml，用水稀释至刻度，摇匀，精密量取该溶液 1ml，置 100ml 容量瓶中，用水稀释至刻度，摇匀（必要时可进一步稀释），作为供试品溶液。精密量取 3ml，置 10ml 顶空进样瓶中，密封，顶空进样，测定峰面积，按内标法以峰面积计算，即得。

第二法 填充柱法

1. 测定的色谱条件和系统适用性试验 用直径为 0.18～0.25mm 的二乙烯苯-乙基乙烯苯型高分子多孔小球作为载体，柱温为 120～150℃，理论板数按正丙醇峰计算应不低于 700，乙醇峰与正丙醇峰的分离度应大于 2.0。

2. 校正因子测定 精密量取恒温至 20℃ 的无水乙醇 4、5、6ml，分别置 100ml 容量瓶中，分别精密加入恒温至 20℃ 的正丙醇（内标物）5ml，用水稀释至刻度，摇匀（必要时可进一步稀释）。取上述三种溶液各适量，注入气相色谱仪，分别连续进样 3 次，测定峰面积，计算平均校正因子，所得校正因子的 RSD 不得大于 2.0%。

3. 测定法 精密量取恒温至 20℃ 的供试品适量（相当于乙醇约 5ml），置 100ml 容量瓶中，精密加入恒温至 20℃ 的正丙醇（内标物）5ml，用水稀释至刻度，摇匀（必要时可进一步稀释）。取适量注入气相色谱仪，测定峰面积，按内标法以峰面积计算，即得。进样 2 次。

（冯寅寅）

第十六章

高效液相色谱法

学习目标

知识要求　**1. 掌握**　高效液相色谱法的基本概念及基本原理。
　　　　　　2. 熟悉　高效液相色谱仪的基本组成部件及高效液相色谱法的基本工作
　　　　　　　　　　　流程。
　　　　　　3. 了解　高效液相色谱法的优点和适用范围。
技能要求　1. 熟练掌握色谱分离条件的选择方法。
　　　　　　2. 学会规范操作高效液相色谱仪与色谱工作站；会运用高效液相色谱法
　　　　　　　对药物进行质量控制。

案例导入

案例： 一种药剂常含有多种组分，而高效液相色谱法是一种既能分离，又能定量的有效方法。冬凌草是一种常用抗癌中草药，其主要抗肿瘤化学成分冬凌草甲素是一种二萜类化合物，对多种体外培养肿瘤细胞具有抑制生长作用。冬凌草有流浸膏、冲剂、注射液等多种剂型，各种剂型中的冬凌草甲素含量可以利用高效液相色谱法检测。另外，利用高效液相色谱法测定冬凌草甲素在人体血浆中的含量，可以分析其在体内的代谢情况，对于指导临床用药具有重要意义。

讨论： 1. 什么是高效液相色谱法？
　　　　　 2. 高效液相色谱法在中药有效成分的定量分析中有何优点？
　　　　　 3. 如何用高效液相色谱法确定冬凌草制剂中冬凌草甲素的含量？

　　高效液相色谱法（high performance liquid chromatography，HPLC）是以高压液体为流动相的液相色谱分析法，是以经典液相色谱法为基础，引用气相色谱的理论和技术，采用高效的固定相、高压输液泵及高灵敏度在线检测手段而发展起来的一种现代分离分析方法。高效液相色谱法具有分离效能高、分析速度快、检出限低、流动相选择范围宽、色谱柱可重复使用、流出组分易收集、操作自动化和应用范围广等优点。目前，高效液相色谱法作为一种重要的分离分析手段，已经广泛应用于生物工程、制药工程、食品工程、环境监测等领域。

第一节　总论

一、高效液相色谱法的特点和分类

（一）高效液相色谱法的特点

　　与经典的液相色谱法相比较，高效液相色谱法具有较高的分析效率和自动化程度，其特点如下。

（1）高效　高效液相色谱法使用了极细颗粒（一般为 $10\mu m$ 以下）、规则均匀的固定相和均匀填充技术，特别是化学键合固定相的广泛应用，使得色谱柱的传质阻力大大降低，柱效高，分离效率高。

（2）高速　高效液相色谱法采用高压输液泵输送流动相，流速快，分析速度快，一般试样的分离分析只需几分钟，复杂试样的分析在数十分钟内即可完成。

（3）高灵敏度　高效液相色谱法广泛使用紫外、荧光、电化学等高灵敏度检测器，大大提高了分析的灵敏度。如紫外检测器和荧光检测器的最小检测限高达 $10^{-9}g$ 和 $10^{-12}g$。

（4）高自动化　智能化的色谱工作站结合自动进样装置，使高效液相色谱从进样、分析、检测、数据采集处理完全实现了操作的自动化。

与气相色谱法相比较，高效液相色谱法具有更广泛的应用范围，其特点如下：

（1）分析范围广　气相色谱法要求样品能够汽化，仅用于分析易于汽化、对热稳定的化合物。高效相色谱法无需试样汽化，不受试样的挥发性和热稳定性的限制，通常在室温条件下进行分析，应用范围广。对于高沸点的、热稳定性差的、相对分子质量较大的以及具有生理活性的物质，都可以采用高效液相色谱法进行分析。

（2）分离选择性高　气相色谱法分析过程中组分分子仅与固定相相互作用。而高效液相色谱法可以选用不同性质的各种溶剂作为流动相，不同极性的流动相可与固定相同时作用于组分分子，流动相的性质对分离的选择性有很大作用，因此分离选择性高。

（3）试样制备简单　高效液相色谱法试样制备简单，试样组分经色谱分离后不被破坏，易于收集，有利于单一组分的制备。

（二）高效液相色谱法的分类

随着高效液相色谱分析技术的迅速发展，在经典液相色谱法的基础上，新的方法不断涌现和完善。与经典液相色谱法相似，高效液相色谱法也按固定相的物理状态分为液-液色谱法和液-固色谱法两大类；并在吸附色谱法、分配色谱法、离子交换色谱法、分子排阻色谱法四大基本色谱分离机理的基础上，进一步发展并分化出亲和色谱法（affinity chromatography，AC）、化学键合相色谱法（bonded phase chromatography，BPC）、胶束色谱法（micelle chromatography，MC）和手性色谱法（chiral chromatography，CC）等。

最常使用的化学键合相色谱法中，又可根据固定相和流动相相对极性的大小，分为正相分配色谱法（normal-phase partition chromatography，NPLC）和反相分配色谱法（reversed-phase partition chromatography，RPLC），而后者又进一步衍生分化为普通反相液-液分配色谱法、离子对色谱法（ion pair chromatography，IPC）和离子抑制色谱法（ion suppression chromatography，ISE）。

二、高效液相色谱仪

高效液相色谱仪（high performance liquid chromatograph）主要由高压输液系统、进样系统、色谱分离系统、检测系统、数据记录和处理系统等五部分组成。较先进的高效液相色谱仪还配有在线脱气、柱温箱及自动进样器等辅助装置；制备型的高效液相色谱仪配有自动馏分收集装置。高效液相色谱仪的结构示意图如图 16-1 所示。

高效液相色谱分析流程如下：首先选择适当的色谱柱和流动相，运行流动相平衡色谱柱。贮液器中的流动相在高压输液泵作用下经由进样器进入色谱柱，然后从检测器流出。待基线平直后，通过进样器注入试样溶液，流动相将试样带入色谱柱中进行分离。分离后的各组分依次进入检测器时，其浓度被转变为电信号，进而由数据处理系统将数据采集、记录下来，得到色谱图。各组分随洗脱液流入流出物收集器中。依据色谱图可进行各组分的定性和定量分析，并评价色谱柱的分离效能。

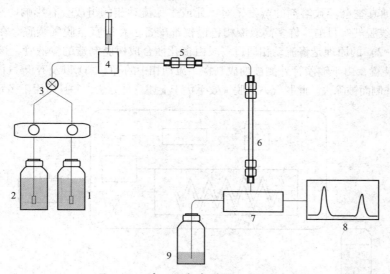

图 16-1　高效液相色谱仪结构示意图

1. 贮液器　2. 高压输液泵　3. 混合器　4. 进样器　5. 预柱　6. 色谱柱
7. 检测器　8. 数据系统　9. 废液瓶

（一）高压输液系统

高效液相色谱仪的高压输液系统包括贮液器、过滤与脱气装置、高压输液泵、梯度洗脱装置等。其中，高压输液泵为主要部件。

1. 贮液器　贮液器是用于存放流动相的容器，贮液器材料应耐腐蚀，对所存放的流动相是化学惰性的。常用材料为玻璃、不锈钢或表面涂聚四氟乙烯的不锈钢等。贮液器应能存放足够量的流动相，以确保连续测定的需要，贮液器的容积一般为 0.5~2.0L。为防止长霉，贮液器中的流动相要经常更换，并经常清洗贮液器。

贮液器应配有溶剂过滤器，以防止流动相中的机械颗粒进入高压输液泵内。溶剂过滤器一般用耐腐蚀的镍合金制成，滤芯的孔隙大小 2μm 左右。

2. 过滤与脱气装置　流动相和试样溶液的过滤非常重要，以免其中的细小颗粒堵塞输液管路、色谱柱以及影响高压输液泵的正常工作。流动相在使用前应根据其性质选用不同材料的滤膜过滤，也可使用微孔玻璃漏斗过滤。滤膜过滤一般选用市售的 0.45μm 或 0.2μm 的水系滤膜或有机系滤膜，超纯水用水系滤膜过滤，凡含有有机溶剂的溶液均需使用有机滤膜过滤。试样溶液一般用市售的 0.45μm 或 0.2μm 的针头式过滤器过滤。另外，在流动相入口、泵前、泵与色谱柱之间都配置有各种各样的滤柱或滤板。

流动相进入高压输液泵前必须进行脱气处理，常用的脱气方法有吹氦脱气、超声波脱气、真空脱气（或低压脱气）和在线脱气法等。

（1）吹氦脱气　氦气通过一个圆筒过滤器缓慢地通入流动相中，在 0.1MPa 压力下维持大约 15 分钟，由于氦气在流动相中的溶解度极低，因此可除去流动相中溶解的气体。该法使用方便、脱气效果好，但氦气较贵。

（2）超声波脱气　将装有流动相的贮液器置于超声波清洗器中，用超声波振荡 30 分钟。此法脱气效果不理想，只能除去 30% 的溶解气体。但由于这种脱气方法操作简便，且不会影响流动相的组成，基本上能满足日常分析工作的要求，是目前较为常用的脱气方法。

（3）真空脱气　通过抽真空除去流动相中的气体。减压过滤也具有除去部分气体的作用。但由于抽真空会导致溶剂的蒸发，对二元或多元流动相的组成会有影响。

（4）在线脱气　目前，许多高效液相色谱仪都配备了在线真空脱气装置。在线真空脱气装置（图16-2）的原理是将流动相通过一段由多孔性合成树脂制造的输液管，该输液管外连有真空脱气装置，由于输液管外侧被抽成真空，流动相中的 CO_2、O_2 以及 N_2 等气体就会从输液管内侧进入外侧而被除去。此脱气方法脱气效果优于上述三种方法，并且适用于多元溶剂体系。

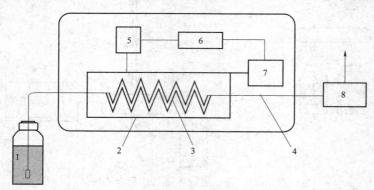

图 16-2　在线真空脱气装置示意图

1. 流动相　2. 真空容器　3. 合成树脂膜输液管　4. 脱气后的流动相
5. 压力传感器　6. 控制器　7. 真空泵　8. 高压输液泵

讨论： 为什么流动相在使用前必须进行脱气处理？

3. 高压输液泵　高压输液泵（high pressure pump）是高效液相色谱仪的核心部件，其作用是提供足够恒定的高压，能够连续输送稳定流量的流动相，其性能好坏直接影响分析结果的可靠性。由于色谱柱中固定相的装填粒度非常小，常用的固定相颗粒直径为 $3 \sim 10\mu m$，为了达到快速、高效分离的目的，必需要提供很高的柱前压力，以便获得较高的流动相流速。高效液相色谱仪的高压输液泵应具有以下性能：①流量精度高且稳定，其 *RSD* 应小于 0.5%，这对定性定量准确性非常重要；②流量范围宽，分析型应在 $0.1 \sim 10 ml/min$ 范围内连续可调，制备型应能达到 $100 ml/min$；③能在高压下连续工作；④液缸容积小；⑤密封性能好，耐腐蚀。

输液泵的种类很多，按输液性质可分为恒流泵和恒压泵。恒流泵的特点是输出流动相的体积保持恒定，色谱系统阻力的变化对流量无影响。恒压泵的特点是输出压力保持恒定，流量则随色谱系统阻力的变化而变化，导致测定结果的重现性差。目前高效液相色谱仪广泛采用的是恒流泵中的柱塞往复泵，其结构如图16-3所示。其工作原理是：电机带动偏心轮转动，驱动柱塞在液缸内做往复运动。当柱塞被推入液缸时，溶剂出口处的单向阀开启，同时溶剂进口处的单向阀关闭，液缸内的流动相输出，流向色谱柱；相反，当柱塞从液缸中抽出时，溶剂进口处的单向阀开启，溶剂出口处的单向阀关闭，流动相从贮液器吸入液缸内。通过柱塞在液缸内做往复运动，伴随单向阀的开启和关闭，将流动相以高压连续的方式不断地输送到色谱柱。

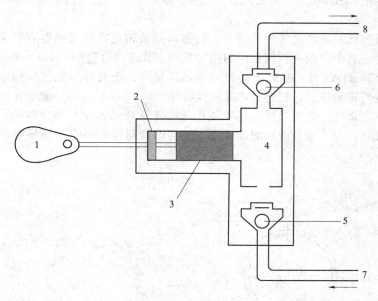

图 16-3　柱塞往复泵结构示意图
1. 转动凸轮　2. 密封垫　3. 柱塞　4. 液缸　5. 入口单向阀
6. 出口单向阀　7. 流动相入口　8. 流动相出口

柱塞往复泵的优点是输出恒定流量的流动相，便于调节控制流量；液缸容积小，约 0.5ml，易于清洗和更换流动相，适于梯度洗脱操作。但其输液的脉动性较大。目前多采用双泵系统来克服脉动性，按双泵的连接方式可分为并联式和串联式。

串联式双柱塞往复泵的两柱塞运动方向相反，泵 1 吸液时，泵 2 输液；泵 1 输液时，泵 2 将泵 1 输出的流动相的一半吸入，另一半被直接输入色谱柱。这样弥补了在泵 1 吸液时压力下降，消除脉动，使流量恒定。

为了延长泵的使用寿命和维持其输液的稳定性，操作时需注意以下事项：①防止任何固体微粒进入泵体；②流动相不应含有任何腐蚀性物质；③泵工作时要留心防止贮液器内的流动相被用完；④不要超过规定的最高压力，否则会使密封垫变形，产生漏液；⑤流动相应该先脱气。

4. 梯度洗脱装置　高效液相色谱有等度洗脱（isocratic elution）和梯度洗脱（gradient elution）两种洗脱方式。等度洗脱是在同一分析周期内流动相的组成恒定不变，适用于组分数量少、性质差别较小的试样的分析。梯度洗脱是在一个分析周期内程序控制改变流动相的组成，如流动相的极性、离子强度和 pH 等，以达到改善分离效果的一种方法。梯度洗脱的主要优点有缩短分析时间、提高分离度、改善峰形、提高检测灵敏度，适用于组分性质差别很大的复杂样品的分析。主要缺点是易引起基线漂移和重现性降低。

有两种实现梯度洗脱的装置，即高压梯度和低压梯度。高压二元梯度装置是由两台高压输液泵分别将两种溶剂送入混合室，混合后送入色谱柱，程序控制每台泵的输出量就能获得各种形式的梯度曲线。低压梯度装置是在常压下通过一比例阀先将各种溶剂按程序混合，然后再用一台高压输液泵送入色谱柱。

（二）进样系统
高效液相色谱进样系统是使用专用的进样器将待分析试样送入色谱柱中。对进样器的要求是密封性好、死体积小、重复性好，且进样时对色谱系统压力、流量影响小，便于实现自动化等。

进样系统包括取样和进样两个功能。目前高效液相色谱仪进样器有手动进样阀和自动进样器两种。其中手动进样阀常用的是六通阀，其进样过程如图16-4所示。先使六通阀处于装样（load）位置，此时流动相不经过定量环，定量环与进样口相通，用微量注射器将试样注入定量环后，再转动六通阀至进样（injection）位置，此时流动相将定量环中的试样带入色谱柱，完成进样。进样体积是由定量环的容积严格控制的，因此进样量准确，重复性好。为了确保进样的准确度，装样时微量注射器取的试样必须大于定量环的容积。

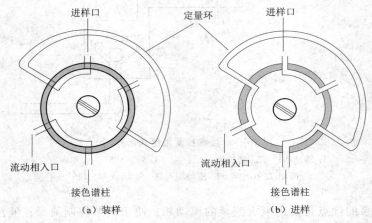

图16-4　六通阀进样示意图

目前，许多高效液相色谱仪配有自动进样器，适用于大量样品的常规分析，避免频繁的手动进样操作。自动进样器是由计算机自动控制进样阀，取样、进样、复位、清洗和样品盘的转动全部按照预定的程序自动进行，操作者只需将样品瓶按顺序装入样品盘即可。自动进样器进样重现性好，进样量可以调节。有的自动进样器还带有温度控制系统，适用于需低温保存的试样。

（三）色谱分离系统

色谱分离系统包括色谱柱、柱温箱及连接管等。

色谱柱（column）是高效液相色谱仪的另一核心部件，它由柱管和固定相组成，承担分离作用。柱管通常为直形、内壁抛光的不锈钢管，能耐受高压。色谱柱两端的柱接头内装有烧结不锈钢滤片，其孔隙小于填料粒度，以防止填料漏出。色谱柱按照用途不同可分为分析型色谱柱和制备型色谱柱。常用分析型色谱柱内径为2~5mm，柱长为10~30cm。实验室制备型色谱柱的内径为20~40mm，柱长为10~30cm，生产用的制备型色谱柱内径可达几十厘米。新型的毛细管高效液相色谱柱由内径只有0.2~0.5mm的石英管制成。

商品色谱柱内固定相的填充采用高压匀浆技术。初次使用时，应用厂家规定的溶剂冲洗一定时间，再用流动相平衡至基线平直。分析前、使用期间或放置一段时间后，应对色谱柱进行柱效的评价。柱性能指标包括在一定实验条件（试样、流动相、流速、温度）下的柱压、塔板高度和塔板数、分离度；对称因子、容量因子和选择性因子的重复性等。

操作技术对柱效以及柱的寿命影响非常大，使用时必须注意：①试样溶液最好用针形滤器过滤，或尽可能通过萃取或吸附等手段除去杂质；②流动相的 pH 应控制在色谱柱所允许的范围内；③更换流动相时，应根据流动相的性质选择合适的溶剂冲洗仪器及色谱柱，防止流动相相互不溶，使盐析出，堵塞柱子。为了保持色谱柱的性能，通常在分析柱前要使用一个短的保护柱（又称预柱）。一般保护柱内的填料与分析柱的固定相一致，这样可以将试样和流动相中的有害杂质保留，防止柱堵塞，延长分析柱的寿命。

高效液相色谱分析通常在室温下进行，但由于柱温对组分的保留值有一定影响，故仪器一般都配有柱温箱，以保证分析时温度恒定。

（四）检测系统

高效液相色谱仪检测系统的关键部件是检测器（detector）。检测器的作用是将色谱分离系统分离的物质组成和含量变化转变为可供检测的信号。作为高效液相色谱仪的三大关键部件之一，检测器的性能直接决定分析的准确度和灵敏度。因此，对检测器性能的要求是灵敏度高、噪声低、基线漂移小、死体积小、线性范围宽、重复性好和通用性强。

高效液相色谱仪的检测器种类很多，按其应用范围可分为通用型和专属型（选择型）两大类。通用型检测器检测的是一般物质均具有的性质，属于这类检测器的有示差折光检测器（refractive index detector，RID）、蒸发光散射检测器（evaporative light scattering detector，ELSD）。通用型检测器对流动相本身有响应，容易受温度变化、流量波动以及流动相组成等因素的影响，造成较大的噪声和漂移，灵敏度较低，不适于痕量分析，并且不能用于梯度洗脱。专属性检测器只能检测流动相中被分离组分的某一性质，属于这类检测器的有紫外检测器（ultraviolet detector，UVD）、荧光检测器（fluorescence detector，FLD）、电化学检测器（electrochemical detector，ECD）等。专属型检测器仅对某些被测物质响应灵敏，而对流动相本身没有响应或响应很小，灵敏度高，受外界影响小，并且可用于梯度洗脱。

1. 紫外检测器　紫外检测器是高效液相色谱仪中应用最广泛的检测器，适用于对紫外光有吸收的试样组分的检测。其特点是灵敏度高，噪声低，线性范围宽，基线稳定，重现性好，对流量和温度变化不敏感，适用于梯度洗脱，不破坏样品，能与其他检测器并联。

紫外检测器的工作原理和结构与一般的紫外分光光度计一样，所不同的是将样品池改为体积很小（5~12μl）的流通池，以对色谱流出样品进行连续检测。

紫外检测器分为三种类型：固定波长检测器、可变波长检测器和二极管阵列检测器。固定波长型检测器由低压汞灯提供固定的检测波长（254nm 或 280nm），由于波长不能调节，使用受到限制，已很少用。目前，使用最多的是可变波长型检测器和二极管阵列检测器。

（1）可变波长型检测器　可变波长型检测器是目前高效液相色谱仪配置最多的检测器。是以氚灯作为光源，检测波长在 190~800nm 范围内连续可调，能够按需要选择组分的最大吸收波长作为检测波长，提高了检测器的选择性和分析的灵敏度。因此，该类检测器应用广泛。需要注意的是检测器的工作波长不能小于所使用流动相溶剂的截止波长。

（2）光电二极管阵列检测器（photodiode array detector，PDAD）　光电二极管阵列检测器是一种光学多通道检测器，可对组分进行多波长快速扫描。PDAD 由多个（1024 个）光电二极管紧密排列在晶体硅上，组成二极管阵列检测元件，构成多通道并行工作，同时检测由光栅分光、再入射到阵列式接收器上的全部波长的光信号，转换为各波长的电信号强度。采集得到的数据经计算机处理，获得定性定量色谱-光谱信息。这种检测器的主要特点为：在一次进样后，可同时采集组分在不同波长下的色谱图，因此可以计算不同波长下的相对吸光比；可提供每一色谱峰的 UV-Vis 光谱，因而有利于选择最佳检测波长，用于最终建立高效液相色谱分析方法；检查色谱峰各个位置的光谱，可以评价色谱峰纯度。如果色谱峰为单一成分，色谱峰各点的光谱应重叠；在色谱运行期间可以逐点进行光谱扫描，得到以时间-波长-吸光度为坐标的色谱-光谱三维图（图 16-5）。由于每个组分都有全波长范围内的吸收光谱图，因此，可利用色谱保留规律及吸收光谱综合进行定性分析；色谱峰面积用于定量分析。

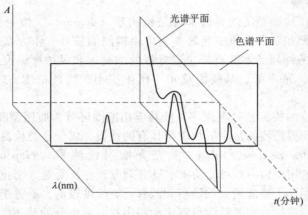

图 16-5　三维色谱-光谱示意图

2. 荧光检测器　荧光检测器的检测原理及仪器结构与荧光分光光度计相同，可对具有荧光特性的试样组分进行定量检测。荧光检测器的灵敏度更高，比紫外检测器高 1~3 个数量级，检测限可达 $10^{-12} \sim 10^{-13}$ g/ml，是痕量分析的理想检测器。荧光检测器具有高选择性、试样用量少、对流动相流速的变化不敏感、可以进行梯度洗脱等特点。

荧光检测器不如紫外检测器应用广泛，主要原因是能产生荧光的化合物不多。但是，许多药物和生命活性物质具有天然荧光，能直接检测，如生物胺、维生素和甾体化合物等；通过荧光衍生化可以使本来没有荧光的化合物转变成荧光衍生物，如氨基酸等。由于荧光检测器的高灵敏度和选择性，它是体内药物分析常用的检测器之一。

荧光检测器同可变波长紫外检测器一样，也有多通道检测器，具有程序控制多波长检测、自动扫描功能。光导摄像管和光电二极管阵列检测器也应用于荧光检测器，通过计算机处理，可获得荧光强度-发射波长-时间的三维色谱-荧光光谱图。

新型的激光诱导荧光检测器（laser induced fluorescence detector，LIFD）已用于超痕量生物活性物质和环境有机污染物的检测。利用激光诱导荧光检测技术可对单细胞中的核酸进行定量分析，甚至可以达到单分子检测水平。

3. 电化学检测器　电化学检测器种类较多，有电导、库仑、安培检测器等。最常用的是安培检测器和电导检测器，主要用于那些没有紫外吸收或不能发出荧光但具有电活性的组分的测定。电化学检测器具有与荧光检测器同样的优点：高灵敏度和高选择性。缺点是：要求高纯度溶剂，流动相具有导电性，对流速、温度、离子强度、pH 等敏感，电极表面可能发生吸附、催化等反应，影响电极的性能和寿命。

安培检测器是在一定外加电压下，利用被测物质在电极上发生氧化还原反应引起电流变化进行检测。安培检测器相当于一个微型电解池，要求流动相中含有电解质而导电。安培检测器的灵敏度很高，尤其适合于痕量组分的分析，凡具有氧化还原活性的物质都能进行检测，如活体透析液中生物胺，还有酚、羰基化合物、巯基化合物等。

电导检测器是基于物质在介质中电离后所产生的电导率的变化而进行检测的，其结构主要由电导池构成，在离子色谱分析中应用较多。由于电导率受温度波动的影响较大，因此测量时要保持温度恒定。

4. 蒸发光散射检测器 蒸发光散射检测器是一种通用型检测器，对于各种物质有几乎相同的响应。其工作原理是：经色谱柱分离的组分随流动相进入雾化室，被高速气流（氦、氮或空气）雾化，然后进入蒸发室（漂移管），在蒸发室中流动相被蒸发除去，不挥发的待测组分在蒸发室内形成气溶胶，然后进入检测室。用一定强度的入射光（卤钨灯或激光光源）照射气溶胶而产生光散射，硅光电二极管检测散射光，其强度与待测组分的浓度有关。

理论上，蒸发光散射检测器可用于测定挥发性低于流动相的任何试样组分，但由于其灵敏度比较低，尤其是有紫外吸收的组分（其灵敏度比紫外检测器约低一个数量级）；此外，流动相必须是挥发性的，不能含有缓冲盐等。因而主要用于检测糖类、高级脂肪酸、磷脂、维生素、氨基酸、三酰甘油及甾体等。

5. 示差折光检测器 示差折光检测器是一种通用型检测器，它是利用纯流动相和含有被测组分的流动相之间折光率的差别进行检测的。测定时对参比池和样品池之间的折射率差值进行连续检测，该差值与组分浓度呈正比。几乎所有物质对光都有各自不同的折射率，因此这种检测器可检测一定浓度的所有化合物，在分子排阻色谱法中应用较多。但是，由于对温度变化敏感，流动相中溶解的气体对信号有影响，灵敏度不高，不能用于梯度洗脱等原因，限制了它的使用。

另外，质谱作为一种新型的检测器，可对高效液相色谱分离出的成分进行定性定量检测和结构分析。高效液相色谱-质谱联用技术（HPLC-MS）是应用最广泛的色谱-质谱联用技术之一，已成为目前未知混合物中多组分化合物的分离、定量分析和鉴定最理想的手段之一。

（五）数据记录和处理系统

高效液相色谱仪数据记录和处理系统由计算机和相应的色谱软件或色谱工作站构成。计算机主要用于采集、处理和分析色谱数据；色谱软件及程序可以控制仪器的各个部件。目前广泛使用的色谱工作站功能非常强大，除能自动采集、分析和储存数据外，还能在分析过程中实现全系统的自动化控制。

三、高效液相色谱法的基本原理

1. 液-固吸附色谱法分离原理 液-固吸附色谱法（liquid-solid adsorption chromatography）是以固体吸附剂为固定相，以液体为流动相，利用各组分吸附能力强弱的不同进行分离的色谱法。其分离原理：当被分离组分随流动相通过色谱柱时，组分分子与流动相分子竞争吸附剂表面的活性中心，结果使具有不同吸附系数的各组分分子得到分离。组分分子与吸附剂表面活性中心间的吸附能力的大小决定了它们保留值的大小，与活性中心吸附越强的组分分子越不容易被流动相洗脱，保留值越大；反之，保留值越小。

2. 液-液分配色谱法分离原理 固定相和流动相都为液体，利用各组分在固定相和流动相之间的分配系数不同进行分离的色谱法，称为液-液分配色谱法（liquid-liquid partition chromatography）。其分离原理：当被分离组分随流动相通过色谱柱后，通过固定相和流动相的分界面进入固定相中，各组分按照各自的分配系数，在固定相和流动相之间达到分配平衡。在固定相体积和流动相体积一定时分配系数大的组分保留时间长，最后出色谱柱。

第二节　高效液相色谱法的固定相和流动相

高效液相色谱法的固定相和流动相是整个分析方法的核心，直接关系到柱效、选择性和分离度。本节主要介绍 HPLC 中常用的固定相和流动相。

一、固定相

高效液相色谱法的固定相都应符合下列要求：①颗粒细且均匀；②传质快；③机械强度高，能耐高压；④化学稳定性好，不与流动相和组分发生化学反应。

不同类型的高效液相色谱法使用不同的固定相，分为经典的液-固色谱固定相和液-液色谱固定相，以及新型的化学键合固定相。目前在高效液相色谱法中广泛使用的固定相是化学键合固定相，适合分离几乎所有类型的化合物。

（一）液-固吸附色谱固定相

液-固色谱固定相通常为不同极性的固体吸附剂，分为极性和非极性两类。常用的极性固定相有硅胶、氧化铝、聚酰胺等；非极性固定相有高分子多孔微球、分子筛等。吸附色谱固定相主要分析有一定极性的分子型化合物，但对同系物的分离能力较差。

按照固定相的结构可分为表面多孔型和全多孔微粒型两类。表面多孔型是在实心玻璃微珠表面涂一层很薄（约 $1\sim2\mu m$）的多孔色谱材料（如硅胶、氧化铝等）烧结而成的，比表面积小，柱容量低、允许进样量小，要求检测器的灵敏度高。

全多孔微粒型有无定型或球型两种，颗粒直径 $3\sim10\mu m$。具有粒度小、比表面积大、孔隙浅、柱效高、容量大等优点，特别适合复杂混合物分离及痕量分析。目前高效液相色谱法大多采用直径 $3\sim5\mu m$ 的球型填料。

（二）液-液分配色谱固定相

经典的液-液分配色谱固定相是在载体上涂渍适当的固定液构成。载体可以是玻璃微球，也可以是吸附剂，固定液通过机械涂渍在载体上形成液-液固定相。这样涂渍的固定液在分析中不仅易被流动相逐渐溶解和机械冲击而流失，而且会导致色谱柱上保留行为的改变以及引起分离样品的污染。为了解决固定液的流失问题，改善固定相的功能，产生了化学键合固定相，简称化学键合相。采用化学键合相的液相色谱称为化学键合相色谱法。

化学键合相（chemical bonded phase, CBP）是利用化学反应，通过共价键将含不同官能团的有机分子结合到载体（硅胶）表面，使其成为均一、牢固的单分子薄层（类似毛刷）而构成的固定相。根据化学键合相与流动相之间的相对极性的强弱，可将其分为正相（normal phase, NP）键合相色谱法和反相（reversed phase, RP）键合相色谱法。

化学键合固定相的优点是：①固定液不易流失，色谱柱的重复性和稳定性好、寿命长；②传质速度快，柱效高；③可以键合不同性质的有机基团，改善固定相的性能，进一步改变分离选择性；④适用于梯度洗脱；⑤化学性能稳定，在 pH2～8 及 70℃ 以下的环境中不变性。

化学键合相是高效液相色谱法中较为理想的固定相，广泛使用全多孔和薄壳型颗粒硅胶

作为载体。目前使用的化学键合相主要为硅氧烷型键合相，硅氧烷结构：$-\overset{|}{\underset{|}{Si}}-O-\overset{|}{\underset{|}{Si}}-\overset{|}{\underset{|}{C}}-$，是以氯硅烷与硅胶进行硅烷化反应而制得。以 ODS 为例，是以十八烷基氯硅烷与硅胶表面的硅醇基反应键合而成，其反应如下：

$$\text{硅胶} -Si-OH + C_{18}H_{37}SiCl_3 \longrightarrow H_{37}C_{18}-Si- \text{硅胶}$$

化学键合相按键合基团的性质，可分为非极性、中等极性和极性三类。

1. 非极性键合相　这类键合相的表面基团为非极性的烃基，如十八烷基（C_{18}）、辛烷基（C_8）甲基（C_1）与苯基等。十八烷基硅烷（octadecylsilane，ODS 或 C_{18}）键合相是最常用的非极性键合相，应用范围极为广泛。非极性键合相通常用于反相分配色谱法，亦称为反相键合相。

非极性键合相的烷基长链的含碳量对组分的保留、选择性及载样量均有影响。长链烷基的吸附性能较大，分离选择性和稳定性较好，载样量更大，一般只需优化流动相组成就可实现大多数有机化合物的分离。

2. 弱极性键合相　常见的有醚基和二羟基键合相。这类键合相可作为正相或反相色谱的固定相，视流动相的极性而定，目前应用较少。

3. 极性键合相　常用氨基、氰基键合相，分别将氨丙硅烷基 [$-Si(CH_2)_3NH_2$] 和氰乙硅烷基 [$-SiCH_2CH_2CN$] 键合在硅胶表面制成。这类键合相一般都用作正相色谱的固定相，如氨基键合相是分析糖类最常用的固定相。

近年来，通过改进化学键合技术和硅胶载体结构、合成新型固定相分子等手段，提高了化学键合相的机械强度，使其分离选择性和化学稳定性更高。

（三）离子交换色谱固定相

早期的离子交换色谱法是以高分子聚合物，如苯乙烯-二乙烯苯、纤维素等为基体的离子交换树脂作为固定相。这种固定相遇溶剂易膨胀、不耐压、传质速度慢，不适合高效液相色谱分析，目前已被离子交换键合相代替。

离子交换键合相也是以薄壳型或全多孔微粒型硅胶为载体，表面经化学反应键合上各种离子交换基团。和离子交换树脂一样，离子交换键合相也可分为阳离子交换键合相（活性基团$-SO_3H$）和阴离子交换键合相（活性基团$-NR_3Cl$）。离子交换键合相较稳定，机械强度高，化学稳定性和热稳定性好，柱效高，交换容量大，在高效液相色谱中应用较多。

（四）分子排阻色谱固定相

分子排阻色谱法的常用的固定相为一定孔径范围的多孔性凝胶。根据耐压程度可分为软质、半硬质和硬质三类。主要用于分子量较大的组分的分离，如多肽、蛋白质、核酸、多糖等生物分子。

软质凝胶如葡聚糖凝胶等，具有较大的溶胀性，只适用于常压下的分子排阻色谱法。半硬质凝胶如苯乙烯和二乙烯苯的共聚物微球，能耐较高的压力，适用于以有机溶剂为流动相的分子排阻色谱法。这种凝胶具有一定的可压缩性，可填充紧密，柱效较高；但是在有机溶剂中稍有溶胀，柱的填充状态会随流动相而改变。硬质凝胶如多孔硅胶及多孔玻珠等，具有良好的化学惰性、稳定性，但填充不紧密，柱效较低。

新型凝胶色谱填料也是以薄壳型或全多孔微粒型硅胶为载体，表面经化学反应键合上各种类型软质凝胶制成，粒度细，机械强度高，分离速度快，分离效果好。特别是在无机载体表面键合亲水性单糖或多糖型凝胶，在生物大分子的分离方面具有广泛的应用前景。

二、流动相

固定相一定时，流动相的种类和配比成为影响色谱分离效果和选择性的主要因素。高效液相色谱流动相有两个作用，一是携带试样通过色谱柱；二是给被分离组分提供一个可调节选择性的分配相，通过对被分离组分的不断洗脱作用，使混合物实现分离。可用作高效液相色谱流动相的溶剂很多，可组成不同配比的多元溶剂系统，选择余地很大。

（一）对流动相的基本要求

（1）溶剂纯度高，与固定相不互溶，保持色谱柱的稳定性。

（2）对试样有适宜的溶解度。要求使容量因子 k 值在 $1 \sim 10$ 之间，最好在 $2 \sim 5$ 的范围内。k 值太小，不利于分离；k 值太大，可能使样品在流动相中沉淀。

（3）化学稳定性好，与试样及固定相不发生化学反应。

（4）黏度小，有利于提高传质速度，提高柱效，降低柱压。

（5）与检测器匹配。如使用紫外检测器时，流动相在检测波长下不应有吸收。

（二）流动相对分离的影响

HPLC 中流动相对分离的影响，可利用分离方程式加以说明。分离方程式为：

$$R = \frac{\sqrt{n}}{4} \times \frac{\alpha - 1}{\alpha} \times \frac{k_2}{1 + k_2} \tag{16-1}$$

式中，α 为相邻两个组分的分离因子；k_2 为第二组分的容量因子。由公式可知，影响分离度 R 的因素有柱效 n、分离因子 α 和容量因子 k。在 HPLC 中，n 由固定相及色谱柱填充质量决定，α 主要受流动相性质的影响，k 主要受流动相配比（组成、比例、pH、离子对试剂等）的影响。流动相种类不同，分子间的相互作用力不同，有可能使被分离组分的分配系数不等。流动相的种类确定后，改变流动相的配比，可改变流动相的极性和洗脱能力。由此可见，流动相的选择是以能获得较大的 α 值和适宜的 k 值，即各组分彼此分离并且有适宜的保留时间 t_R 为目的。

当选择了能够提供适用的 α 和 k 的溶剂作为流动相之后，还必须与能够提供高理论塔板数的色谱柱组合使用，才能使样品中各组分的分离达到满意的效果。

（三）流动相的选择

1. 流动相选择的原则　在液-固吸附色谱中，流动相选择的原则基本与经典液相色谱法相同。

在液-液分配色谱中，要求流动相与固定相的极性有显著不同，以防止固定液流失。正相高效液相色谱主要用于分离极性化合物，可选用中等极性的溶剂作为流动相，若组分的保留时间太短，表示溶剂的极性太大，改用极性较弱的溶剂；若组分保留时间太长，可选择极性在上述两种溶剂之间的溶剂。经过多次实验，选出最适宜的溶剂。反相高效液相色谱主要用来分离非极性化合物，流动相一般以极性最大的水作主体，再加入不同配比的溶剂作调节剂。

离子交换色谱的流动相通常采用具有一定 pH 值的缓冲溶液。有时可在流动相中加入甲醇以增加某些酸碱物质的溶解度，有时也可改变盐的浓度，以控制其离子强度，从而使分离效果得到改善。

分子排阻色谱选择流动相的依据是：流动相能完全溶解样品；必须与凝胶本身非常相似，以便湿润凝胶；黏度要小；与检测器匹配。常用的流动相有四氢呋喃、甲苯、三氯甲烷、水等。

2. 液-固吸附色谱的流动相　液-固吸附色谱中，主要根据待测试样组分极性的大小来选择流动相。分离极性大的组分应选用极性大的流动相，分离极性小的组分应选用极性小的流动相，若试样组分间的极性差别较大时，则可采用梯度洗脱方式。流动相极性越大，洗脱能力越强，组分保留时间越短，反之，保留时间越长。所以可以通过调节流动相的极性来控制组分的保留时间。常用流动相溶剂的极性顺序为：石油醚<环己烷<四氯化碳<苯<甲苯<乙醚<三氯甲烷<乙酸乙酯<正丁醇<丙酮<乙醇<水。

实际应用中二元及以上的混合溶剂系统更常用。由于流动相的洗脱强度随多元溶剂系统中流动相的组成和配比的变化而连续变化，可以实现对复杂混合物试样的良好分离，提高色谱分离选择性。如以硅胶为固定相的液-固吸附色谱法中，常以弱极性的烷烃类溶剂为流动相的主体，再适当加入极性强的溶剂制成二元混合溶剂系统。

3. 液-液分配色谱的流动相　液-液分配色谱法中，化学键合相色谱法应用最为广泛。

正相键合相色谱法的固定相为极性键合相，流动相应当选用非极性或弱极性的有机溶剂，如烃类溶剂（常用正己烷）或在烃类溶剂中加入适量的极性溶剂（如三氯甲烷、醇、乙腈等）以调节流动相的洗脱强度。正相键合相色谱法常用于极性较强的有机化合物的分离，试样中极性小的组分先出色谱柱，极性大的组分后出色谱柱。

反相键合相色谱法的固定相通常是非极性键合相，流动相以极性溶剂水为基础，常加入与水互溶的甲醇、乙腈等有机溶剂，或者加入无机盐的缓冲溶液，调节流动相的极性、离子强度等，改善流动相的洗脱能力。反相键合相色谱法常用于非极性至中等极性化合物的分离，试样中极性大的组分先出色谱柱，极性小的组分后出色谱柱。

由反相键合相色谱法派生出的离子抑制色谱法和反相离子对色谱法，还可以分离分析有机酸、碱及盐等离子型化合物。这两种色谱法的固定相与反相键合相色谱法的固定相相同，常用 C_{18} 或 C_8 反相键合相。离子抑制色谱法的流动相中加入少量弱酸、弱碱或缓冲盐，调节流动相的 pH，抑制组分分子的解离，提高固定相对组分的保留作用，改善峰形，以达到分离有机弱酸和弱碱的目的。反相离子对色谱法的流动相加入一定量的离子对试剂，与离子化的组分形成不带电中性离子对，从而提高固定相对被分离组分的保留作用，改进分离效果，以达到分离有机强酸和强碱的目的。反相离子对色谱法流动相常用水做主体的缓冲溶液，或水-甲醇、水-乙腈等混合溶剂，加入 $0.003 \sim 0.01 mol/L$ 离子对试剂。常用的离子对试剂为四丁基铵正离子 $(C_4H_9)_4N^+$、十六烷基三甲基铵正离子 $(C_{16}H_{33})N^+(CH_3)_3$ 和高氯酸根负离子 (ClO_4^-)、十二烷基磺酸负离子 $(C_{12}H_{23})SO_3^-$ 等。

第三节　检测器和分离条件

建立一个试样的高效液相色谱分析方法，需要考虑诸多因素。首先应收集试样的信息，包括待测组分的物理、化学性质，如组分的相对分子质量、化学结构和官能团、酸碱性和适宜的溶剂及其溶解度等；其次，明确分析的目的和要求，通过查阅参考文献，再结合实践经验，确定 HPLC 分析的模式，选择合适的色谱柱、检测器和试样预处理方法，以及选择并优化分离操作条件，如流动相的组成和配比、流动相的流速、洗脱方式、色谱分离的柱温；最后通过获得的色谱图进行定性定量分析。

在高效液相色谱分析中，为了使试样中的各种组分得到最满意的分离度、最短的分离时间，检测器和分离条件的选择至关重要。

一、检测器

高效液相色谱法不同的分离目的对检测器的要求不尽相同。针对分离分析，理想的检测器应仅对所测组分产生灵敏的响应，而其他组分均不出峰；针对制备分离，则检测器的灵敏度不必很高，最好使用通用型检测器。

在建立试样的高效液相色谱分析方法时，通常首选紫外检测器（UVD）。因为大部分常见的有机物和部分无机物都具有紫外吸收特征，所以紫外检测器是高效液相色谱中应用最广泛的检测器，大多数高效液相色谱仪都配置了这种检测器。如被测组分在紫外区域没有吸收或吸收很弱，不能满足测量灵敏度时，则应根据被测组分的性质和分析质量的要求，考虑使用其他检测手段，如示差折光检测器、蒸发光散射检测器、荧光检测器、电化学检测器等。

二、分离条件

在高效液相色谱分析中，选择了合适的固定相类型后，分离操作条件的选择和优化，对提高柱效和分离效能至关重要。

1. 固定相和色谱柱的选择 要求固定相粒度（d_p）小、筛分范围窄、填充均匀，以减小涡流扩散和动态流动相传质阻力；选用浅孔道的表面多孔型载体或粒度小的全多孔型载体，以减小静态流动相传质阻力和固定相的传质阻力。

通常分析实验室使用商品化的色谱柱，固定相的选择已经转移为对色谱柱的选择了。一般要求反相分配色谱的柱长 $10 \sim 25 cm$，柱内径 $4 \sim 6 mm$，固定相粒度 $5 \sim 10 \mu m$。

2. 流动相的选择 应选择黏度较低的溶剂作流动相，以提高组分在流动相中的扩散系数，减小传质阻力，流动相的种类要根据所分析的样品性质进行选择。

在正相 HPLC 中，经常用溶剂强度较小的溶剂作为流动相，当一种流动相的强度不能使分离对象实现很好的分离时，可以考虑将不同强度的溶剂以一定的比例混合后使用，以获得不同的溶剂强度，改善分离效能。常用的溶剂有正己烷、三氯甲烷、二氯化碳等。

在反相 HPLC 中，经常用溶剂强度较大的溶剂作为流动相，当一种流动相的强度不能使分离对象实现很好的分离时，同样可以考虑将不同强度的溶剂以一定的比例混合后使用。常用的溶剂有水、甲醇、乙腈等。可用醋酸、磷酸调节 pH，用三乙胺作为碱性添加剂改善色谱峰的形状。反相离子对色谱中，可用烷基化磺酸盐、季铵盐为对试剂增加保留时间，提高分辨率。

3. 流动相流速的选择 当色谱柱选定后，流动相的流速将直接影响柱效。流速增大，板高也增大，柱效降低。而流速小，板高小，柱效高，但流速太小会延长分析时间。所以在实际应用中，应在满足分离度要求的前提下，适当提高流速。

通常简单试样的分析时间应控制在 $10 \sim 30$ 分钟以内，复杂试样的分析时间应控制在 60 分钟以内。

4. 柱温的选择 柱温对组分的保留值影响较大，对色谱柱的选择性也有一定影响。适当提高色谱柱温度，可降低流动相的黏度，降低传质阻力，提高组分的传质速度，提高柱效，加快分析进程，但提高柱温会降低分离度。

高效液相色谱方法建立时应优化柱温，在常规分析中保证保留时间的重现性，特别是分离分析有机弱酸或弱碱等可解离的样品时，通过柱温箱控制色谱柱恒温有利于得到较好的分析结果。

三、系统适用性试验

色谱系统的适用性试验通常包括理论塔板数、分离度、重复性和拖尾因子四个参数。其中，分离度和重复性尤为重要。为了保证高效液相色谱分析的准确性和重现性，应对色谱系统进行适用性试验考察，即用规定的对照品溶液或系统适用性溶液在规定的色谱系统进行试验，必要时可对色谱系统进行适当调整，系统适用性试验参数应符合要求。

1. 色谱柱的理论塔板数（n） 用于评价色谱柱的效能。由于不同物质在同一色谱柱上的色谱行为不同，采用理论塔板数作为衡量柱效能的指标时，应指明测定物质，一般为待测组分或内标物的理论塔板数。

在规定的色谱条件下注入供试品溶液，记录色谱图，计量出供试品主成分峰的保留时间 t_R 和峰宽 W 或半峰宽 $W_{1/2}$，按 $n=16(t_R/W)^2$ 或 $n=5.54(t_R/W_{1/2})^2$ 计算色谱柱的理论塔板数。

2. 分离度（R） 用于评价待测组分与相邻共存物质或难分离物质之间的分离程度，是衡量色谱系统效能的关键指标。可以通过测定待测物质与已知杂质的分离度，或将供试品或对照品用适当的方法降解，通过测定待测组分与某一降解产物的分离度，对色谱系统进行评价与控制。无论是定性鉴别还是定量分析，均要求待测峰与其他峰、内标峰或特定的杂质对照峰之间有较好的分离度。除另有规定外，待测组分与相邻共存物之间的分离度应大于 1.5。

3. 重复性 用于评价连续进样后，色谱系统响应值的重复性能。采用外标法时，通常取对照品溶液连续进样 5 次，除另有规定外，其峰面积测量值的相对标准偏差应不大于 2.0%；采用内标法时，通常配制相当于 80%、100% 和 120% 的对照品溶液，加入规定量的内标溶液，配成 3 种不同浓度的溶液，分别至少进样 2 次，计算平均校正因子。其相对标准偏差应不大于 2.0%。

4. 拖尾因子（T） 用于评价色谱峰的对称性。为保证分离效果和测量精度，应检查待测峰的拖尾因子是否符合规定。拖尾因子的计算公式为：$T=\dfrac{W_{0.05h}}{2d_1}$，式中 $W_{0.05h}$ 为 5% 峰高处的峰宽；d_1 为峰顶点至峰前沿之间的距离。

除另有规定外，峰高法定量时 T 应在 0.95~1.05 之间。峰面积测定法时，若拖尾严重，将影响峰面积的准确测量。必要时，可依据情况对拖尾因子作出规定。

另外，已建立的高效液相色谱分析方法还应进行方法学验证，考察分析方法是否能充分满足分析的目的和要求。方法学验证包括观察方法的准确度、精密度、线性范围、最低检测浓度和检测限、稳定性及专属性等指标。

第四节 定性定量分析

高效液相色谱法的定性、定量分析方法与气相色谱法基本相同。

一、定性分析方法

高效液相色谱法的定性方法可分为色谱鉴定法及非色谱鉴定法，后者又可分为化学鉴定法和两谱联用鉴定法。

1. 色谱鉴定法 此法是利用保留值定性。由于高效液相色谱法中影响保留值的因素较多，因此只能用已知纯对照品的保留时间或保留体积和相对保留值来进行定性分析。

2. 化学鉴定法 收集流出组分，利用专属性化学反应对分离后收集的组分定性。该法用于组分含有基团或化合物类别的判断。

3. 两谱联用鉴定法 当组分分离度足够大时，分别收集各组分的洗脱液，除去流动相，用红外光谱、质谱或核磁共振等手段鉴定。将质谱、红外光谱、核磁共振等结构测定技术与高效液相色谱法在线联用可以极大地提高 HPLC 的定性分析能力。目前比较成熟并已经商品化的联用仪器高效液相色谱-质谱联用仪（HPLC-MS），成为最受重视的分析工具，它将高效液相色谱的高分离效能和质谱的高灵敏度、高专属性、通用性及较强的结构解析能力相结合，成为药品质量控制、体内药物分析和药物代谢研究等领域的最重要的分析手段。

二、定量分析方法

高效液相色谱法的定量分析方法也与气相色谱法相似，常用外标法和内标法进行定量分析，但较少用归一化法。另外，对药物中杂质含量的测定常用主成分自身对照法。

主成分自身对照法可分为不加校正因子和加校正因子两种。当没有杂质对照品时，采用不加校正因子的主成分自身对照法。方法是将供试品溶液稀释成与杂质限度（如1%）相当的溶液作为对照溶液，调节检测灵敏度，使对照溶液主成分的峰高适当，取同样体积的供试品溶液进样，以供试品溶液色谱图上各杂质峰与对照溶液主成分的峰面积比较，计算杂质的含量。加校正因子的主成分自身对照法需要有各杂质和主成分的对照品，先测定杂质的校正因子，再以对照溶液调整仪器的灵敏度，然后测量供试品溶液色谱图上各杂质的峰面积，分别乘以相应的校正因子后与对照溶液主成分的峰面积比较，计算杂质的含量。

三、高效液相色谱法的应用

1. 在生命科学研究中的应用 高效液相色谱法是生命科学研究的重要手段之一，不仅可以对氨基酸、蛋白质、核酸、维生素、酶等生物分子进行分离、纯化和测定，而且可以通过测定结果揭示生命过程。高效液相色谱法在生命科学领域的应用主要有两个方面：①分离和检测：主要针对一些小的分子，如氨基酸、有机酸、有机胺、类固醇、卟啉、嘌呤以及维生素等；②分离、提纯和测定：主要针对一些生物大分子，如多肽、蛋白质、核糖核酸以及酶等。此外，在临床诊断和重大疾病预警方面，高效液相色谱也有广泛的应用前景。

2. 在食品分析中的应用 食品分析是保障食品质量安全的基础，高效液相色谱法是食品分析的重要方法之一。利用高效液相色谱法可测定食品中糖类、人工甜味剂、色素、防腐剂、有机酸、维生素、氨基酸、抗氧化剂等。如食品中维生素的测定，用高效液相色谱法进行测定，不仅方法的灵敏度高，精密度好，而且能一次测定多种维生素，不论是脂溶性还是水溶性维生素都可得到满意的分析结果。

3. 在药物分析中的应用 高效液相色谱法目前广泛应用于各种药物及其制剂的分析测定，尤其在生物样品、中药等复杂体系的成分分离分析中发挥着及其重要的作用。无论是原料药、制剂、制药原料及中间体、中药及中成药，还是药物的代谢产物，高效液相色谱法都是分离、鉴定和含量测定的首选方法。

拓展阅读

超高效液相色谱法

超高效液相色谱法（ultra performance liquid chromatography，UPLC）又称为超高压液相色谱法，其核心技术是色谱柱使用粒径小于 2.2μm 的新型固定相填充剂，可获得每米 20 万个理论塔板数的超高柱效。与传统的 HPLC 相比，UPLC 的分析速度、灵敏度及分离度分别是 HPLC 的 9、3 倍及 1.7 倍，缩短了分析时间，减少了溶剂用量，提高了分辨率。UPLC 对于食品、环境、药物以及生物材料中组分复杂、分离困难的成分具有较好的分离效果。UPLC 与高分辨串联质谱联用后，在代谢组学研究方面也有较多的应用。

重点小结

高效液相色谱法　以高压输送流动相，采用高效固定相和高灵敏度检测器进行在线检测的色谱分析技术。

高效液相色谱仪　由高压输液系统、进样系统、色谱分离系统、检测系统、数据记录和处理系统组成。

化学键合固定相　利用化学反应将各种不同类型的有机基团键合到载体表面而制成的固定相。

梯度洗脱　在一个分析周期中，按一定程序连续改变流动相中溶剂的组成和配比，以达到改善分离效果的一种方法。

固定相和流动相是整个 HPLC 分析方法的核心，分离操作条件的选择和优化是影响色谱柱效和分离效能的重要因素。

目标检测

一、选择题

（一）最佳选择题

1. 在高效液相色谱流程中，试样混合物在哪一部件中被分离
   A. 检测器　　　　　　　B. 进样器　　　　　　　C. 输液泵
   D. 色谱柱　　　　　　　E. 记录仪

2. 高效液相色谱仪中高压输液系统不包括
   A. 贮液器　　　　　　　B. 高压输液泵　　　　　C. 六通阀
   D. 梯度洗脱装置　　　　E. 在线脱气装置

3. 在正相液-液分配柱色谱中，若某一含 a、b、c、d、e 组分的混合样品在柱上的分配系数分别为 125、85、320、50、205，组分流出柱的顺序应为
   A. a、b、c、d、e　　　　　　　　　B. c、e、a、b、d
   C. c、d、a、b、e　　　　　　　　　D. d、b、a、e、c
   E. d、a、b、e、c

4. 在高效液相色谱中，下列检测器不适用于梯度洗脱的是

　　A. 紫外检测器　　　　　　　　　　　　　B. 示差折光检测器

　　C. 荧光检测器　　　　　　　　　　　　　D. 蒸发光散射检测器

　　E. 光电二极管阵列检测器

5. 在高效液相色谱分析中，下列哪项不符合流动相的要求

　　A. 对被测组分有适宜的溶解度　　　　　　B. 黏度大

　　C. 与检测器匹配　　　　　　　　　　　　D. 与固定相不互溶

　　E. 与固定相不发生化学反应

6. 用 HPLC 分析测定水中的多环芳烃，选用下列哪种检测器最适合

　　A. 荧光检测器　　　　　　　　　　　　　B. 示差折光检测器

　　C. 电导检测器　　　　　　　　　　　　　D. 氢焰离子化检测器

　　E. 电子捕获检测器

7. 在高效液相色谱中，梯度洗脱适用于分离

　　A. 异构体　　　　　　　　　　　　　　　B. 沸点相近，官能团相同的化合物

　　C. 沸点相差大的样品　　　　　　　　　　D. 组分性质差别很大的复杂样品

　　E. 组分数量少、性质差别较小的样品

8. 高效液相色谱法中，常用作化学键合固定相载体的物质是

　　A. 分子筛　　　　　　B. 硅胶　　　　　　C. 氧化铝

　　D. 活性炭　　　　　　E. 多孔性凝胶

（二）配伍选择题

[9-13]　A. 液-固吸附色谱法　　　　　　　　B. 化学键合相

　　　　C. 梯度洗脱　　　　　　　　　　　　D. 液-液分配色谱法

　　　　E. 化学键合相色谱法

9. 以固体吸附剂为固定相，以液体为流动相的色谱法是

10. 利用化学反应将有机分子结合到载体表面而构成的固定相是

11. 在一个分析周期内程序控制改变流动相的组成的洗脱方式是

12. 采用化学键合相的液相色谱称为

13. 固定相和流动相都为液体的色谱法是

（三）共用题干单选题

　　【含量测定】照高效液相色谱法（《中国药典》2015 年版二部通则 0512）对葛根素注射液的含量测定。

　　色谱条件与系统适用性试验　　用十八烷基硅烷键合硅胶为填充剂，以 0.1% 枸橼酸溶液-甲醇（75：25）为流动相；检测波长为 250nm。理论塔板数按葛根素峰计算不低于 5000，葛根素峰与相邻杂质峰的分离度应符合要求。

　　测定法　取本品适量，精密称定，用流动相定量稀释制成每 1ml 中约含葛根素 50μg 的溶液，作为供试品溶液，精密量取 100μl，注入液相色谱仪，记录色谱图；另取葛根素对照品，同法测定，按外标法以峰面积计算，即得

14. HPLC 法测定葛根素注射液的含量测定，应选用以下哪种检测器？

　　A. 荧光检测器　　　　　　　　　　　　　B. 示差折光检测器

　　C. 电导检测器　　　　　　　　　　　　　D. 氢焰离子化检测器

　　E. 紫外检测器

15. 根据固定相和流动相相对极性的大小，该方法属于

　　A. 正相键合相色谱法　　　　　　　　　　B. 反相键合相色谱法

C. 液-固吸附色谱法　　　　　　　　　　D. 离子交换色谱法

E. 分子排阻色谱法

（四）X 型题（多选题）

16. 高效液相色谱中属于通用型检测器的是

A. 紫外检测器　　　　　　　　　　　　B. 示差折光检测器

C. 荧光检测器　　　　　　　　　　　　D. 电化学检测器

E. 蒸发光散射检测器

17. 在反相 HPLC 中，流动相极性增强使

A. 组分与固定相的作用减弱　　　　　　B. 组分的 k 增大

C. 组分与固定相的作用增强　　　　　　D. 组分的 k 增大

E. 流动相的洗脱能力增强

18. 使用高压输液泵时应注意

A. 防止固体颗粒进入泵体　　　　　　　B. 不使用有腐蚀性的流动相

C. 不使用梯度洗脱　　　　　　　　　　D. 不超过规定的最高压力

E. 防止流动相被用完

二、填空题

19. 高效液相色谱仪一般由_____、_____、_____、_____和数据记录和处理系统等五部分组成。

20. 色谱系统的适用性试验通常包括_____、_____、_____和_____四个参数。

21. 高效液相色谱法的定性方法可分为_____和_____。

22. 高效液相色谱仪的检测器按应用范围可分为_____和_____两大类。

三、判断题

23. 化学键合相的优点是化学稳定性好，能适用于任何 pH 的流动相。

24. ODS 柱主要用于分离极性大的分子型化合物。

25. 改变色谱柱柱长不能改变反相 HPLC 选择性。

26. 检测器性能好坏将对组分分离产生直接影响。

四、综合题

27. 什么叫梯度洗脱？梯度洗脱有什么优点？

28. 化学键合相有什么优点？

29. 在 HPLC 分析中，选用十八烷基硅烷键合相为固定相，水-乙腈为流动相，判断下列组分的流出顺序，并说明理由。

A. 苯甲酸　　　　　　　　　　　　　　B. 苯甲酸甲酯

C. 苯甲酸丁酯　　　　　　　　　　　　D. 苯甲酸乙酯

实训二十四　阿莫西林的含量测定

一、实训目的

1. 掌握高效液相色谱法测定阿莫西林含量的原理及操作技术。

2. 熟悉外标法计算药物含量的方法及结果判断。

3. 了解高效液相色谱法在药物定量分析中的应用。

二、实训原理

阿莫西林为β-内酰胺类抗生素，其结构式如图16-6。《中国药典》（2015年版）规定其标示量的百分含量不得少于95%。阿莫西林的分子结构中的酰胺侧链为羟苯基取代，具有紫外吸收特征，因此可用紫外检测器检测。此外，分子中有一羧基，具有较强的酸性，因此使用pH小于7的缓冲溶液为流动相，采用色谱法进行测定。

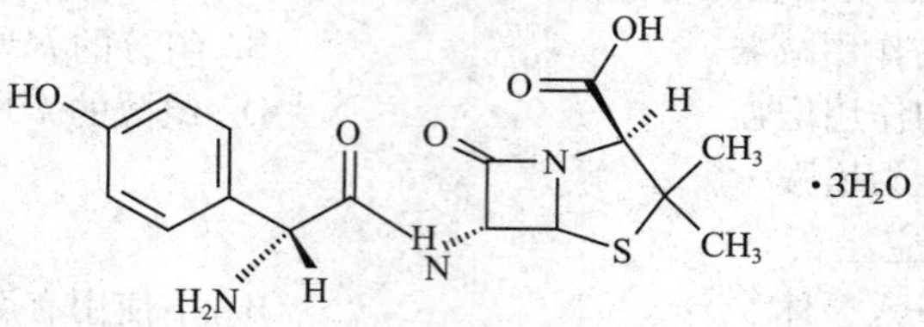

图16-6 阿莫西林的分子结构

外标法常用于测定药物主成分或某个杂质的含量，是以待测组分的纯品作对照品，以对照品和试样中待测组分的峰面积相比较进行定量分析。外标法包括工作曲线和外标一点法，在工作曲线的截距近似为零时，可用外标一点法。

进行外标一点法定量时，分别精密称（量）取一定量的对照品和试样，配制成溶液，分别进样相同体积的对照品溶液和试样溶液，在相同色谱条件下，进行色谱分析，测得峰面积。用下式计算试样中待测组分的量或浓度。

$$c_{样品} = \frac{A_{样品}}{A_{对照}} c_{对照}$$

三、仪器与试剂

1. 仪器 高效液相色谱仪、二极管阵列检测器、C_{18}色谱柱、微量进样器、微孔滤膜（0.45μm）、针式过滤器（0.22μm）、超声波清洗器、真空循环水泵、溶剂过滤器、Acculab电子天平、具塞塑料离心管（5ml）、容量瓶（50ml）等。

2. 试剂 阿莫西林对照品、阿莫西林试样（原料药或胶囊）、磷酸二氢钾（AR）、氢氧化钾（AR）、乙腈（色谱纯）、重蒸馏水等。

四、实训步骤

1. 试剂的配制 2mol/L氢氧化钾溶液：称取11.222g氢氧化钾于100ml重蒸馏水中，溶解即得。

0.05mol/L磷酸盐缓冲溶液：称取3.402g磷酸二氢钾于500ml重蒸馏水中，搅拌溶解，用2mol/L氢氧化钾溶液调节pH至5.0±0.1即得。

2. 组分溶液配制

（1）对照品溶液的配制 精密称取阿莫西林对照品约25mg至50ml容量瓶中，加流动相溶解并定容至刻度，摇匀。用一次性注射器吸取上述对照品溶液，用针式过滤器过滤于干净干燥的具塞塑料试管，做好标识待用。

（2）试样溶液的配制 精密称取阿莫西林试样约25mg至50ml容量瓶中，加流动相溶解并定容至刻度，摇匀。用一次性注射器吸取上述对照品溶液，用针式过滤器过滤于干净干燥的具塞塑料试管，做好标识待用。

3. 测定

（1）色谱条件与系统适用性试验　色谱条件：色谱柱为 C_{18} 柱（4.6mm×250mm，5μm）；流动相为 0.05mol/L 磷酸盐缓冲溶液（pH5.0）-乙腈（97.5：2.5）；流速为 1.0ml/min；检测波长为 254nm；柱温为 30℃。

精密称取取阿莫西林系统适用性对照品约为 25mg，置 50ml 容量瓶中，用流动相溶解并稀释至刻度，摇匀，取 20μl 注入液相色谱仪，记录的色谱图应与标准图谱一致。

（2）取上述对照品液 20μl 注入高相液谱色谱仪，记录色谱图（保留时间、峰高或峰面积）。平行操作三份。

（3）取上述试样溶液 20μl 注入高相液谱色谱仪，记录色谱图（保留时间、峰高或峰面积）。（2）（3）保留时间应一致。平行操作三份。

4. 数据记录与处理

实训序号	供试液			对照液（g/ml）		
	I	II	III	I	II	III
峰面积 A						
阿莫西林百分含量						
阿莫西林百分含量平均值						
阿莫西林百分含量修约值						
相对标准偏差（RSD）						

数据处理：

$$阿莫西林百分含量 = \frac{\dfrac{A_{样品}}{A_{对照}}c_{对照}V}{m_{样品}} \times 100\%$$

实训二十五　维生素 K_1 注射液的含量测定

一、实训目的

1. 掌握高效液相色谱法测定维生素 K_1 含量的原理及操作技术。
2. 熟悉外标法计算药物含量的方法及结果判断。
3. 了解高效液相色谱法在药物定量分析中的应用。

二、实训原理

维生素 K_1 为 2-甲基-3-（3,7,11,15-四甲基-2-十六碳烯基）-1-4-萘二酮的反式和顺式异构体的混合物，其结构式如图 16-7。维生素 K_1 注射液为维生素 K_1 的灭菌水分散液，《中国药典》2015 年版规定其含维生素 K_1（$C_{31}H_{46}O_2$）应为标示量的 90.0%~110.0%。维生素 K_1 注射液临床上常用于治疗维生素 K 缺乏引起的出血、低凝血酶原血症、新生儿出血以及长期应用广谱抗生素所致的体内维生素 K 缺乏。

维生素 K_1 的分子结构中具有共轭芳环结构，具有紫外吸收特征，因此可用紫外检测器检测，采用高效液相色谱法进行测定。

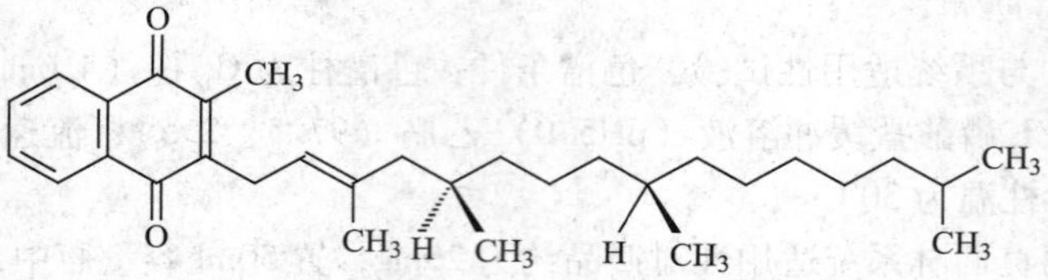

图 16-7　维生素 K₁的分子结构

外标法常用于测定药物主成分或某个杂质的含量，是以待测组分的纯品作对照品，以对照品和试样中待测组分的峰面积相比较进行定量分析。外标法包括工作曲线和外标一点法，在工作曲线的截距近似为零时，可用外标一点法。

进行外标一点法定量时，分别精密称（量）取一定量的对照品和试样，配制成溶液，分别进样相同体积的对照品溶液和试样溶液，在相同色谱条件下，进行色谱分析，测得峰面积。用下式计算试样中待测组分的量或浓度。

$$c_{样品} = \frac{A_{样品}}{A_{对照}} c_{对照}$$

三、仪器与试剂

1. 仪器　高效液相色谱仪、二极管阵列检测器、C₁₈色谱柱、微量进样器、微孔滤膜（0.45μm）、针式过滤器（0.22μm）、超声波清洗器、真空循环水泵、溶剂过滤器、Acculab 电子天平、具塞塑料离心管（5ml）、容量瓶（20ml、20ml、50ml）、吸量管（5ml）等。

2. 试剂　维生素 K₁对照品、维生素 K₁注射液、无水乙醇（色谱纯）、重蒸馏水等。

四、实训步骤

1. 流动相的配制　将无水乙醇与重蒸馏水用微孔滤膜抽滤得到流动相，超声波脱气 30 分钟待用。

2. 组分溶液配制

（1）对照品溶液的配制　精密称取维生素 K₁对照品约 10mg，置 10ml 容量瓶中，加无水乙醇适量，强烈振摇使溶解并稀释至刻度，摇匀，精密量取 5ml，置 50ml 容量瓶中用流动相稀释至刻度，摇匀。用一次性注射器吸取稀释液，用针式过滤器过滤于干净干燥的具塞塑料试管，做好标识待用。

（2）试样溶液的配制　精密量维生素 K₁注射液（1ml：10mg）2ml，置 20ml 容量瓶中，用流动相稀至刻度，摇匀，精密量取 5ml，置 50ml 容量瓶中用流动相稀释至刻度，摇匀。用一次性注射器吸取稀释液，用针式过滤器过滤于干净干燥的具塞塑料试管，做好标识待用。

3. 测定

（1）色谱条件与系统适用性试验　色谱条件：色谱柱为 C₁₈柱（4.6mm×250mm，5μm）；流动相为乙醇－水（90：10）；流速为 1.0ml/min；检测波长为 254nm；柱温为 25℃。

取维生素 K₁系统适用性对照品溶液（0.1mg/ml）10μl 注入液相色谱仪，调节色谱条件使主成分色谱峰的保留时间约为 12 分钟，理论板数按维生素 K₁峰计算不低于 3000，维生素 K₁峰与相邻杂质峰的分离度应符合要求。

（2）取上述对照品溶液 10μl 注入高相液谱色谱仪，记录色谱图（保留时间、峰高或峰面积）。平行操作三份。

（3）取上述试样溶液 10μl，注入液相色谱仪，记录色谱图（保留时间、峰高或峰面积）。平行操作三份。

4. 数据记录与处理

实训序号	供试液			对照液（g/ml）		
	I	II	III	I	II	III
峰面积 A						
维生素 K_1 注射液标示量百分含量						
维生素 K_1 注射液标示量百分含量平均值						
维生素 K_1 注射液标示量百分含量修约值						
相对标准偏差（RSD）						

数据处理：

$$维生素 K_1 注射液标示量百分含量 = \frac{\dfrac{A_{样品}}{A_{对照}} \times C_{对照} \times D}{S_{标示量}} \times 100\%$$

（张学东）

第十七章
物理化学分析法实例分析

案例导入

案例：如何将 $A=-\lg T$ 相互转换，手机可以进行，计算器可以进行，计算机也可以进行，你会吗？$A=0.4343$，请问 $T=$？如果用计算器，程序如下：ON→SHIFT→log→ -0.4343→ $=0.3679$（36.79%）不妨试试。

讨论：1. 分析方法应用中最后都要计算结果，如何梳理数据计算结果？

2. 准确计算结果是判定样品是否符合标准规定的重要依据，为什么？

第一节 分光光度法实例分析

一、紫外-可见分光光度法实例分析

定量分析方法有：对照品法（标准品法）、标准曲线法（A-C 法或工作曲线法）、百分吸收系数法。原理为 Lambert-Beer 定律。

标示量的百分含量计算的推导过程如下：

无论采用何种定量分析法，都有 $A=E_{1cm}^{1\%}CL$，其中的 C 为吸收池测定溶液的每 100ml 中的纯质量数（g），因此 $C=\dfrac{A}{E_{1cm}^{1\%}L}\times\dfrac{1}{100}$（g/ml），再转化为原液体样品的单位含量即 $\dfrac{A}{E_{1cm}^{1\%}L}\times\dfrac{1}{100}\times$稀释倍数 D（g/ml），如果是液体样品，标示量的百分含量则为

$$标示量的百分含量 = \frac{\dfrac{A}{E_{1cm}^{1\%} L} \times \dfrac{1}{100} \times 稀释倍数}{S_{标示量}(g/ml)} \times 100\%$$

如果样品是固体：

$$标示量的百分含量 = \frac{\dfrac{A}{E_{1cm}^{1\%} L} \times \dfrac{1}{100} \times V \times D \times \overline{W}}{m_{样品} \times S_{标示量}(g/ml)} \times 100\%$$

实例一 维生素 B$_1$ 片（规格 10mg/片）：本品含维生素 B$_1$（C$_{12}$H$_{12}$ClN$_4$OS·HCl）应为标示量的 90.0% ~ 110.0%。

含量测定 取本品 20 片，精密称定，研细，精密称取适量（约相当于维生素 B$_1$ 25mg），置 100ml 容量瓶中，加盐酸溶液（9→1000）约 70ml，振摇 15 分钟使维生素 B$_1$ 溶解，用上述溶剂稀释至刻度，摇匀，用干燥滤纸滤过，精密量取续滤液 5ml，置另一 100ml 容量瓶中，再加上述溶剂稀释至刻度，摇匀，照紫外-可见分光光度法（《中国药典》2015 年版四部通则 0401），在 246nm 的波长处测定吸光度。按 C$_{12}$H$_{12}$ClN$_4$OS·HCl 的吸收系数（E$_{1cm}^{1\%}$）为 421 计算，即得。

【操作记录、数据处理及结果、结论】

1. 仪器条件 天平型号：SQP Quintix 224-1CN，温度 23℃，相对湿度 60%；

紫外-可见分光光度计：Agilent HP8453，编号：××，测定波长：246nm。

此仪器在对照品和样品溶液测定显示读数时自动扣除溶剂及吸收池的吸光度，因此显示对照品和样品溶液的吸光度即为真实吸光度。

2. 供试品溶液的制备 本品 20 片重 1.2073g 研细，精密称取①0.1597g②0.1528g 分别置 100ml 容量瓶中，加盐酸溶液（9→1000）约 70ml，充分振摇使溶解，用上述溶液稀释至刻度，摇匀，滤过，精密量取续滤 5ml 置 100ml 容量瓶中，用上述溶液稀释至刻度，摇匀。测定吸光度如表 17-1。（溶剂及吸收池的吸光度：0.0338）

表 17-1 维生素 B$_1$ 片吸光度值

样品编号	A	标示量百分含量
供试品①	0.55397	99.48%
供试品②	0.53265	99.97%

平均为 99.72%，修约为 99.7%。

规定：本品含维生素 B$_1$（C$_{12}$H$_{12}$ClN$_4$OS·HCl）应为标示量的 90.0% ~ 110.0%。

结论：本品含维生素 B$_1$（C$_{12}$H$_{12}$ClN$_4$OS·HCl）为标示量的 96.2%，符合规定。

实例二 质量浓度为 25.56μg/50ml 的铜离子溶液，加入过量的双环己酮草酰二腙显色剂，在 600nm 波长处用 2.0cm 吸收池测定，测得 T 为 50.54%，求摩尔吸收系数和百分吸收系数。（M$_{Cu}$=63.55g/mol）

【操作记录、数据处理及结果、结论】

1. 紫外-可见分光光度计 Agilent HP8453，编号：××；波长：600nm。

2. 计算 $A = -\lg T = E_{1cm}^{1\%} CL$

$$E_{1cm}^{1\%} = \frac{A}{CL} = \frac{-\lg T}{CL} = \frac{-\lg 50.54\%}{25.56 \times 10^{-6} \times 2 \times 2.0} = 2898.72$$

摩尔吸收系数有两种求法：$\varepsilon = \dfrac{M}{10}E_{1cm}^{1\%} = \dfrac{63.55}{10} \times 2898.72 = 18421.37$

或 $\varepsilon = \dfrac{A}{CL} = \dfrac{-\lg T}{CL} = \dfrac{-\lg 50.54\%}{\dfrac{25.56 \times 10^{-6}}{63.55 \times 50 \times 10^{-3}} \times 2.0} = 18421.34$

实例三 盐酸二甲双胍片（规格 0.25g）（对照品比较法） 本品含盐酸二甲双胍（$C_4H_{11}N_2 \cdot HCl$）应为标示量的 95.0% ~ 105.0%。

含量测定 取本品 20 片，精密称定，研细，精密称取适量（约相当于盐酸二甲双胍 100mg），置 100ml 容量瓶中，加水适量，超声 15 分钟使盐酸二甲双胍溶解，用水稀释至刻度，摇匀，滤过，弃去初滤液 20ml，精密量取续滤液适量，用水定量稀释制成每 1ml 中约含盐酸二甲双胍 5μg 的溶液，作为供试品溶液，照紫外-可见分光光度法（《中国药典》2015 年版四部通则 0401），在 233nm 的波长处测定吸光度；另取盐酸二甲双胍对照品，精密称定，加水溶解并定量稀释制成每 1ml 中约含 5μg 的溶液，同法测定。计算，即得。

【操作记录、数据处理及结果、结论】

1. 仪器 天平型号：SQPQuintix 224 - 1CN，编号：××；XP205，编号：××；温度：25℃，相对湿度：60%；紫外-可见分光光度计：Agilent HP8453，编号：××；测定波长：233nm。

2. 供试品溶液的制备 本品 20 片重 6.3737g，研细，精密称取①0.1335g②0.1348g，分别置 100ml 容量瓶中，加水溶解并稀释至刻度，摇匀，精密量取续滤液 1ml 置 200ml 容量瓶中，加水稀释至刻，摇匀，作为供试品溶液。

3. 对照品溶液的制备 取盐酸二甲双胍对照品（中国检科院提供，批号：100664 - 201203，含量：100.0%）①0.01060g②0.01119g，分别置 100ml 容量瓶中，加水溶解并稀释至刻度，摇匀，精密量取 5ml 置 100ml 容量瓶中，加水稀释至刻度，摇匀，作为对照品溶液。（溶剂及吸收池的吸光度：0.0357）

表 17-2 盐酸二甲双胍片吸光度值

样品编号	A
对照①	0.42658
对照②	0.44672
供试品①	0.41532
供试品②	0.42133

计算公式：$A_{对照品} = E_{1cm}^{1\%} C_{对照品} L$，$A_{样品} = E_{1cm}^{1\%} C_{样品} L$，在相同条件下，将两个式子相比得以下公式：

$\dfrac{A_{对照品}}{A_{样品}} = \dfrac{C_{对照品}}{C_{样品}}$，再将 $C_{样品}$ 换算为原样品的含量，即是

$$标示量的百分含量 = \dfrac{C_{样品} \times V \times D \times \overline{W}}{m_{样品} \times S_{标示量}} \times 100\% = \dfrac{\dfrac{A_{样品}}{A_{对照品}} \times C_{对照品} \times V \times D \times \overline{W}}{m_{样品} \times S_{标示量}} \times 100\%$$

供试品①相对对照①：

$$标示量百分含量=\frac{\dfrac{0.41532}{0.42658}\times\dfrac{0.01060}{100.00}\times\dfrac{5.00}{100.00}\times100.00\times\dfrac{200.00}{1.00}\times\dfrac{6.3737}{20}}{0.1335\times0.25}\times100\%=98.54\%$$

供试品①相对对照②：

$$标示量百分含量=\frac{\dfrac{0.41532}{0.44672}\times\dfrac{0.01060}{100.00}\times\dfrac{5.00}{100.00}\times100.00\times\dfrac{200.00}{1.00}\times\dfrac{6.3737}{20}}{0.1335\times0.25}\times100\%=99.34\%$$

供试品②相对对照①：

$$标示量百分含量=\frac{\dfrac{0.42133}{0.42658}\times\dfrac{0.01060}{100.00}\times\dfrac{5.00}{100.00}\times100.00\times\dfrac{200.00}{1.00}\times\dfrac{6.3737}{20}}{0.1348\times0.25}\times100\%=99.01\%$$

供试品②相对对照②：

$$标示量百分含量=\frac{\dfrac{0.42133}{0.44672}\times\dfrac{0.01060}{100.00}\times\dfrac{5.00}{100.00}\times100.00\times\dfrac{200.00}{1.00}\times\dfrac{6.3737}{20}}{0.1348\times0.25}\times100\%=99.80\%$$

平均为 99.17%，修约为 99.2%，*RSD* 值为 0.56%。

规定：本品含盐酸二甲双胍（$C_4H_{11}N_2\cdot HCl$）应为标示量的 95.0%~105.0%。

结论：本品含盐酸二甲双胍为标示量的 99.2%，符合规定。

二、原子吸收分光光度法实例分析

实例四　明胶空心胶囊检查铬

取本品 0.5g，置聚四氟乙稀消解罐内，加硝酸 5~10ml，混匀，浸泡过夜，盖上内盖，旋紧外套，置适宜的微波消解炉内，进行消解。消解完全后，取消解内罐置电热板上缓缓加热至红棕色蒸汽挥尽近干，用 2% 硝酸转移至 50ml 量瓶中，并用 2% 硝酸稀释至刻度，摇匀，作为供试品溶液。同法制备试剂空白溶液；另取铬单元素标准溶液，用 2% 硝酸稀释制成每 1ml 含铬 1.0μg 的铬标准贮备液。临用时，分别精密量取铬标准贮备液适量，用 2% 硝酸稀释制成每 1ml 含铬 0~80ng 的对照品溶液。取供试品溶液与对照品溶液，以石墨炉为原子化器，照原子吸收分光光度法（《中国药典》2015 年版四部通则 0406），在 357.9nm 的波长处测定，计算，即得。含铬不得过百万分之二。

【操作记录、数据处理及结果、结论】

1. 仪器条件　天平型号：SQPQuintix 224-1CN，编号：××；温度：25℃，相对湿度：60%；原子吸收分光光度计：PerkinElmer PinAAcle 900T，编号：××；消解仪器：CEMMARS，美国 CEM 公司，编号：××。

2. 铬标准溶液的配制　精密量取 1ml 铬标准贮备液（质量浓度为 1000μg/ml，由中国计量科学研究院提供，批号为 11082）置 100ml 容量瓶中，用 0.5% 硝酸溶液稀释至刻度，混匀。精密量取该标准溶液 5ml 置 50ml 容量瓶中，加 0.5% 硝酸溶液稀释至刻度，即配制成铬标准使用溶液，质量浓度为 1μg/ml。

3. 标准系列的制备　分别精密量取铬标准溶液 0.00、0.50、1.00、2.00、3.00、4.00、5.00ml 分别置 100ml 容量瓶中，加 0.5% 硝酸溶液稀释至刻度，混匀（各相当于铬 0.00、5.00、10.00、20.00、30.00、40.00、50.00ng/ml）。取对照液各 20μl 照原子吸收光谱法（石墨炉法）测定，分别测定吸光度，并绘制标准曲线。

4. 供试品溶液制备　准确取胶囊壳约 0.5g，至于微波消化罐中，各加入硝酸 8ml，氢氟酸 0.5ml 按仪器操作规程进行消解。消解完毕后，在 135℃进行赶酸（不超过 140℃），待被消解试样气雾呈白色时，加 0.5% 硝酸溶液将消化液稀释至 50ml，混匀。同时制备空白溶液。取样品液各 20μl，照原子吸收光谱法（石墨炉法）测定。

以铬原子标准溶液质量浓度为横坐标，以对应吸光度为纵坐标，绘制标准回归方程见表 17-3。

表 17-3 铬原子标准溶液吸光度-浓度记录表

编号	1	2	3	4	5	6	7
质量浓度 C（ng/ml）	0	5.0	10.0	20.0	30.0	40.0	50.0
吸光度 A	0	0.1313	0.2068	0.3829	0.5463	0.7387	0.9137

回归方程：$A = 0.0178C + 0.0219$　$R = 0.9984$

表 17-4 明胶空心胶囊检查数据表

取样量（g）	试样质量浓度 C（ng/ml）	吸光度	铬含量	平均
0.5115	1.023×10^7	0.09000	0.374×10^{-6}	0.4×10^{-6}
0.5088	1.0176×10^7	0.08475	0.347×10^{-6}	

最后，根据标准回归方程测得供试品中铬含量为 0.4×10^{-6}，结果见表 17-4。

规定：含铬不得过百万分之二。

结论：明胶空心胶囊含铬为百万分之零点四，符合规定。

实例五　蛤壳

重金属及有害元素　照铅、镉、砷、汞、铜测定法测定，铅不得过 5mg/kg；镉不得过 0.3mg/kg；砷不得过 2mg/kg；汞不得过 0.2mg/kg；铜不得过 20mg/kg。

铜的测定（火焰法）。照原子吸收分光光度法或电感耦合等离子体质谱法。

【操作记录、数据处理及结果、结论】

1. 仪器　天平型号：SQPQuintix 224-1CN，编号：××；温度：25℃，相对湿度：60%；原子吸收分光光度计：PerkinElmer PinAAcle 900T；编号：××。

2. 测定条件　检测波长为 324.7nm，采用空气-乙炔火焰，必要时进行背景校正。

3. 铜标准贮备液的制备　精密量取 1.00ml 铜单元素标准溶液（中国计量科学研究院，批号为 12124，1000μg/ml），置 100ml 容量瓶中，用 2% 硝酸溶液稀释至刻度，混匀。制成每 1ml 含铜（Cu）10μg 的溶液，即得（0~5℃贮存）。

4. 标准曲线的制备　精密取铜标准贮备溶液 0.00、2.00、4.00、6.00、8.00、10.00ml 分别置 100ml 容量瓶中，加 2% 硝酸溶液至刻度，混匀（各相当于铜 0.0、0.2、0.4、0.6、0.8、1.0μg/ml）。依次喷入火焰，测定吸光度，记录如表 17-5。以吸光度为纵坐标，质量浓度为横坐标，绘制标准曲线。

表 17-5 铜标准溶液吸光度-浓度记录表

编号	1	2	3	4	5	6	7
质量浓度 C（μg/ml）	0	0.1	0.2	0.3	0.4	0.8	1.0
吸光度 A	0	0.0119	0.0262	0.0401	0.0601	0.1165	0.1453
标准曲线			$A = 0.1475C - 0.0018$　$R = 0.9988$				

5. 供试品溶液的制备 精密称取供试品粗粉①0.5085g②0.5021g，置聚四氟乙稀消解罐内，加硝酸 3~5ml，混匀，浸泡过夜，盖好内盖，旋紧外套，置适宜的微波消解炉内，进行消解（按仪器规定的消解程序操作）。消解完全后，取消解内罐置电热板上缓缓加热至红棕色蒸气挥尽，并继续缓缓浓缩至 2~3ml，放冷，用水转入 25ml 容量瓶中，并稀释至刻度，摇匀，即得。同法同时制备试剂空白溶液。精密吸取空白溶液与供试品溶液适量，照标准曲线的制备项下的方法测定。测得吸光度为①0.01521②0.01440。

根据 $A=0.1475C-0.0018$ 计算出 $C=\dfrac{A+0.0018}{0.1475}$ 供试品中含铜量的计算公式：样品中的铜

含量 $=\dfrac{C\times10^{-3}}{C_{试样}\times10^{-3}}$（mg/kg）

式中　C——测定试样中的铬含量（μg/ml）；

　　　$C_{试样}$——试样被测液的质量浓度（g/ml）。

计算结果见表 17-6。

表 17-6　蛤壳中铜测定的数据表

取样量（g）	试样质量浓度（g/ml）	铜含量（mg/kg）	吸光度	平均铜含量（mg/kg）
0.5085	0.02034	5.67	0.01521	5.6
0.5021	0.02008	5.47	0.01440	

规定：铜不得过 20mg/kg。

结论：蛤壳中含铜量为 5.6mg/kg，符合规定。

第二节　色谱法实例分析

一、气相色谱法实例分析

实例六　维生素 E 软胶囊（原料药为合成型维生素 E）

有关物质 取本品内容物适量（约相当于维生素 E 25mg），加正己烷 10ml，振摇使维生素 E 溶解，滤过，取滤液作为供试品溶液；精密量取 1ml，置 100ml 棕色容量瓶中，用正己烷稀释至刻度，摇匀，作为对照溶液。照含量测定项下的色谱条件，精密量取供试品溶液与对照品溶液各 1μl，分别注入气相色谱仪，记录色谱图至主成分峰保留时间的 2 倍。供试品溶液的色谱图中如有杂质峰，α-生育酚（相对保留时间约为 0.87）峰面积不得大于对照溶液主峰面积（1.0%），其他单个杂质峰面积不得大于对照溶液主峰面积的 1.5 倍（1.5%），各杂质峰面积的和不得大于对照溶液主峰面积的 2.5 倍（2.5%）。

【操作记录、数据处理及结果、结论】

1. 仪器 天平：BSA224S-CW，编号：××；MSA225S-100-DU，编号：××。

2. 色谱条件与系统适用性试验 气相色谱仪型号：Agilent 6890N，编号：××；色谱柱型号：Agilent 毛细管 DB-1（30m×0.25mm，0.25μm）；检测器类型：FID，检测器温度：250℃；载气：高纯氮流速 1.0ml/min，进样口温度：230℃；程序升温：初始 200℃，维持 0 分钟，以 10℃/min，升温至 300℃，维持 16 分钟；直接进样：进样体积：1μl，分流比：5∶1；理论塔板数：符合规定，分离度：符合规定。

3. 供试品溶液的配制 取本品装量差异项下内容物，混匀，取适量（约相当于维生素 E

25mg），加正己烷 10ml，振摇溶解，滤过，取续滤液，作为供试品溶液。

4. 对照溶液的配制　精密取供试品溶液 1ml，置 100ml 棕色容量瓶中，加正己烷稀释至刻度，摇匀，作为对照溶液。

5. 测定法　精密量取对照溶液 1μl，注入气相色谱仪，调节灵敏度，使主成分峰高约为满量程的 30%，再精密量取供试品溶液与对照溶液各 1μl，分别注入气相色谱仪，记录色谱图至主成分峰保留时间的 2 倍。维生素 E 软胶囊有关物质测定结果见表 17-7。

表 17-7　维生素 E 软胶囊有关物质测定记录表

自身对照峰面积	供试品溶液中杂质峰面积		
	α-生育酚峰面积	最大单杂峰面积	总杂质峰面积
11. 923	1. 3631	7. 3521	10. 725

6. 计算

$$\alpha\text{-生育酚含量} = \frac{\dfrac{1.3631}{11.923} \times \dfrac{1.00}{100.00}}{\dfrac{m_{样品}}{10.00}} \times 100\%$$

$$\text{其他最大单个杂质百分含量} = \frac{\dfrac{7.3521}{11.923} \times \dfrac{1.00}{100.00}}{\dfrac{m_{样品}}{10.00}} \times 100\%$$

$$\text{总杂质百分含量} = \frac{\dfrac{10.725}{11.923} \times \dfrac{1.00}{100.00}}{\dfrac{m_{样品}}{10.00}} \times 100\%$$

规定：供试品溶液色谱图中如有杂质峰，α-生育酚（相对保留时间约为 0.87）的峰面积不得大于对照溶液主峰面积（1.0%）；其他单个杂质峰面积不得大于对照溶液主峰面积的 1.5 倍（1.5%）；各杂质峰面积的和不得大于对照溶液主峰面积的 2.5 倍（2.5%）。

结论：α-生育酚峰面积 1.3631 小于对照溶液主峰面积 11.923，其他单个（最大）杂质峰面积 7.3521 小于对照溶液主峰面积的 1.5 倍即 17.884，各杂质峰面积的和为 19.4402 小于对照溶液主峰面积的 2.5 倍即 29.8075，符合规定。

二、高效液相色谱法实例分析

实例七　甲硝唑片（规格：0.2g）：本品含甲硝唑（$C_8H_8N_2O_3$）应为标示量的 93.0%～107.0%。

含量测定　照高效液相色谱法（《中国药典》2015 年版四部通则 0512）测定。

1. 色谱条件与系统适用性试验　用十八烷基硅烷键合硅胶为填充剂；以甲醇-水（20:80）为流动相；检测波长为 320nm。理论板数按甲硝唑峰计算不低于 2000。

2. 测定法　取本品 20 片，精密称定，研细，精密称取细粉适量（相当于甲硝唑 0.25g），置 50ml 容量瓶中，加 50% 甲醇适量，振摇使甲硝唑溶解，用 50% 甲醇稀释至刻度，摇匀、滤过，精密量取续滤液 5ml，置 100ml 容量瓶中，用流动相稀释至刻度，摇匀，作为供试品溶液，精密量取 10μl，注入液相色谱仪，记录色谱图；另取甲硝唑对照品适量，精密称定，加流动相溶解并定量稀释成每 1ml 中约含 0.25mg 的溶液，同法测定。按外标法以峰面积计算，即得。

【操作记录、数据处理及结果、结论】

1. 仪器 天平型号：SQP Quintix 224 – 1CN，编号：××；XP205，编号：××；Agilent1260 高效液相色谱仪，编号：××；Agilent C$_{18}$（4.6mm×250mm，5μm），编号：××；柱温：30℃；紫外检测器波长：320nm；流动相：甲醇–水（20∶80），流速：1.0ml/min，理论塔板数：大于2000。

2. 对照品溶液的配制 取甲硝唑对照品（中国检科院，批号100191–201507 含量100%）①0.01333g②0.01337g，分别置50ml 容量瓶中，加流动相溶解并稀释至刻度，摇匀，作对照品溶液。精密量取对照品①溶液和对照品②溶液各3次每次10μl，分别注入液相色谱仪。

根据对照品浓度和峰面积按以下公式进行计算 f 值：$f = \dfrac{C_{对照品溶液}}{A_{对照品溶液}}$，在计算样品含量时顺序应是 C/A，与计算 f 一致，并且保持单位一致。六次测定值见表17–10，根据各个相关数据，计算六个值，取其平均值，作为样品测定的 f 值。精密度：对照品溶液①连续进样6针，峰面积 RSD 值为0.46%。

表17–10 甲硝唑对照品测定记录计算表

对照品	①0.01333/50（g/ml）			②0.01337/50（g/ml）		
峰面积	8098.6	8075.2	8095.8	8188.5	8193.5	8200.6
f（×10^{-8}）	3.2919	3.3015	3.2931	3.2656	3.2636	3.2607
$\bar{f}$（×10^{-8}）	3.2794					
RSD	0.55%					

3. 供试品溶液的配制 本品20片重4.9584g研细，称量①0.3166g②0.3051g，分别置50ml 容量瓶中，加50%甲醇溶液溶解并稀释至刻度，摇匀，滤过，精密量取续滤液5ml 置100ml 容量瓶中，用流动相稀释至刻度，作为供试品溶液。精密量取供试品溶液①②各2次，每次10μl，分别注入液相色谱仪，按外标法以峰面积计算。结果记录见表17–11。

根据甲硝唑标示量百分含量 $= \dfrac{\bar{f} \times A_{样品稀释液} \times V \times D \times \bar{m}_{(平均片重)}}{m_{样品} \times S_{标示量}} \times 100\%$ 计算即得。

表17–11 甲硝唑片测定记录计算表

样品量（g）	①0.3166		②0.3051	
样品峰面积 A	7918.8	7924.4	7673.1	7671.4
标示量百分含量	101.68	101.75	102.24	102.21
标示量百分含量平均值	102.0			
RSD	0.30%			

规定：含甲硝唑应为标示量的93.0%～107.0%。

结论：本品含甲硝唑为标示量的102.0%，符合规定。

实例八 地塞米松磷酸钠注射液

本品为地塞米松磷酸钠的灭菌水溶液（规格：1ml∶2mg），含地塞米松磷酸钠（C$_{12}$H$_{28}$FNa$_2$O$_2$P）应为标示量的90.0%～110.0%。

含量测定 照高效液相色谱法（《中国药典》2015 版四部通则 0512）测定。

色谱条件与系统适用性试验 用十八为烷基硅烷健合硅胶为填充剂；以三乙胺溶液（取三乙胺 7.5ml，加水稀释至 1000ml，用磷酸调节 pH 至 3.0±0.05）-甲醇-乙腈（55：40：5）为流动相。检测波长为 242nm。取地塞米松磷酸钠，加流动相溶解并稀释制成每 1ml 中约含 1mg 的溶液，另取地塞米松加甲醇溶解并稀释制成每 1ml 中约含 1mg 的溶液。分别精密量取上述两种溶液适量，加流动相稀释制成每 1ml 中各约含 10μg 的混合溶液，取 20μl 注入液相色谱仪，记录色谱图，理论塔板数按地塞米松磷酸钠峰计算不低于 7000，地塞米松磷酸钠峰与地塞米松峰的分离度应大于 4.4。

测定操作 精密量取本品适量，用水定量稀释制成每 1ml 中约含地塞米松磷酸钠 0.4mg 的溶液，精密量取 5ml，置 50ml 容量瓶中，用流动相稀释至刻度，摇匀，作为供试品溶液，精密量取 20μl 注入液相色谱仪，记录色谱图；另取地塞米松磷酸酯对照品，同法测定，按外标法以峰面积乘以 1.0931 计算，即得。

【操作记录、数据处理及结果、结论】

1. 天平型号 XP205，编号：××。

2. 色谱条件与系统适用性试验 仪器型号：Agilent1260 高效液相色谱仪，编号：××；色谱柱型号：Waters（4.6mm×150mm，5μm），编号：××，柱温：30℃；紫外检测器波长：242nm；流动相：三乙胺溶液（取三乙胺 7.5ml，加水稀释至 1000ml，用磷酸调 pH 至 3.0±0.05）-甲醇-乙腈（55：40：5），流速：1.0ml/min。

系统适用性溶液：取地塞米松磷酸钠对照品（中国检科院 100016-201015 100.0%）用流动相溶解并稀释成每 1ml 含 1mg 的溶液。

取地塞米松对照品（中检院 100129-201115，99.7%）用甲醇溶解并稀释成每 1ml 含 1mg 的溶液。

分别取上述两溶液各 1ml，置同一 100ml 容量瓶中，用流动相稀释至刻度，摇匀，作为系统适用性溶液，精密量取 20μl 注入液相色谱仪，记录色谱图。

理论塔板数：（按地塞米松磷酸钠峰计）大于 7000，分离度：符合规定。

3. 对照品溶液的配制 取地塞米松磷酸酯对照品（中国检科院 10116-201102 98.6%）①0.01087g②0.01099g，分别置 25ml 容量瓶中，用水溶解并稀释至刻度，摇匀，精密量取 5ml 置 50ml 容量瓶中，用流动相稀释至刻度，摇匀，作为对照品溶液。精密量取对照品①溶液和对照品②溶液各 3 次，每次 20μl，分别注入液相色谱仪，记录色谱图，计算 f 值。

$$f = \frac{C_{对照品溶液浓度}}{A_{对照品溶液峰面积}}$$，记录于表 17-12 中，并计算平均值。

精密度：对照品溶液连续分别进样三针，峰面积 RSD 值为 0.18%。

表 17-12 地塞米松磷酸酯对照品测定记录计算表

对照品浓度	① $\dfrac{0.01087×98.6\%}{25.00}×\dfrac{5.00}{50.00}$			② $\dfrac{0.01099×98.6\%}{25.00}×\dfrac{5.00}{50.00}$		
峰面积	1159.2	1158.9	1158.8	1162.1	1161.8	1161.5
f (×10⁻⁸)	3.6984	3.6993	3.6996	3.7298	3.7308	3.7318
$\bar{f}$ (×10⁻⁸)			3.7150			
RSD			0.47%			

4. 供试品溶液的配制 精密量取本品各 5ml，分别置 25ml 容量瓶中，用水稀释至刻

度，摇匀，分别精密量取 5ml 置 50ml 容量瓶中，用流动相稀释至刻度，摇匀，作为供试品溶液。精密量取①②样品溶液各 2 次，每次 20μl，分别注入液相色谱仪，记录色谱图，按外标法以峰面积乘以 1.0930 计算。1.093 的来历是：将以对照品地塞米松磷酸酯（$M = 472.45g/mol$）计算转化为地塞米松磷酸钠（$M = 516.41g/mol$），换算因子为 $\dfrac{516.41}{472.45} = 1.0930$。

地塞米松磷酸钠注射液标示百分含量按下公式计算即可：

$$\text{地塞米松磷酸钠注射液标示百分含量} = \frac{\bar{f} \times A \times D}{S_{\text{标示量}}} \times 1.093 \times 100\%，\text{其中} D \text{为} \frac{25.00}{5.00} \times \frac{50.00}{5.00}，$$

$S_{\text{标示量}} = \dfrac{2 \times 10^{-3}}{1}$，计算结果见表 17-13。

表 17-13 地塞米松磷酸钠注射液测定记录计算表

样品量（ml）	5.00		5.00	
峰面积 A	965.17	966.01	958.96	959.38
标示百分含量	97.98	98.07	97.36	97.40
标示百分含量平均值	97.7			
RSD	0.39%			

规定：含地塞米松磷酸钠应为标示量的 90.0% ~ 110.0%。

结论：本品含地塞米松磷酸钠（$C_{12}H_{28}FNa_2O_2P$）为标示量的 97.7%，符合规定。

📊 重点小结

本章以原料、制剂、辅料等为分析对象，结合紫外-可见分光光度法、原子吸收分光光度法、气相色谱法、高效液相色谱法等主要方法的物理化学基本知识和理论，分别对紫外-可见分光光度法三种定量方法：对照品法、标准曲线法、百分吸收系数法进行了详细的剖析；对原子吸收分光光度法的对照品法用于含量测定和杂质检查，结合具体仪器，根据现场实测数据进行分析判断；用气相色谱法进行了定量和纯度、鉴别分析；用高效液相色谱法外标法、内标法等具体分析了药物的含量。本章数据全部来源于法定实测，具有详实、细致、准确的分析特点。

（王益平）

目标检测

一、选择题

（一）最佳选择题

1. 采用波长为 200~400nm 的近紫外光的分析方法是

    A. 比色法   B. 可见分光光度法   C. 近红外分光光度法

    D. 紫外分光光度法   E. 真空紫外光度法

2. 如果一种物质在溶剂中颜色加深，波长就
    A. 红移   B. 蓝移   C. 不变
    D. 稳定   E. 紫移

3. 吸光度为 0.3，透光率为
    A. 50%   B. 40%   C. 30%
    D. 20%   E. 10%

4. 紫外-可见分光光度法现代出厂的仪器配备的吸收池厚度为
    A. 2.0cm   B. 1.0cm   C. 3.0cm
    D. 无法确定   E. 4.0cm

5. 紫外-可见分光光度法浓度测定误差最小时
    A. $A=0.434$ 或 $T=36.8\%$ B. $A=0.155$ 或 $T=70\%$
    C. $A=0.6$ 或 $T=40\%$ D. $A=0.051$ 或 $T=89\%$
    E. $A=4.36\times10^{-3}$ 或 $T=99\%$

6. 只有对照品和样品的色谱分析定量方法是
    A. 内标法   B. 校正因子法   C. 归一化法
    D. 自身稀释对照法   E. 外标法

（二）配伍选择题

[7~11] A. 归一化法   B. 反相   C. 任何状态的物质
           D. 纯物质   E. 加和性

7. 固定相为 C_{18} 流动相为甲醇水的色谱法为

8. 光的吸收定律适用于

9. 系统适用性试验所采用的物质为

10. 吸光度具有

11. 全部出峰采用定量方法

（三）共用题干单选题

[12~17] 有两份不同浓度的某一相同有色配合物溶液Ⅰ和Ⅱ，在 215nm 处测定，当液层厚度为 1.0cm 时，对某一波长的光的透光率分别为Ⅰ65%和Ⅱ41.7%。

12. 测定前启动电源预热，再启动光源为
    A. 氙灯   B. 氘灯   C. 钨灯
    D. 荧光灯   E. 白炽灯

13. 盛液吸收池的材质为
    A. 塑料   B. 玻璃   C. 铝合金
    D. 石英   E. 合金钢

14. 样品Ⅰ的吸光度比样品Ⅱ的吸光度
    A. 小   B. 相当   C. 大
    D. 相等   E. 无法判定

15. 如果Ⅱ的浓度为 6.5×10^{-4}mol/L，则Ⅰ的浓度为
    A. 3.20×10^{-4} B. 2.21×10^{-4} C. 6.21×10^{-4}
    D. 1.21×10^{-4} E. 4.21×10^{-4}

16. 如果两个浓度相同则
    A. 吸光度不同，透光率不同   B. 吸光度相同，透光率不同
    C. 吸光度不同，透光率相同   D. 吸光度相同，透光率相同

E. 在液层厚度不变的情况下吸光度相同，透光率相同

17. GC 和 HPLC 测定的先决条件是先做

    A. 色谱条件　　　　　　　B. 系统适用性试验　　　　C. 系统适用性试验和色谱条件

    D. 对照品试验　　　　　　E. 预示实验和可变化型实验

[18~21] 甲硝唑片含量测定时，用十八烷基硅烷键合硅胶为填充剂；以甲醇-水（20∶80）

       为流动相；检测波长为 320nm。理论板数按甲硝唑峰计算不低于 2000。

18. 十八烷基硅烷键合硅胶为填充剂的柱子可以用

    A. 一次　　　　　　　　　B. 二次　　　　　　　　　C. 三次

    D. 四次　　　　　　　　　E. 若干次

19. 甲醇-水（20∶80）为流动相配制需要的器材有

    A. 移液管　　　　　　　　B. 容量瓶　　　　　　　　C. 电磁波

    D. 指示剂　　　　　　　　E. B 和 C 都可以

20. 理论板数按甲硝唑峰计算不低于 2000

    A. 组分完全分离　　　　　B. 组分完全纯化　　　　　C. 组分全部出峰

    D. 最低分离度　　　　　　E. 最大分配系数

21. 检测波长为 320nm 的检测器为

    A. 荧光检测器　　　　　　B. 火焰检测器　　　　　　C. 应急灯

    D. 阴极灯　　　　　　　　E. 紫外检测器

（四）X 型题（多选题）

22. 标准曲线法一般需要的对照品贮备浓度、组数和必须的点位

    A. 7　　　　　　　　　　　B.（0，0）　　　　　　　C. 贮备浓度相同

    D.（0，1）　　　　　　　 E.（0，10）

23. 明胶空心胶囊检查铬时

    A. 石墨炉原子化器　　　　B. 铬标准液　　　　　　　C. 容量瓶

    D. 移液管　　　　　　　　E. 可采用标准曲线法计算

24. 中药铜的检查需要

    A. 铜阴极灯　　　　　　　B. 铜标准液　　　　　　　C. 采用空气乙炔为燃料

    D. 火焰法　　　　　　　　E. 可采用标准曲线法计算

25. GC 用于维生素 E 定量时

    A. 检测器类型：FID

    B. 检测器温度：250℃

    C. 程序升温：初始 200℃，维持 0 分钟，以 10℃/min，升温至 300℃，维持 10 分钟

    D. 理论塔板数 8000 银量法

    E. 分离度大于 1

二、填空题

26. HPLC 定量时测定校正因子的对照品要称＿＿＿＿＿份、进样＿＿＿＿＿次。

27. 色谱法一般进样＿＿＿＿＿μl。

28. 定量分析一般先计算后修约数字有效数字位数与规定的＿＿＿＿＿。

三、判断题

29. HPLC 几乎可以适用于一切物质定量。

30. 红外分光光度法只能测定药物含量。
31. HPLC 一般采用内标法定量。

四、综合题

32. 准确称取 1.00mmol 的指示剂 HIn 五份，分别溶于 1.0L 的不同缓冲液中，用 2.0cm 吸收池在 550nm 波长处测得吸光度如下：

pH	1.00	2.00	7.00	10.0	11.00
吸光度 A	0.00	0.00	0.588	0.840	0.840

计算该波长处 In^- 的摩尔吸光系数和该指示剂的 pK_a。

33. 用热导检测器分析乙醇、庚烷、苯及醋酸乙酯的混合物。实验测定它们的峰面积分别为 5.0、9.0、4.0、7.0，相对质量校正因子分别为 0.64、0.70、0.78、0.79，求它们的质量百分比含量。

34. 精密量取盐酸昂丹司琼注射液（规格 2ml：4mg）4ml，用 0.02mol/L 磷酸二氢钠溶液（用氢氧化钠试液调节 pH5.4）－乙腈（50：50）流动相定量稀释为 100ml，分别取两份各 10μl 注入液相色谱仪，色谱图峰面积如下表。另取昂丹司琼对照品 0.008012g，用 0.02mol/L 磷酸二氢钠溶液（用氢氧化钠试液调节 pH5.4）－乙腈（50：50）流动相定量稀释为 100ml，同法测定。按外标法以峰面积计算，并将结果乘以 0.8895。规定含盐酸昂丹司琼以昂丹司琼（$C_{18}H_{19}N_3O$）计算，应为标示量的 93.0%～107.0%。判断本品是否符合规定？并分别计算 RSD。

溶液	浓度或进样量	峰面积		
		1	2	3
对照品	0.008012/100（g/ml）	18098.6	18075.2	18095.8
样品	4.00ml	203.1	203.2	

（冉启文）

第十八章

新检测技术和新检测方法

案例导入

案例：随着科技的发展，人类不断发明新的检测技术和方法。如 1975 年由 H. Small 等首创离子色谱法；1981 年，Jorgenson 和 Luckas 发表了划时代的研究成果，用 75μm 内径石英毛细管进行电泳，电迁移进样，荧光柱上检测丹酰化氨基酸，达到 400000 块/m 理论塔板数的高效率。从此电泳分析跨入高效毛细管电泳的时代。还有哪些新的检测技术和方法呢？

第一节 离子色谱分析

离子色谱法（ion chromatography，IC）自 1975 年由 H. Small 等首创，是用能交换离子的材料（例如离子交换树脂）作为固定相，利用它与流动相中试样离子进行可逆的离子交换来分离离子型化合物的方法。

一、离子交换树脂与分离原理

（一）离子交换树脂

离子交换树脂是一类多元酸或多元碱的高分子聚合物，具有网状立体结构，其骨架上有许多可以电离或可以交换的基团，如磺酸基（—SO_3H）、羧基（—COOH）、及季胺基（—$NR_3^+OH^-$）等，是离子交换树脂的活性基团。

离子交换树脂主要是先通过苯乙烯或丙烯酸（酯）等与交联剂二乙烯苯聚合形成具有长分子主链及交联横链的网状结构的聚合物基体，在经过一系列处理制成不同的种类。例如常用的聚苯乙烯型树脂是以聚苯乙烯为单体与二乙烯苯聚合生成球形网状结构，并以此为基体，经硫酸磺化，可制得聚苯乙烯型磺酸基阳离子树脂；若用其他基团取代磺酸基，如—COOH、—OH 等，可得到一系列阳离子交换树脂（H^+ 型）。以同样的树脂基体，引入可离解的碱性基团，如—NR_3^+、—NH_2、—NHR 等经 NaOH 处理，则可制成阴离子交换树脂（OH^- 型）。

（二）分离原理

离子色谱法是以能交换离子的材料（如离子交换树脂）为固定相，以水为溶剂的缓冲溶液为流动相，利用被分离组分离子交换能力的差异，对离子型无机物或有机物实现分离的。

试样中的离子与离子交换树脂上的离子发生如下交换反应：

阳离子交换：树脂—$SO_3^-H^+ + M^+ \rightleftharpoons$ 树脂—$SO_3^-M^+ + H^+$

阴离子交换：树脂—$NR_3^+OH^- + X^- \rightleftharpoons$ 树脂—$NR_3^+X^- + OH^-$

一般形式：$R—A + B \rightleftharpoons R—B + A$

交换反应达到平衡时，以浓度表示的平衡常数（离子交换反应的选择性系数）为：

$$K_{B/A} = \frac{[R-B][A]}{[R-A][B]} \qquad (18-1)$$

［R-A］、［R-B］分别代表树脂相中洗脱剂离子 A、试样离子 B 的浓度，［A］、［B］则为它们在流动相中的浓度。则有：

$$K_{B/A} = \frac{[R-B]/[B]}{[R-A]/[A]} = \frac{K_B}{K_A} \qquad (18-2)$$

即选择性系数是试样离子 B 与洗脱剂离子 A 的分配系数之比。$K_{B/A}$ 越大，试样离子 B 的交换能力越强，越易保留难以洗脱。

离子交换过程是一个多种离子竞争交换的过程，由于各组分离子的交换能力不同，即选择性系数存在差异，从而可以实现分离。

二、离子色谱分析法的分类及仪器构造

（一）离子色谱分析法的分类

离子色谱分析法的分离原理主要是离子交换，有三种分离模式，它们是高效离子交换色谱法（HPIC）、离子对色谱法（MPIC）和离子排斥色谱法（HPIEC）。

1. 高效离子交换色谱法　高效离子交换色谱法主要是应用离子交换的原理，采用低交换容量的离子交换树脂来分离离子，它在离子色谱中应用最广泛，其主要填料类型为有机离子交换树脂。如以苯乙烯二乙烯苯共聚体为骨架，在苯环上引入磺酸基，形成强酸型阳离子交换树脂，引入叔胺基则形成季胺型强碱性阴离子交换树脂，此交换树脂具有大孔或薄壳型或多孔表面层型的物理结构，以便于快速达到交换平衡，离子交换树脂耐酸碱可在任何 pH 范围内使用，易再生处理、使用寿命长，缺点是机械强度差、易溶胀、易受有机物污染。

讨论：结合高效液相色谱所用硅胶填料，比较离子色谱与高效液相色谱应用范围的广泛性。

2. 离子对色谱法　离子对色谱主要是在流动相中加入一种与待分离的离子电荷相反的离子，使其与待分离离子生成疏水性化合物从而进行分离的。离子对色谱的固定相为疏水型的中性填料，用于阴离子分离的离子对是烷基胺类，如氢氧化四丁基铵、氢氧化十六烷基三甲烷等。用于阳离子分离的离子对是烷基磺酸类，如己烷磺酸钠、庚烷磺酸钠等。可用于分离一般阴离子和金属络合物，也可分离多种胺类，并对阴、阳离子类的表面活性剂有较好的分离效果。

3. 离子排斥色谱法　离子排斥色谱，主要根据 Donnan 膜排斥效应（电离组分受排斥

不被保存，而弱酸则有一定保存）的原理制成，在固定相与流动相的界面存在一个假想的
Donnan 膜，游离状态的离子因受固定相表面同种电荷的排斥作用而无法穿过 Donnan 膜进入
固定相，在空体积（排斥体积）处最先流出色谱柱。而弱离解性物质可以部分穿过 Donnan
膜进入固定相，离解度越低的物质越容易进入固定相，其保留值也就越大。于是，不同离
解度的物质就可以通过离子排斥色谱法得以分离。在离子排斥柱上还存在体积排阻和分配
作用等次要保留机理。最常用的离子排斥色谱固定相是具有较高交换容量的全磺化交联聚
苯乙烯阳离子交换树脂，这种阳离子交换树脂一般不能用于阳离子的离子交换。离子排斥
色谱对于从强酸中分离弱酸组分，以及弱酸的相互分离是非常有用的。如果选择适当的检
测方法，离子排斥色谱法还可以用于氨基酸、醛及醇的分析。

（二）仪器构造

和一般的 HPLC 仪器一样，现在的离子色谱仪一般也是先做成一个个单元组件，然后根
据分析要求将各所需单元组件组合起来。最基本的组件是流动相容器、高压输液泵、进样
器、色谱柱、检测器和数据处理系统。此外，可根据需要配置流动相在线脱气装置、自动
进样系统、流动相抑制系统、柱后反应系统和全自动控制系统等。

离子色谱仪的工作过程（图 18-2）是：输液泵将流动相以稳定的流速（或压力）输送
至分析体系，在色谱柱之前通过进样器将样品导入，流动相将样品带入色谱柱，在色谱柱中
各组分被分离，并依次随流动相流至检测器，抑制型离子色谱则在电导检测器之前增加一个
抑制系统，即用另一个高压输液泵将再生液输送到抑制器，在抑制器中，流动相的背景电导
被降低，然后将流出物导入电导检测池，检测到的信号送至数据系统记录、处理或保存。非
抑制型离子色谱仪不用抑制器和输送再生液的高压泵，因此仪器的结构相对要简单得多，价
格也要便宜很多。

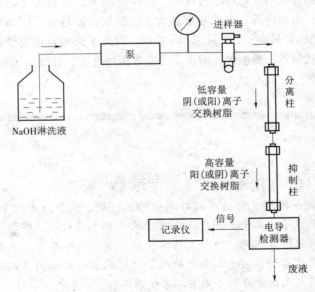

图 18-2　离子色谱仪流程图

三、试样处理和分析条件的选择

（一）试样处理

样品前处理技术与离子色谱法的发展是相辅相成的，选择合适的样品前处理方法

是离子色谱法测定实际样品的关键。离子色谱法中的样品前处理一般包括采样、溶样、净化样品、浓缩与富集痕量样品和基体消除五个步骤，后四个步骤经常占去大部分分析时间。近年来，国内外在这方面取得了一些最新研究进展，出现了一些快捷有效的方法。

1. 溶样 采用适当溶剂将试样溶解制成溶液的过程。根据"相似相溶"原理选择溶剂，常用的有水溶法、酸溶法、碱溶法、有机溶剂法，另外针对不同分析物的含量，选择不同的稀释比，通过预处理尽量减少基体对被测组分的干扰。

2. 净化样品，基体消除 采用加入掩蔽剂或物理分离的方法消除干扰物质对测定的影响。常用的超声波提取法、溶剂萃取法、氧瓶燃烧法、沉淀法等。例如根据不同的基体组分，可选用不同的化学沉淀剂（与被测组分不干扰）去除，在电镀行业中 Cl^- 的测定中，就利用水合联氨或草酸等物质采用还原沉淀法去除 Cr^{6+} 的干扰。

（二）分析条件的选择

1. 固定相的选择 固定相的选择与试样离子的性质（价态、尺寸、极化程度等）、树脂的交换容量（在实验条件下，每克干树脂真正参加交换反应的活性基团数）以及树脂的结构等因素有关。无机离子以及离解很强的有机离子分离通常采用低交换容量的有机离子型树脂，如聚乙烯二乙烯苯共聚体为骨架的离子交换树脂、硅质键合离子交换剂；离解较弱的有机离子分离则采用不含离子交换基团的多孔树脂，如苯乙烯二乙烯苯树脂、十八烷基硅胶等；有机酸以及无机含氧酸根（CO_3^{2-}、SO_4^{2-} 等）的分离常采用高交换容量树脂，如全磺化交联聚苯乙烯阳离子型树脂等。

2. 流动相选择 主要考虑四个方面：有一定的洗脱能力、性质稳定、与试样离子有一定性质差异、对检测器的响应值应尽可能小。通常情况下，流动相（即淋洗液）的价态越高，离子半径越大，电离越强，极化程度越大，洗脱能力就越强。例如对常规淋洗液的洗脱能力来说：硼酸根<氢氧根<碳酸氢根<碳酸根。阴离子交换常用淋洗液：四硼酸钠、硼酸、氢氧化钠、碳酸氢钠、碳酸钠，阳离子交换常用淋洗液：盐酸、硝酸、硫酸、甲磺酸、吡啶-2,6-二羧酸等。

拓展阅读

离子色谱的用途

1. 无机阴离子检测 包括水相样品中的氟、氯、溴等卤素阴离子、硫酸根、硫代硫酸根、氰根等阴离子，可广泛应用于饮用水水质检测、啤酒、饮料等食品的安全、废水排放达标检测、冶金工艺水样、石油工业样品等工业制品的质量控制。特别由于卤素离子在电子工业中的残留受到越来越严格的限制，因此离子色谱被广泛地应用到无卤素分析等重要工艺控制部门。

2. 有机阴离子和阳离子分析 目前较成熟的应用包括：生物胺检测、有机酸检测、糖类分析，广泛应用于刑事侦查系统和法医学、微生物发酵工业、食品工业等领域。

第二节　高效毛细管电泳法

高效毛细管电泳法（high performance capillary eletrophoresis，HPCE）是以高压电场为驱动力，以毛细管为分离通道，依据样品中各组分之间淌度和分配行为上的差异而实现分离分析的液相分离方法。高效毛细管电泳法是在经典电泳技术的基础上发展起来的，通过采用散热效率高的毛细管在高电压下进行电泳，克服了经典电泳法由高电压引起的电解质离子的自热（或称焦耳热）现象，并极大提高了分离效率。1981 年，Jorgenson 和 Luckas 发表了划时代的研究成果，用 75μm 内径石英毛细管进行电泳，电迁移进样，荧光柱上检测丹酰化氨基酸，达到 400000 块/m 理论塔板数的高效率。从此电泳分析跨入高效毛细管电泳的时代。

一、基本原理和仪器构造

（一）基本原理

高效毛细管电泳是利用在电场力作用下离子迁移速度的差异来实现组分分离的液相分离分析技术。

1. 电泳和电泳淌度

（1）电泳和电泳速度　在一定电场强度作用下，溶质带电粒子在溶液中的定向移动（迁移），这种现象称为电泳。

带电粒子在电场中迁移时，所受的电场力为：

$$F_E = qE \qquad (18-3)$$

式中，q 为溶质离子所带的有效电荷；E 为电场强度。

带电粒子在溶液中运动时受到的阻力即摩擦力为：

$$F_f = fV_{ep} \qquad (18-4)$$

式中，V_{ep} 为电泳速度；f 为摩擦系数，其大小与带电粒子的大小、形状以及介质黏度有关。对于球形离子，$f = 6\pi\eta\gamma$；对于棒状离子，$f = 4\pi\eta\gamma$。式中，γ 是溶质离子的动力学半径，η 是电泳介质的黏度。平衡时，电场力与摩擦力相等，及 $qE = fV_{ep}$

电泳速度　　$$V_{ep} = \frac{qE}{f} = \frac{qE}{6\pi\eta\gamma}（球形离子） \qquad (18-5)$$

$$V_{ep} = \frac{qE}{f} = \frac{qE}{4\pi\eta\gamma}（棒状离子） \qquad (18-6)$$

不同物质在同一电场中，由于它们的有效电荷、形状大小的差异，它们的电泳速度不同，所以可能实现分离。

（2）电泳淌度　溶质在给定溶液中和单位电场强度下的电泳速度称为电泳淌度，用 μ_{ep} 表示。

$$\mu_{ep} = \frac{V_{ep}}{E} = \frac{q}{4\pi\eta\gamma} \qquad (18-7)$$

在一定条件下，不同粒子的形状、大小以及所带电量都可能有差别，则电泳淌度也可能不同。溶质粒子的电泳速度决定于粒子淌度和电场强度的乘积：

$$V_{ep} = \mu_{ep}E \tag{18-8}$$

所以电泳淌度差异是电泳分离的基础。

2. 电渗和电渗淌度 毛细管内溶液在外加电场作用下，整体朝某一方向移动的现象叫做电渗（或电渗流）。高效毛细管电泳大多使用石英毛细管，在内充缓冲液 pH>2 时，管壁的硅醇基（—SiOH）离解成硅醇基阴离子（—SiO⁻），使管壁带负电荷，溶液带正电荷，在管壁和溶液之间形成双电层。当在毛细管两端施加高电压时，双电层中扩散层内的阳离子就会朝阴极方向移动。由于这些阳离子是溶剂化的，所以会带动毛细管中整体溶液一起朝阴极移动。

电渗速度 V_{os} 与电场强度成 E 正比，电渗淌度 μ_{os} 为电渗速度与电场强度的比值：

$$V_{os} = \mu_{os}E \tag{18-9}$$

电渗流通常流向负极，电渗流速度约等于一般离子电泳速度的 5~7 倍。所以，各种电性物质在毛细管中的迁移速度为两种速度的矢量和，称为表观迁移速度，用 V_{ap} 表示。

$$V_{ap} = V_{ep} + V_{os} = (\mu_{ep} + \mu_{os})E \tag{18-10}$$

阳离子：$V_{ap} = V_{ep} + V_{os}$ 总向负极移动

中性粒子：$V_{ap} = V_{os}$ 向负极移动

阴离子：$V_{ap} = V_{os} - V_{ep}$，通常 $V_{os} > V_{ep}$，故阴离子以较小的速度向负极移动。综上所述，当待测样品位于施加高电压的毛细管正极端时，阳离子最先到达负极端；中性粒子的电泳速度为"0"，其迁移速度相当于电渗流速度，在阳离子之后到达负极端；阴离子表观迁移速度最慢，最后到达负极端。由于各种粒子在毛细管内的迁移速度差异，从而实现组分的分离。

（二）仪器构造

高效毛细管电泳仪主要由高压电源、进样装置、毛细管柱、电极和检测器等部分组成，如图 18-3 所示。

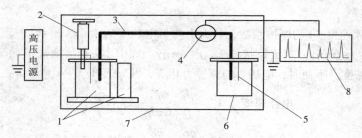

图 18-3　高效毛细管电泳仪结构图
1. 高压电极槽与进样机构　2. 填灌清洗机构　3. 毛细管　4. 检测器
5. 铂丝电极　6. 低压电极槽　7. 恒温装置　8. 记录/数据处理

1. 高压电源 高压电源要求有良好的电压稳定性和较高的输出电压，通常采用 0~30kV 稳定、连续可调直流高压电源。

2. 毛细管柱 常用弹性石英毛细管柱，其材料为熔融石英（热传导性好，可直接用于紫外或荧光检测），其内径一般为 25~75μm，长度 20~100cm。

电极通常由直径 0.5~1mm 的铂丝制成，电极槽通常是带螺口的小玻璃瓶或塑料瓶（1~5ml），要便于密封。

3. 进样系统 一般的进样方式是电动进样、压力进样和扩散进样。

（1）电动进样　将毛细管柱的一端及其相应端的电极从缓冲池中移出，放入试样杯中，然后在一准确时间范围内施加电压，使试样因离子移动和电渗流进入毛细管柱。电动进样特别适合黏度较大试样，易实现自动化操作。

（2）压力进样　通过进样端加压、出口端抽真空、虹吸（重力作用）三种方式，毛细管两端产生压力差，从而实现进样。

（3）扩散进样　利用浓度差产生扩散实现进样，即毛细管插入试液时，组分粒子因在管口界面处存在一定的浓度差而向管内扩散。这种进样的动力属不可控因素，进样量仅由扩散时间决定。

4. 检测器　紫外-可见光分光检测、激光诱导荧光检测、电化学检测和质谱检测均可用作毛细管电泳的检测器，其中以紫外-可见光分光光度检测器应用最广。

二、分析条件的选择

（一）缓冲溶液

电泳过程在缓冲液中进行，缓冲液的选择直接影响粒子的迁移和最后的分离。缓冲液的选择通常须遵循下述要求：

（1）在所选择的 pH 范围内有很好的缓冲容量；

（2）在检测波长处无吸收或吸收值低；

（3）为了达到有效的进样和合适的电泳淌度，缓冲液的 pH 至少必须比被分析物质的等电点高或低 1 个 pH 单位；

（4）自身的淌度低，即分子大而荷电小，以减少电流的产生；

（5）只要条件允许就尽可能采用酸性缓冲液，在低 pH 条件下，吸附和电渗流都很小，毛细管涂层的寿命较长；

（6）在配制毛细管电泳用的缓冲液时，必须使用高纯蒸馏水和试剂，另外用前要用 $0.45\mu m$ 的滤器过滤以除去颗粒等。

（二）添加剂

在毛细管电泳分离中，常常还在缓冲溶液中添加某种试剂，通过它与管壁或与样品溶质之间的相互作用，改变管壁或溶液相物理化学特性，进一步优化分离条件，提高分离选择性和分离度。常用添加剂有中性盐类、有机溶剂、表面活性剂等，比如① 加入浓度较大的中性盐，如 K_2SO_4，溶液离子强度增大，使溶液的黏度增大，电渗流减小。② 加入有机溶剂如甲醇、乙腈，使电渗流增大。③ 加入表面活性剂，可改变电渗流的大小和方向：加入阴离子表面活性剂，如十二烷基硫酸钠，可以使壁表面负电荷增加，电势增大，电渗流增大；加入不同阳离子表面活性剂，如 S-苄锍脲盐、溴化十四、烷基三甲基铵等，能使电势减小，甚至使电势变成正值，从而消除电渗流或改变电渗流的方向。

（三）工作电压

电压是控制柱效分离度和迁移时间的重要因素。在焦耳热可以忽略的条件下，外加电压增大，分离时间缩短、柱效和分离度提高。但电压升高，产生的焦耳热增多，在不能有效地驱散所产生的焦耳热情况下，柱温显著升高，工作电流增大，柱效和分离度降低。所以除了采取有效的散热措施外，选择一种合适的条件，使在此条件下允许使用较高电压，而不致产生过高的电流和过多的焦耳热，是非常重要的。

一般通过作 I-V 曲线（即工作电流-电压曲线）来选择体系的最佳外加电压值。

拓展阅读

  HPCE 具有多种分离模式（多种分离介质和原理），故具有多种功能，因此其应用十分广泛，通常能配成溶液或悬浮溶液的样品（除挥发性和不溶物外）均能用 HPCE 进行分离和分析，小到无机离子，大到生物大分子和超分子，甚至整个细胞都可进行分离检测。它广泛应用于生命科学、医药科学、临床医学、分子生物学、法庭与侦破鉴定、化学、环境、海关、农学、生产过程监控、产品质检以及单细胞和单分子分析等领域。

第三节 质谱联用分析简介

  质谱法（mass spectrometry，MS）是用电场和磁场将运动的离子按它们的质荷比进行分离检测的方法。以检测到的离子信号强度为纵坐标，以离子的质荷比为横坐标建立的谱图就是质谱图。由于核素的准确质量是一个多位小数，绝不会有两个核素的质量是一样的，而且绝不会有一种核素的质量恰好是另一核素质量的整数倍，利用质谱图测出离子准确质量即可确定离子的化合物组成。分析这些离子可获得化合物的相对分子质量、化学结构、裂解规律和由单分子分解形成的某些离子间存在的某种相互关系等信息。质谱仪结构示意图见图 18-4。

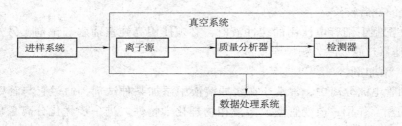

图 18-4　质谱仪结构示意图

  质谱法是一种定性鉴别、结构分析能力很强但对复杂试样的分离能力不足的方法。而色谱法是一种有效的分离分析方法，但定性能力差。那么将这种有效的分离手段与这种强大的鉴别方法进行资源整合，质谱与色谱联用分析应运而生了。

一、气相色谱-质谱联用分析法

  气相色谱-质谱联用技术（GC-MS），即将气相色谱仪与质谱仪通过接口组件进行连接，以气相色谱作为试样分离、制备的手段，质谱作为气相色谱的在线检测手段进行定性、定量分析，辅以相应的数据收集与控制系统构建而成的一种色谱-质谱联用技术，在化工、石油、环境、农业、法医、生物医药等方面，已经成为一种获得广泛应用的成熟的常规分析技术。

  气相色谱-质谱联用系统（图 18-5）由气相色谱单元、质谱单元、接口和计算机控制系统四大件组成。其中气相色谱单元一般由载气控制系统、进样系统、色谱柱与控温系统组成；质谱单元由离子源、离子质量分析器及其扫描部件、离子检测器和真空系统组成；

接口是样品组分的传输线以及气相色谱单元、质谱单元工作流量或气压的匹配器；计算机控制系统不仅用作数据采集、存储、处理、检索和仪器的自动控制，而且还拓宽了质谱仪的性能。

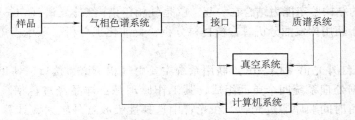

图 18-5　气相色谱-质谱联用系统示意图

二、液相色谱-质谱联用分析法

随着科学技术不断地发展以及生产、生活的需要，人们对分析的技术和方法提出了更高的要求，在色谱-质谱联用技术中应用较多的是气相色谱-质谱联用分析（GC-MS），但气相色谱要求样品具有一定的蒸气压，仅能分离那些具有挥发性和低相对分子质量的化合物，多数情况下要将试样经过适当的预处理和衍生化，以使之成为易汽化的样品才能进行GC-MS 分析。而液相色谱可分离难挥发、大分子、强极性及热稳定性差的化合物，同时液相色谱-质谱联用（LC-MS）联机弥补了传统液相色谱检测器的不足，具有高分离能力、高灵敏度、应用范围更广等特点，被广泛应用到生物、医药、化工和环境等领域。

LC-MS 联机的最大难题是 LC 的流动相与 MS 传统电力源的高真空难以相容，还要在温和的条件下使样品带上电荷而样品本身不分解。后来经过努力相继出现了多种液相色谱-质谱联用接口，实现了液相色谱-质谱的联用。特别是大气压电离质谱（API-MS）的实现为LC-MS 的兼容创造了机会，商品化的小型 LC-MS 作为成熟的常规分析仪器已经在生物医药实验室发挥着重要的作用。

三、毛细管电泳-质谱联用分析法

传统毛细管电泳（CE）系统的检测器为紫外-可见分光检测器，由于其通过样品的光程较短，导致检测灵敏度较低，特别是对一些紫外吸收较弱的化合物的检测。而质谱（MS）检测器有如下特点。

（1）与紫外、激光诱导、荧光和电化学检测器相比，更是一种通用型检测器。

（2）由于质谱的选择性和专一性，弥补了样品迁移时间变化的不足。

（3）质谱检测的灵敏度优于紫外分光光度法。

（4）质谱在检出峰的同时还能给出相对分子质量和结构信息。

（5）某些质谱技术可以给出多电荷离子信息，对分析大分子如糖、蛋白质等，与 CE联用更有利。

随着大气压电离（API）、电喷雾电离（ESI）及新型质谱仪的快速扫描等新技术的出现，质谱检测器足以满足 CE 窄峰形的特点。因此毛细管电泳-质谱联用（CE-MS）技术得到了迅速发展，并正在成为实验室的重要常规分析方法之一，其主要的应用于生物大分子（蛋白质、多肽、脂类等）及相关物质分析、中草药及其天然产物活性毒性分析、食品药品分析、环境分析等方面。

四、气相色谱-红外光谱联用

气相色谱是物质分离和定量分析的有效手段，但在定性方面始终存在困难，仅靠保留指数定性未知物或未知组分是非常不可靠的。红外光谱法能提供丰富的分子结构信息，是非常理想的定性鉴定工具。然而红外光谱法原则上只适用于纯化合物，对于混合物的定性分析常常无能为力。将这两种技术取其所长，即将气相色谱的高效分离及定量检测能力与红外光谱独特的结构鉴定能力结合在一起，就是气相色谱-红外光谱（GC-IR）联用技术。GC-IR 广泛用于药用挥发油分析、香精香料分析，石油化工分析、环境污染分析、燃料分析等方面。

气相色谱-红外光谱（GC-IR）联用系统主要由气相色谱、接口、傅里叶变换红外光谱、计算机数据处理系统四个单元组成，其工作原理是：样品经过色谱柱的分离，色谱馏分将按照保留时间顺序通过光管，在光管中选择性吸收红外辐射，计算机系统采集并存储来自探测器的干涉图信息，并作快速傅里叶变换，最后得到样品的气相红外光谱图。

五、高效液相色谱-核磁共振波谱联用

（一）核磁共振波谱（nuclear magnetic resonance，NMR）

某些原子核在磁场中产生能量裂分，形成能级，当用无线电波范围内的电磁辐射对样品进行照射，可以使不同结构环境中的原子核实现共振跃迁，记录发生共振跃迁时信号的位置和强度就是核磁共振波谱（NMR）。利用核磁共振波谱进行结构测定、定性定量分析的方法称为核磁共振波谱法（NMR spectroscopy，缩写为 NMR）。NMR 广泛用于分子生物学、天然有机化学、合成有机化学、石油化工、医药等各个领域。尤其在有机化学方面，NMR 为人们提供有关分子结构、分子构型、分子运动等多种信息，所以 NMR 波谱已成为研究有机分子微观结构不可缺少的工具。

常用核磁共振谱：

（1）测定氢核的核磁共振氢谱［简称氢谱（^1H-NMR）］。

（2）测定碳-13 核的核磁共振碳谱［简称碳谱（^{13}C-NMR）］。

其中最常用的是氢谱，从氢谱中可以通过信号的位置判别不同类型的氢原子；也可通过信号的裂分及偶合常数来判别氢所处的化学环境；还可通过信号强度（峰面积或积分曲线）了解各组氢间的相对比例。在碳谱中可用于结构归属的指定、构象的测定以及观察体系的运动状况。核磁共振还可以测定质子在空间的相对距离。

1. 基本原理　带电荷的质点自旋会产生磁场，磁场具有方向性，可用磁矩表示。原子核作为带电荷的质点，它的自旋可以产生磁矩，但并非所有原子核的自旋都具有磁矩，实验证明，只有那些原子序数或质量数为奇数的原子核自旋才具有磁矩，能够产生磁矩的自旋原子核才能产生 NMR 信号。不同的原子核，自旋运动的情况不同，它们可以用核的自旋量子数 I 来表示。自旋量子数 I 与原子的质量数和原子序数之间存在一定的关系，大致分为三种情况：

I 为 0 的原子核可以看作是一种非自旋的球体；

I 为 1/2 的原子核可以看作是一种电荷分布均匀的自旋球体；

I 大于 1/2 的原子核可以看作是一种电荷分布不均匀的自旋椭圆体。

即自旋量子数 $I \neq 0$ 的原子核的自旋具有磁矩，能够产生 NMR 信号。

就像陀螺在自转同时绕重力轴进动一样，自旋原子核在自旋同时，也会绕着外磁场的方向进动。其进动频率：

$$\nu = \frac{\gamma}{2\pi} H_0 \tag{18-11}$$

式中，γ 为磁旋比（原子核的特性常数）；H_0 为外磁场强度。

当自旋原子核的进动频率等于其所吸收的无线电波频率时，原子核就会从低能级跃迁到高能级，产生核磁共振吸收。

2. 核磁共振波谱仪　核磁共振波谱仪（图 18-6）主要由磁体（提供强而均匀的磁场）、样品管（直径 4mm，长度 15cm，质量均匀的玻璃管）、射频振荡器（在垂直于主磁场方向提供一个射频波照射样品）、扫描发生器（安装在磁极上的 Helmholtz 线圈，提供一个附加可变磁场，用于扫描测定）、射频接受器（用于探测 NMR 信号，此线圈与射频发生器、扫描发生器三者彼此互相垂直）构成。

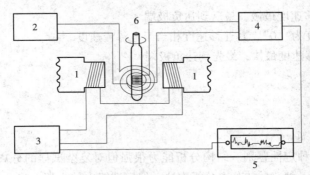

图 18-6　核磁共振波谱仪构造示意图

1. 磁铁　2. 射频振荡器　3. 扫描发生器　4. 检测器　5. 记录器　6. 样品管

（二）高效液相色谱-核磁共振波谱联用（HPLC-NMR）

核磁共振波谱（NMR）是获取有机物详细结构信息的有力手段，能方便提供不同分子结构的细微差别（如同分异构化合物、立体异构化合物）。但 NMR 要求被测样品是纯净物，对混合物分析往往很困难，因此在核磁共振检测之前，需要对混合样品进行分离纯化等处理。而高效液相色谱广泛用于复杂混合物的分离，并能与紫外吸收检测器、电化学检测器、荧光检测器等联用，但这些检测器一般只能提供非常有限的待测物的结构信息。于是经过资源整合，实现了高效液相色谱-核磁共振波谱联用（HPLC-NMR）。HPLC-NMR 技术可以防止样品在分离后至 NMR 检测之间的结构变化，并缩短了 NMR 的检测时间，能提供比任何其他光谱分析法更准确的结构信息，已广泛用于药物检测、食品检测、异构体研究等领域。

📊 重点小结

本章主要介绍了离子色谱分析、高效毛细管电泳法及各种质谱联用技术的基本原理、仪器构造，重点介绍离子色谱分析、高效毛细管电泳法的基本原理、仪器构造和分析条件的选择。

目标检测

一、选择题

（一）最佳选择题

1. 离子色谱最常见的分离方式为

    A. 离子交换   B. 离子排斥   C. 离子对色谱

2. 与常规 HPLC 相比，离子色谱仪主要差异之一在于，在色谱柱之后和检测器之前，离子色谱带有

    A. 抑制器   B. CR-TC

    C. 脱气装置   D. 保护柱

3. 高效毛细管电泳法中适合黏度较大试样、易实现自动化操作的进样方式是

    A. 压力进样   B. 电动进样   C. 扩散进样

（二）配伍选择题

[4~6] A. 表观迁移速度最慢，最后到达负极端

       B. 电泳速度为"0"，其迁移速度相当于电渗流速度

       C. 表观迁移速度最快，最先到达负极端

4. 中性粒子

5. 阴离子

6. 阳离子

（三）共用题干单选题

[7~8] 质谱法是一种定性鉴别、结构分析能力很强但对复杂试样的分离能力不足的方法。而色谱法是一种有效的分离分析方法，但定性能力差。那么将这种有效的分离手段与这种强大的鉴别方法进行资源整合，质谱联用分析应运而生了。

7. 对于相对分子质量低、挥发性强、易汽化的样品的检测，常采用

    A. 气相色谱-质谱联用   B. 液相色谱-质谱联用

    C. 毛细管电泳-质谱联用   D. 气相色谱仪-红外光谱联用

    E. 高效液相色谱-核磁共振波谱联用

8. 液相色谱-质谱联用最大的问题是

    A. MS 传统电力源的高真空

    B. LC 的流动相是液体

    C. LC 的流动相与 MS 传统电力源的高真空难以相容，还要在温和的条件下使样品带上电荷而样品本身不分解

    D. 液相色谱分离出的组分一般不带电荷

    E. 质谱分析的样品要求带电荷

（四）X 型题（多选题）

9. 哪种类型的原子核能够产生 NMR 信号

    A. 自旋量子数为 0 的原子核   B. 自旋量子数为 1/2 的原子核

    C. 自旋量子数大于 1/2 的原子核

10. 高效毛细管电泳仪的检测器可以是

    A. 紫外-可见光分光检测   B. 激光诱导荧光检测

    C. 电化学检测   D. 质谱检测

    E. 核磁检测

11. 电泳过程在缓冲液中进行，缓冲液的选择直接影响粒子的迁移和最后的分离。缓冲液的选择通常须遵循下述要求

    A. 在所选择的 pH 范围内有很好的缓冲容量

B. 在检测波长处无吸收或吸收值低

C. 为了达到有效的进样和合适的电泳淌度，缓冲液的 pH 至少必须比被分析物质的等电点高或低 1 个 pH 单位

D. 自身的淌度低，即分子大而荷电小，以减少电流的产生

E. 只要条件允许就尽可能采用酸性缓冲液，在低 pH 条件下，吸附和电渗流都很小，毛细管涂层的寿命较长

二、填空题

12. 高效毛细管电泳仪主要由_____、_____、_____和_____等部分组成。

13. 离子色谱法是以能_____为固定相，以_____为流动相，利用被分离组分_____的差异，对离子型无机物或有机物实现分离的。

14. 液相色谱可分离_____、_____、_____的化合物，同时 LC-MS 联机弥补了传统液相色谱检测器的不足，具有高分离能力、高灵敏度、应用范围更广等特点，被广泛应用到生物、医药、化工和环境等领域。

三、判断题

15. 毛细管内溶液在外加电场作用下，整体朝某一方向移动的现象叫做电渗（或电渗流）。

16. 离子排斥色谱主要填料类型为有机离子交换树脂。

17. 红外光谱法能提供丰富的分子结构信息，是非常理想的定性鉴定工具。

18. 在焦耳热可以忽略的条件下，外加电压减低，分离时间缩短、柱效和分离度提高。

19. NMR 要求被测样品是纯净物，对混合物分析往往很困难。

四、综合题

20. 简述高效毛细管电泳与高效液相色谱在分离方面的异同点。

（胡金忠）

附录一　弱酸在水中的电离常数

化合物	电离前化学式	共轭酸（25℃）			共轭碱（25℃）		
		分级	K_a	pK_a	分级	K_b	pK_b
砷酸	H_3AsO_4	K_{a1}	5.50×10^{-3}	2.26	K_{b3}	1.80×10^{-12}	11.74
	$H_2AsO_4^-$	K_{a2}	1.70×10^{-7}	6.76	K_{b2}	5.80×10^{-8}	7.24
	$HAsO_4^{2-}$	K_{a3}	5.10×10^{-12}	11.29	K_{b1}	1.90×10^{-3}	2.71
亚砷酸	H_2AsO_3	K_a	5.10×10^{-10}	9.29	K_b	1.90×10^{-5}	4.71
硼酸	H_3BO_3	$K_{a(20℃)}$	5.40×10^{-10}	9.27	K_b	1.80×10^{-5}	4.73
焦硼酸*	$H_2B_4O_7$	K_{a1}	1.00×10^{-4}	4.00	K_{b2}	1.00×10^{-10}	10.00
	$HB_4O_7^-$	K_{a2}	1.00×10^{-9}	9.00	K_{b1}	1.00×10^{-5}	5.00
碳酸	H_2CO_3	K_{a1}	4.50×10^{-7}	6.35	K_{b2}	2.20×10^{-8}	7.65
	HCO_3^-	K_{a2}	4.70×10^{-11}	10.33	K_{b1}	2.10×10^{-4}	3.67
氢氰酸	HCN	K_a	6.20×10^{-10}	9.21	K_b	1.60×10^{-5}	4.79
铬酸	H_2CrO_4	K_{a1}	0.18	0.74	K_{b2}	5.50×10^{-14}	13.26
	$HCrO_4^-$	K_{a2}	3.20×10^{-7}	6.49	K_{b1}	3.10×10^{-8}	7.51
氢氟酸	HF	K_a	6.30×10^{-4}	3.20	K_b	1.60×10^{-11}	10.80
亚硝酸	HNO_2	K_a	5.60×10^{-4}	3.25	K_b	1.80×10^{-11}	10.75
过氧化氢	H_2O_2	K_a	2.40×10^{-12}	11.62	K_b	4.20×10^{-3}	2.38
磷酸	H_3PO_4	K_{a1}	6.90×10^{-3}	2.16	K_{b3}	1.40×10^{-12}	11.84
	$H_2PO_4^-$	K_{a2}	6.20×10^{-8}	7.21	K_{b2}	1.60×10^{-7}	6.79
	HPO_4^{2-}	K_{a3}	4.80×10^{-13}	12.32	K_{b1}	2.10×10^{-2}	1.68
焦磷酸	$H_4P_2O_7$	K_{a1}	0.12	0.91	K_{b4}	8.10×10^{-14}	13.09
	$H_3P_2O_7^-$	K_{a2}	7.90×10^{-3}	2.10	K_{b3}	1.30×10^{-12}	11.90
	$H_2P_2O_7^{2-}$	K_{a3}	2.00×10^{-7}	6.70	K_{b2}	5.00×10^{-8}	7.30
	$HP_2O_7^{3-}$	K_{a4}	4.80×10^{-10}	9.32	K_{b1}	2.10×10^{-5}	4.68
亚磷酸	H_3PO_3	$K_{a1(20℃)}$	5.00×10^{-2}	1.30	K_{b2}	2.00×10^{-13}	12.70
	$H_2PO_3^-$	$K_{a2(20℃)}$	2.00×10^{-7}	6.70	K_{b1}	5.00×10^{-8}	7.30
氢硫酸	H_2S	K_{a1}	8.90×10^{-8}	7.05	K_{b2}	1.10×10^{-7}	6.95

化合物	电离前化学式	共轭酸（25℃）			共轭碱（25℃）		
		分级	K_a	pK_a	分级	K_b	pK_b
	HS^-	K_{a2}	1.30×10^{-14}	13.90	K_{b1}	0.79	0.10
硫酸	HSO_4^-	K_{a2}	1.00×10^{-2}	1.99	K_{b1}	9.80×10^{-13}	12.01
亚硫酸	H_2SO_3	K_{a1}	1.40×10^{-2}	1.85	K_{b2}	7.10×10^{-13}	12.15
	HSO_3^-	K_{a2}	6.30×10^{-8}	7.20	K_{b1}	1.60×10^{-7}	6.80
偏硅酸*	H_2SiO_3	K_{a1}	1.70×10^{-10}	9.77	K_{b2}	5.90×10^{-5}	4.23
	$HSiO_3^-$	K_{a2}	1.60×10^{-12}	11.80	K_{b1}	6.20×10^{-3}	2.20
甲酸	$HCOOH$	K_a	1.80×10^{-4}	3.75	K_b	5.60×10^{-11}	10.25
乙酸	CH_3COOH	K_{a2}	1.75×10^{-5}	4.76	K_{b1}	5.70×10^{-10}	9.24
一氯乙酸	$CHClCOOH$	K_a	1.30×10^{-3}	2.87	K_b	7.40×10^{-12}	11.13
二氯乙酸	$CHCl_2COOH$	K_a	4.50×10^{-2}	1.35	K_b	2.20×10^{-13}	12.65
三氯乙酸	CCl_3COOH	K_a	0.22	0.66	K_b	4.60×10^{-14}	13.34
甘氨酸	$N^+H_3CH_2COOH$	K_{a1}	4.50×10^{-3}	2.35	K_{b2}	2.20×10^{-12}	11.65
	$N^+H_3CH_2COO^-$	K_{a2}	1.70×10^{-10}	9.78	K_{b1}	6.00×10^{-5}	4.22
乳酸	$CH_3CHOHCOOH$	K_a	1.40×10^{-4}	3.85	K_b	7.20×10^{-11}	10.14
抗坏血酸	$C_6H_8O_6$	K_{a1}	9.10×10^{-5}	4.04	K_{b2}	1.10×10^{-10}	9.96
	$C_6H_7O_6^-$	$K_{a2(16℃)}$	2.00×10^{-12}	11.70	K_{b1}	5.00×10^{-3}	2.30
苯甲酸	C_6H_5COOH	K_a	6.30×10^{-5}	4.20	K_b	1.60×10^{-10}	9.80
草酸	$H_2C_2O_4$	K_{a1}	5.60×10^{-2}	1.25	K_{b2}	1.80×10^{-13}	12.75
	$H_1C_2O_4^-$	K_{a1}	1.50×10^{-4}	3.81	K_{b1}	6.70×10^{-11}	10.19
DL-酒石酸	$(CHOHCOOH)_2$	K_{a1}	9.30×10^{-4}	3.03	K_{b2}	1.10×10^{-11}	10.97
	$(CHOHCOO)_2H^-$	K_{a2}	4.30×10^{-5}	4.37	K_{b1}	2.30×10^{-10}	9.63
顺丁烯二酸	$(C_2H_2COOH)_2$	K_{a1}	1.20×10^{-2}	1.92	K_{b2}	8.30×10^{-13}	12.08
	$(C_2H_2COO)_2H^-$	K_{a2}	5.90×10^{-7}	6.23	K_{b1}	1.70×10^{-8}	7.77
邻苯二甲酸	$C_6H_4(COOH)_2$	K_{a1}	1.14×10^{-3}	2.94	K_{b2}	8.77×10^{-12}	11.06
	$C_6H_4(COO)_2H^-$	K_{a2}	3.70×10^{-6}	5.43	K_{b1}	2.70×10^{-9}	8.57
柠檬酸	$C_3H_4OH(COOH)_3$	K_{a1}	7.40×10^{-4}	3.13	K_{b3}	1.30×10^{-11}	10.87
	$C_3H_4OH(COO)_3H_2^-$	K_{a2}	1.70×10^{-5}	4.76	K_{b2}	5.80×10^{-10}	9.24
	$C_3H_4OH(COO)_3H^{2-}$	K_{a3}	4.00×10^{-7}	6.40	K_{b1}	2.50×10^{-8}	7.60
乙二胺四乙酸	H_6Y^{2+}	K_{a1}	0.13	0.90	K_{b6}	7.70×10^{-14}	13.10

化合物	电离前化学式	共轭酸（25℃）			共轭碱（25℃）		
		分级	K_a	pK_a	分级	K_b	pK_b
	H_5Y^+	K_{a2}	3.00×10^{-2}	1.60	K_{b5}	3.30×10^{-13}	13.10
	H_4Y	K_{a3}	1.00×10^{-2}	2.00	K_{b4}	1.00×10^{-12}	12.00
	H_3Y^-	K_{a4}	2.10×10^{-3}	2.67	K_{b3}	4.80×10^{-12}	11.33
	H_2Y^{2-}	K_{a5}	6.90×10^{-7}	6.16	K_{b2}	1.40×10^{-8}	7.84
	HY^{3-}	K_{a6}	5.50×10^{-11}	10.26	K_{b1}	1.80×10^{-4}	3.74
苯酚	C_6H_5OH	K_a	1.00×10^{-10}	10.00	K_b	1.00×10^{-4}	4.00
硒酸	$HSeO_4^-$	K_a	1.20×10^{-2}	1.92	K_b	8.32×10^{-13}	12.08
亚硒酸	H_2SeO_3	K_a	3.50×10^{-3}	2.46	K_b	2.88×10^{-12}	11.54
	HSe_3^-	K_{a2}	5.00×10^{-8}	7.31	K_{b1}	2.04×10^{-7}	6.69
硅酸	H_3SiO_4	$K_{a1(30℃)}$	2.20×10^{-10}	9.66	K_{b3}	4.57×10^{-5}	4.34
	$H_2SiO_4^-$	K_{a2}	2.00×10^{-12}	11.70	K_{b2}	5.01×10^{-3}	2.30
	$HSiO_4^{2-}$	K_{a3}	1.00×10^{-12}	12.00	K_{b1}	0.01	2.00
琥珀酸	$C_4H_6O_4$	K_{a1}	6.89×10^{-5}	4.16	K_{b2}	1.45×10^{-10}	9.84
	$C_4H_5O_4^-$	K_{a2}	2.47×10^{-6}	5.61	K_{b1}	4.07×10^{-9}	8.39
甘油磷酸	$C_3H_9PO_6$	K_{a1}	3.40×10^{-2}	1.47	K_{b2}	2.95×10^{-13}	12.53
	$C_3H_8PO_6^-$	K_{a2}	6.40×10^{-7}	6.20	K_{b1}	1.58×10^{-8}	7.80
羟基乙酸	$C_2O_3H_4$	K_a	1.52×10^{-4}	3.82	K_b	6.61×10^{-11}	10.18
丙二酸	$C_3O_4H_4$	K_{a1}	1.49×10^{-3}	2.83	K_{b2}	6.76×10^{-12}	11.17
	$C_3O_4H_3^-$	K_{a2}	2.03×10^{-6}	5.69	K_{b1}	4.90×10^{-9}	8.31
对羟苯甲酸	$C_7O_3H_6$	K_a	3.30×10^{-5}	4.48	K_b	3.02×10^{-10}	9.52
（19℃）	$C_7O_3H_5^-$	K_{a2}	4.80×10^{-10}	9.32	K_{b1}	2.09×10^{-5}	4.68
水杨酸	$C_7O_3H_6$	$K_{a1(19℃)}$	1.07×10^{-3}	2.97	K_{b2}	9.33×10^{-12}	11.03
	$C_7O_3H_5^-$	$K_{a2(18℃)}$	4.00×10^{-14}	13.40	K_{b1}	0.25	0.60
氨基硝酸	$N_2O_2H_2$	K_a	6.50×10^{-4}	3.19	K_b	1.55×10^{-11}	10.81
苦味酸	$C_6N_3O_7H_3$	K_a	4.20×10^{-1}	0.38	K_b	2.40×10^{-14}	13.62
五倍子酸	$C_7H_6O_5$	K_a	3.90×10^{-5}	4.41	K_b	2.57×10^{-10}	9.59
碘酸	HIO_3	K_a	1.69×10^{-1}	0.77	K_b	5.89×10^{-14}	13.23
高碘酸	HIO_4	K_a	2.30×10^{-2}	1.64	K_b	4.37×10^{-13}	12.36

（冉启文）

附录二　弱碱在水中的电离常数

化合物	电离前化学式	共轭碱（25℃）			共轭酸（25℃）		
		分级	K_b	pK_b	分级	K_a	pK_a
氨水	NH_4OH	K_b	$1.76×10^{-5}$	4.75	K_a	$5.62×10^{-10}$	9.25
氢氧化钙	$Ca(OH)_2$	K_{b1}	$4.00×10^{-2}$	1.40	K_{a2}	$2.51×10^{-14}$	13.60
	$Ca(OH)^-$	$K_{b2(30℃)}$	$3.74×10^{-3}$	2.43	K_{a1}	$2.69×10^{-12}$	11.57
羟胺	NH_2OH	$K_{b(20℃)}$	$1.70×10^{-8}$	7.97	K_a	$9.33×10^{-7}$	6.03
氢氧化铅	$Pb(OH)_2$	K_b	$9.60×10^{-4}$	3.02	K_a	$1.05×10^{-11}$	10.98
氢氧化银	$AgOH$	K_b	$1.10×10^{-4}$	3.96	K_a	$9.12×10^{-11}$	10.04
氢氧化锌	$Zn(OH)_2$	K_b	$9.60×10^{-4}$	3.02	K_a	$1.05×10^{-11}$	10.98
联氨	NH_2-NH_2	K_b	$1.30×10^{-6}$	5.90	K_a	$1.00×10^{-8}$	8.00
甲胺	NH_2CH_3	K_b	$4.60×10^{-4}$	3.34	K_a	$2.19×10^{-11}$	10.66
乙胺	$C_2H_5NH_2$	K_b	$4.50×10^{-4}$	3.35	K_a	$2.24×10^{-9}$	10.65
二甲胺	$C_2H_6NH_2$	K_b	$5.40×10^{-4}$	3.27	K_a	$1.86×10^{-11}$	10.73
乙醇胺	$HOC_2H_4NH_2$	K_b	$3.20×10^{-5}$	4.49	K_a	$3.09×10^{-10}$	9.51
三乙醇胺	$(HOC_2H_4)_3N$	K_b	$5.80×10^{-7}$	6.24	K_a	$1.70×10^{-8}$	7.76
六次甲基四胺	$(CH_2)_6N_4$	K_b	$1.40×10^{-9}$	8.85	K_a	$7.1×10^{-6}$	5.15
乙二胺	$C_2H_4(NH_2)_2$	K_{b1}	$8.30×10^{-5}$	4.08	K_{a2}	$1.20×10^{-10}$	9.92
	$C_2H_4NH_2NH_3^+$	K_{b2}	$7.20×10^{-8}$	7.14	K_{a1}	$1.40×10^{-7}$	6.86
吡啶	C_5H_5N	K_b	$1.70×10^{-9}$	8.77	K_a	$5.90×10^{-6}$	5.23
邻二氮菲	$C_{12}H_8N_2$	K_b	$6.90×10^{-10}$	9.16	K_a	$1.40×10^{-5}$	4.84
正丁胺	$C_4H_9NH_2$	$K_{b(18℃)}$	$5.89×10^{-4}$	3.23	K_a	$1.86×10^{-11}$	10.73
三乙胺	$(C_2H_5)_3N$	$K_{b(18℃)}$	$1.02×10^{-3}$	2.99	K_a	$9.77×10^{-12}$	11.01
苯胺	$C_6H_5NH_2$	K_b	$4.26×10^{-10}$	9.37	K_a	$2.34×10^{-4}$	3.63
联苯二胺	$C_{12}H_8(NH_2)_2$	K_{b1}	$9.30×10^{-10}$	9.03	K_{a2}	$1.07×10^{-5}$	4.97
	$C_{12}H_8(NH_2)_2H^+$	K_{b2}	$5.60×10^{-11}$	10.25	K_{a1}	$1.78×10^{-4}$	3.75
α-萘胺	$C_{10}H_8NH_2$	K_b	$8.32×10^{-11}$	10.08	K_a	$1.20×10^{-4}$	3.92
β-萘胺	$C_{10}H_8NH_3$	K_b	$1.44×10^{-10}$	9.84	K_a	$6.92×10^{-5}$	4.16
对乙氧基苯胺	$C_8H_9NH_2$	$K_{b(28℃)}$	$1.58×10^{-9}$	8.80	K_a	$6.31×10^{-6}$	5.20
尿素	$CO(NH_2)_2$	$K_{b(21℃)}$	$8.32×10^{-14}$	13.08	K_a	0.79	0.10

化合物	电离前化学式	共轭碱（25℃）			共轭酸（25℃）		
		分级	K_b	pK_b	分级	K_a	pK_a
马钱子碱	$C_{21}H_{22}N_2O_2$	K_b	1.91×10^{-6}	5.72	K_a	5.25×10^{-9}	8.28
可待因	$C_{18}H_{21}NO_3$	K_b	1.62×10^{-6}	5.79	K_a	6.17×10^{-9}	8.21
黄连碱	$C_{19}H_{14}NO_4Cl$	K_b	2.51×10^{-8}	7.60	K_a	3.98×10^{-7}	6.40
吗啡	$C_{17}H_{19}NO_3$	K_b	1.62×10^{-6}	5.79	K_a	6.17×10^{-9}	8.21
烟碱	$C_{10}H_{14}N_2$	K_{b1}	1.05×10^{-6}	5.98	K_{a2}	9.55×10^{-10}	9.02
	$C_{10}H_{15}N_2^+$	K_{b2}	1.32×10^{-11}	10.88	K_{a1}	7.59×10^{-4}	3.12
毛果芸香碱	$C_{11}H_{16}N_2O_2$	$K_{b(30℃)}$	7.41×10^{-8}	7.13	K_a	1.35×10^{-7}	6.87
喹啉	C_9H_7N	$K_{b(20℃)}$	7.94×10^{-10}	9.10	K_a	1.26×10^{-5}	4.90
奎宁	$C_{20}H_{24}N_2O_2$	K_{b1}	3.31×10^{-6}	5.48	K_{a2}	3.02×10^{-9}	8.52
	$C_{20}H_{25}N_2O_2^+$	K_{b2}	1.35×10^{-10}	9.87	K_{a1}	7.41×10^{-5}	4.13
番木鳖碱	$C_{21}H_{22}N_2O_2$	K_b	1.82×10^{-6}	5.74	K_a	5.50×10^{-9}	8.26

（冉启文）

附录三　标准电极电势表

环境：25℃，1atm，离子浓度 1mol/L，采用氢电极 $\varphi^{\ominus}$（V）为 0 编制

电极反应	$\varphi^{\ominus}$（V）	电极反应	$\varphi^{\ominus}$（V）
$Al^{3+}+3e \rightleftharpoons Al$	-1.6630	$H_3PO_4+2H^++2e \rightleftharpoons H_3PO_3+H_2O$	-0.2760
$AsO_4^{3-}+2H_2O+2e \rightleftharpoons AsO_2^-+4OH^-$	-0.6700	$2H_2O+2e \rightleftharpoons H_2+2OH^-$	-0.8277
$AgI+e \rightleftharpoons Ag+I^-$	-0.1520	$HSnO_2^-+H_2O+2e \rightleftharpoons Sn+3OH^-$	-0.9090
$AgBr+e \rightleftharpoons Ag+Br^-$	0.0710	$H_2+2e \rightleftharpoons 2H^-$	-2.2300
$AgCl+e \rightleftharpoons Ag+Cl^-$	0.2220	$H_2AlO_3^-+H_2O+3e \rightleftharpoons Al+4OH^-$	-2.3300
$Ag^++e \rightleftharpoons Ag$	0.7990	$H_3PO_3+2H^++2e \rightleftharpoons H_3PO_2+H_2O$	-0.4990
$Ag_2S+2e \rightleftharpoons 2Ag+S^{2-}$	-0.6910	$4HSO_3^-+8H^++6e \rightleftharpoons S_4O_6^{2-}+6H_2O$	0.5100
$Ba^{2+}+2e \rightleftharpoons Ba$	-2.9050	$HNO_2+H^++e \rightleftharpoons NO+H_2O$	1.0000
$Br_2+2e \rightleftharpoons 2Br^-$	1.0650	$HBrO+H^++2e \rightleftharpoons Br^-+H_2O$	1.3400
$BrO_3^-+6H^++6e \rightleftharpoons Br^-+3H_2O$	1.4400	$IO_3^-+3H_2O+6e \rightleftharpoons I^-+6OH^-$	0.2500
$2BrO_3^-+12H^++10e \rightleftharpoons Br_2+6H_2O$	1.4820	$I_2+2e \rightleftharpoons 2I^-$	0.5355

电极反应	$\varphi^{\ominus}$（V）	电极反应	$\varphi^{\ominus}$（V）
$BiO^+ + 2H^+ + 3e \rightleftharpoons Bi + H_2O$	0.3200	$IO_3^- + 6H^+ + 6e \rightleftharpoons I^- + 3H_2O$	1.1900
$Br_3^- + 2e \rightleftharpoons 3Br^-$	1.0500	$I_3 + 3e \rightleftharpoons 3I^-$	-0.3382
$BrO^- + H_2O + 2e \rightleftharpoons Br^- + 2OH^-$	0.7610	$In^{3+} + 3e \rightleftharpoons In$	0.5360
$2BrO^- + 2H_2O + 2e \rightleftharpoons Br_2 + 4OH^-$	0.4500	$K^+ + e \rightleftharpoons K$	-0.9310
$BrO_3^- + 3H_2O + 6e \rightleftharpoons Br^- + 6OH^-$	0.6100	$MnO_4^- + 4H^+ + 3e \rightleftharpoons MnO_2(s) + 2H_2O$	1.6790
$Ca^{2+} + 2e \rightleftharpoons Ca$	-2.8660	$MnO_4^- + 2H_2O + 3e \rightleftharpoons MnO_2(s) + 4OH^-$	0.5950
$Cr^{3+} + e \rightleftharpoons Cr^{2+}$	-0.7440	$MnO_4^- + 8H^+ + 5e \rightleftharpoons Mn^{2+} + 4H_2O$	1.5070
$2CO_2 + 2H^+ + 2e \rightleftharpoons H_2C_2O_4$	-0.4900	$MnO_4^- + e \rightleftharpoons MnO_4^{2-}$	0.5580
$Cu_2O + H_2O + 2e \rightleftharpoons 2Cu + 2OH^-$	-0.3600	$Mo^{6+} + e \rightleftharpoons Mo^{5+}$	0.5300
$CrO_4^{2-} + 4H_2O + 3e \rightleftharpoons Cr(OH)_3 + 5OH^-$	-0.1300	$MnO_2(s) + 4H^+ + 2e \rightleftharpoons Mn^{2+} + 2H_2O$	1.2240
$Cu^{2+} + e \rightleftharpoons Cu^+$	0.1530	$Mn^{2+} + 2e \rightleftharpoons Mn$	-1.1850
$Cu^{2+} + 2e \rightleftharpoons Cu$	0.3400	$Mg^{2+} + 2e \rightleftharpoons Mg$	-2.3720
$Cu^+ + e \rightleftharpoons Cu$	0.5200	$Na^+ + e \rightleftharpoons Na$	-2.7100
$ClO_3^- + 3H_2O + 6e \rightleftharpoons Cl^- + 6OH^-$	0.6300	$NO_3^- + 2H^+ + e \rightleftharpoons NO_2 + H_2O$	0.8000
$Cr_2O_7^{2-} + 14H^+ + 6e \rightleftharpoons 2Cr^{3+} + 7H_2O$	1.3330	$NO_2 + H^+ + e \rightleftharpoons HNO_2$	1.0700
$Cl_2 + 2e \rightleftharpoons 2Cl^-$	1.3590	$NO_3^- + 3H^+ + 2e \rightleftharpoons HNO_2 + H_2O$	0.9340
$2ClO_4^- + 16H^+ + 14e \rightleftharpoons Cl_2 + 8H_2O$	1.3900	$Ni^{2+} + 2e \rightleftharpoons Ni$	-0.2570
$ClO_3^- + 6H^+ + 6e \rightleftharpoons Cl^- + 3H_2O$	1.4510	$NO_3^- + 4H^+ + 3e \rightleftharpoons NO + 2H_2O$	0.9570
$2ClO_3^- + 12H^+ + 10e \rightleftharpoons Cl_2 + 6H_2O$	1.4700	$O_2 + 2H_2O + 4e \rightleftharpoons 4OH^-$	0.4010
$Ce^{4+} + e \rightleftharpoons Ce^{3+}$	1.6100	$O_2 + 2H^+ + 2e \rightleftharpoons H_2O_2$	0.6820
$ClO_4^- + 2H^+ + 2e \rightleftharpoons ClO_3^- + H_2O$	1.1890	$O_2 + 4H^+ + 4e \rightleftharpoons 2H_2O$	1.2280
$ClO^- + H_2O + 2e \rightleftharpoons Cl^- + 2OH^-$	0.8100	$O_3 + 2H^+ + 2e \rightleftharpoons O_2 + H_2O$	2.0700
$Cu^{2+} + I^- + e \rightleftharpoons CuI(s)$	0.8600	$O_2 + H_2O + 2e \rightleftharpoons HO_2^- + HO^-$	-0.0760
$Co^{2+} + 2e \rightleftharpoons Co$	-0.2800	$PbO_2(s) + SO_4^{2-} + 4H^+ + 2e \rightleftharpoons PbSO_4 + 2H_2O$	1.6913
$Cr^{2+} + 2e \rightleftharpoons Cr$	-0.9130	$PbO_2(s) + 4H^+ + 2e \rightleftharpoons Pb^{2+} + 2H_2O$	1.4550
$Cd^{2+} + 2e \rightleftharpoons Cd$	-0.4030	$Pb^{2+} + 2e \rightleftharpoons Pb$	-0.1262
$CNO^- + H_2O + 2e \rightleftharpoons CN^- + 2OH^-$	-0.9700	$PbSO_4(s) + 2e \rightleftharpoons Pb + SO_4^{2-}$	0.3588
$Ce^{4+} + e \rightleftharpoons Ce^{3+}$	1.7200	$Pb^{4+} + 2e \rightleftharpoons Pb^{2+}$	1.6940

电极反应	$\varphi^{\ominus}$ (V)	电极反应	$\varphi^{\ominus}$ (V)
$F_2(g)+2H^++2e \rightleftharpoons 2HF$	3.0530	$SO_4^{2-}+H_2O+2e \rightleftharpoons 2OH^-+SO_3^{2-}$	−0.9300
$Fe^{3+}+e \rightleftharpoons Fe^{2+}$	0.7710	$2SO_3^{2-}+3H_2O+4e \rightleftharpoons 6OH^-+S_2O_3^{2-}$	−0.5800
$[Fe(CN)_6]^{3-}+e \rightleftharpoons [Fe(CN)_6]^{4-}$	0.3580	$Sn^{2+}+2e \rightleftharpoons Sn$	−0.1360
$Fe^{2+}+2e \rightleftharpoons Fe$	−0.4470	$Sn^{4+}+2e \rightleftharpoons Sn^{2+}$	0.1510
$F_2+2e \rightleftharpoons 2F^-$	2.8700	$SO_4^{2-}+4H^++2e \rightleftharpoons H_2O+H_2SO_3$	0.1700
$Ga^{2+}+2e \rightleftharpoons Ga$	−0.5490	$S_4O_6^{2-}+2e \rightleftharpoons 2S_2O_3^{2-}$	0.0800
$Hg_2^{2+}+2e \rightleftharpoons 2Hg$	0.7973	$S+2H^++2e \rightleftharpoons H_2S$	0.1420
$H_2O_2+2H^++2e \rightleftharpoons 2H_2O$	1.7760	$S_2O_8^{2-}+2e \rightleftharpoons 2SO_4^{2-}$	2.0100
$HClO_2+2H^++2e \rightleftharpoons HClO+H_2O$	1.6450	$4SO_2(l)+4H^++6e \rightleftharpoons S_4O_6^{2-}+2H_2O$	0.5100
$HClO+H^++e \rightleftharpoons 0.5Cl_2+H_2O$	1.6110	$2SO_2(l)+2H^++4e \rightleftharpoons S_2O_3^{2-}+H_2O$	0.4000
$2HgCl_2+2e \rightleftharpoons Hg_2Cl_2(s)+2Cl^-$	0.6300	$SbO^++2H^++3e \rightleftharpoons Sb+H_2O$	0.2120
$Hg_2SO_4+2e \rightleftharpoons 2Hg+SO_4^{2-}$	0.6125	$SO_4^{2-}+4H^++2e \rightleftharpoons 2H_2O+SO_2$	0.1700
$H_5IO_6+H^++2e \rightleftharpoons IO_3^-+3H_2O$	1.6010	$SO_3^{2-}+3H_2O+4e \rightleftharpoons 6OH^-+S$	−0.6600
$HBrO+H^++e \rightleftharpoons 0.5Br_2+H_2O$	1.5960	$Se+2e \rightleftharpoons Se^{2-}$	−0.9240
$H_3AsO_4+2H^++2e \rightleftharpoons HAsO_2+2H_2O$	0.5600	$SeO_3^{2-}+3H_2O+4e \rightleftharpoons Se+6OH^-$	−0.3660
$HClO+H^++2e \rightleftharpoons Cl^-+H_2O$	1.4820	$Sn(OH)_6^{2-}+2e \rightleftharpoons HSnO_2^-+H_2O+3OH^-$	−0.9300
$HIO+H^++e \rightleftharpoons 0.5I_2+H_2O$	1.4390	$Se+2H^++2e \rightleftharpoons H_2Se$	−0.3990
$HgCl_4^{2-}+2e \rightleftharpoons Hg+4Cl^-$	0.4800	$S+2e \rightleftharpoons S^{2-}$	−0.4763
$Hg_2Cl_2(S)+2e \rightleftharpoons 2Hg+2Cl^-$	0.2681	$Sb+3H^++3e \rightleftharpoons SbH_3$	−0.5100
$HAsO_2+3H^++3e \rightleftharpoons As+2H_2O$	0.2480	$Sr^{2+}+2e \rightleftharpoons Sr$	−2.8990
$Hg_2Br_2+2e \rightleftharpoons 2Hg+2Br^-$	0.1392	$2SO_3^{2-}+3H_2O+4e \rightleftharpoons S_2O_3^{2-}+6OH^-$	−0.5710
$HIO+H^++2e \rightleftharpoons H_2O+I^-$	0.9870	$TiO^{2+}+2H^++e \rightleftharpoons Ti^{3+}+H_2O$	0.1000
$2H^++2e \rightleftharpoons H_2$	0.0000	$Tl^++e \rightleftharpoons Tl$	−0.3360
$HPbO_2^-+H_2O+2e \rightleftharpoons Pb+3OH^-$	−0.5370	$VO^{2+}+2H^++e \rightleftharpoons V^{2+}+H_2O$	0.3370
$H_2O_2+2e \rightleftharpoons 2OH^-$	0.8800	$VO_2^++2H^++e \rightleftharpoons VO^{2+}+H_2O$	0.9910
$H_2O+O_2+2e \rightleftharpoons HO_2^-+OH^-$	−0.0760	$Zn^{2+}+2e \rightleftharpoons Zn$	−0.7678
$Hg^{2+}+2e \rightleftharpoons Hg$	0.8510	$ZnO_2^{2-}+2H_2O+2e \rightleftharpoons Zn+4OH^-$	−1.2150

（冉启文）

附录四　部分金属离子的 $\lg\alpha_{M(OH)}$

金属离子	I (mol/L)	pH													
		1	2	3	4	5	6	7	8	9	10	11	12	13	14
Ag^+	0.10											0.10	0.50	2.30	5.10
Al^{3+}	2.00					0.40	1.30	5.30	9.30	13.30	17.30	21.30	25.30	29.30	33.30
Ba^{2+}	0.10	0.10												0.10	0.50
Bi^{3+}	3.00	0.10	0.50	1.40	2.40	3.40	4.40	5.40							
Ca^{2+}	0.10	0.10												0.30	1.00
Ce^{4+}	1.00~2.00	1.20	3.10	5.10	7.10	9.10	11.10	13.10							
Cd^{2+}	3.00									0.10	0.50	2.00	4.50	8.10	12.00
Cu^{2+}	0.10								0.20	0.80	1.70	2.70	3.70	4.70	5.70
Fe^{2+}	1.00									0.10	0.60	1.50	2.50	3.50	4.50
Fe^{3+}	3.00			0.40	1.80	3.70	5.70	7.70	9.70	11.70	13.70	15.70	17.70	19.70	21.70
Hg^{2+}	0.10			0.50	1.90	3.90	5.90	7.90	9.90	11.90	13.90	15.90	17.90	19.90	21.90
La^{3+}	3.00										0.30	1.00	1.90	2.90	3.90
Mg^{2+}	0.10											0.10	0.50	1.30	2.30
Ni^{2+}	0.10									0.10	0.70	1.60			
Pb^{2+}	0.10							0.10	0.50	1.40	2.70	4.70	7.40	10.40	13.40
Th^{4+}	1.00				0.20	0.80	1.70	2.70	3.70	4.70	5.70	6.70	7.70	8.70	9.70
Zn^{2+}	0.10									0.20	2.40	5.40	8.50	11.80	15.50

注：温度为 20~25℃。

（冉启文）

附录五　EDTA-2Na 的 $\lg\alpha_{Y(H)}$

pH	$\lg\alpha_{Y(H)}$	pH	$\lg\alpha_{Y(H)}$	pH	$\lg\alpha_{Y(H)}$	pH	$\lg\alpha_{Y(H)}$	pH	$\lg\alpha_{Y(H)}$
0.00	23.64	2.50	11.90	5.00	6.45	7.50	2.78	10.00	0.45
0.10	23.06	2.60	11.62	5.10	6.26	7.60	2.68	10.10	0.39
0.20	22.47	2.70	11.35	5.20	6.07	7.70	2.57	10.20	0.33
0.30	21.89	2.80	11.09	5.30	5.88	7.80	2.47	10.30	0.28
0.40	21.30	2.90	10.84	5.40	5.69	7.90	2.37	10.40	0.24
0.50	20.75	3.00	10.60	5.50	5.51	8.00	2.27	10.50	0.20
0.60	20.18	3.10	10.37	5.60	5.33	8.10	2.17	10.60	0.16

pH	$\lg\alpha_{Y(H)}$	pH	$\lg\alpha_{Y(H)}$	pH	$\lg\alpha_{Y(H)}$	pH	$\lg\alpha_{Y(H)}$	pH	$\lg\alpha_{Y(H)}$
0.70	19.62	3.20	10.14	5.70	5.15	8.20	2.07	10.70	0.13
0.80	19.08	3.30	9.92	5.80	4.98	8.30	1.97	10.80	0.11
0.90	18.54	3.40	9.70	5.90	4.81	8.40	1.87	10.90	0.09
1.00	18.01	3.50	9.48	6.00	4.65	8.50	1.77	11.00	0.07
1.10	17.49	3.60	9.27	6.10	4.49	8.60	1.67	11.10	0.06
1.20	16.98	3.70	9.06	6.20	4.34	8.70	1.57	11.20	0.05
1.30	16.49	3.80	8.85	6.30	4.2	8.80	1.48	11.30	0.04
1.40	16.02	3.90	8.65	6.40	4.06	8.90	1.38	11.40	0.03
1.50	15.55	4.00	8.44	6.50	3.92	9.00	1.28	11.50	0.02
1.60	15.11	4.10	8.24	6.60	3.79	9.10	1.19	11.60	0.02
1.70	14.68	4.20	8.04	6.70	3.67	9.20	1.10	11.70	0.02
1.80	14.27	4.30	7.84	6.80	3.55	9.30	1.01	11.80	0.01
1.90	13.88	4.40	7.64	6.90	3.43	9.40	0.92	11.90	0.01
2.00	13.51	4.50	7.44	7.00	3.32	9.50	0.83	12.00	0.01
2.10	13.16	4.60	7.24	7.10	3.21	9.60	0.75	12.10	0.01
2.20	12.82	4.70	7.04	7.20	3.10	9.70	0.67	12.20	0.0050
2.30	12.50	4.80	6.84	7.30	2.99	9.80	0.59	13.00	0.0008
2.40	12.19	4.90	6.65	7.40	2.88	9.90	0.52	13.90	0.0001

（冉启文）

附录六　部分金属离子与 EDTA-2Na 条件稳定常数 $\lg K'_{MY}$

金属离子	pH														
	0	1	2	3	4	5	6	7	8	9	10	11	12	13	14
Ag^+					0.70	1.70	2.80	3.90	5.00	5.90	6.80	7.10	6.80	5.00	2.20
Al^{3+}			3.00	5.40	7.50	9.60	10.40	8.50	6.60	4.50	2.40				
Ba^{2+}						1.30	3.00	4.40	5.50	6.40	7.30	7.70	7.80	7.70	7.30
Bi^{3+}	1.40	5.30	8.60	10.60	11.80	12.80	13.60	14.00	14.10	14.00	13.90	13.30	12.40	11.40	10.40
Ca^{2+}					2.20	4.10	5.90	7.30	8.40	9.30	10.20	10.60	10.70	10.40	9.70
Cd^{2+}		1.00	3.80	6.00	7.90	9.90	11.70	13.10	14.20	15.00	15.50	14.40	12.00	8.40	4.50
Co^{2+}		1.00	3.70	5.90	7.80	9.70	11.50	12.90	13.90	14.50	14.70	14.10	12.10		

金属离子	pH														
	0	1	2	3	4	5	6	7	8	9	10	11	12	13	14
Cu^{2+}		3.40	6.10	8.30	10.20	12.20	14.00	15.40	16.30	16.60	16.60	16.10	15.70	15.60	15.60
Fe^{2+}			1.50	3.70	5.70	7.70	9.50	10.90	12.00	12.80	13.20	12.70	11.80	10.80	9.80
Fe^{3+}	5.10	8.20	11.50	13.90	14.70	14.80	14.60	14.10	13.70	13.60	14.00	14.30	14.40	14.40	14.40
Hg^{2+}	3.50	6.50	9.20	11.10	11.30	11.30	11.10	10.50	9.60	8.80	8.40	7.70	6.80	5.80	4.80
La^{3+}			1.70	4.60	6.80	8.80	10.60	12.00	13.10	14.00	14.60	14.30	13.50	12.50	11.50
Mg^{2+}						2.10	3.90	5.30	6.40	7.30	8.20	8.50	8.20	7.40	
Mn^{2+}			1.40	3.60	5.50	7.40	9.20	10.60	11.70	12.60	13.40	13.40	12.60	11.60	10.60
Ni^{2+}		3.40	6.10	8.20	10.10	12.00	13.80	15.20	16.30	17.10	17.40	16.90			
Pb^{2+}		2.40	5.20	7.40	9.40	11.40	13.20	14.50	15.20	15.20	14.80	13.90	10.60	7.60	4.60
Th^{4+}	1.80	5.80	9.50	12.40	14.50	15.80	16.70	17.40	18.20	19.10	20.00	20.40	20.50	20.50	20.50
Zn^{2+}		1.10	3.80	6.00	7.90	9.90	11.70	13.10	14.20	14.90	13.60	11.00	8.00	4.70	1.00

（冉启文）

参考文献

［1］李磊，高希宝．仪器分析［M］．北京：人民卫生出版社，2015.

［2］李发美．分析化学［M］.7版．北京：人民卫生出版社，2011.

［3］张威．仪器分析［M］．南京：江苏凤凰科学技术出版社，2015.

［4］王元兰．仪器分析［M］．北京：化学工业出版社，2014.

［5］赵怀清．分析化学学习指导与习题集［M］．北京：人民卫生出版社，2011.

［6］蔡自由，黄月君．分析化学［M］．北京：中国医药科技出版社，2015.

［7］黄若峰．分析化学［M］．北京：国防科技大学出版社，2014.

［8］孙银祥．分析化学［M］．长春：吉林大学出版社，2011.

［9］朱爱军．分析化学基础［M］．北京：人民卫生出版社，2016.

［10］石宝钰，宋守正．基础化学［M］．北京：人民卫生出版社，2016.

［11］孙莹，吕洁．药物分析［M］．北京：人民卫生出版社，2013.

［12］谢庆娟，李维斌．分析化学［M］．北京：人民卫生出版社，2013.

［13］王蕾，崔迎．仪器分析［M］．天津：天津大学出版社，2009.

［14］郭旭明，韩建国．仪器分析［M］．北京：化学工业出版社，2014.

［15］张晓敏．仪器分析［M］．杭州：浙江大学出版社，2012.

［16］冯晓群．食品仪器分析技术［M］．重庆：重庆大学出版社，2013

［17］钱晓荣，郁桂云．仪器分析实验教程［M］．上海：华东理工大学出版社，2009.

［18］杜学勤，毛金银．仪器分析技术［M］．北京：中国医药科技出版社，2013.

［19］郭景文．现代仪器分析技术［M］．北京：化学工业出版社，2004.

［20］徐茂红，褚劲松．分析化学［M］．北京：科学出版社，2013.

［21］《中华人民共和国药典》2015 年版．

目标检测参考答案

第一章

一、选择题
1. C 2. C 3. B 4. E 5. B 6. D 7. C 8. A 9. B 10. C 11. A 12. E
13. D 14. B 15. A 16. C 17. D 18. D 19. C 20. C 21. D 22. D 23. D
24. B 25. C 26. ADE 27. AB 28. AB 29. ACE 30. ABCDE

二、填空题
31. 化学组成、结构、含量
32. 常量、超微量
33. 化学分析
34. 无机分析、有机分析
35. 医药卫生、科学技术

三、简答题
答案略

第二章

一、选择题
1. C 2. D 3. C 4. C 5. D 6. A 7. A 8. B 9. D 10. CE 11. AB 12. ABD

二、填空题
13. 直接称量法、固定质量称量法、减重法
14. 30、4、12、24
15. 洗涤、润洗、吸液、放液
16. 检漏、洗涤
17. 检漏、洗涤、润洗、装液、滴定
18. 移液管、吸量管

三、判断题
19. × 20. × 21. × 22. × 23. × 24. × 25. × 26. × 27. ×

四、简答题
答案略

第三章

一、选择题
1. C 2. C 3. D 4. C 5. B 6. D 7. E 8. D 9. A 10. E 11. E 12. D
13. A 14. B 15. B 16. D 17. B 18. A 19. C 20. E 21. E 22. B 23. D
24. A 25. C 26. B 27. A 28. D 29. A 30. D 31. ACDE 32. BCE 33. ABDE
34. ABCD 35. ABCD 36. ACE

二、填空题

37. 0.02, 20

38. 准确度，误差，绝对误差，相对误差

39. 不同

40. 偶然因素，增加平行测定次数

41. 四舍六入五成双

42. 校准仪器、做空白试验、做对照试验、做回收试验

三、判断题

43. √ 44. × 45. √ 46. × 47. × 48. √

四、名词解释

49. 准确度指指测量值与真实值接近的程度。

50. 系统误差又称可定误差，是由某种固定原因造成的误差。

51. 偶然误差又称为随机误差或不可定误差，是由某些不确定的偶然因素造成的误差。

52. 精密度指一组平行测量的测定结果相互之间的接近程度。

53. 有效数字指在分析工作中实际上能测量到的数字。

五、计算题

54. （1）2.54×10^{-3}；（2）3.0×10^{6}；（3）4.02；（4）5.3×10^{-5}；（5）4.01×10^{3}；（6）7.9×10^{-3}

第四章

一、选择题

1. E 2. B 3. D 4. C 5. D 6. B 7. A 8. B 9. C 10. C 11. B 12. B 13. D
14. A 15. C 16. AB 17. CD 18. ABCDE 19. ABCDE 20. ABC

二、判断题

21. × 22. × 23. × 24. √ 25. × 26. × 27. √ 28. ×

三、综合题

29. 答：有效期是指该计量器具合法使用的截至日期；检定日期是指一次性检定计量器具进行检定的日期。

第五章

一、选择题

1. C 2. A 3. D A 5. E 6. B 7. C 8. B 9. D 10. E 11. B 12. C 13. A
14. E 15. D 16. A 17. E 18. C 19. D 20. B 21. C 22. C 23. C 24. A
25. C 26. C 27. ABE 28. CDE 29. ABCD 30. ABCD

二、填空题

31. 滴定终点

32. 溶剂

33. 多次称量法；移液管法

34. 直接配制法；间接配制法

35. 容量瓶法；标定法

三、判断题

36. × 37. × 38. √ 39. ×

四、综合题

答案略

第六章

一、选择题

1. B 2. C 3. D 4. C 5. A 6. B 7. D 8. B 9. C 10. C 11. A 12. C 13. A
14. B 15. C 16. B 17. D 18. A 19. E 20. C 21. E 22. E 23. D 24. ABCDE
25. BCD 26. BCDE 27. BDE

二、填空题

28. 盐酸标准液　氢氧化钠标准溶液

29. 直接配制法　间接配制法

30. 酚酞　甲基橙　酚酞　甲基橙

31. 指示剂的变色范围应当全部或部分在滴定突跃范围内

32. 弱酸与弱碱的滴定曲线中无明显的滴定突跃

33. 均化　区分

三、判断题

34. √ 35. × 36. × 37. √

四、计算题

38. 0.11g 39. 0.1163mol/L 40. 4.43% 41. 81.36%

第七章

一、选择题

1. B 2. B 3. A 4. A 5. B 6. B 7. A 8. C 9. D 10. C 11. A 12. A 13. B
14. B 15. B 16. C 17. A 18. D 19. C 20. D 21. C 22. A 23. B 24. AC
25. BD 26. BD 27. BC 28. BD 29. ABC

二、填空题

30. 莫尔法法、佛尔哈德法、法扬司法、指示剂不同。

31. 中性、弱碱性、酸

32. 铬酸钾、铁铵矾、吸附指示剂

33. 硝酸银滴定液、硫氰酸铵滴定液、硝酸银滴定液和硫氰酸铵滴定液、硝酸银滴定液

34. 大

35. 有色、糊精或淀粉、亲水、胶体

36. 挥发法、萃取重量法、沉淀重量法

37. 常压加热干燥、减压加热干燥、干燥剂干燥

38. 减小，增大

39. 0.8999

40. 小（大），多（少）

三、判断题

41. × 42. × 43. × 44. √ 45. √ 46. × 47. × 48. √ 49. × 50. √

四、综合题

51. 72.92%
52. 79.49%

第八章

一、选择题

1. D 2. B 3. D 4. A 5. A 6. C 7. B 8. A 9. B 10. A 11. C 12. B 13. B
14. C 15. B 16. ABC 17. BC 18. ABCD 19. BCD 20. CD

二、填空题

21. 辅助络合剂，掩蔽剂

22. 作缓冲剂，控制溶液的 pH；作掩蔽剂，掩蔽 Al^{3+} 的干扰

23. 三乙醇胺，10

24. $\lg\alpha_{Y(H)} \sim pH$，$\alpha_{Y(H)}$

25. 乙二胺四乙酸，乙二胺四乙酸二钠

26. 利用掩蔽剂增大配合物稳定性的差别，控制溶液酸度

27. 紫红，亮黄

28. 酸效应，配位效应

29. EBT，10，钙指示剂，12

三、判断题

30. × 31. √ 32. × 33. √ 34. × 35. × 36. × 37. √ 38. × 39. √

四、综合题

40. 略
41. 略
42. 32.24%
43. 58.31mg/片

第九章

一、选择题

1. C 2. B 3. D 4. C 5. D 6. D 7. A 8. B 9. C 10. B 11. B 12. C 13. A
14. B 15. C 16. D 17. A 18. ABC 19. ABCDE 20. ACDE 21. ABCDE

二、填空题

22. 亚硝酸钠、伯胺、仲胺　23. 电极电位、电位、电位　24. 外指示剂　25. KI-淀粉

三、判断题

26. √ 27. × 28. × 29. √ 30. √ 31. √ 32. × 33. × 34. × 35. ×

四、综合题

36. 56.02%

第十章

一、选择题

1. D　2. B　3. A　4. B　5. A　6. E　7. B　8. C　9. D　10. E　11. A　12. B　13. D

14. C　15. A　16. E　17. C　18. A　19. E　20. A　21. E　22. ABC　23. ABCDE

24. ABCDE　25. AB

二、填空题

26. 酚酞指示剂　甲基橙指示剂

27. 二氧化碳

28. 0.006216

三、判断题

29. √　30. ×　31. ×

四、综合题

32. 试样中明矾的百分含量为 99.81%

33. 该物质的化学式 KIO_3

第十一章

一、选择题

1. A　2. C　3. A　4. C　5. D　6. C　7. C　8. B　9. E　10. C　11. B　12. E　13. D

14. C　15 A.　16. B　17. A　18. C　19. D　20. E　21. B　22. B　23. B　24. B　25. C

26. AB　27. CE

二、判断题

28. ×　29. ×　30. ×　31. ×

三、填空题

32. 阴，还原。

33. $\varphi = \varphi^{\ominus} + \dfrac{RT}{nF} \ln \dfrac{a_{Ox}}{a_{Red}}$ 或 $\varphi = \varphi' + \dfrac{RT}{nF} \ln \dfrac{c_{Ox}}{c_{Red}}$。

34. $(-) Pb \big| Pb^{2+}(a_1) \, \big\| \, Cu^{2+}(a_2) \, \big| \, Cu(+)$。

35. $\varphi_1 > \varphi_2$。

36. 电极电位恒定不变的电极。

37. Cu^{2+}，Zn。

第十二章

一、选择题

1. B　2. A　3. C　4. A　5. C　6. E　7. D　8. B　9. C　10. ABCDE

二、填空题

11. 不变　增加（大）　不变

12. 吸光度（A）　组分浓度（C）　过原点的直线

13. 化合物吸收红外光的能量而发生振动和转动能级　$4000 \sim 400\,cm^{-1}$（$2.5 \sim 25\,\mu m$）　　$4000 \sim 1300\,cm^{-1}$　$1300 \sim 600\,cm^{-1}$

三、判断题

14. ×　15. ×　16. ×　17. √

四、综合题

18. 3.23mg/ml

第十三章

一、选择题

1. A　2. B　3. A　4. B　5. E　6. A　7. E　8. E　9. D　10. C　11. A　12. B　13. ABCDE
14. BC　15. ABDE

二、填空题

16. 多普勒变宽；劳伦兹变宽
17. 激发光谱；荧光光谱
18. 屏蔽效应；化学位移
19. 离子源；质量分析器
20. 共振线；原子线

第十四章

一、选择题

1. A　2. A　3. C　4. A　5. C　6. C　7. A　8. A　9. D　10. B　11. B　12. A　13. B
14. B　15. C　16. C　17. B　18. A　19. B　20. A　21. C　22. D　23. B　24. D　25. D
26. B　27. C　28. ABC　29. ABD　30. CD　31. ABD　32. ABC　33. ABCD　34. ABCD
35. ABCD　36. ABC　37. BC

二、综合题

答案略

第十五章

一、选择题

1. A　2. C　3. A　4. C　5. C　6. A　7. B　8. A　9. D　10. C

二、填空题

11. 色谱柱、控温装置
12. 所有组分都出峰
13. 理论塔板数、分离度、重复性、拖尾因子
14. 1.5
15. 宽沸程

三、判断题

16. ×　17. ×　18. √　19. ×　20. ×　21. √　22. ×

四、综合题

答案略

第十六章

一、选择题

1. D　2. C　3. D　4. B　5. B　6. A　7. D　8. B　9. A　10. B　11. C　12. E　13. D
14. E　15. B　16. BE　17. BC　18. ABDE

二、填空题

19. 高压输液系统；进样系统；色谱分离系统；检测系统
20. 理论塔板数；分离度；重复性；拖尾因子
21. 色谱鉴定法；非色谱鉴定法
22. 通用型检测器；专属型检测器

三、判断题

23. × 24. × 25. √ 26. ×

四、综合题

答案略

第十七章

一、选择题

1. D 2A 3. A 4. B 5. A 6. E 7. B 8. C 9. D 10. E 11. A 12. B 13. D
14. A 15. A 16. E 17. C 18. E 19. E 20. A 21. E 22. ABC 23. ABCDE
24. ABCDE 25. AB

二、填空题

26. 2 6
27. 10 或 20
28. 相同

三、判断题

29. √ 30. × 31. ×

四、综合分析题

32. 4.2×10^9，$ka = 10^{-20}$

33. 乙醇含量为 17.60%
庚烷含量为 34.7%
苯含量为 17.20%
醋酸乙酯含量为 30.50%

34. $f = \dfrac{C_{对照品溶液}}{A_{对照品溶液}}$，外标法，$f_1 = \dfrac{C_{对照品溶液}}{A_{对照品溶液}} = \dfrac{0.008012}{18098.6} = 4.4269 \times 10^{-7}$

$f_2 = \dfrac{C_{对照品溶液}}{A_{对照品溶液}} = \dfrac{0.008012}{18075.2} = 4.4326 \times 10^{-7}$

$f_3 = \dfrac{C_{对照品溶液}}{A_{对照品溶液}} = \dfrac{0.008012}{18095.8} = 4.4275 \times 10^{-7}$

$\bar{f} = 4.4290 \times 10^{-7}$

盐酸昂丹司琼注射液含昂丹司琼（$C_{18}H_{19}N_3O$）标示量百分含量为：

$$\frac{\bar{f} \times A \times D \times 0.8895}{S_{标示量}} \times 100\%$$

第一份：盐酸昂丹司琼注射液含昂丹司琼（$C_{18}H_{19}N_3O$）标示量百分含量为：

$$\frac{\bar{f} \times A \times D \times 0.8895}{S_{标示量}} \times 100\%$$

$$= \frac{4.4290\times10^{-7}\times203.1\times\dfrac{100.00}{4.00}\times0.8895}{\dfrac{4\times10^{-3}}{2}\times100\%}$$

第二份：盐酸昂丹司琼注射液含昂丹司琼（$C_{18}H_{19}N_3O$）标示量百分含量为：

$$\frac{\bar{f}\times A\times D\times0.8895}{S_{标示量}}\times100\%$$

$$= \frac{4.4290\times10^{-7}\times203.1\times\dfrac{100.00}{4.00}\times0.8895}{\dfrac{4\times10^{-3}}{2}\times100\%} = 100.07\%$$

平均值为 100.04%，修约为 100.0%，*RSD* 为 0.04%。

规定：本品含盐酸昂丹司琼以昂丹司琼（$C_{18}H_{19}N_3O$）计算，应为标示量的 93.0% ~ 107.0%。

结论：本品含盐酸昂丹司琼以昂丹司琼（$C_{18}H_{19}N_3O$）计为标示量的 100.0%，符合规定。

第十八章

一、选择题

1. A　2. A　3. B　4. B　5. A　6. C　7. A　8. C　9. BC　10. ABCD　11. ABCDE

二、填空题

12. 高压电源、进样装置、毛细管柱、电极、检测器

13. 能交换离子的材料（如离子交换树脂）、水为溶剂的缓冲溶液、离子交换能力

14. 分离难挥发、大分子、强极性及热稳定性差

三、判断题

15. √　16. ×　17. √　18. ×　19. √

四、综合题

答案略。

教学大纲

（供药学专业用）

一、课程任务

《分析化学》是高职高专院校药学类、药品制造类、食品药品管理类、食品类专业的一门重要基础课程。本课程主要内容包括定性定量分析基础知识概述、化学分析法概述、物理化学分析法概述共三篇十八章。本课程的任务是使学生具备从事化学药品、中药饮片和中成药质量控制的基本专业知识和操作技能，学会和运用定性定量分析基本原理和操作技巧，对任何药品样品进行综合分析的方法初拟、实施及评判，建立操作全过程的"量"的概念，根据国家相应药品质量标准及原始法定数据准确计算的结果作为判定该药品质量是否达到药品质量标准的要求，为执法决策提供法定技术仲裁依据。因此本课程要求学生做到数据准确、结果精密，同时要养成吃苦耐劳、不怕失败的精神，必须掌握分析样品的基本技巧和方法，树立高尚的"以真实原始数据说话"的法律意识。

二、课程目标

1. 熟悉各类误差的来源、性质、规律性及操作过程中减少误差的方法，能对分析数据进行科学的记录、处理，准确表示分析结果及有效数字的位数。

2. 熟悉定量分析的操作前的设计思路和一般操作步骤，能够根据分析化学的基本理论知识和操作技能对样品进行稳妥合理处理，学会依据分析化学的本身条件而改变其条件进行含量测定。

3. 熟练掌握样品定量分析的一般过程，合理设计分析程序，独立完成分析过程，建立可靠分析数据，严把"量"，从而真正控制药品质量。

4. 掌握分析化学的基本术语的内涵，根据分析过程正确推导出含量测定的计算方式和对象、结果和判定。

5. 熟练阅读各种分析仪器说明书，掌握其使用原理和使用方法，并对设备进行必要的维护和色标管理。

6. 树立良好的职业习惯，把守医药卫生专业的良好职业素养，养成严谨的工作态度和工作作风，拥有敢于担责的法律意识，具备爱岗敬业、吃苦耐劳的精神。

三、教学时间分配

教学内容	学时数		
	理论	实训	合计
第一篇 定性定量分析基础知识概述			
第一章 分析化学概述、定性定量分析方法分类和方法选择	1		1
第二章 化学分析常用仪器简单介绍和基本操作	3	4	7
第三章 分析结果的误差及有效数据	1		1

续表

教学内容	学时数		
	理论	实训	合计
第四章　原始数据的检验记录、分析结果的表示方法	1		1
第二篇　化学分析法概述			
第五章　滴定分析基本原理和方法	2		2
第六章　酸碱滴定法、非水酸碱滴定法	2	4	6
第七章　沉淀滴定法和重量分析法	2	2	4
第八章　配位滴定法	2	2	4
第九章　氧化还原滴定法和非水氧化还原滴定法	2	4	6
第十章　滴定分析方法实例分析	2		2
第三篇　物理化学分析法概述			
第十一章　电化学分析法	2	2	4
第十二章　分光光度法（上）	2	4	6
第十三章　分光光度法（下）	2	2	4
第十四章　经典液相色谱法	2	2	4
第十五章　气相色谱法	2	2	4
第十六章　高效液相色谱法	2	2	4
第十七章　物理化学分析法实例分析	2		2
第十八章　新检测技术和新检测方法	2		2
合　计	34	30	64

四、教学内容与要求

单元	教学内容	教学要求	教学活动	课时数	
				理论	实训
第一篇　定性定量分析基础知识概述					
	第一节　分析化学对专业的作用和方向			0.5	
	一、分析化学对专业的作用	了解	理论PPT		
	二、分析化学分析范围和方向	熟悉	理论PPT		
第一章	第二节　分析化学学习的重要性和学习方法	熟悉	理论演示		
分析化学	第三节　定性分析方法分类				
概述、	一、根据分析对象分类	熟悉	理论PPT		
定性定量	二、根据分析目的分类	了解	理论PPT		
分析方法	三、根据样品物态及取量分类	掌握	理论PPT		
分类和	第四节　定量分析方法分类			0.5	
方法选择	一、按分析对象分类	熟悉	理论PPT		
	二、按分析原理分类	了解	理论PPT		
	三、根据样品物态及取量分类	掌握	理论PPT		
	四、根据定量分析的目的分类	了解	理论PPT		

单元	教学内容	教学要求	教学活动	课时数 理论	实训
	第一节　称量仪器简介和基本操作			1	
	一、常见天平简介	掌握	理论 PPT		
	二、常见天平操作、使用、保养	熟悉	理论 PPT		
	三、称量记录格式和要求	了解	理论 PPT		
	第二节　取量工具简介和基本操作			1	
	一、常见取量工具简介	掌握	理论 PPT		
第二章 化学分析 常用仪器 简单 介绍和 基本操作	二、常见取量工具操作、使用、保养	熟悉	理论 PPT		
	三、取量记录格式和要求	了解	理论 PPT		
	第三节　配液工具简介和基本操作			1	
	一、常见配液工具简介	掌握	理论 PPT		
	二、常见配液工具操作、使用、保养	熟悉	理论 PPT		
	第四节　定性定量辅助器具				
	一、定性定量辅助工具简介	了解	理论 PPT		
	二、定性定量辅助工具操作、使用、保养	熟悉	理论 PPT		
	实训一　电子天平的称量练习	熟悉	操作 PPT		2
	实训二　精密量具的使用练习	熟悉	操作 PPT		2
	实训三　精密量具的校正操作	熟悉	操作 PPT		
	第一节　误差			0.5	
	一、误差的来源	掌握	理论 PPT		
	二、误差的种类和量度	熟悉	理论 PPT		
	三、误差的产生和危害	掌握	理论 PPT		
第三章 分析 结果的 误差及 有效数据	四、误差的克服和消除	了解	理论 PPT		
	第二节　数据			0.5	
	一、数据的准确记录	掌握	理论 PPT		
	二、数据与误差的关系	了解	理论 PPT		
	第三节　结果数据的评判				
	一、结果的可靠性评定依据	熟悉	理论 PPT		
	二、结果相关性分析	熟悉	理论 PPT		

单元	教学内容	教学要求	教学活动	课时数	
				理论	实训
第四章 原始 数据 的 检验 记录、 分析 结果 的 表示方法	第一节　原始数据的检验记录			0.5	
	一、原始数据检验记录的要求和规范	掌握	理论PPT		
	二、原始数据的检验记录方式和检验记录实例分析	熟悉	理论PPT		
	第二节　数据分析和结果表达			0.5	
	一、分析数据的取舍	了解	理论PPT		
	二、分析结果的表示方式和结果表达	熟悉	理论PPT		
	三、显著性检验	掌握	理论PPT		
	第三节　分析化学中的常用计量关系				
	一、计量器具的校验规范和彩色标志管理	熟悉	理论PPT		
	二、分析化学中常用法定计量单位	熟悉	理论PPT		

第二篇　化学分析法概述

单元	教学内容	教学要求	教学活动	课时数	
				理论	实训
第五章 滴定分析 基本原理 和方法	第一节　滴定分析术语及方法			0.5	
	一、滴定分析术语及滴定分析条件剖析	掌握	理论PPT		
	二、滴定分析方法分类	了解	理论PPT		
	第二节　试剂的的配制			0.5	
	一、试液配制规范	熟悉	理论PPT		
	二、试液配制实例分析	熟悉	理论PPT		
	第三节　滴定液的配制			0.5	
	一、滴定液浓度的表示和相关计算	熟悉	理论PPT		
	二、滴定液配制	熟悉	理论PPT		
	三、滴定液配制实例分析	熟悉	理论PPT		
	四、常用的滴定液	熟悉	理论PPT		
	第四节　滴定分析计算			0.5	
	一、滴定分析计算的依据	掌握	理论PPT		
	二、滴定分析基本公式及应用	掌握	理论PPT		
	第五节　滴定分析的对象分析				
	一、滴定分析仪器选用	掌握	理论PPT		
	二、滴定分析的溶剂选用	掌握	理论PPT		
	三、样品取量与分析结果准确度的关系	掌握	理论PPT		

单元	教学内容	教学要求	教学活动	课时数 理论	实训
	第一节　酸碱指示剂			0.5	
	一、酸碱指示剂的变色原理和变色范围	掌握	理论PPT		
	二、影响酸碱指示剂变色范围的因素	了解	理论PPT		
	三、混合酸碱指示剂	熟悉	理论PPT		
	第二节　酸碱滴定原理			1	
第六章	一、强酸碱的互滴	掌握	理论PPT		
酸碱	二、一元弱酸（碱）的滴定	掌握	理论PPT		
滴定法、	三、多元弱酸（碱）的滴定	了解	理论PPT		
非水酸	第三节　非水酸碱滴定法简介			0.5	
碱滴定法	一、非水溶剂	熟悉	理论PPT		
	二、滴定条件的选择	熟悉	理论PPT		
	实训四　盐酸滴定液的配制和标定	掌握	实训PPT		2
	实训五　氢氧化钠滴定液的配制和标定	掌握	实训PPT		
	实训六　食用醋总酸度的测定	掌握	实训PPT		2
	实训七　乳酸钠注射液的测定	掌握	实训PPT		
	第一节　沉淀滴定法			1	
	一、概述	熟悉	理论PPT		
第七章	二、银量法	了解	理论PPT		
沉淀	第二节　重量分析法	熟悉	理论PPT	1	
滴定法和	一、挥发法	熟悉	理论PPT		
重量	二、萃取重量法	熟悉	理论PPT		
分析法	三、沉淀重量法	掌握	理论PPT		
	实训八　生理盐水中氯化钠的测定	掌握	实训PPT		2
	第一节　乙二胺四乙酸及其配合物			1	
	一、乙二胺四乙酸二钠的性质	熟悉	理论PPT		
	二、乙二胺四乙酸二钠与金属离子配位反应特点	掌握	理论PPT		
第八章	第二节　配位平衡				
配位	一、乙二胺四乙酸二钠配合物稳定常数	了解	理论PPT		
滴定法	二、副反应与副反应系数	了解	理论PPT		
	三、配合物条件稳定常数	掌握	理论PPT		
	四、配位滴定条件的选择	掌握	理论PPT		
	第三节　金属指示剂			1	

续表

单元	教学内容	教学要求	教学活动	课时数 理论	课时数 实训
第八章 配位 滴定法	一、金属指示剂的作用原理	了解	理论 PPT		
	二、常见的金属指示剂	掌握	理论 PPT		
	三、金属指示剂在使用中存在的问题	了解	理论 PPT		
	实训九 水的总硬度及钙镁离子的测定	掌握	实训 PPT		2
第九章 氧化还原 滴定法和 非水氧化 还原 滴定法	第一节 概述			0.5	
	一、氧化还原滴定法分类	了解	理论 PPT		
	二、提高氧化还原反应速率的方法	了解	理论 PPT		
	三、氧化还原反应进行的程度	掌握	理论 PPT		
	第二节 氧化还原滴定所用的指示剂				
	一、自身指示剂	了解	理论 PPT		
	二、特殊指示剂	了解	理论 PPT		
	三、氧化还原指示剂	掌握	理论 PPT		
	四、外指示剂	掌握	理论 PPT		
	第三节 碘量法			0.5	
	一、基本原理分析	了解	理论 PPT		
	二、滴定条件	了解	理论 PPT		
	三、指示剂的选择	掌握	理论 PPT		
	第四节 高锰酸钾法			0.5	
	一、基本原理	掌握	理论 PPT		
	二、滴定条件选择	掌握	理论 PPT		
	三、指示剂选择	熟悉	理论 PPT		
	第五节 亚硝酸钠法			0.5	
	一、基本原理	掌握	理论 PPT		
	二、滴定条件选择	掌握	理论 PPT		
	三、指示剂选择	熟悉	理论 PPT		
	第六节 非水氧化还原滴定法				
	一、费休氏液配制	掌握	理论 PPT		
	二、基本原理分析	掌握	理论 PPT		
	三、浓度确定方法	熟悉	理论 PPT		
	实训十 维生素 C 的测定	掌握	实训 PPT		2
	实训十一 轻粉（Hg_2Cl_2）的含量测定	掌握	实训 PPT		2
	实训十二 盐酸普鲁卡因的含量测定	掌握	实训 PPT		

单元	教学内容	教学要求	教学活动	课时数 理论	实训
	第一节 酸碱滴定法实例分析			0.5	
	一、酸滴定液测定碱性（混合碱）样品实例分析	掌握	理论 PPT		
	二、碱滴定液测定酸性样品实例分析	掌握	理论 PPT		
	三、非水酸（碱）量法（含空白试验）实例分析	掌握	理论 PPT		
	第二节 银量法实例分析			0.5	
	一、有指示剂的方法实例分析	掌握	理论 PPT		
第十章 滴定	二、无指示剂的方法实例分析	掌握	理论 PPT		
分析法 实例分析	第三节 配位滴定法实例分析			0.5	
	一、剩余配位滴定法实例分析	掌握	理论 PPT		
	二、直接配位滴定法实例分析	掌握	理论 PPT		
	第四节 氧化还原滴定法分析			0.5	
	一、直接高锰酸钾滴定法实例分析	掌握	理论 PPT		
	二、间接碘量法实例分析	掌握	理论 PPT		
	三、直接氧化还原滴定法实例分析	掌握	理论 PPT		

第三篇 物理化学分析法概述

单元	教学内容	教学要求	教学活动	课时数 理论	实训
	第一节 电化学分析法概述			0.5	
	一、基本概述和术语	熟悉	理论 PPT		
	二、电极分类	熟悉	理论 PPT		
	三、参比电极	了解	理论 PPT		
	四、指示电极	了解	理论 PPT		
	第二节 直接电位法	熟悉	理论 PPT		
第十一章	第三节 电位滴定法			0.5	
电化学	一、方法原理及特点	掌握	理论 PPT		
分析法	二、确定滴定终点的方法	掌握	理论 PPT		
	三、电位滴定法指示电极的选择	了解	理论 PPT		
	第四节 永停滴定法			1	
	一、可逆电对和不可逆电对	了解	理论 PPT		
	二、滴定类型及终点判断	了解	理论 PPT		
	三、实例分析	了解	理论 PPT		
	实训十三 葡萄糖注射液和生理盐水的 pH 测定	了解	实训 PPT		2

单元	教学内容	教学要求	教学活动	课时数 理论	课时数 实训
	第一节　总论				
	一、光谱分析基本概念	了解	理论PPT		
	二、光谱分析特点	了解	理论PPT		
	第二节　分光光度法原理			1	
	一、物质对光的选择性吸收	了解	理论PPT		
	二、透光率与吸光度	掌握	理论PPT		
	三、光的吸收定律（朗伯-比尔定律）	掌握	理论PPT		
	四、影响光吸收定律的因素	熟悉	理论PPT		
	五、吸收光谱	了解	理论PPT		
	第三节　分光光度仪器的构造				
	一、分光光度计的工作原理和测定样品含量的原理	熟悉	理论PPT		
	二、紫外-可见分光光度计	熟悉	理论PPT		
	第四节　分光光度法分析条件的选择				
	一、仪器条件的选择	了解	理论PPT		
第十二章 分光 光度法 （上）	二、参比溶液的选择	熟悉	理论PPT		
	三、显色反应条件的选择	了解	理论PPT		
	第五节　紫外-可见吸收光谱与分子结构的关系				
	一、紫外-可见吸收光谱的产生和电子跃迁	了解	理论PPT		
	二、影响紫外-可见吸收光谱的因素	了解	理论PPT		
	第六节　紫外吸收光谱的应用			1	
	一、定性分析	掌握	理论PPT		
	二、定量分析	掌握	理论PPT		
	三、纯度检查	掌握	理论PPT		
	第七节　红外分光光度法简介			1	
	一、红外吸收光谱基本原理	熟悉	理论PPT		
	二、红外分光光度计	熟悉	理论PPT		
	三、红外分光光度法应用	熟悉	理论PPT		
	实训十四　邻二氮菲分光光度法测定水中微量铁	掌握	实训PPT		
	实训十五　高锰酸钾吸收曲线、标准曲线的绘制和样品含量测定	掌握	实训PPT		2
	实训十六　紫外-可见分光光度法测定复方制剂的含量	掌握	实训PPT		2
	实训十七　布洛芬的红外吸收光谱鉴别	掌握	实训PPT		

单元	教学内容	教学要求	教学活动	课时数	
				理论	实训
	第一节 总论			0.5	
	一、原子吸收分光光度法的特点	熟悉	理论PPT		
	二、原子吸收分光光度法的仪器构造和维护、分类	了解	理论PPT		
	三、原子吸收分光光度法测定样品的基本原理	掌握	理论PPT		
	第二节 原子吸收分光光度法操作前的准备			0.5	
	一、原子吸收分光光度仪构件检查	熟悉	理论PPT		
	二、样品溶液的准备	掌握	理论PPT		
	三、测定记录要点	熟悉	理论PPT		
第十三章 分光 光度法 （下）	第三节 原子吸收分光光度法样品测定实例分析			1	
	一、化学原料样品测定分析实例	掌握	理论PPT		
	二、化学制剂样品测定分析实例	掌握	理论PPT		
	三、中药样品测定分析实例	掌握	理论PPT		
	第四节 其他光谱分析和质谱法简介				
	一、原子发射光谱	了解	理论PPT		
	二、荧光分析法	熟悉	理论PPT		
	三、核磁共振波谱方法	熟悉	理论PPT		
	四、质谱法	熟悉	理论PPT		
	实训十八 中药样品（灵芝）中重金属及有害元素（铅、镉、砷、汞、铜）检查	掌握	实训PPT		
	实训十九 水中微量锌的测定	掌握	实训PPT		2
	第一节 总论			0.5	
	一、基本概念	熟悉	理论PPT		
	二、色谱的分类	熟悉	理论PPT		
	三、色谱分析法的特点				
	第二节 柱色谱法			0.5	
	一、液-固吸附柱色谱法	熟悉	理论PPT		
	二、液-液分配柱色谱法	熟悉	理论PPT		
第十四章 经典 液相 色谱法	三、离子离子交换柱色谱法	熟悉	理论PPT		
	四、凝胶柱色谱法	熟悉	理论PPT		
	第三节 平面色谱法			0.5	
	一、薄层色谱法	掌握	理论PPT		
	二、纸色谱法	掌握	理论PPT		
	第四节 应用实例			0.5	
	一、柱色谱法的应用实例	了解	理论PPT		
	二、薄层色谱法应用实例	掌握	理论PPT		
	实训二十 甲基黄与罗丹明B的薄层色谱的鉴别	掌握	实训PPT		
	实训二十一 氨基酸的纸色谱分析	掌握	实训PPT		2

单元	教学内容	教学要求	教学活动	课时数 理论	课时数 实训
	第一节　总论			0.5	
	一、气相色谱法的特点和分类	掌握	理论 PPT		
	二、气相色谱仪的仪器构造和流出曲线分析	掌握	理论 PPT		
	三、气相色谱法的基本原理	掌握	理论 PPT		
	第二节　气相色谱的固定相和流动相				
	一、气-液色谱的固定相	掌握	理论 PPT		
	二、气-固色谱的流动相	掌握	理论 PPT		
	三、气相色谱的流动相				
第十五章 气相 色谱法	第三节　检测器和分离条件	掌握	理论 PPT	0.5	
	一、检测器	掌握	理论 PPT		
	二、分离条件	掌握	理论 PPT		
	三、系统适用性试验	掌握	理论 PPT		
	第四节　定性定量分析			1	
	一、定性分析方法	掌握	理论 PPT		
	二、定量分析方法	掌握	理论 PPT		
	三、气相色谱法的运用				
	实训二十二　维生素 E 的含量测定	掌握	理论 PPT		2
	实训二十三　医用酒精中乙醇的含量测定	掌握	实训 PPT		
	第一节　总论			0.5	
	一、高效液相色谱法的特点和分类	熟悉	理论 PPT		
	二、高效液相色谱仪	掌握	理论 PPT		
	三、高效液相色谱法的基本原理	了解	理论 PPT		
	第二节　高效液相色谱法的固定相和流动相				
	一、固定相	熟悉	理论 PPT		
	二、流动相	熟悉	理论 PPT		
第十六章 高效 液相 色谱法	第三节　检测器和分离条件			0.5	
	一、检测器	熟悉	理论 PPT		
	二、分离条件	掌握	理论 PPT		
	三、系统适用性试验	掌握	理论 PPT		
	第四节　定性定量分析			1	
	一、定性分析方法	掌握	理论 PPT		
	二、定量分析方法	掌握	理论 PPT		
	三、高效液相色谱法的应用	了解	理论 PPT		
	实训二十四　阿莫西林的含量测定	掌握	实训 PPT		2
	实训二十五　维生素 K_1 注射液含量测定	掌握	实训 PPT		

单元	教学内容	教学要求	教学活动	课时数 理论	课时数 实训
第十七章 物理化学 分析实例 分析	第一节　分光光度法实例分析			1	
	一、紫外-可见分光光度法实例分析	掌握	理论 PPT		
	二、原子吸收分光光度法实例分析	掌握	理论 PPT		
	第二节　色谱法实例分析			1	
	一、气相色谱法实例分析	掌握	理论 PPT		
	二、高效液相色谱法实例分析	掌握	理论 PPT		
第十八章 新检测 技术和 新检测 方法	第一节　离子色谱分析			0.5	
	一、离子交换树脂与分离原理	熟悉	理论 PPT		
	二、离子色谱分析法的分类、仪器构造	熟悉	理论 PPT		
	三、试样处理和分析条件的选择	熟悉	理论 PPT		
	第二节　高效毛细管电泳法			0.5	
	一、基本原理和仪器构造	熟悉	理论 PPT		
	二、分析条件的选择	熟悉	理论 PPT		
	第三节　质谱联用分析简介			1	
	一、气相色谱-质谱联用分析法	熟悉	理论 PPT		
	二、液相色谱-质谱联用分析法	熟悉	理论 PPT		
	三、毛细管电泳-质谱联用分析法	熟悉	理论 PPT		
	四、气相色谱-红外光谱联用	熟悉	理论 PPT		
	五、高效液相色谱-核磁共振波谱联用	熟悉	理论 PPT		

五、大纲说明

（一）适应专业及参考学时

1. 本教学大纲主要供药学专业教学使用。总学时为 64 学时，其中理论教学为 34 学时，实训教学 30 学时。

2. 其他专业根据总学时数调整理论内容和学时，适当删增实训内容。

（1）药品制造类药品生产技术专业生物药物生产技术方向专业教学使用时，总学时为158 学时，其中理论教学为 102 学时，实训教学 56 学时。

（2）食品质量与安全专业教学使用时，总学时为 64 学时，其中理论教学为 34 学时，实训教学 30 学时。

（3）食品药品监督管理方向教学使用时，总学时为 72 学时，其中理论教学为 34 学时，实训教学 38 学时。

（4）食品工业类食品质量与安全、食品检测技术专业教学使用时，总学时为 64 学时，其中理论教学为 34 学时，实训教学 30 学时。

（5）药品营销方向、药品质量检测方向教学使用时，总学时为 72 学时，其中理论教学为 34 学时，实训教学 44 学时。

（6）药品生产技术专业药物制剂方向用专业教学使用时，总学时为 80 学时，其中理论教学为 34 学时，实训教学 46 学时。

（7）中药生产技术方向教学使用时，总学时为 60 学时，其中理论教学为 34 学时，实训教学 26 学时。

（8）中药学专业教学使用时，总学时为 168 学时，其中理论教学为 112 学时，实训教学 56 学时。

（二）教学要求

1. 理论教学部分具体要求分为三个层次。了解：要求学生能够对所学过的知识要点有脉络性的认识，并能够根据具体情况和实际知识点识别其构造和工作原理、检测分析方法。熟悉：要求学生能够领会概念和原理的基本内涵，能够运用基本原理分析样品。掌握：要求在掌握基本理论和规律的基础上，通过分析、推理、变换、归纳、比较、运用等方法解决样品所含成分及其含量，并能根据法定标准或其他规定的质量标准判定样品的合格性，保证药品的质量。

2. 实训教学部分具体要求分为两个层次。熟练掌握：能够熟练运用所学会的基本技能，合理准确应用理论知识，独立进行专业技能操作和实训操作，并能够全面记录操作要点和相关数据，正确规范分析实训结果，准确完整书写样品检验报告。学会：在教师的指导下，能够正确地完成技能操作，说出操作要点和应用目的等，解决样品分析中存在的问题，并能够独立写出实训报告或样品检验报告。

（三）教学建议

1. 本大纲遵循了职业教育的特点，降低了理论难度，突出了技能实训的特点，并强化与相关专业课的联系。

2. 教学内容上要注意分析化学的基本知识、技能与专业实训相结合，重视理论联系实际，要有重点的介绍分析化学基本知识和基本技能在现代制药中的分析应用。

3. 教学方法上要充分把握分析化学的学科特点和学生的认知特点，建议采用"互动式"等教学方法，通过通俗易懂的讲解、课堂讨论和实验，引导学生通过观察、分析、比较、抽象、概括得出结论，并通过运用不断加深熟悉。合理运用实物、标本、录像、多媒体课件等来加强直观教学，以培养学生的正确思维能力、观察能力和分析归纳能力。同时教学中要注意结合教学内容，对学生进行环境保护、保健、防火防毒安全意识等教育。

4. 考核方法可采用知识考核与操作考核，集中考核与日常考核相结合的方法，具体可采用：考试、提问、作业、测验、测试、讨论、实训操作、综合评定、行业考评等多种方法。

（冉启文）